计算机基础与实训教材系列

SQL Server 2008数据库应用实用教程

闪四清　邵明珠　编著

清华大学出版社
北　京

内容简介

本书由浅入深、循序渐进地介绍了微软公司最新推出的数据库管理系统——中文版 Microsoft SQL Server 2008系统的操作方法和使用技巧。全书共分13章，分别介绍了数据库技术的基础知识、Microsoft SQL Server 2008系统的安装和配置、Transact-SQL 语言、安全性管理、管理数据库文件、备份和还原、数据类型和表、操纵表中数据、索引管理、查询优化技术、视图、存储过程、触发器、用户定义函数、数据完整性、自动化管理任务、系统监视和调整等内容。

本书内容丰富，结构清晰，语言简练，图文并茂，具有很强的实用性和可操作性，是一本适合于大中专院校、职业院校及各类社会培训学校的优秀教材，也可作为广大初、中级电脑用户的自学参考书。

本书对应的电子教案、实例源文件和习题答案可以到 http://www.tupwk.com.cn/edu 网站下载。

图书在版编目(CIP)数据

SQL Server 2008 数据库应用实用教程/闪四清，邵明珠 编著. —北京：清华大学出版社，2010.6
(计算机基础与实训教材系列)
ISBN 978-7-302-22526-3

Ⅰ. S… Ⅱ. ①闪… ②邵… Ⅲ. 关系数据库—数据库管理系统，SQL Server 2008—教材
Ⅳ. TP311.138

中国版本图书馆 CIP 数据核字(2010)第 068272 号

责任编辑：胡辰浩(huchenhao@263.net) 袁建华
装帧设计：孔祥丰
责任校对：成凤进
责任印制：孟凡玉
出版发行：清华大学出版社　　地　址：北京清华大学学研大厦 A 座
http://www.tup.com.cn　　邮　编：100084
社 总 机：010-62770175　　邮　购：010-62786544
投稿与读者服务：010-62776969，c-service@tup.tsinghua.edu.cn
质量反馈：010-62772015，zhiliang@tup.tsinghua.edu.cn
印 装 者：北京鑫海金澳胶印有限公司
经　销：全国新华书店
开　本：190×260　印　张：20.25　字　数：531 千字
版　次：2010 年 6 月第 1 版　印　次：2010 年 6 月第 1 次印刷
印　数：1～5000
定　价：30.00 元

产品编号：031649-01

丛书序

计算机已经广泛应用于现代社会的各个领域，熟练使用计算机已经成为人们必备的技能之一。因此，如何快速地掌握计算机知识和使用技术，并应用于现实生活和实际工作中，已成为新世纪人才迫切需要解决的问题。

为适应这种需求，各类高等院校、高职高专、中职中专、培训学校都开设了计算机专业的课程，同时也将非计算机专业学生的计算机知识和技能教育纳入教学计划，并陆续出台了相应的教学大纲。基于以上因素，清华大学出版社组织一线教学精英编写了这套"计算机基础与实训教材系列"丛书，以满足大中专院校、职业院校及各类社会培训学校的教学需要。

一、丛书书目

本套教材涵盖了计算机各个应用领域，包括计算机硬件知识、操作系统、数据库、编程语言、文字录入和排版、办公软件、计算机网络、图形图像、三维动画、网页制作以及多媒体制作等。众多的图书品种可以满足各类院校相关课程设置的需要。

- 已出版的图书书目

《计算机基础实用教程》	《中文版 Excel 2003 电子表格实用教程》
《计算机组装与维护实用教程》	《中文版 Access 2003 数据库应用实用教程》
《五笔打字与文档处理实用教程》	《中文版 Project 2003 实用教程》
《电脑办公自动化实用教程》	《中文版 Office 2003 实用教程》
《中文版 PowerPoint 2003 幻灯片制作实用教程》	《电脑入门实用教程》
《中文版 Word 2003 文档处理实用教程》	《Excel 财务会计实战应用》
《中文版 Photoshop CS3 图像处理实用教程》	《JSP 动态网站开发实用教程》
《Authorware 7 多媒体制作实用教程》	《Mastercam X3 实用教程》
《中文版 AutoCAD 2009 实用教程》	《Mastercam X4 实用教程》
《AutoCAD 机械制图实用教程(2009 版)》	《Director 11 多媒体开发实用教程》
《中文版 Flash CS3 动画制作实用教程》	《中文版 Indesign CS3 实用教程》
《中文版 Flash CS3 动画制作实训教程》	《中文版 CorelDRAW X3 平面设计实用教程》
《中文版 Dreamweaver CS3 网页制作实用教程》	《中文版 Windows Vista 实用教程》
《中文版 3ds Max 9 三维动画创作实用教程》	《中文版 3ds Max 2009 三维动画创作实用教程》

(续表)

《中文版 3ds Max 2010 三维动画创作实用教程》	《网络组建与管理实用教程》
《中文版 SQL Server 2005 数据库应用实用教程》	《Java 程序设计实用教程》
《Visual C#程序设计实用教程》	《ASP.NET 3.5 动态网站开发实用教程》
《中文版 Premiere Pro CS3 多媒体制作实用教程》	SQL Server 2008 数据库应用实用教程

- 即将出版的图书书目

《Oracle Database 11g 实用教程》	《中文版 Pro/ENGINEER Wildfire 5.0 实用教程》
《中文版 Word 2007 文档处理实用教程》	《中文版 Office 2007 实用教程》
《中文版 Excel 2007 电子表格实用教程》	《中文版 PowerPoint 2007 幻灯片制作实用教程》
《AutoCAD 建筑制图实用教程（2009 版）》	《中文版 Access 2007 数据库应用实例教程》
《中文版 Photoshop CS4 图像处理实用教程》	《中文版 Project 2007 实用教程》
《中文版 Illustrator CS4 平面设计实用教程》	《中文版 CorelDRAW X4 平面设计实用教程》
《中文版 Flash CS4 动画制作实用教程》	《中文版 After Effects CS4 视频特效实用教程》
《中文版 Dreamweaver CS4 网页制作实用教程》	《中文版 Premiere Pro CS4 多媒体制作实用教程》
《中文版 Indesign CS4 实用教程》	

二、丛书特色

1. 选题新颖，策划周全——为计算机教学量身打造

本套丛书注重理论知识与实践操作的紧密结合，同时突出上机操作环节。丛书作者均为各大院校的教学专家和业界精英，他们熟悉教学内容的编排，深谙学生的需求和接受能力，并将这种教学理念充分融入本套教材的编写中。

本套丛书全面贯彻“理论→实例→上机→习题”4 阶段教学模式，在内容选择、结构安排上更加符合读者的认知习惯，从而达到老师易教、学生易学的目的。

2. 教学结构科学合理，循序渐进——完全掌握“教学”与“自学”两种模式

本套丛书完全以大中专院校、职业院校及各类社会培训学校的教学需要为出发点，紧密结合学科的教学特点，由浅入深地安排章节内容，循序渐进地完成各种复杂知识的讲解，使学生能够一学就会、即学即用。

对教师而言，本套丛书根据实际教学情况安排好课时，提前组织好课前备课内容，使课堂教学过程更加条理化，同时方便学生学习，让学生在学习完后有例可学、有题可练；对自学者而言，可以按照本书的章节安排逐步学习。

3. 内容丰富、学习目标明确——全面提升“知识”与“能力”

本套丛书内容丰富，信息量大，章节结构完全按照教学大纲的要求来安排，并细化了每一章内容，符合教学需要和计算机用户的学习习惯。在每章的开始，列出了学习目标和本章重点，便于教师和学生提纲挈领地掌握本章知识点，每章的最后还附带有上机练习和习题两部分内容，教师可以参照上机练习，实时指导学生进行上机操作，使学生及时巩固所学的知识。自学者也可以按照上机练习内容进行自我训练，快速掌握相关知识。

4. 实例精彩实用，讲解细致透彻——全方位解决实际遇到的问题

本套丛书精心安排了大量实例讲解，每个实例解决一个问题或是介绍一项技巧，以便读者在最短的时间内掌握计算机应用的操作方法，从而能够顺利解决实践工作中的问题。

范例讲解语言通俗易懂，通过添加大量的“提示”和“知识点”的方式突出重要知识点，以便加深读者对关键技术和理论知识的印象，使读者轻松领悟每一个范例的精髓所在，提高读者的思考能力和分析能力，同时也加强了读者的综合应用能力。

5. 版式简洁大方，排版紧凑，标注清晰明确——打造一个轻松阅读的环境

本套丛书的版式简洁、大方，合理安排图与文字的占用空间，对于标题、正文、提示和知识点等都设计了醒目的字体符号，读者阅读起来会感到轻松愉快。

三、读者定位

本丛书为所有从事计算机教学的老师和自学人员而编写，是一套适合于大中专院校、职业院校及各类社会培训学校的优秀教材，也可作为计算机初、中级用户和计算机爱好者学习计算机知识的自学参考书。

四、周到体贴的售后服务

为了方便教学，本套丛书提供精心制作的 PowerPoint 教学课件(即电子教案)、素材、源文件、习题答案等相关内容，可在网站上免费下载，也可发送电子邮件至 wkservice@vip.163.com 索取。

此外，如果读者在使用本系列图书的过程中遇到疑惑或困难，可以在丛书支持网站(http://www.tupwk.com.cn/edu)的互动论坛上留言，本丛书的作者或技术编辑会及时提供相应的技术支持。咨询电话：010-62796045。

前言

中文版 Microsoft SQL Server 2008 是微软公司最新推出的数据库管理系统，目前正广泛应用于信息系统、电子商务、决策支持系统以及教学等诸多领域。自 20 世纪 70 年代以来，数据库技术的发展已使得信息技术的应用从传统的计算方式转变为现代化的数据管理方式。在现代社会中，数据库技术的应用无处不在。当今热门的信息系统开发各领域，例如，管理信息系统、企业资源计划、供应链管理系统、客户关系管理系统、电子商务系统、决策支持系统、智能信息系统等，都离不开数据库技术强有力的支持。在我国，Microsoft SQL Server 系统已经广泛应用于银行、邮电、电力、铁路、气象、民航、公安、军事、航天、财税、制造、教育等众多行业和领域。

本书从教学实际需求出发，合理安排知识结构，从零开始、由浅入深、循序渐进地讲解 Microsoft SQL Server 2008 的知识和技术，本书共分为 13 章，主要内容如下：

第 1 章介绍 Microsoft SQL Server 2008 的基础知识，主要内容包括 Microsoft SQL Server 的发展简史、体系架构、数据库和数据库对象的特点和类型、管理工具、数据库开发过程等。

第 2 章介绍系统的安装和配置，主要内容包括系统版本类型和特点、系统安装前的准备、系统安装过程的关键环节和技术、系统升级规划、服务器注册和配置等。

第 3 章介绍 Transact-SQL 语言，主要内容包括 Transact-SQL 语言的类型和执行方式，详细讲述了数据定义语言、数据操纵语言、数据控制语言、事务管理语言以及附加语言元素等的使用方式。

第 4 章介绍系统的安全性，安全性是数据库管理系统的重要特征之一。具体内容包括安全性管理目标、系统安全性架构、登录名管理、架构管理、用户管理、角色类型和管理、权限类型和管理等。

第 5 章介绍数据库文件管理，数据库文件管理是使用数据库的最基础性的工作之一。具体内容包括数据库的组成方式、数据库的创建、数据库文件的扩大技术、数据库文件的收缩技术、文件组管理、数据库文件优化部署等。

第 6 章介绍数据库的备份和还原，备份和还原是数据库管理员的一项重要的日常工作。主要内容包括备份前的准备工作、备份操作类型、使用 BACKUP 语句、还原前的准备、使用 RESTORE 语句等。

第 7 章介绍表管理技术，表和数据类型都是基本的数据库对象。具体内容包括表的特点和类型、数据类型的特点、创建表、在表中增加列和删除列、删除表以及标识符列、已分区表管理等。

第 8 章介绍数据操纵技术，数据操纵是使用数据库系统的目的。具体内容包括检索技术、更新技术、删除技术以及各种高级操纵技术等。这些高级操纵技术包括子查询技术、连接技术、分组技术、使用公用表达式技术、加密技术等。

第 9 章介绍索引管理和优化查询技术，索引和优化查询的目的是为了提高查询语句的效率，是优化数据库管理的重要措施。具体内容包括索引的特点和类型、创建和管理索引、优化查询技术等。

第 10 章介绍视图、存储过程、触发器、用户定义函数等数据库对象管理技术，这些对象都是数据库的核心对象，是提高数据库应用开发效率、增强数据库应用开发能力的重要手段。具体内容包括这些对象的基本特点、创建、修改、删除等操作。

第 11 章介绍数据完整性技术，数据完整性技术是确保数据库中数据质量的必要措施之一。主要内容包括数据完整性的概念和类型、约束的特点和类型、主键约束、外键约束、CHECK 约束、DEFAULT 约束、UNIQUE 约束等管理。

第 12 章介绍自动化管理任务，自动化管理任务是增强系统功能、提高系统管理效率和效果的重要内容。主要内容包括自动化管理的基本工作原理、作业管理、操作员管理、警报管理等。

第 13 章介绍系统监视和调整技术，对于像 Microsoft SQL Server 系统这样复杂的大系统而言，系统监视和调整是数据库管理员必不可少的核心工作之一。主要内容包括系统监视和调整的目标、系统性能因素、监视和调整策略、主要工具和常见监视任务等。

本书图文并茂，条理清晰，通俗易懂，内容丰富，在讲解每个知识点时都配有相应的实例，方便读者上机实践。同时在难于理解和掌握的部分内容给出相关提示，让读者能够快速提高操作技能。此外，本书配有大量综合实例和练习，让读者在不断的实际操作中更加牢固地掌握书中讲解的内容。

除封面署名的作者外，参加本书编写的人员还有洪妍、方峻、何亚军、王通、高娟妮、杜思明、张立浩、孔祥亮、陈笑、陈晓霞、王维、牛静敏、牛艳敏、何俊杰、葛剑雄等人。由于作者水平所限，本书难免有不足之处，欢迎广大读者批评指正。我们的邮箱是 huchenhao@263.net，电话 010-62796045。

作　者

2010 年 3 月

推荐课时安排

章　名	重点掌握内容	教学课时
第 1 章　走进 SQL Server	1. 了解 SQL Server 的发展简史 2. 理解 SQL Server 的体系结构和功能 3. 了解数据库的特点和类型 4. 了解数据库对象的特点和类型 5. 了解系统管理工具的特点和作用	2 学时
第 2 章　安装和配置	1. 了解系统版本类型和特点 2. 理解和掌握安装过程 3. 注册服务操作 4. 配置服务器操作	2 学时
第 3 章　Transact-SQL 语言	1. Transact-SQL 语言的执行工具 2. 使用数据定义语言 3. 使用数据操纵语言 4. 使用数据控制语言 5. 使用事务管理语言 6. 使用附加的语言元素	4 学时
第 4 章　安全性	1. 创建和维护登录名 2. 管理角色 3. 管理数据库用户 4. 管理架构 5. 授予、收回和否定权限	3 学时
第 5 章　管理数据库文件	1. 数据库大小估算 2. 创建数据库 3. 设置数据库选项 4. 扩大和收缩数据库 5. 优化数据库文件	3 学时
第 6 章　备份和还原	1. 备份和还原操作前的准备工作 2. 执行备份操作 3. 执行还原操作	2 学时
第 7 章　表	1. 掌握表的特点和类型 2. 创建和维护表 3. 使用标识符列	3 学时

(续表)

章　　名	重点掌握内容	教学课时
第 8 章　操纵表中数据	1. 掌握插入数据技术 2. 掌握更新数据技术 3. 掌握删除数据技术 4. 掌握检索数据技术 5. 掌握高级检索数据技术 6. 掌握加密数据技术	5 学时
第 9 章　索引和查询优化	1. 了解索引的特点 2. 理解索引的类型 3. 创建索引 4. 维护索引 5. 优化索引	3 学时
第 10 章　其他数据库对象	1. 视图的创建和使用 2. 创建和执行存储过程 3. 掌握触发器的类型和工作原理 4. 创建和规划触发器 5. 使用用户定义函数	3 学时
第 11 章　数据完整性	1. 理解数据库完整性的方法 2. 定义和使用 DEFAULT 约束 3. 定义和使用 CHECK 约束 4. 掌握主键约束的创建、维护和使用 5. 理解 UNIQUE 约束的特点 6. 掌握外键约束的创建、维护和使用 7. 掌握删除约束方法	2 学时
第 12 章　自动化管理任务	1. 理解自动化任务组件的特点 2. 掌握作业管理的方法 3. 掌握操作员管理的方法 4. 掌握警报管理的方法	2 学时
第 13 章　系统监视和调整	1. 掌握系统性能调试的步骤 2. 了解 Windows 性能监视器 3. 了解 DBCC 命令 4. 了解 SQL Server Profiler	2 学时

注：1. 教学课时安排仅供参考，授课教师可根据情况作调整。

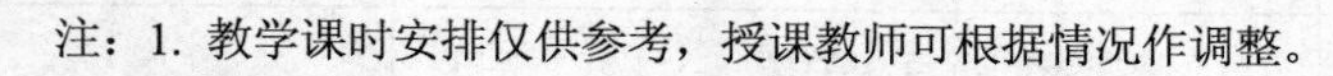

2. 建议每章安排与教学课时相同时间的上机练习。

目录 CONTENTS

计算机基础与实训教材系列

计算机 基础与实训教材系列

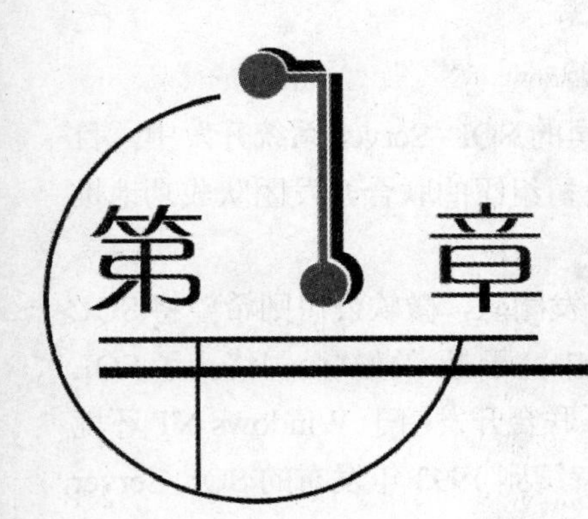

第1章 走进SQL Server

学习目标

以 Microsoft SQL Server 为代表的数据库产品具有超大容量的数据存储、高效率的数据查询算法、方便易用的向导和工具以及友好亲切的用户接口，大大推动了数据管理、电子商务、知识管理的应用和发展。作为微软公司的旗舰产品，Microsoft SQL Server 是一款典型的关系型数据库管理系统，是微软数据管理平台的重要组成部分，它不仅提供了数据定义、数据控制、数据操纵等基本功能，还提供了系统安全性、数据完整性、并发性、审计性、可用性、集成性等功能。本章将介绍 Microsoft SQL Server 的特点。

本章重点

- 简史
- 体系结构
- 数据库
- 数据库对象
- 管理工具
- 开发过程

1.1 简史

通常把 Microsoft SQL Server 简称为 SQL Server。严格地说，SQL Server 和 Microsoft SQL Server 是不同的，Microsoft SQL Server 是微软公司开发的 SQL Server 系统，SQL Server 系统不一定是指微软公司的产品。最早的 SQL Server 系统并不是微软开发出来的，而是由赛贝斯公司推出的。

1987 年，赛贝斯公司发布了 Sybase SQL Server 系统，这是一个用于 UNIX 环境的关系型

数据库管理系统。

1988 年，微软公司和 Aston-Tate 公司参加到了赛贝斯公司的 SQL Server 系统开发中，目的是推出基于 OS/2 环境的数据库系统。1989 年，由这 3 家公司组织的联合开发团队成功地推出了 SQL Server 1.0 for OS/2 系统。

1990 年，开发情况发生了变化，Aston-Tate 公司退出了开发团队，微软公司则希望将 SQL Server 移植到自己刚刚推出的新技术产品即 Windows NT 系统中。于是，微软公司终止了 SQL Server for OS/2 系统的开发，并与赛贝斯公司于 1992 年签署了联合开发用于 Windows NT 环境的 SQL Server 系统。微软公司与赛贝斯公司的合作开发一直持续到 1993 年发布的 SQL Server 4.2 for Windows NT 系统。

1993 年，微软公司与赛贝斯公司在 SQL Server 系统方面的联合开发正式结束。从此，微软公司致力于用于 Windows 各种版本环境的 SQL Server 系统开发，而赛贝斯公司则集中精力从事用于各种 UNIX 环境的 SQL Server 系统开发。

1995 年，微软公司成功地发布了 Microsoft SQL Server 6.0 系统，这是微软公司完全独立开发和发布的第一个 SQL Server 版本。

1996 年，微软公司又发布了 Microsoft SQL Server 6.5 系统。这是微软公司独自发布的功能齐全、性能稳定的 SQL Server 系统，该系统在数据库市场上占据了一席之地，在我国的应用范围也开始逐渐扩大。

1998 年，微软公司又成功地推出了 Microsoft SQL Server 7.0 系统。该系统在数据存储、查询引擎、可伸缩性等性能方面有了巨大的改进。该系统的推出，使微软公司在数据库市场上开始了与甲骨文的 Oracle 系统、IBM 的 DB2 系统、赛贝斯的 Sybase ASE 系统的激烈竞争。

2000 年，微软公司迅速发布了与传统 SQL Server 有重大不同的 Microsoft SQL Server 2000 系统，代码名称是 Shiloh。从系统的版本名称来看，微软公司似乎采取了使用年号代替序号的策略。从功能和性能方面来看，Microsoft SQL Server 2000 系统与先前的版本有了巨大的提高。从该版本开始，微软在系统中引入了对 XML 语言的支持。

2005 年 12 月，微软公司发布了 Microsoft SQL Server 2005 系统，Yukon 是其代码名称。与 Microsoft SQL Server 2000 系统相比，Microsoft SQL Server 2005 系统又在此基础上进行了更多的改进，对整个数据库系统的安全性和可用性进行了巨大的变革，并且与.NET 架构的捆绑更加紧密。

2008 年 8 月，微软公司发布了 Microsoft SQL Server 2008 系统，其代码名称是 Katmai。该系统在安全性、可用性、易管理性、可扩展性、商业智能等方面有了更多的改进和提高，对企业的数据存储和应用需求提供了更强大的支持和便利。

在可用性方面，SQL Server 2008 版本对数据库镜像进行了增强，可以创建热备用服务器，提供快速故障转移且保证已提交的事务不会丢失数据。

在易管理性方面，SQL Server 2008 系统增加了 SQL Server 审核功能，可以对各种服务器和数据库对象进行审核；支持压缩备份；引入了中央管理服务器方法，方便对多个服务器进行管理；引入了基于策略的管理，可以降低总拥有成本；在数据库引擎查询编辑器方面，新增了

一个类似于 Visual Studio 调试器的 Transact-SQL 调试器，便于对 Transact-SQL 语句进行调试；新增了变更数据捕获，对数据仓库有了更强的支持等。

在可编程性方面，SQL Server 2008 系统增强的功能包括新数据存储功能(FILESTREAM 存储、新排序规则、分区切换等)、新数据类型(日期、时间、空间、hierarchyid 数据类型、用户定义表类型等)、新全文搜索体系结构(全文目录已集成到数据库中，而不是像以前版本的文件结构)、对 Transact-SQL 所做的改进和增强(新增复合运算符、增强的 CONVERT 函数、增强的日期和时间函数、GROUPING SETS 运算符、增强的 MERGE 语句等)等。

在安全性方面，SQL Server 2008 系统的增强功能包括增加了新的加密函数(is_objectsigned、syskeyproperty 等)、添加的透明数据加密(可以自动加密数据文件)、可扩展密钥管理功能(允许第三方企业密钥管理和硬件安全模块供应商在 SQL Server 中注册其设备)。

另外，Analysis Services、Integration Services、复制、Reporting Services、Service Broker 等方面，SQL Server 2008 系统都有许多增强。

1.2 体系架构

Microsoft SQL Server 是一个提供了联机事务处理、数据仓库、电子商务应用的数据库和数据分析的平台。体系架构是描述系统组成要素和要素之间关系的方式。Microsoft SQL Server 系统的体系结构是对 Microsoft SQL Server 的主要组成部分和这些组成部分之间关系的描述。

Microsoft SQL Server 2008 系统由 4 个主要部分组成。这 4 个部分被称为 4 个服务，这些服务分别是数据库引擎(SSDE)、分析服务(SSAS)、报表服务(SSRS)和集成服务(SSIS)。这些服务之间相互存在和相互应用，它们的关系示意图如图 1-1 所示。

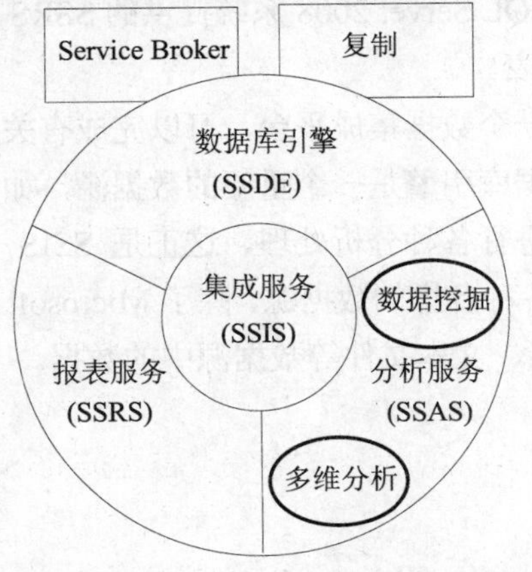

图 1-1　SQL Server 2008 体系架构示意图

> **提示**
>
> 从图 1-1 中可以看出，数据库引擎是基础和核心内容，数据库引擎又包括 Service Broker、复制等组件。分析服务可以分为多维分析和数据挖掘两个部分。数据库引擎和报表服务、分析服务通过集成服务集成在一起，形成一个完整的 SQL Server 2008 系统。

数据库引擎(SQL Server Database Engine，SSDE)是 Microsoft SQL Server 2008 系统的核心服务，负责完成业务数据的存储、处理、查询和安全管理等操作。例如，创建数据库、创建表、执行各种数据查询、访问数据库等操作，都是由数据库引擎完成的。在大多数情况下，使用数据库系统实际上就是使用数据库引擎。例如，在某个使用 Microsoft SQL Server 2008 系统作为

后台数据库的航空公司机票销售信息系统中， Microsoft SQL Server 2008 系统的数据库引擎服务负责完成机票销售数据的添加、更新、删除、查询及安全控制等操作。

实际上，数据库引擎本身也是一个复杂的系统，它包括了许多功能组件，例如 Service Broker、复制等。Service Broker 提供了异步通信机制，可以用于存储、传递消息。复制是指在不同的数据库之间对数据和数据库对象进行复制和分发，保证数据库之间同步和数据一致性的技术。复制经常用于物理位置不同的服务器之间的数据分发，它可以通过局域网、广域网、拨号连接、无线连接和 Internet 分发到不同位置的远程或移动用户。

分析服务(SQL Server Analysis Services，SSAS)提供了多维分析和数据挖掘功能，可以支持用户建立数据仓库和进行商业智能分析。相对多维分析(有时也称为 OLAP，online analysis processing，联机分析处理)来说，OLTP(online transaction processing，联机事务处理)是由数据库引擎负责完成的。使用 SSAS 服务，可以设计、创建和管理包含了来自于其他数据源数据的多维结构，通过对多维数据进行多个角度的分析，可以支持管理人员对业务数据的更全面的理解。另外，通过使用 SSAS 服务，用户可以完成数据挖掘模型的构造和应用，实现知识发现、知识表示、知识管理和知识共享。例如，在航空公司的机票销售信息系统中，可以使用 Microsoft SQL Server 2008 系统提供的 SSAS 服务完成对客户的数据挖掘分析，可以发现更多有价值的信息和知识，为客户提供更全面、满意的服务和关怀，从而为有效管理客户资源、减少客户流失、提高客户管理水平提供支持。

顾名思义，报表服务(SQL Server Reporting Services，SSRS)为用户提供了支持 Web 的企业级的报表功能。通过使用 Microsoft SQL Server 2008 系统提供的 SSRS 服务，用户可以方便地定义和发布满足自己需求的报表。无论是报表的布局格式，还是报表的数据源，用户都可以轻松地实现。这种服务极大地便利了企业的管理工作，满足了管理人员高效、规范的管理需求。例如，在航空公司的机票销售信息系统中，使用 Microsoft SQL Server 2008 系统提供的 SSRS 服务可以方便地生成 Word、PDF、Excel、XML 等格式的报表。

集成服务(SQL Server Integration Services，SSIS)是一个数据集成平台，可以完成有关数据的提取、转换、加载等。例如，对于分析服务来说，数据库引擎是一个重要的数据源，如何将数据源中的数据经过适当地处理加载到分析服务中以便进行各种分析处理，这正是 SSIS 服务所要解决的问题。重要的是，SSIS 服务可以高效地处理各种各样的数据源，除了 Microsoft SQL Server 数据之外，还可以处理 Oracle、Excel、XML 文档、文本文件等数据源中的数据。

1.3 数据库的类型和特点

Microsoft SQL Server 2008 系统提供了两种类型的数据库，即系统数据库和用户数据库。系统数据库存放 Microsoft SQL Server 2008 系统的系统级信息，例如系统配置、数据库的属性、登录账户、数据库文件、数据库备份、警报、作业等信息。Microsoft SQL Server 2008 使用这些系统级信息管理和控制整个数据库服务器系统。用户数据库是由用户创建的、用来存放用户数据和对象的数据库。Microsoft SQL Server 2008 系统的数据库类型示意图如图 1-2 所示。

图 1-2　数据库类型示意图

提示

从图 1-2 中可以看出，对象资源管理器中显示了数据库节点中的系统数据库和用户数据库内容。系统数据库包括了 master、model、msdb 和 tempdb。其他数据库都是用于存储用户对象和数据的用户数据库。

当 Microsoft SQL Server 2008 安装成功之后，系统将会自动创建系统数据库，用户可以自己手工生成用户示例数据库。这些系统数据库分别是 master、model、msdb、Resource 和 tempdb 数据库，用户示例数据库主要包括 AdventureWorks、AdventureWorksDW、AdventureWorksDW2008、AdventureWorksLT、AdventureWorksLT2008 等数据库。

首先介绍一下 master 数据库的特点。master 数据库是最重要的系统数据库，它记录了 SQL Server 系统级的所有信息，这些系统级的信息包括服务器配置信息、登录帐户信息、数据库文件信息、SQL Server 初始化信息等，这些信息影响整个 SQL Server 系统的运行。

model 数据库是一个模板数据库。该数据库存储了可以作为模板的数据库对象和数据。当创建用户数据库时，系统自动把该模板数据库中的所有信息复制到用户新建的数据库中，使得新建的用户数据库初始状态下具有了与 model 数据库一致的对象和相关数据，从而简化数据库的初始创建和管理操作。

msdb 是与 SQLServerAgent 服务有关的数据库。该系统数据库记录有关作业、警报、操作员、调度等信息，这些信息可以用于自动化系统的操作。

tempdb 是一个临时数据库，用于存储查询过程中所使用的中间数据或结果。实际上，它只是一个系统的临时工作空间。

在 Microsoft SQL Server 系统中，Resource 是一个很特殊的系统数据库。这是一个被隐藏的只读的物理的系统数据库，包含了 Microsoft SQL Server 系统中的所有系统对象。被隐藏的，表示该数据库不在 SQL Server Management Studio 工具中显示出来；只读的，表示该系统数据库不能用于存储用户对象和数据；物理的，表示该系统数据库是一个真正的数据库，不是一个逻辑的数据库。实际上，系统对象在物理上都是存储在该 Resource 系统数据库中，但是在逻辑上则出现在其他系统数据库中。因此，从图 1-2 中看不到 Resource 系统数据库。使用 Resource 系统数据库的优点之一是便于系统的升级处理。

需要指出的是，当系统配置允许执行复制并且作为分发服务器时，系统将自动创建一个名称为 distribution 的系统数据库。distribution 系统数据库也是一个特殊的系统数据库，用于在复制操作过程中存储系统对象和数据。

在讲用户数据库之前，先介绍一下 OLTP 和 OLAP 的概念。在数据库技术领域，按照 OLTP

数据存储模型组织数据的应用环境称为 OLTP 环境。OLTP 数据存储模型也称为 OLTP 数据库。

在 OLTP 数据库中，数据是按照二维表格的形式来存储的。二维表格之间存在着各种关系。OLTP 数据库的主要作用是降低存储在数据库中的各种信息的冗余度和加快对数据的检索、插入、更新及删除速度。OLTP 数据库是当前最为流行的数据库模型，用户可以采用多种技术来优化数据的存储和查询。典型的 OLTP 数据库应用包括制造企业的物料管理信息系统、航空公司的机票销售信息系统、大学的图书管理信息系统、银行的储蓄业务信息系统等。

OLAP 数据存储模型与 OLTP 数据存储模型截然不同。从结构上来看，OLAP 数据存储模型的常见结构是星型结构或雪崩结构。从使用目的来看，OLAP 数据库的主要作用是提高系统对数据的检索和分析速度。

Microsoft SQL Server 虽然是一种典型的 OLTP 系统，但是它具有 OLAP 系统的常用功能。在 Microsoft SQL Server 2008 系统中，Analysis Services 就是一种典型的 OLAP 系统，它可以执行各种数据多维分析、数据挖掘等操作，为用户提供决策支持。

AdventureWorks 不是系统数据库，而是一个示例 OLTP 数据库。该数据库存储了某个假设的自行车制造公司的业务数据，示意了制造、销售、采购、产品管理、合同管理、人力资源管理等场景。用户可以利用该数据库来学习 SQL Server 的操作，也可以模仿该数据库的结构设计用户自己的数据库。

AdventureWorksLT 也是一个示例 OLTP 数据库，但是其数据库对象和数据都少于 AdventureWorks 数据库，是一个经过简化的轻量级的示例数据库。对于数据库技术的初学者来说，可以从 AdventureWorksLT 数据库学起。

AdventureWorksDW 是一个示例 OLAP 数据库，用于在线事务分析。用户可以利用该数据库来学习 SQL Server 的 OLAP 操作，也可以模仿该数据库的内部结构设计用户自己的 OLAP 数据库。

有些示例数据库名称中有 2008 字样，表示是专门为 Microsoft SQL Server 2008 系统设计的示例数据库。

1.4 数据库对象的类型、特点和示例

数据库是数据和数据库对象的容器。数据库对象是指存储、管理和使用数据的不同结构形式。在 Microsoft SQL Server 2008 系统中，主要的数据库对象包括数据库关系图、表、视图、同义词、存储过程、函数、触发器、程序集、类型、规则、默认值等。设计数据库的过程实际上就是设计和实现数据库对象的过程。

1.4.1 数据库对象的类型

在 Microsoft SQL Server 2008 系统中，使用 SQL Server Management Studio 工具的“对象资

源管理器”可以把数据库中的对象表示为树状节点形式。例如，AdventureWorks 数据库中的数据库对象节点如图 1-3 所示。每一个对象节点都对应着一个或多个数据库对象。从图 1-3 中可以看出，数据库中的对象类型主要包括数据库关系图、表、视图、同义词、可编程性、Service Broker、存储和安全性。

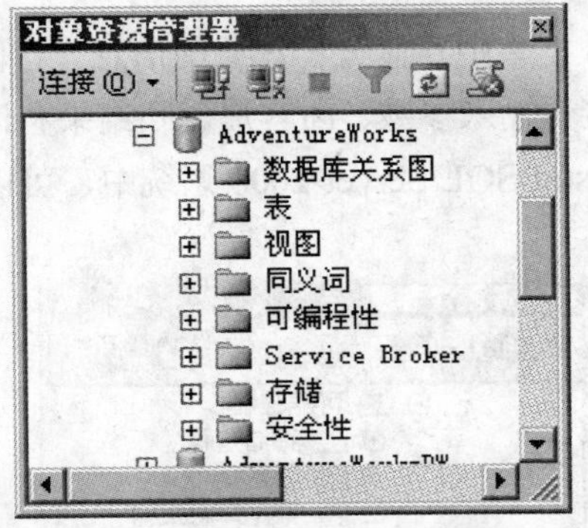

图 1-3　数据库对象的类型

1.4.2　数据库对象的特点

1. 数据库关系图

【数据库关系图】节点包含了数据库中的关系图对象。数据库中的关系图对象用来描述数据库中表和表之间的对应关系，是数据库设计的常用方法。在数据库技术领域中，这种关系图也常被称为 ER 图、ERD 图或 EAR 图等。

2. 表

【表】节点包含了数据库中最基本、最重要的对象：表。表实际用来存储系统数据和用户数据，是整个系统最核心的数据库对象，是其他大多数数据库对象的基础。本书后面将对表的设计和使用进行详细的讲解。

3. 视图

【视图】节点包含了数据库中的视图对象。视图是一种虚拟表，用来查看数据库中的一个或多个表。视图是建立在表基础之上的数据库对象，主要以 SELECT 语句形式存在，是生成数据报表、开发数据库应用程序的重要基础。

4. 同义词

【同义词】节点包含了数据库中的同义词对象。同义词是数据库对象的别名，使用同义词对象可以大大简化对复杂数据库对象名称的引用方式。

5. 可编程性

【可编程性】节点是一个逻辑组合，它包括存储过程、函数、数据库触发器、程序集、类型、规则、默认值、计划指南等对象，如图 1-4 所示。

◉ 存储过程

【存储过程】节点包含了数据库中存储过程对象的信息。存储过程是指封装了可重用代码的模块或例程。存储过程可以接受输入参数、向客户返回结果和消息、调用 Transact-SQL 语句并且返回输出参数等。在 Microsoft SQL Server 2008 系统中，可以同时使用 Transact-SQL 语言和 CLR 语言定义存储过程。

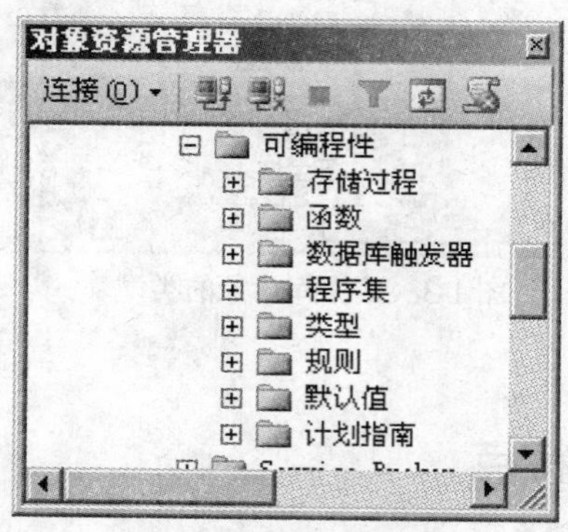

图 1-4　可编程性对象

◉ 函数

【函数】节点包含了数据库中的函数对象。函数是接受参数、执行复杂操作并将结果以数值的形式返回的例程。通过使用函数，可以实现模块化编程、执行速度更快、网络流量更少等效果。数据库中的函数可以进一步分为表值函数、标量值函数、聚合函数和系统函数等类型。

◉ 数据库触发器

【数据库触发器】节点包含了数据库中定义的触发器对象。触发器是一种特殊的存储过程，在数据库服务器中发生指定的事件后自动执行。在 Microsoft SQL Server 2008 系统中，可以把触发器分为 DML 触发器和 DDL 触发器两大类。在数据库服务器中执行数据操作语言(data manipulation language，DML)事件时执行的触发器称为 DML 触发器。DML 事件包括 UPDATE、INSERT 和 DELETE。例如，当希望向 products 表中插入一行数据时保持 products 表中的单价数据与 prices 表中的单价数据一致，这时可以使用 DML 触发器来实现。如果希望在定义某个数据库对象时执行某种操作，这时可以使用 DDL 触发器。通过数据定义语言(data definition language，DDL)事件定义的触发器称为 DDL 触发器。

◉ 程序集

【程序集】节点，包含了数据库中的程序集对象。程序集是在 Microsoft SQL Server 2008 系统中使用的 DDL 文件，用于部署用 CLR 编写的函数、存储过程、触发器、用户定义聚合和用户定义类型等对象。Microsoft SQL Server 中的程序集对象引用 CLR 中创建的托管应用程序模块，即 DLL 文件。

◎　类型

【类型】节点包含了系统数据类型、用户定义数据类型、用户定义类型和 XML 架构集合等对象类型。系统数据类型是系统提供的数据类型，如数值类型、字符类型、日期类型等。用户定义数据类型是用户基于系统数据类型定义的数据类型。用户定义类型扩展了 Microsoft SQL Server 的类型系统，可以用来指定表中列的类型、Transact-SQL 语言中的变量、例程参数的类型等。例如，用户定义类型可以是表中的列或存储过程中的变量。XML 架构集合是一个类似数据库表的元数据实体，用于存储导入的 XML 架构，是 Microsoft SQL Server 系统支持 XML 数据的重要手段。

◎　规则

【规则】节点包含了数据库中的规则对象。规则可以限制表中列值的取值范围，以确保输入数据的正确性和质量。实际上，规则是一种向后兼容的、用于执行与 CHECK 约束相同的功能。

◎　默认值

【默认值】节点包含了数据库中的默认值对象。默认对象也是一种完整性对象，它可以为表中的特定列提供默认值。

◎　计划指南

【计划指南】节点包含了数据库中的计划指南对象。计划指南是一种优化应用程序中查询语句性能性对象，它通过将查询提示或固定的查询计划附加到查询来影响查询的优化。当无法直接修改应用程序中的查询语句时，可以使用计划指南对象来进行优化。这是 Microsoft SQL Server 2008 系统的新增功能。

6. Service Broker

【Service Broker】节点包含了用来支持异步通信机制的对象，这些对象包括消息类型、约定、队列、服务、路由、远程服务绑定、Broker 优先级等对象，详细内容如图 1-5 所示。

◎　消息类型

【消息类型】节点包含了消息类型对象。消息类型对象定义消息类型的名称和消息所包含的数据的类型。消息类型保存在创建它的数据库中，目的是保持该数据库中所定义的消息的一致性。

◎　约定

【约定】节点包含了约定对象。约定用于定义应用程序完成特定任务时所用的消息类型。

◎　队列

【队列】节点包含了队列对象。队列用于存储异步通信中的消息。实际上，队列中的一行就是一个消息。

◎　服务

【服务】节点包含了服务对象。服务是指某个特定业务任务或一组业务任务的名称。Service Broker 使用服务名称将消息传递到数据库中的正确队列、路由消息、执行会话的约定并确定新会话的远程安全性等。

◉　路由

【路由】节点包含了路由对象。当服务在会话中发送消息时，Service Broker 使用路由来确定将接收该消息的服务。

◉　远程服务绑定

【远程服务绑定】节点包含了远程服务绑定对象。远程服务绑定用于建立本地数据库用户、用户的证书，以及远程服务的名称之间的关系。

◉　Broker 优先级

【Broker 优先级】节点包含了 Broker 优先级对象。Broker 优先级是一种用户可以根据需求自己定义的规则，当发送或收到多个回话消息时，用于确定优先发送或收到的次序。这是 Microsoft SQL Server 2008 系统的新增功能。

7. 存储

【存储】节点包含了 4 类对象，即全文目录、分区方案、分区函数和全文非索引字表，这些对象都与数据存储有关，如图 1-6 所示。

【全文目录】节点存储了用于全文搜索的全文目录对象。在 Microsoft SQL Server 2008 系统中，全文目录是作为对象存储在数据库中，而不是像以前版本那样以文件形式存在。

【分区方案】节点包含了分区方案对象，【分区函数】节点包含了分区函数对象。分区函数用于指定表和索引分区的方式，分区方案将分区函数生成的分区映射到已经存在的一组文件组中。

【全文非索引字表】节点用于对非索引字对象进行管理。非索引字对象是指那些经常出现但是对搜索无益的字符串，在全文搜索过程中系统将忽略全文索引中的非索引字，在以前版本中这些非索引字被称为干扰词。这样可以保持非索引字在数据库备份、还原、复制、附加等操作期间保持不变。

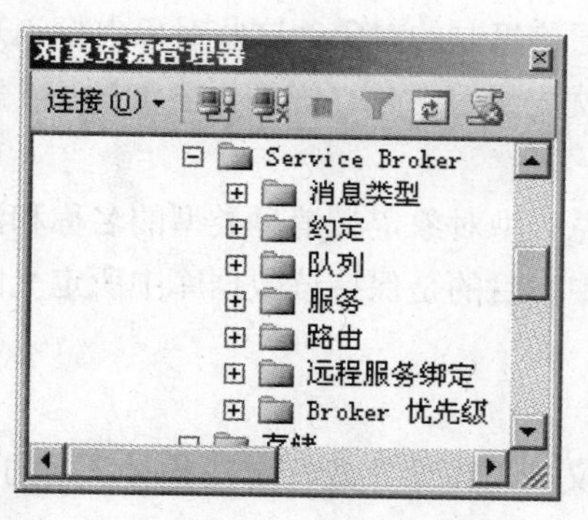

图 1-5　Service Broker 对象

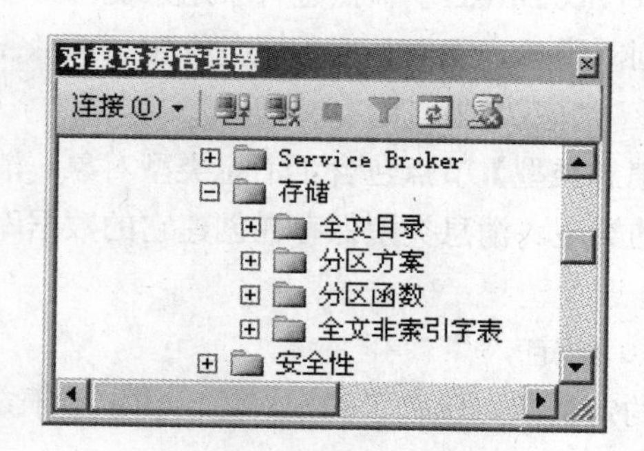

图 1-6　存储对象

8. 安全性

与安全有关的数据库对象被组织在如图 1-7 所示的【安全性】节点中，这些对象包括用户、角色、架构、证书、非对称密钥、对称密钥、数据库审核规范等。

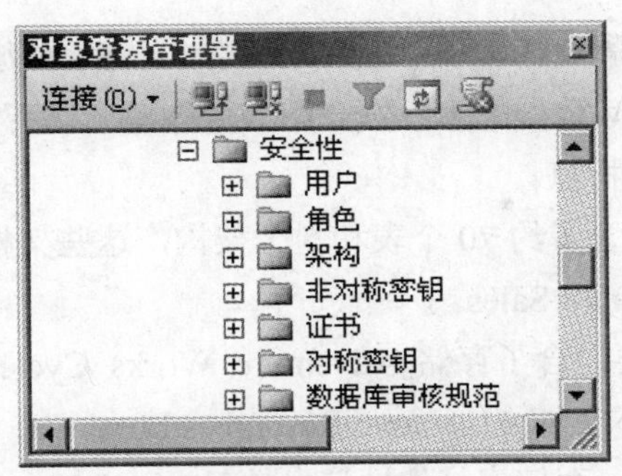

图 1-7　安全性对象

◎　用户

用户是指数据库用户，是数据库级上的主体。这些数据库用户对象可以在【用户】节点中找到。

◎　角色

【角色】节点包含了数据库级的角色对象。数据库角色是一组具有相同权限用户的逻辑组合。例如，可以把一组具有相同权限的用户包含在一个角色中。

◎　架构

【架构】节点包含了架构对象。架构是形成单个命名空间的数据库实体的集合。命名空间是一个集合，其中每个元素的名称都是唯一的。实际上，架构是 Microsoft SQL Server 系统实现用户架构分离的重要手段。

◎　证书

【证书】节点包含了证书对象。证书包含了可以用于加密数据的公钥，是公钥证书的简称。证书是由认证机构颁发和签名的。

◎　对称密钥和非对称密钥

对称密钥的加密密钥和解密密钥是相同的，非对称密钥中的加密密钥和解密密钥是不同的。【对称密钥】节点和【非对称密钥】节点中分别包含了对称密钥对象和非对称密钥对象。

◎　数据库审核规范

数据库审核规范是指对数据库级别的审核操作进行定义和规范，定义操作事件，并且指定将审核结果发送到目标文件、Windows 安全事件日志或 Windows 应用程序日志中。

有关数据库对象的详细内容，本书后面将会陆续进行详细讲述。

1.4.3　AdventureWorks 示例数据库

前面讲过 AdventureWorks 和 AdventureWorksDW 都是 Microsoft SQL Server 2008 的示例数据库，这些示例数据库中存储了 Adventure Works Cycles 公司的业务数据。Adventure Works Cycles 公司是 SQL Server 系统虚拟的一家跨国公司，主要生产金属和复合材料自行车，产品远销北美、欧洲、亚洲等市场。该公司拥有 290 多名员工和多个活跃在世界各地的地区性销售团

队。Microsoft SQL Server 2008 系统以 AdventureWorks 数据库为示例讲述如何设计和创建 OLTP 数据库，以 AdventureWorksDW 数据库为示例介绍如何创建商业智能解决方案。下面主要介绍 AdventureWorks 示例数据库的特点。

AdventureWorks 数据库包含了约 70 个表和 5 个架构，这些架构分别是 HumanResources、Person、Production、Purchasing 和 Sales。

HumanResources 架构主要包含了存储 Adventure Works Cycles 公司的部门和雇员信息的表。例如，存储公司雇员基本信息的 HumanResources.Employee 表、存储公司部门信息的 HumanResources.Department 表、存储雇员住址信息的 HumanResources.Address 表、存储公司雇员所在部门信息的 HumanResources.EmployeeDepartment 表等。

Person 架构主要包含了各个客户、供应商、雇员的名称和地址信息的表。这些表主要包括存储地址信息的 Person.Address 表、存储每个客户或雇员或供应商的姓名和相关信息的 Person.Contact 表、存储国家以及州省市等信息的 Person.StateProvince 表等。

存储 Adventure Works Cycles 公司生产的产品和销售信息的表则包含在 Production 架构中。例如，存储用于生产自行车和自行车子部件的所有组件信息的 Production.BillOfMaterials 表、存储售出的或在售出产品的生产过程中使用的产品信息的 Production.Product 表、存储生产订单信息的 Production.WorkOrder 表、存储产品说明文档的 Production.Document 表等。

Purchasing 架构包含了与零件和产品的采购供应商相关信息的表。例如，存储 Adventure Works Cycles 公司向其购买零件或其他商品的公司信息的 Purchasing.Vendor 表、存储采购订单信息的 Purchasing.PurchaseOrderHeader 表和 Purchasing.PurchaseOrderDetail 表、存储发货公司信息的 Purchasing.ShipMethod 表等。

Sales 架构包含了存储与客户和销售相关数据的表。这些表主要包括存储个人客户和零售商店信息的 Sales.Customer 表、存储销售订单信息的 Sales.SalesOrderHeader 表和 Sales.SalesOrderDetail 表、存储货币说明信息的 Sales.Currency 表、存储客户采购特定产品原因的 Sales.Reason 表、存储销售代表销售信息的 Sales.Person 表等。

1.5 管理工具

Microsoft SQL Server 2008 系统提供了大量的管理工具。用户借助这些管理工具，可以对系统进行快速、高效的管理。这些管理工具主要包括 Microsoft SQL Server Management Studio、SQL Server 配置管理器、SQL Server Profiler、数据库引擎优化顾问，以及大量的命令行实用工具等。下面，分别介绍这些工具的特点和作用。

1.5.1 Microsoft SQL Server Management Studio

Microsoft SQL Server Management Studio 是 Microsoft SQL Server 2008 提供的一种集成环

境，是 Visual Studio IDE 环境的一个子集，该工具可以完成访问、配置、控制、管理和开发 SQL Server 的所有工作。实际上，Microsoft SQL Server Management Studio 将各种图形化工具和多功能的脚本编辑器组合在一起，大大方便了技术人员和数据库管理员对 SQL Server 系统的各种访问。用户可以从程序组中启动该工具。Microsoft SQL Server Management Studio 的主窗口如图 1-8 所示。

Microsoft SQL Server 7 和 2000 版本中的 SQL Server Enterprise Manager 和 Query Analyzer 都被 Microsoft SQL Server 2005/2008 中的 Microsoft SQL Server Management Studio 工具替代了。使用 Microsoft SQL Server Management Studio 还可以管理 Microsoft SQL Server 7/2000/2005 实例。

Microsoft SQL Server Management Studio 是由多个管理和开发工具组成的，这些管理和开发工具包括【已注册的服务器】窗口、【对象资源管理器】窗口、【查询编辑器】窗口、【模板资源管理器】窗口和【解决方案资源管理器】窗口等。

【已注册的服务器】窗口位于图 1-8 的左上角(区域 1)，可以完成注册服务器和将服务器组合成逻辑组的功能。通过该窗口可以选择数据库引擎服务器、分析服务器、报表服务器、集成服务器等。当选中某个服务器时，右击该服务器后可以从弹出的快捷菜单中选择执行查看服务器属性、启动和停止服务器、新建服务器组、导入导出服务器信息等操作。

使用位于图 1-8 左下角的【对象资源管理器】窗口(区域 2)可以完成类似以前版本中 SQL Server Enterprise Manager 工具的操作。具体地说，该窗口可以完成如下一些操作：注册服务器；启动和停止服务器；配置服务器属性；创建数据库以及创建表、视图、存储过程等数据库对象；生成 Transact-SQL 对象创建脚本；创建登录帐户；管理数据库对象权限；配置和管理复制；监视服务器活动；查看系统日志等。

【查询编辑器】是以前版本中的 Query Analyzer 工具的替代物，它位于图 1-8 的中部，上半部是命令区(区域 3)，下半部是结果区(区域 4)。使用【查询编辑器】可以编写和运行 Transact-SQL 脚本。与 Query Analyzer 工具总是工作在连接模式下不同的是，该工具既可以工作在连接模式下，也可以工作在断开模式下。另外，像 Microsoft Visual Studio 工具一样，该工具也支持彩色代码关键字、可视化地显示语法错误、允许开发人员运行和诊断代码等功能。因此，【查询编辑器】的集成性和灵活性大大提高了。

【模板资源管理器】窗口位于图 1-8 的右上部(区域 5)，该工具提供了执行常用操作的模板。用户可以在此模板的基础上编写符合自己要求的脚本。例如在【模板资源管理器】窗口中打开 Database 节点(如图 1-9 所示)，可以生成诸如 Attach Database、Bring Database Online、Create Database on Multiple Filegroups、Create Database、Drop Database 等操作模板。

【解决方案资源管理器】窗口可以用来提供指定解决方案的树状结构图，选择【视图】|【解决方案资源管理器】命令可以打开该窗口。解决方案中的每一个项目还可以包含多个不同的文件或其他项(项的类型取决于创建这些项所用到的脚本语言)。解决方案可以包含多个项目，用户可以同时打开、保存、关闭这些项目。

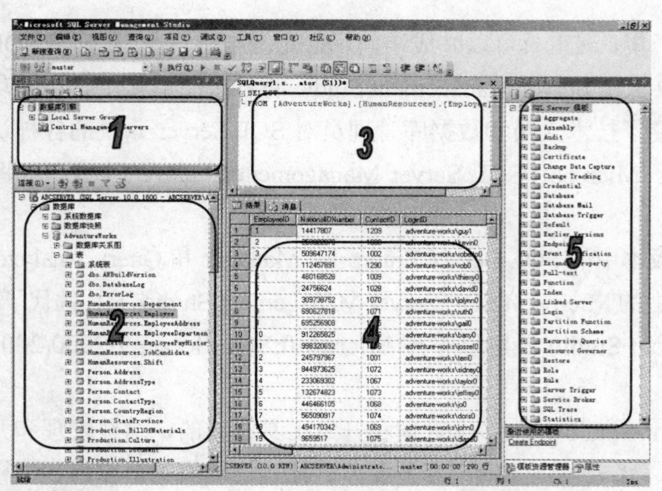

图 1-8　Microsoft SQL Server Management Studio 主窗口

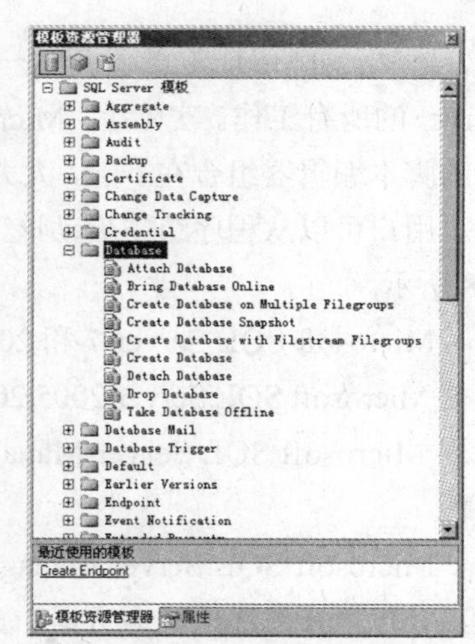

图 1-9　模板资源管理器

Microsoft SQL Server Management Studio 的主要功能如下：

- 创建、编辑以及删除数据库与数据库对象；
- 管理调度任务，例如备份、执行 SSIS 包等；
- 显示当前活动，例如登录用户、锁定的对象等；
- 管理安全性，例如管理角色、登录名、远程服务器、链接服务器等；
- 建立并管理全文搜索目录；
- 管理服务器的配置；
- 启动一个新的 PowerShell 控制台实例；
- 建立并管理数据库副本的发布与预定。

1.5.2　SQL Server 配置管理器

在 Microsoft SQL Server 2008 系统中，可以通过【计算机管理】工具或【SQL Server 配置管理器】查看和控制 SQL Server 的服务。

在桌面上，右击【我的电脑】，从弹出的快捷菜单中选择【管理】命令，可以看到如图 1-10 所示的【计算机管理】窗口。在该窗口中，可以通过【SQL Server 配置管理器】节点中的【SQL Server 服务】子节点查看 Microsoft SQL Server 2008 系统的所有服务及其运行状态。在图 1-10 中列出了 Microsoft SQL Server 2008 系统的 7 个服务，分别如下：

- SQL Server Integration Services 即集成服务
- SQL Server FullText Search (MSSQLSERVER)即全文搜索服务
- SQL Server (MSSQLSERVER)即数据库引擎服务
- SQL Server Analysis Services (MSSQLSERVER)即分析服务
- SQL Server Reporting Services (MSSQLSERVER)即报表服务
- SQL Server Browser 即 SQL Server 浏览器服务

◉ SQL Server 代理(MSSQLSERVER)即 SQL Server 代理服务

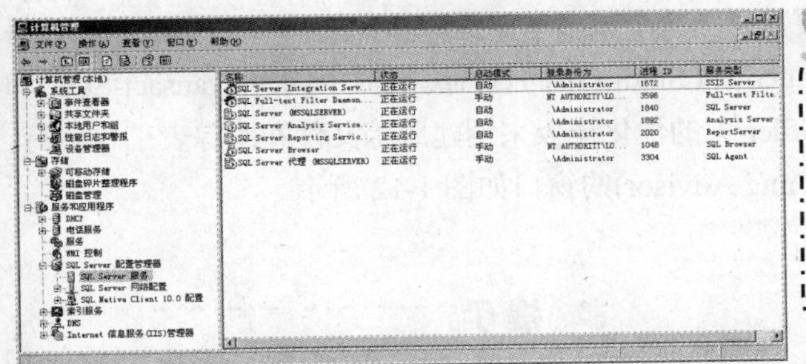

图 1-10　【计算机管理】窗口

提示

从 Microsoft SQL Server 2008 程序组中也可启动【SQL Server 配置管理器】。在如图 1-10 所示的窗口服务列表中，通过右击某服务名称可以查看该服务的属性，还可以启动、停止、暂停、重新启动相应的服务。

1.5.3 SQL Server Profiler

使用 SQL Server Profiler 工具可以完成系统运行过程的摄录操作。从 Microsoft SQL Server Management Studio 窗口的【工具】菜单中即可运行 SQL Server Profiler。SQL Server Profiler 的运行窗口如图 1-11 所示。

SQL Server Profiler 是用于从服务器中捕获 SQL Server 2008 事件的工具。这些事件可以是连接服务器、登录系统、执行 Transact-SQL 语句等操作。这些事件可以保存在一个跟踪文件中，可以在以后对该文件进行分析，也可以用来重播指定的系列步骤，从而有效地发现系统中存在的性能比较差的查询语句，以及对系统运行进行监控等相关问题。

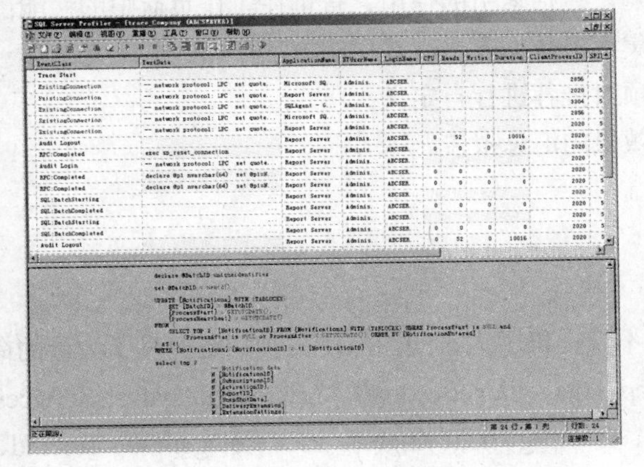

图 1-11　SQL Server Profiler 的运行窗口

提示

在【SQL Server Profiler 的运行窗口】中，上半部显示了 SQL Server Profiler 工具摄录到的系统操作事件的信息。当单击某个具体事件时，该事件的详细命令等信息显示在该窗口的下半部分中。

1.5.4 数据库引擎优化顾问

数据库引擎优化顾问(Database Engine Tuning Advisor)工具可以帮助用户分析工作负荷，提出创建高效率索引的建议等功能。

借助数据库引擎优化顾问，用户不必详细了解数据库的结构就可以选择和创建最佳的索引、索引视图、分区等。工作负荷是对要优化的一个或多个数据库执行的一组 Transact-SQL 语句。既可以在 Microsoft SQL Server Management Studio 中的查询编辑器中创建 Transact-SQL 脚本工作负荷，也可以使用 SQL Server Profiler 中的优化模板来创建跟踪文件和跟踪表工作负荷。数据库引擎优化顾问(Database Engine Tuning Advisor)的窗口如图 1-12 所示。

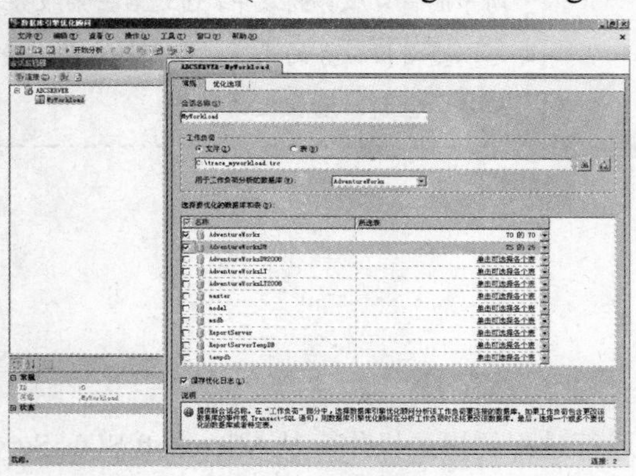

图 1-12　数据库引擎优化顾问窗口

在【数据库引擎优化顾问窗口】中，可以选择两种类型的工作负荷：文件负荷和表负荷。文件负荷是指包含了 Transact-SQL 语句的脚本文件，表负荷是指操作将要涉及的表。该工具可以提供如何创建索引的建议。

具体地说，使用数据库引擎优化顾问工具可以执行下面一些操作：

- 通过使用查询优化器分析工作负荷中的查询，推荐数据库的最佳索引组合；
- 为工作负荷中引用的数据库推荐对齐分区和非对齐分区；
- 推荐工作负荷中引用的数据库的索引视图；
- 分析所建议的更改将会产生的影响，包括索引的使用、查询在工作负荷中的性能；
- 推荐为执行一个小型的问题查询集而对数据库进行优化的方法；
- 允许通过指定磁盘空间约束等选项对推荐进行自定义；
- 提供对所给工作负荷的建议执行效果的汇总报告。

1.5.5　实用工具

在 Microsoft SQL Server 2008 系统中，不仅提供了大量的图形化工具，还提供了大量的命令行实用工具。这些命令行实用工具包括 bcp、dta、dtexec、dtutil、Microsoft.AnalysisServices.Deployment、nscontrol、osql、profiler90、rs、rsconfig、rskeymgmt、sac、sqlagent90、sqlcmd、SQLdiag、sqlmaint、sqlservr、sqlwb、tablediff 等。

bcp 实用工具可以在 Microsoft SQL Server 2008 实例和用户指定格式的数据文件之间进行大容量的数据复制。也就是说，使用 bcp 实用工具可以将大量数据导入 Microsoft SQL Server 表中，或者将表中的数据导出到数据文件中。

dta 实用工具是数据库引擎优化顾问的命令提示符板。通过使用 dta 实用工具，用户可以在应用程序和脚本中使用数据库引擎优化顾问功能，从而扩大了数据库引擎优化顾问的作用范围。

dtexec 实用工具用于配置和执行 Microsoft SQL Server 2008Integration Services (SSIS)包。用户通过使用 dtexec 实用工具，可以访问所有 SSIS 包的配置信息和执行功能，这些信息包括连接、属性、变量、日志、进度指示器等。

dtutil 实用工具的作用类似 dtexec 实用工具，也是执行与 SSIS 包有关的操作。但是，该工具主要是用于管理 SSIS 包，这些管理操作包括验证包的存在性及对包进行复制、移动、删除等操作。

Microsoft.AnalysisServices.Deployment 实用工具执行与 Microsoft SQL Server 2008Analysis Services (SSAS)有关的部署操作。该工具的输入文件是在生成分析服务项目时生成的 XML 类型文件。这些文件可以提供对象定义、部署目标、部署选项、配置设置等。该工具通过使用指定的部署选项和配置设置，将对象定义部署到指定的部署目标。

nscontrol 实用工具与 Microsoft SQL Server 2008 Notification Services 服务有关，用于管理、部署、配置、监视、控制通知服务实例，并且提供了创建、删除、使能、修复、注册等与通知服务实例相关的命令。

osql 实用工具可以用来输入和执行 Transact-SQL 语句、系统过程、脚本文件等。该工具通过 ODBC 与服务器进行通信。实际上，在 Microsoft SQL Server 2008 系统中，sqlcmd 实用工具可以替代 osql 实用工具。

profiler90 实用工具是启动 SQL Server Profiler 工具的命令行命令。使用该工具可以方便地在应用中对 SQL Server Profiler 工具进行启动和使用。

rs 实用工具与 Microsoft SQL Server 2008 Reporting Services 服务有关，可以用于管理和运行报表服务器的脚本。通过使用该工具，用户可以轻松地实现报表服务器部署与管理任务的自动化执行。

rsconfig 实用工具也是与报表服务相关的工具，可以用来对报表服务连接进行管理。例如，该工具可以在 RSReportServer.config 文件中加密并存储连接和帐户，确保报表服务可以安全地运行。

rskeymgmt 实用工具也是与报表服务相关的工具，可以用来提取、还原、创建、删除对称密钥。该密钥可用于保护敏感报表服务器数据不受未经授权的访问，从而提高报表服务器数据的安全性。

sac 实用工具与 Microsoft SQL Server 2008 外围应用设置相关，可以用来导入、导出这些外围应用设置，大大方便了多台计算机上的外围应用设置。例如，可以使用 Microsoft SQL Server 2008 系统提供的外围应用配置图形工具先配置一台计算机，然后使用 sac 将该计算机的配置导出到一个文件中。接着，可以使用 sac 实用程序将所有 Microsoft SQL Server 2008 组件的设置应用到本地或远程计算机的其他 Microsoft SQL Server 2008 实例中。

sqlagent90 实用工具用于从命令提示符处启动 SQL Server Agent 服务。需要注意的是，一般，应该从 SQL Server Management Studio 工具中或在应用程序中使用 SQL-DMO 方法来运行 SQL Server Agent 服务。只有在对 SQL Server Agent 服务进行诊断或提供程序定向到命令提示符时，才使用该工具。

sqlcmd 实用工具可以在命令提示符处输入 Transact-SQL 语句、系统过程和脚本文件。实际上，该工具是作为 osql 实用工具和 isql 实用工具的替代工具而新增的，它通过 OLE DB 与服务器进行通信。sqlcmd 实用工具运行的界面如图 1-13 所示。

```
SQLCMD
C:\>sqlcmd
1> use AdventureWorks
2> select top 15 employeeID, title, gender
3> from HumanResources.Employee
4> go
已将数据库上下文更改为 'AdventureWorks'。
employeeID  title                                   gender
----------  --------------------------------------  ------
         1  Production Technician - WC60            M
         2  Marketing Assistant                     M
         3  Engineering Manager                     M
         4  Senior Tool Designer                    M
         5  Tool Designer                           M
         6  Marketing Manager                       M
         7  Production Supervisor - WC60            F
         8  Production Technician - WC10            F
         9  Design Engineer                         F
        10  Production Technician - WC10            M
        11  Design Engineer                         M
        12  Vice President of Engineering           F
        13  Production Technician - WC10            M
        14  Production Supervisor - WC50            M
        15  Production Technician - WC10            M

(15 行受影响)
1>
```

图 1-13　sqlcmd 实用工具

提示

在使用 sqlcmd 实用工具时，需要注意，该工具需从命令行启动。该命令有许多参数，不同的参数表示命令的不同执行方式。进入到该命令状态后，所有的操作都按照字符界面来进行。

SQLdiag 实用工具用于对 SQL Server 系统进行诊断。利用该工具可以收集 SQL Server 系统的有关性能诊断信息，这些信息包括 Windows 性能日志、Windows 事件日志、SQL Server 事件探查器跟踪、SQL Server 阻塞和配置信息等。这些信息有助于技术支持人员排除 SQL Server 在运行过程中出现的故障。

sqlmaint 实用工具可以执行一组指定的数据库维护操作，这些操作包括 DBCC 检查、数据库备份、事务日志备份、更新统计信息、重建索引，并生成报表且把这些报表发送到指定的文件和电子邮件帐户。

sqlservr 实用工具的作用是在命令提示符下启动、停止、暂停、继续 Microsoft SQL Server 的实例。如果希望从应用程序中启动 Microsoft SQL Server 实例，则使用该工具将是一个不错的选择。

sqlwb 实用工具可以在命令提示符下打开 SQL Server Management Studio，并且可以与服务器建立连接，打开查询、脚本、文件、项目、解决方案等。

tablediff 实用工具用于比较两个表中的数据是否一致，对于排除复制中出现的故障非常有用。用户可以在命令提示符下使用该工具执行比较任务。

1.5.6 PowerShell

PowerShell 是 Microsoft SQL Server 2008 系统的新功能，是一个脚本和服务器导航引擎。用户可以使用该工具导航服务器上的所有对象，就好像它们是文件系统中目录结构的一部分一样，甚至可以使用诸如 dir、cd 类型的命令。

1.6　数据库应用开发和数据库开发

数据库开发是数据库应用的一个重要组成部分，数据库开发往往与数据库应用开发交织在一起。因此，为了更好地理解 Microsoft SQL Server 2008 数据库的开发过程，需要理解数据库应用开发过程的特点。下面首先介绍数据库应用开发的主要阶段，然后讲述数据库开发的主要阶段，最后分析两者之间的关系。

1.6.1　数据库应用开发

数据库是数据库应用的重要组成部分，为数据库应用提供持久性的数据存储。除了数据库之外，数据库应用还包括操作人员、业务处理过程、输入数据、输出数据、开发工具以及硬件设备等。数据库应用开发的目标是建立一个可以满足用户需求的应用程序或信息系统。数据库应用开发过程往往包含多个不同的阶段，每个阶段都有自身的特点。有关数据库应用开发过程，不同的专家或开发方法有不同的观点，建议的阶段从 3~20 个不等。一般认为，数据库应用开发过程主要包括调查研究、系统分析、系统设计、系统实施和系统评价等 5 个阶段，各阶段之间的关系示意图如图 1-14 所示。

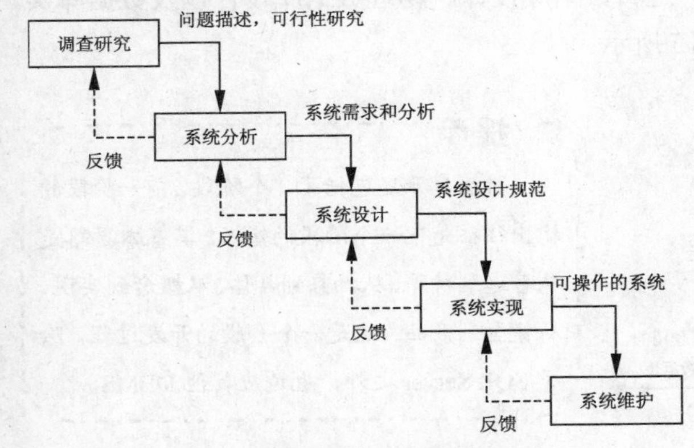

图 1-14　数据库应用开发的主要阶段

提示

数据库应用开发包括了 5 个阶段，这些阶段之间有明显的先后顺序。前一阶段的输出往往是下一个阶段的输入。但是，下一个阶段可以根据需要向前一个阶段提出进一步补充和完善的反馈意见。

数据库应用设计的目的是在现行系统的基础上经过改建或重建得到一个新系统。因此，在对新系统进行分析和设计之前，必须对现行系统进行全面充分的调查研究和分析。调查研究阶段主要包括两方面的内容，分别是对现行系统的调查研究和新系统开发的可行性研究。对现行系统的调查研究是为新系统的开发准备原始资料，并使系统开发人员获得对现行系统的感性和理性认识。

系统分析是数据库应用开发工作中的一个重要阶段。该阶段运用系统的观点和方法对现行系统进行目标分析、需求分析和功能分析，并在系统分析的基础上，设计出数据库应用的逻辑模型，完成系统分析说明书。

系统设计又称为物理设计，系统设计是根据新系统的逻辑模型来建立物理模型，解决系统如何工作的问题。系统设计是依据一定的原则完成系统物理设计的全部内容。系统设计的主要内容包括系统的总体结构设计、计算机系统设计、数据通信网络设计、数据库设计、输入/输出设计、界面设计以及完成系统设计规范或系统设计规格说明书等。

系统实施主要是实现系统设计阶段完成的新系统物理模型，该阶段将投入大量的人力、物力和时间。系统实施之后，用户所在组织的部门设置、工作岗位、工作方式、人员安排以及设备配置等都将发生重大变革。因此，在系统实施阶段，必须根据系统设计规范的要求，进行组织、安排计划和培训人员等。系统实施阶段的工作内容包括确定系统实施的领导、程序编制、人员培训、系统调试和转换等。

系统评价阶段包括系统维护和评价两方面的内容。数据库应用是一个复杂的系统，由于系统内外环境的不断变化以及各种人为的、机器的影响等，要求系统能够适应这种变化并不断完善，这就需要系统的维护。当系统完成和运行之后，应该对系统原来设计的目标是否达到以及达到的程度进行科学评价。

1.6.2 数据库开发

数据库开发过程是指设计和实现一个可以满足用户需求和使用的数据库的过程。一般数据库开发过程包括 4 个阶段，即概念数据建模、逻辑数据库设计、物理数据库设计以及数据库实现和维护，各阶段之间的关系示意图如图 1-15 所示。

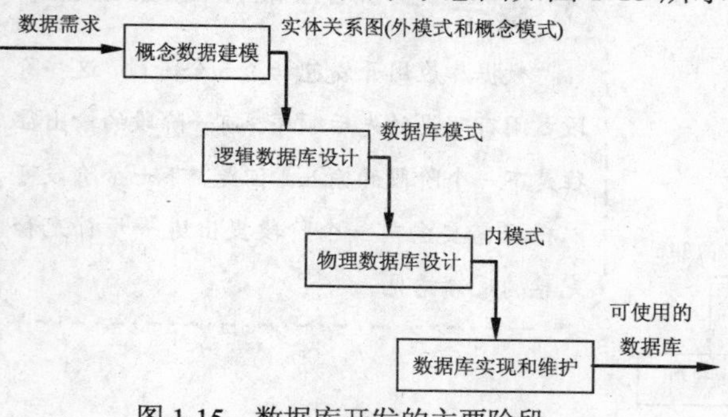

图 1-15 数据库开发的主要阶段

提示

数据库开发包括了 4 个阶段，前一阶段的输出往往是下一个阶段的输入。其基本思路是从普遍到特殊、从抽象到具体、从概念到实现、从模型到产品。这是一个一般的开发过程，除了 SQL Server 之外，也适应其他 DBMS。

概念数据建模阶段的目标是产生满足用户数据需求的数据库概念结构，该概念结构独立于计算机硬件结构和具体的 DBMS。外模式表示数据库的特殊需求或局部需求，概念模式描述数据库的整体要求。因此，外模式通常比概念模式小得多。在关系型数据库系统中，实体关系图是外模式和概念模式设计时最常使用的规则。

逻辑数据库设计阶段的目标是将概念数据模型转换成具体的 DBMS 能够理解的格式。逻辑设计阶段与有效的实现无关，其目的是完善概念数据模型，保留概念数据模型的信息内容，并支持具体的 DBMS 的实现。在关系型数据库系统中，逻辑数据库设计阶段的输出是表的设计。具体来说，逻辑数据库设计阶段包含的两项完善活动是转换和标准化。转换活动是将实体关系图转换成符合约束规则的表设计。标准化活动是指通过使用约束或依赖关系消除表设计中的冗余。

概念数据建模阶段和逻辑数据库设计阶段主要考虑信息内容，有关数据库的性能则在物理数据库设计阶段中解决。数据库性能的衡量方式包括查询响应时间、数据可用性以及数据控制方式等。确定数据和处理过程的物理位置、设计索引和数据排列方式等都是物理数据库设计阶段的内容。有时把物理数据库设计阶段的输出成果称为内模式。

设计工作完成之后，进入到数据库实现和维护阶段。数据库实现包括安装选定的数据库产品，创建数据字典或定义数据库结构，向数据库中加载初始数据，开发应用程序和使用数据库。数据库维护主要是指为了保持数据库正常运行而采取的维护活动，这些活动主要由数据库管理员完成。数据库管理员的主要职责包括持续监控和调整数据库性能，备份和恢复数据库中的数据，执行与数据库数据不断扩张的任务，更改数据库结构和物理特征等。数据库实现和维护阶段的目标是得到一个可以正常使用的数据库。

1.6.3　数据库开发和数据库应用开发之间的关系

数据库开发和数据库应用开发不是隔绝的，而是交互进行的。例如，数据需求来自于整个应用程序的需求，概念数据建模阶段是系统分析阶段的一个重要组成部分，逻辑数据库设计阶段是在系统设计阶段完成的，物理数据库设计、数据库实现和维护与系统设计、系统实现、系统维护阶段的工作密不可分。为了完成数据库开发目标，数据库开发过程必须与整个数据库应用开发过程协调进行。数据库开发过程和数据库应用开发过程之间关系的示意图如图 1-16 所示。

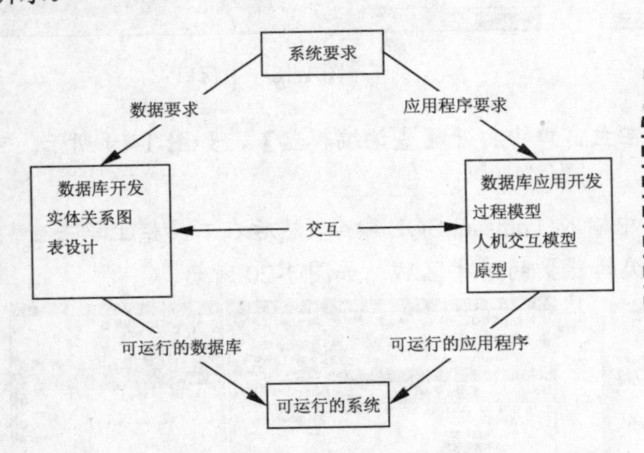

图 1-16　数据库开发和数据库应用开发关系示意图

提示

数据库开发和数据库应用开发是相互影响的，数据库开发的需求来自整个应用的需求，数据库开发的主要内容与整个应用开发的内容密切交互和影响，它们的最终结果是整个应用不可分割的组成部分。

1.7　上机练习

本章上机练习的主要内容是练习使用 Microsoft SQL Server Management Studio 图形工具和 sqlcmd 实用程序。

1.7.1 使用 Microsoft SQL Server Management Studio

练习使用 Microsoft SQL Server Management Studio。

(1) 选择【开始】|【所有程序】|【Microsoft SQL Server 2008】|【SQL Server Management Studio】命令，启动 Microsoft SQL Server Management Studio，这时显示如图 1-17 所示的【连接到服务器】对话框。

(2) 在【连接到服务器】对话框中，从【服务器类型】列表框中选择【数据库引擎】选项，从【服务器名称】列表框中选择 SQL Server 2008 系统所在的服务器名称，从【身份验证】列表框中选择【Windows 身份验证】选项，单击 连接(C) 按钮，则打开【Microsoft SQL Server Management Studio】主窗口，如图 1-18 所示。 可以从该窗口中执行查看数据库对象和启动其他工具等操作。

图 1-17 【连接到服务器】对话框

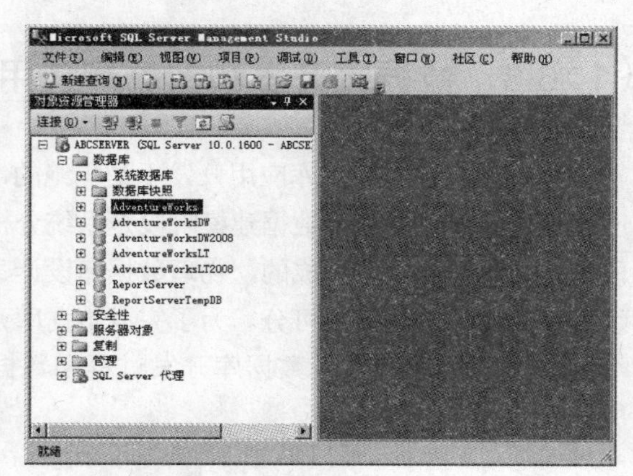

图 1-18 主窗口

(3) 单击工具栏上的 新建查询(N) 按钮，则在主窗口中打开【查询编辑器】，如图 1-19 所示。可以在此执行 Transact-SQL 命令。

(4) 在如图 1-19 所示的【查询编辑器】中输入 Transact-SQL 命令，然后在工具栏上单击 ! 执行(X) 按钮，则执行该命令且结果显示在【查询编辑器】的下半区域，如图 1-20 所示。

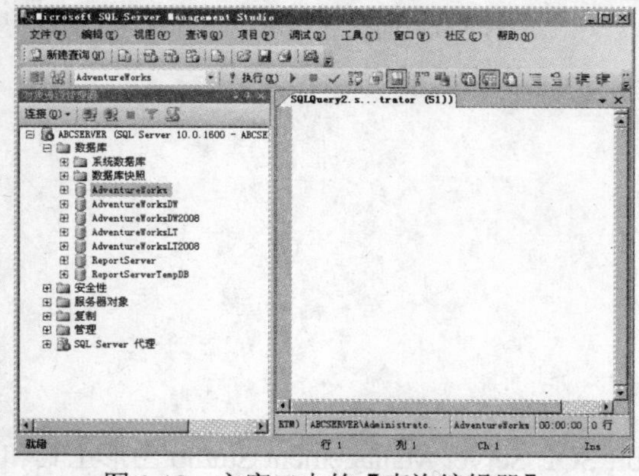

图 1-19 主窗口中的【查询编辑器】

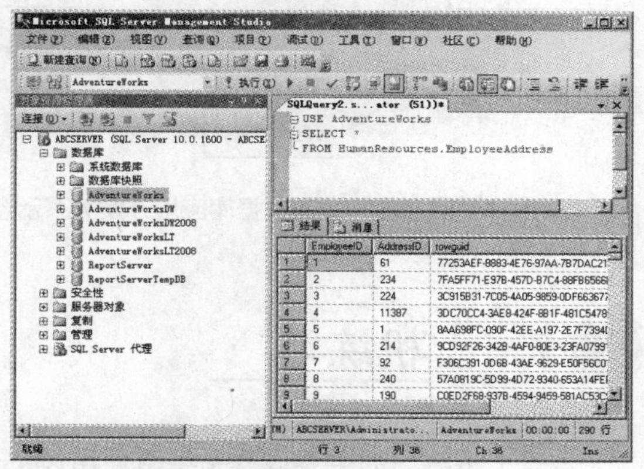

图 1-20 执行 Transact-SQL 命令后的主窗口

1.7.2　使用 sqlcmd

练习使用 sqlcmd，这是一个实用程序，必须从命令提示符中启动。

(1) 选择【开始】|【所有程序】|【附件】|【命令提示符】命令，启动 sqlcmd 命令，如图 1-21 所示。可以在【C:\>】提示符后面输入 sqlcmd 命令。

图 1-21　命令提示符界面

```
SQLCMD
C:\>sqlcmd
1> use adventureWorks
2> select AddressID, AddressLine1
3> from Person.Address
4> where AddressID <= 10
5> go
已将数据库上下文更改为 'AdventureWorks'。
AddressID   AddressLine1
-----------------------------------------------------------
          1 1970 Napa Ct.
          2 9833 Mt. Dias Blv.
          3 7484 Roundtree Drive
          4 9539 Glenside Dr
          5 1226 Shoe St.
          6 1399 Firestone Drive
          7 5672 Hale Dr.
          8 6387 Scenic Avenue
          9 8713 Yosemite Ct.
         10 250 Race Court

(10 行受影响)
1>
```

图 1-22　输入 sqlcmd 命令

(2) 输入 sqlcmd 命令之后，按 Enter 键，则出现【1>】提示符，表示进入 Transact-SQL 命令编辑区，如图 1-22 所示。输入指定的 Transact-SQL 命令，中间可以按 Enter 键。输入 Transact-SQL 命令之后，输入表示执行的 go 命令，这时开始执行命令。

(3) 执行 Transact-SQL 命令之后，又出现【1>】提示符，表示可以开始编辑其他 Transact-SQL 命令了。

1.8　习题

1. 练习在 Microsoft SQL Server Management Studio 工具中浏览 AdventureWorks 示例数据库，统计共有多少示例表、视图和触发器，并且浏览表中的数据。

2. 练习在 Microsoft SQL Server Management Studio 工具中输入如图 1-23 所示的 Transact-SQL 命令，并且执行该命令。

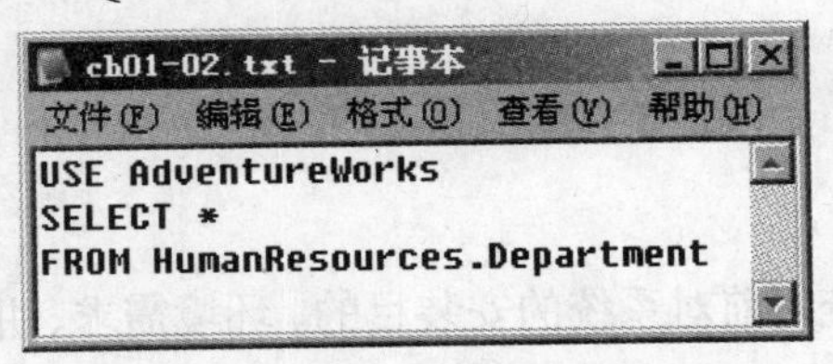

图 1-23　练习执行 Transact-SQL 命令

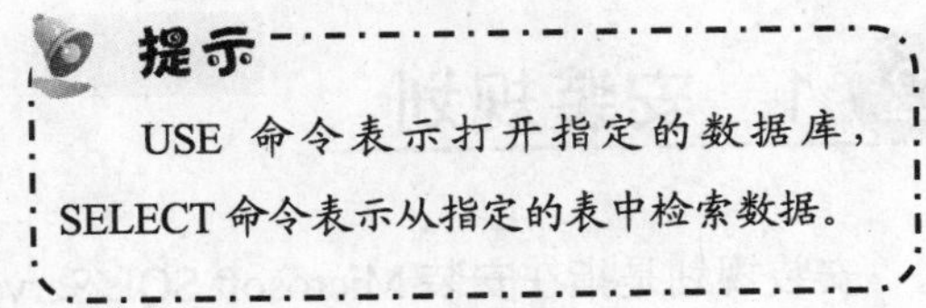

提示

USE 命令表示打开指定的数据库，SELECT 命令表示从指定的表中检索数据。

安装和配置

学习目标

良好的开端是成功的一半，这句话说明了任何事情的开端都是非常重要的。安装是使用任何软件系统之前必须做的事情，是使用软件系统的开始。正确地安装和配置系统，是确保软件系统安全、健壮运行的基础工作。作为一种大型数据库系统，Microsoft SQL Server 系统安装前的规划、安装过程中的参数设置、安装后的检查和调整等是比较复杂的。本章将全面讲述 Microsoft SQL Server 2008 产品的安装和配置技术。

本章重点

- ◎ 安装规划
- ◎ 系统的版本
- ◎ 安装过程
- ◎ 验证安装结果
- ◎ 注册服务器
- ◎ 配置服务器

2.1 安装规划

安装规划是指在安装 Microsoft SQL Server 系统之前对系统的安装目的、环境需求、并发用户的数量、安装版本、服务器位置、特殊要求等内容进行统筹安排和合理规划。

2.1.1 安装目的

安装目的是指安装后的 Microsoft SQL Server 2008 系统能够支持用户业务工作顺利、高效

率、安全地进行。

Microsoft SQL Server 系统是一个可以在多种行业领域中管理业务数据的大型数据库管理系统。例如，银行可以使用 Microsoft SQL Server 系统管理客户的信用卡交易数据，工厂可以使用 Microsoft SQL Server 系统管理库存物料的入库、出库、盘点等业务数据，学校可以使用 Microsoft SQL Server 系统管理学生的基本状况、考试成绩等数据，海关可以使用 Microsoft SQL Server 系统管理进口和出口的各种商品、运输等信息，网络商店可以使用 Microsoft SQL Server 系统管理自己的商品、客户、交易等数据。不过需要注意的是，Microsoft SQL Server 系统支持多个实例安装，也就是说，在同一台服务器上可以安装多个不同用途的 Microsoft SQL Server 系统。

如果用户的环境是一个经常有成百上千并发用户访问的生产环境，系统支持的单位时间的业务量巨大，那么应该着重考虑系统的性能。这时，安装在群集环境中则是一个有效的选择。如果用户的环境主要用于存储海量数据，要求系统性能满足特定用户需求，那么这时应该着重考虑采用大容量的磁盘。这里给出一个建议，为了提高并发操作的效率，应尽可能地把单块大容量的磁盘更换为若干个小容量的磁盘。

在业务操作环境中使用的系统与在分析环境中使用的系统是不同的。一般来说，在业务操作环境中使用的系统是 Microsoft SQL Server 系统的数据库引擎，而分析环境中主要使用其分析服务。

2.1.2 系统版本

Microsoft SQL Server 2008 系统提供了多个不同的版本，不同的应用需求，往往需要安装不同的版本。既有 32 位的版本，也有 64 位的版本；既有正式使用的服务器版本，也有满足特殊需要的专业版本。其中，服务器版本包括了企业版和标准版，专业版本主要包括开发人员版、工作组版、Web 版、Express 版、Compact 版等。

企业版可以用作一个企业的数据库服务器。这种版本支持 Microsoft SQL Server 2008 系统所有的功能，包括支持 OLTP 系统和 OLAP 系统，例如支持协服务器功能、数据分区、数据库快照、数据库在线维护、网络存储、故障切换等。企业版是功能最齐、性能最高的数据库，也是价格最昂贵的数据库系统。作为完整的数据库解决方案，企业版应该是大型企业首选的数据库产品。

标准版可以用作一般企业的数据库服务器，它包括电子商务、数据仓库、业务流程等最基本的功能，例如支持分析服务、集成服务、报表服务等，支持服务器的群集和数据库镜像等功能。虽然标准版的功能不像企业版的功能那样齐全，但是它所具有的功能已经能够满足普通企业的一般需求。该版本最多支持 4 个 CPU，既可以用于 64 位的平台环境，也可以用于 32 位的平台环境。如果综合考虑企业需要处理的业务功能和财务状况，使用标准版的数据库产品是一种明智的选择。

开发人员版的主要用户是独立软件供应商、创建和测试数据库应用程序的开发人员、系统集成商等。这种版本不适用于普通的数据库用户。从功能上讲，该版本等价于企业版，但在并发查询等方面有很大的性能限制。用户可以根据需要升级到其他版本。从法律角度来看，该版本的产品不能在生产环境中部署和使用。

工作组版是一个入门级的数据库产品，它提供了数据库的核心管理功能，可以为小型企业或部门提供数据管理服务。该版本与企业版的主要差别是没有商业智能功能和高的可伸缩性功能，但是可以轻松地升级至标准版或企业版。该版本的数据库产品最多支持两个 CPU 和 2GB 的 RAM。当然，与企业版或标准版相比，工作组版具有价格上的优势。

Web 版本主要是满足网站开发和管理的需要。从总拥有成本方面来讲，SQL Server 2008 Web 是一个不错的选择。

Microsoft SQL Server 2008 系统的 Express 版本是一个免费的、与 Visual Studio 2008 集成的数据库产品，是 Microsoft Desktop Engine(MSDE)版本的替代，任何人都可以从微软网站下载使用。Microsoft SQL Server 2008 系统的 Express 版本是低端 ISV、低端服务器用户、创建 Web 应用程序的非专业开发人员以及创建客户端应用程序的编程爱好者的理想选择。从数据库产品市场角度来看，Express 版本有可能成为其他 Microsoft SQL Server 2008 系统的其他版本产品占据市场份额的有力武器。

对于基于 Windows 平台的移动设备、桌面等嵌入式用户来讲，Microsoft SQL Server Compact 是一个很好的数据库选择。

2.1.3 环境需求

环境需求是指系统安装时对硬件、操作系统、网络等环境的要求，这些要求也是 Microsoft SQL Server 系统运行所必须的条件。需要注意的是，在 32 位平台上和 64 位平台上安装 Microsoft SQL Server 2008 系统对环境的要求是不同的。

对硬件环境的要求包括对处理器类型、处理器速度、内存、硬盘空间等的要求。不同的版本对硬件环境的要求是不同的。对于 64 位的标准版来讲，处理器类型一般要求 Pentium VI 及其以上的类型。处理器的速度最低要求达到 1.4GHz，建议 2GHz 或更高的速度。对于内存来讲，512MB 肯定是最低的，建议使用 2GHz 或更大的内存。对于磁盘空间来说，应该尽可能地大，具体的程度应依据安装环境进行选择。一般系统组件要求的磁盘空间如下。

- 数据库引擎和数据文件、复制和全文搜索：280MB
- SQL Server Analysis Services：90MB
- SQL Server Reporting Services：120MB
- SQL Server Integration Services：120MB
- 客户端组件：850MB
- SQL Server 联机丛书：240MB

对操作系统的要求比较简单，Microsoft SQL Server 系统只能运行在 Windows 操作系统环境下。但是，不同的系统版本对 Windows 版本的要求也是不同的。例如，对于 64 位标准版来

讲，可以在 Windows XP/2003/Vista/2008 操作系统下安装。

作为一种 C/S 数据库系统，客户端必须使用某一个网络协议通过网络连接到服务器，Microsoft SQL Server 服务器可以同时监听来自多个客户端上的不同网络协议。在安装过程中，数据库管理员需要确定应该使用哪些网络协议。Microsoft SQL Server 2008 系统支持的网络协议包括共享内存协议、TCP/IP 协议、Name Pipes 协议和 VIA 协议。如果客户端和系统服务器位于同一台计算机上，那么两者使用共享内存协议进行通信。共享内存协议不需要配置，总是存在的。在 Windows 平台上，使用 Name Pipes 协议是一个可行的选择。当然，用户可以删除这种协议。TCP/IP 协议可以有效地支持 Internet 通信。VIA 协议需要与 VIA 硬件同时使用。

在安装系统之后，也可以使用 SQL Server Configuration Manager 工具重新配置网络协议，包括服务器端和客户端。使用 SQL Server Configuration Manager 工具配置服务器端的网络协议窗口如图 2-1 所示。

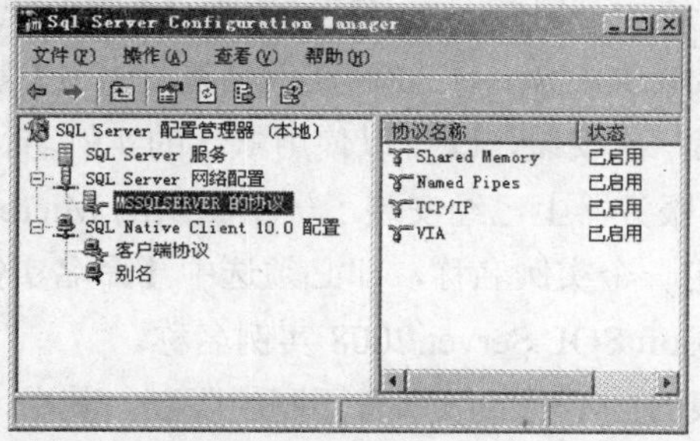

图 2-1　SQL Server Configuration Manager

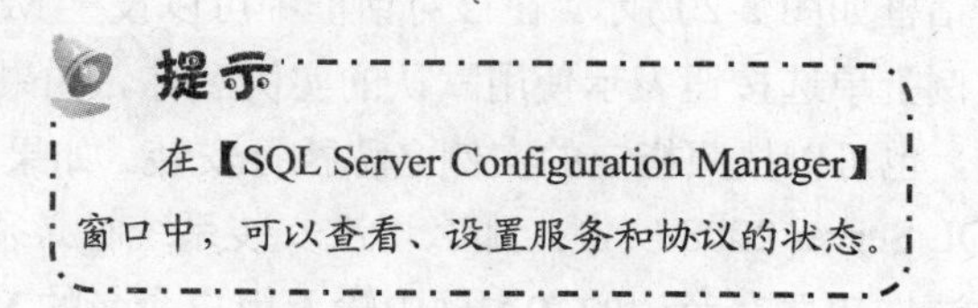

在【SQL Server Configuration Manager】窗口中，可以查看、设置服务和协议的状态。

2.1.4　安装位置

在实际安装前，还应该考虑确定安装文件的根目录和确定选用的系统安全模式。这两个问题都与今后的使用息息相关。

安装文件的根目录是 Microsoft SQL Server 系统存储程序文件的位置，这些文件(除了数据库文件)在今后的使用过程中一般是不变化的。如果这些文件被破坏了，那么系统的正常运行就可能遭到不良的影响。在默认情况下，这些文件保存的子目录是 Microsoft SQL Server，建议保持该默认文件夹不变。

数据库文件包含了数据库的数据文件和日志文件，这些文件会随着数据库的变化而变化。在默认情况下，这些文件与程序安装文件位于同样的位置，但是也可以根据需要指定不同的存储位置。

2.1.5　安全模式

Microsoft SQL Server 系统有两种安全模式，即 Windows 认证模式和混合模式。在 Windows 认证模式下，访问数据库服务器的用户是 Windows 操作系统验证身份的。在混合模式下，既可

使用 Windows 安全性，也可使用 SQL Server 安全性。建议使用 Windows 认证模式。

2.2 安装过程

虽然说 Microsoft SQL Server 2008 系统具有很好的易用性，安装时可以按照安装向导的逐步提示执行安装操作，但是用户应该对安装过程中的选项有深刻理解，只有这样才能完全按照自己的要求顺利完成安装操作。下面针对安装过程中涉及的实例名、服务帐户、身份验证模式、排序规则设置等关键内容进行分析。

Microsoft SQL Server 2008 系统允许在一个计算机上执行多次安装，每一次安装都生成一个实例。采用这种多实例机制，当某实例发生故障时，其他实例依然正常运行并提供数据库服务，确保整个应用系统始终处于正常状态，大大提高了系统的可用性。在安装过程中，【实例配置】对话框如图 2-2 所示。在该对话框中可以设置 Microsoft SQL Server 2008 实例名称。选中【默认实例】单选按钮表示使用默认的实例名称。如果是第一次安装，既可以使用默认的实例名称安装，也可以按照指定的实例名称执行安装。如果当前服务器上已经安装了一个默认的 Microsoft SQL Server 2008 实例，那么再次安装系统时必须指定一个实例名称，即必须选中【命名实例】单选按钮并在旁边的文本框中输入用户命名的 Microsoft SQL Server 2008 实例名称。

实际上，在一个计算机上安装的实例数量是有限的，不同的版本有不同的限制。其中，工作组版可以在一台计算机上最多安装 16 个实例，其他版本则最多可以安装 50 个实例。

根据安装过程中的选择，SQL Server 安装程序可以安装 10 个服务，这些服务包括 SQL Server、SQL Server 代理、Analysis Services、Reporting Services、Integration Services、全文搜索、Notification Services、SQL Browser、SQL Server Active Directory Helper、SQL 编辑器等。其中，前 5 个服务是识别实例的服务，后 5 个服务是不识别实例的服务。识别实例的服务需要随着实例的安装而进行安装，不同的实例对应着不同的服务，这些服务可以提供并行服务。不识别实例的服务仅需安装一次，不与特定的实例关联，不能提供并行服务，所有的系统实例共享这些服务。例如，不同的实例有不同的 SQL Server 服务，但是所有的系统实例都使用同一个 SQL 编辑器服务。在安装过程中，设置服务帐户的对话框如图 2-3 所示。

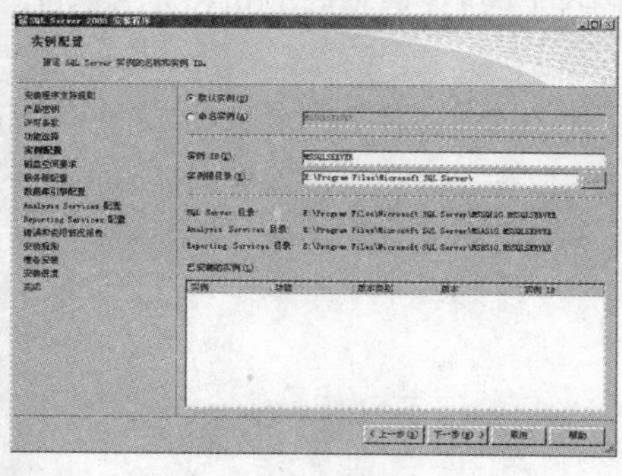

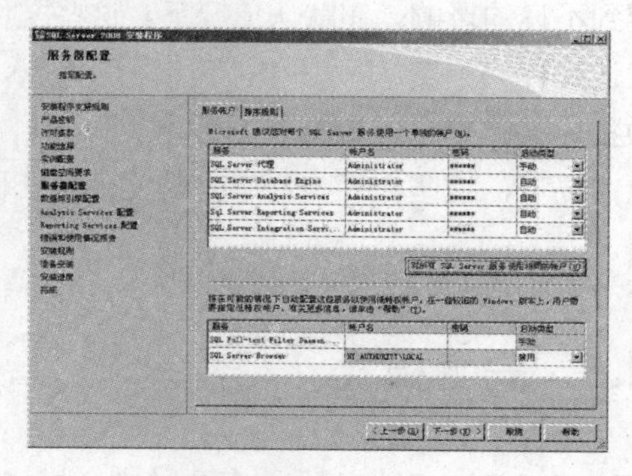

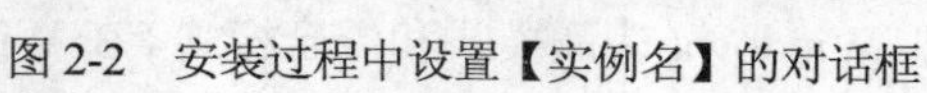

图 2-2　安装过程中设置【实例名】的对话框　　图 2-3　安装过程中设置【服务帐户】的对话框

从图 2-3 中可以看出，可以为 5 个服务单独设置启动帐户，这些服务包括 SQL Server、SQL Server 代理、Analysis Services、Reporting Services 和 Integration Services。多个实例可以共享 SQL Browser 服务。当然，也可以为这些服务设置一个公用的帐户。还可以指定这些服务是否自动启动。

在安装 Microsoft SQL Server 2008 系统的过程中，需要指定系统的身份验证模式。身份验证模式是一种安全模式，用于验证客户端与服务器之间的连接。Microsoft SQL Server 2008 系统提供了两种身份验证模式，即 Windows 身份验证模式和混合模式。在 Windows 身份验证模式中，用户通过 Microsoft Windows 用户帐户连接时，SQL Server 使用 Windows 操作系统中的信息验证帐户名和密码。在混合验证模式中，允许用户使用 Windows 身份验证或 SQL Server 身份验证进行连接。当连接建立之后，系统的安全机制对于 Windows 身份验证模式和混合模式都是一样的。设置身份验证模式的对话框如图 2-4 所示。

从安全性的角度来看，Windows 身份验证模式比混合模式安全得多。这是因为 Windows 身份验证具有使用 Kerberos 安全协议、通过强密码的复杂性验证提供密码策略强制、提供帐户锁定支持、支持密码过期等特征。用户在安装 Microsoft SQL Server 2008 系统时，应该尽可能地使用 Windows 身份验证模式，这样可以充分利用 Windows 的强密码资源，大大增强系统的安全性。

在系统使用过程中，如果希望更改安装过程中设置的身份验证模式，可以通过 SQL Server Management Studio 工具中的【服务器属性】对话框的【安全性】来设置，如图 2-5 所示。

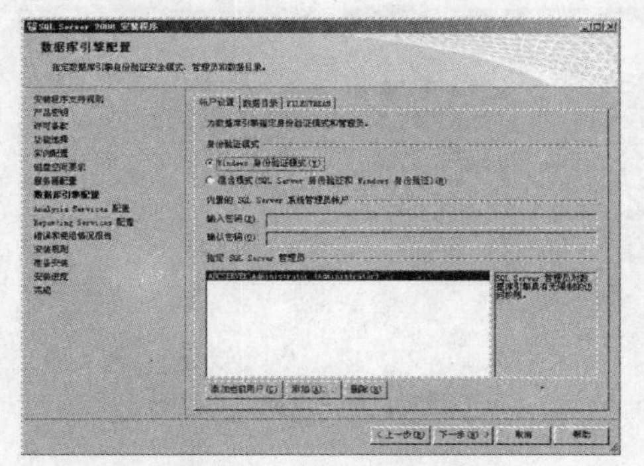

图 2-4　安装过程中设置【身份验证模式】的对话框

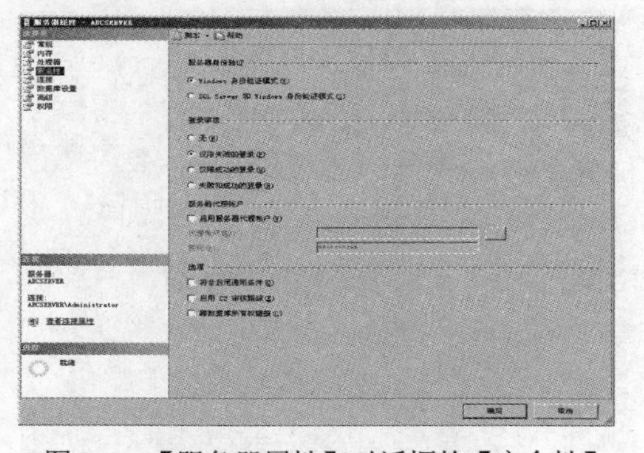

图 2-5　【服务器属性】对话框的【安全性】

如何设置排序规则也是安装过程中需要考虑的一件重要事情。排序规则指定了表示数据集中每一个字符的位模式，具体内容包括选择字符集、确定数据排序和比较的规则等。排序规则的主要特征是区分语言、区分大小写、区分重音、区分假名及区分全角半角。例如，当判断 Employees、EMPLOYEES、employees 是否相同时，首先需要明确当前的排序规则是否区分大小写。

> **提示**
>
> Microsoft SQL Server 2008 系统支持在单个数据库中存储具有不同排序规则的对象，即数据库中的每一个表、表中每一个列都可能有不同的排序规则。

可以从两个方面理解 Microsoft SQL Server 2008 系统的排序规则。第一个方面是设置什么样的排序规则，第二个方面是在哪一个层次上设置排序规则。先讨论第一个问题。Windows 排序规则根据关联的 Windows 区域设置来定义字符数据的存储规则。Windows 基本排序规则指定应用字典排序时所用的字母表或语言、用于存储非 Unicode 字符型数据的代码页。二进制排序规则基于区域设置和数据类型所定义的编码值的顺序，对数据的排序强制进行二进制排列顺序。SQL Server 排序规则提供与 SQL Server 早期版本兼容的排序顺序，该规则是基于由 SQL Server 为非 Unicode 数据定义的排序顺序。用户可以在如图 2-6 所示的对话框中选择设置排序规则。需要注意的是，数据库引擎和分析服务可以选择设置不同的排序规则。

在 Microsoft SQL Server 2008 系统中，可以在 4 个层次上设置排序规则，即服务器层、数据库层、列层和表达式层。服务器层次上的排序规则，也称为 SQL Server 实例的默认排序规则，可以在安装过程中设置。实例的默认排序规则会成为系统数据库的默认排序规则，并且可以自动指派给其他对象。在创建数据库时，如果没有指定排序规则，那么自动使用实例的默认排序规则。如果使用 create database 语句的 collate 子句指定了数据库的默认排序规则，那么该数据库中的所有对象使用这里指定的排序规则。同样，创建表时，如果没有指定排序规则，那么为列自动指派数据库的默认排序规则。也可以使用 create table 语句的 collate 子句指定每一个字符串列的排序规则。表达式层次上的排序规则只能在执行语句时设置，并且仅仅影响当前结果集的返回方式。

当 Microsoft SQL Server 2008 系统安装完毕之后，将显示如图 2-7 所示的【完成】对话框。除了提示系统安装完毕之后，该对话框还指示了摘要日志保存的位置。摘要日志存储了安装过程中的错误信息或其他安装信息。

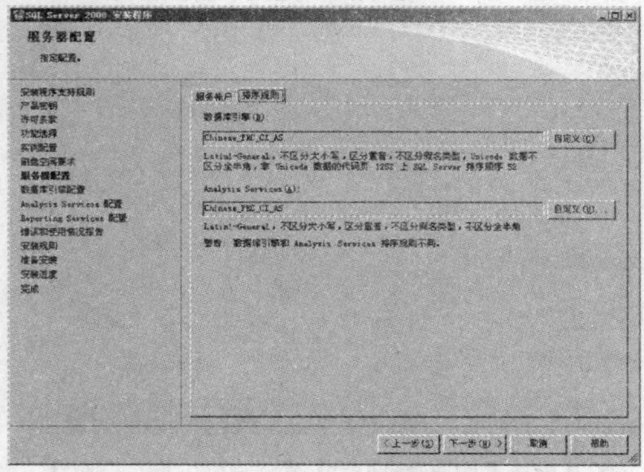

图 2-6　安装过程中设置【排序规则】的对话框

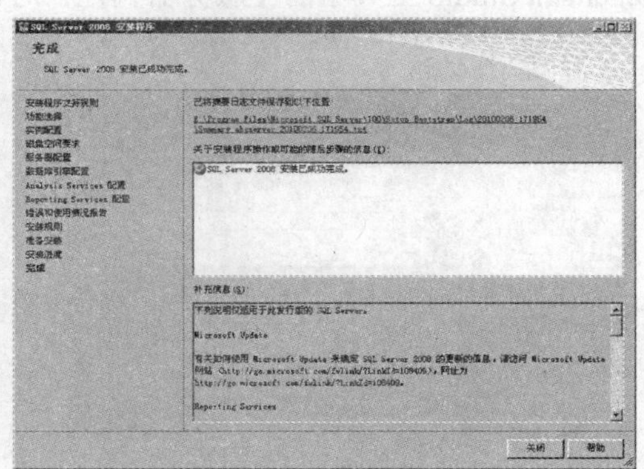

图 2-7　【完成】对话框

2.3 验证安装结果

安装结束之后，怎样才能知道系统安装成功了呢？一般情况下，如果安装过程中没有出现错误提示，那么可以认为这次安装是成功的。但是，为了确保安装是正确的，也可以采用一些验证方法。常用的验证方法包括检查 Microsoft SQL Server 系统的服务和工具是否存在，应该自动生成的系统数据库和样本数据库是否存在，相关系统目录和文件是否正确等。

系统安装完成之后，在【开始】菜单的【所有程序】组中，添加了 Microsoft SQL Server 2008

程序组。用户可以通过 Microsoft SQL Server 2008 程序组访问 Microsoft SQL Server 2008 应用程序。该程序组的内容如图 2-8 所示。

在图 2-8 所示的程序组中，Integration Services 选项包含了 Data Profile Viewer、Execute Package Utility 工具，Analysis Services 选项包含了 Deployment Wizard 工具，【配置工具】选项包含的工具如图 2-9 所示，【文档和教程】选项包含了【教程】、【示例】、【SQL Server 联机丛书】等工具，【性能工具】选项包含了 SQL Server Profiler、【数据库引擎优化顾问】等工具。

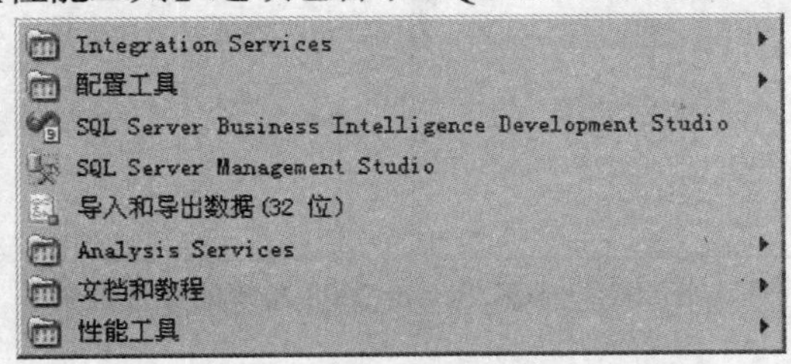

图 2-8 Microsoft SQL Server 2008 的程序组

图 2-9 【配置工具】选项包含的工具

Microsoft SQL Server 2008 包含了多个服务，可以通过多种不同的方式启动这些服务。这些方式包括设置服务为【自动】启动类型，使用 SQL Server Configuration Manager 工具启动服务，使用 SQL Server Management Studio 工具启动服务，以及使用操作系统的【服务】窗口。操作系统的【服务】窗口如图 2-10 所示，在这里可以查看服务的状态、描述、启动类型等信息。

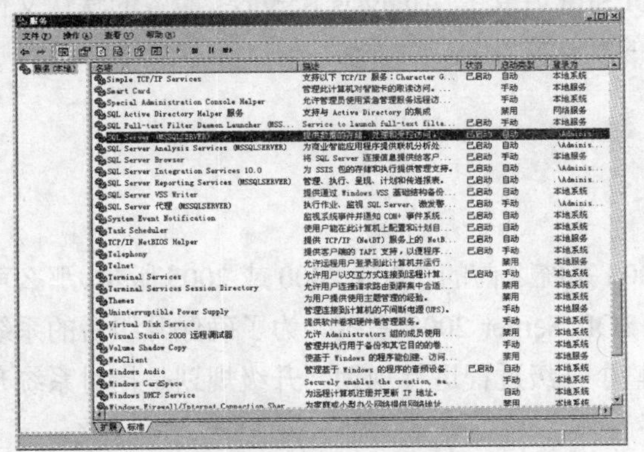

图 2-10 【服务】窗口

提示

在【服务】窗口中，可以查看服务的状态、启动方式、描述等信息，并且还可以设置服务状态。

可以通过 SQL Server Management Studio 工具中的【对象资源管理器】查看系统数据库和示例数据库(示例数据库需要单独安装)。在如图 2-11 所示的【对象资源管理器】窗口中，可以看到当前系统的 4 个系统数据库(master、model、msdb 和 tempdb)和 AdventureWorks、AdventureWorksDW、AdventureWorksDW2008、AdventureWorksLT、AdventureWorksLT 2008、ReportServer、ReportServerTempDB 等示例数据库。

Microsoft SQL Server 2008 安装结束之后，其程序文件和数据文件的位置是 Program Files\Microsoft SQL Server，其文件夹结构如图 2-12 所示。

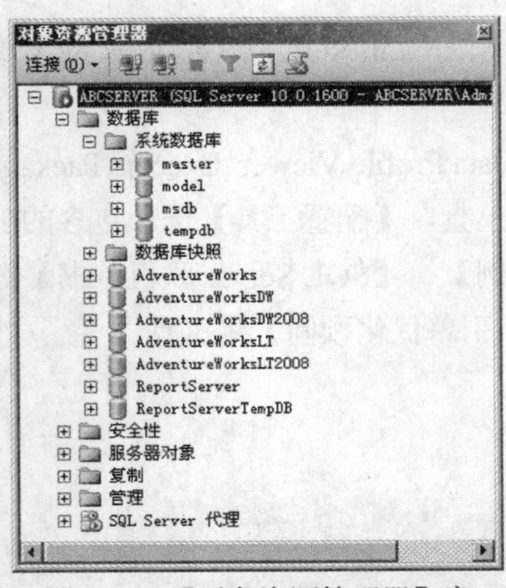

图 2-11 【对象资源管理器】窗口

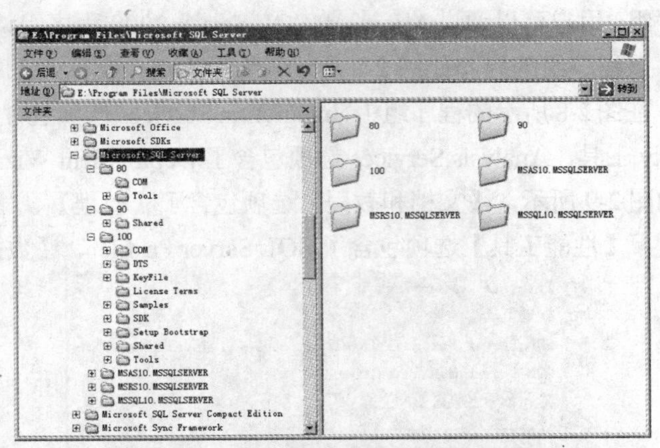

图 2-12 SQL Server 2008 系统的文件位置

从图 2-12 中可以看出，Microsoft SQL Server 文件夹中包含了 5 个文件夹，即 80、90、100、MSAS10.MSSQLSERVER、MSRS10.MSSQLSERVER、MSSQL10.MSSQLSERVER。80 和 90 文件夹中包含了与先前版本兼容的信息和工具，100 文件夹中主要是存储单台计算机上的所有实例使用的公共文件和信息。在 SQL Server 安装过程中，为每一个服务器组件生成一个实例 ID，这里默认的实例 ID 是 MSSQLSERVER。MSRS10.MSSQLSERVER 是 Reporting Services 服务的默认文件夹，MSAS10.MSSQLSERVER 是 Analysis Services 服务的默认文件夹，MSSQL10.MSSQLSERVER 是数据库引擎的默认文件夹。

2.4 升级规划

如果用户正在使用 Microsoft SQL Server 2008 系统之前的 7.0 或 2000 或 2005 版本，那么可以根据需要将先前版本的系统升级到 Microsoft SQL Server 2008 系统。为了确保升级后的系统可以正常地运行，在执行升级操作之前应该对整个升级过程进行规划。升级规划是指对系统升级过程进行周密安排的可操作性计划。

对于企业级用户来说，升级规划包括分析和评估升级需求、确定升级内容和选择升级路线、模拟升级过程、制定详细升级计划和灾难恢复计划、执行升级操作、测试升级结果、完成升级总结报告等阶段。

现有系统能否满足用户当前的需要？现有系统能否满足未来需要？为什么要升级数据库管理系统？升级系统可以为用户带来哪些好处和坏处？不升级当前系统可以吗？不立即执行升级当前系统操作可以吗？当前用户环境能否满足升级后的系统需要？解决这些问题是分析和评估升级需要阶段的主要内容。

升级内容可以包括对整个 Microsoft SQL Server 系统进行升级、升级某个组件(例如仅仅升级数据库引擎)、升级指定的数据库和数据库对象。针对不同的升级内容可以采取不同的升级方式和路线。如果仅仅是需要升级指定的数据库和数据库对象，那么可以采取迁移、备份和恢复

等方式。这些都是确定升级内容和选择升级路线阶段的内容。

为了确保生产环境的正常运行，在实际升级操作之前，应该在实验环境下对升级过程进行模拟，以便发现升级过程中出现的各种异常问题。通过模拟升级过程阶段，可以为下一步的工作提供经验。

为了确保系统升级顺利完成，应该制定详细的、安全的、可操作的、有充分准备的升级计划，并且对升级过程中的异常制定详细的紧急预案，防范各种风险。

执行升级操作阶段主要是按照制定的升级计划进行升级操作。升级操作结束之后，应该对升级后的结果进行测试，确保系统已经完成了升级操作。

整个升级过程应该有完整的记录，并且形成规范的、翔实的文档，这些文档可以作为进行使用系统和升级系统的重要参考资料。这些文档也是以后处理系统问题的一个重要基础数据。

2.5　注册服务器

为了管理、配置和使用 Microsoft SQL Server 2008 系统，必须使用 Microsoft SQL Server Management Studio 工具注册服务器。注册服务器是为 Microsoft SQL Server 客户机/服务器系统确定一个数据库所在的机器，该机器作为服务器可以为客户端的各种请求提供服务。服务器组是服务器的逻辑集合，可以利用 Microsoft SQL Server Management Studio 工具把许多相关的服务器集中在一个服务器组中，方便对多服务器环境的管理操作。在 Microsoft SQL Server 2008 系统中，增加了中央管理服务器的功能。用户可通过指定中央管理服务器并创建服务器组来管理多个服务器，在多个服务器上执行 Transact-SQL 命令。只有 Microsoft SQL Server 2008 系统才支持中央管理服务器的功能。下面讲述如何注册服务器。

【例 2-1】在 Microsoft SQL Server Management Studio 工具中注册数据库引擎服务器。

(1) 启动 Microsoft SQL Server Management Studio 工具，在【已注册的服务器】区域中，展开【数据库引擎】节点。

(2) 右击 Local Server Groups 节点，从弹出的快捷菜单中选择【新建服务器注册】命令，如图 2-13 所示。

(3) 打开如图 2-14 所示的【新建服务器注册】对话框的【常规】选项卡。在该对话框中可以输入将要注册的服务器名称。在【服务器名称】下拉列表框中，既可以输入服务器名称，也可以选择一个服务器名称。从【身份验证】下拉列表框中可以选择身份验证模式，这里选择了【Windows 身份验证】。用户可以在【已注册的服务器名称】文本框中输入该服务器的显示名称。

(4) 在如图 2-15 所示的【连接属性】选项卡中，可以设置连接到的默认数据库、网络默认设置、连接超时设置等连接属性。这些属性都是用户连接到服务器时必须考虑的因素。

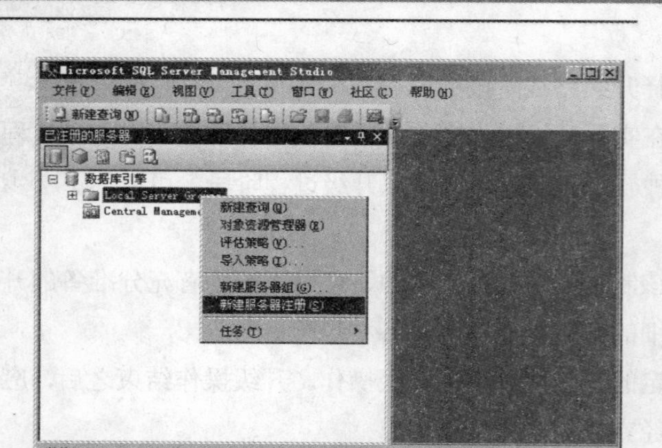

图 2-13　快捷菜单中的【新建服务器注册】命令

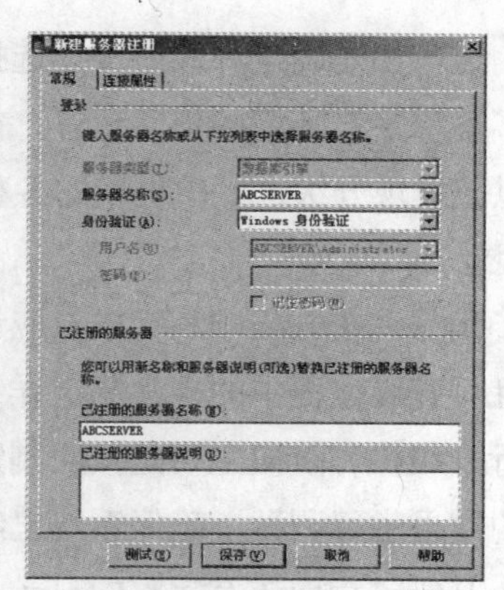

图 2-14　【常规】选项卡

在【连接属性】选项卡中，在【连接到数据库】下拉列表框中可以指定当前用户将要连接到的数据库名称。如果选择【<默认值>】选项，那么表示当前用户连接到 Microsoft SQL Server 系统中当前用户默认使用的数据库。如果选择【<浏览服务器...>】选项，则表示可以从当前服务器中选择一个数据库。例如，选择【<浏览服务器...>】选项时，打开如图 2-16 所示的【查找服务器上的数据库】对话框。从该对话框中可以指定当前用户连接服务器时默认的数据库。

在【连接属性】选项卡中，可以从【网络协议】下拉列表框中选择某个可用的协议。【网络数据包大小】文本框用于指定要发送的网络包大小，默认值是 4096 字节。连接服务器时需要耗费的一定时间，连接时允许耗费的最大时间可以在【连接超时值】文本框中设置，默认值是 15 秒。从客户端发出执行操作的请求，在服务器端执行操作，等待执行的最大时间可以在【执行超时值】文本框中执行。默认值是 0，表示立即执行。如果需要对连接过程进行加密，那么可以选中【加密连接】复选框。如果希望指定数据库引擎查询编辑器窗口中状态栏的背景颜色，可以选中【使用自定义颜色】复选框来指定。

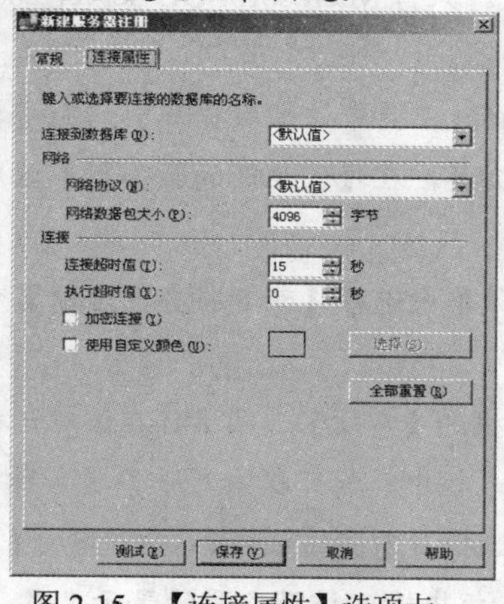

图 2-15　【连接属性】选项卡

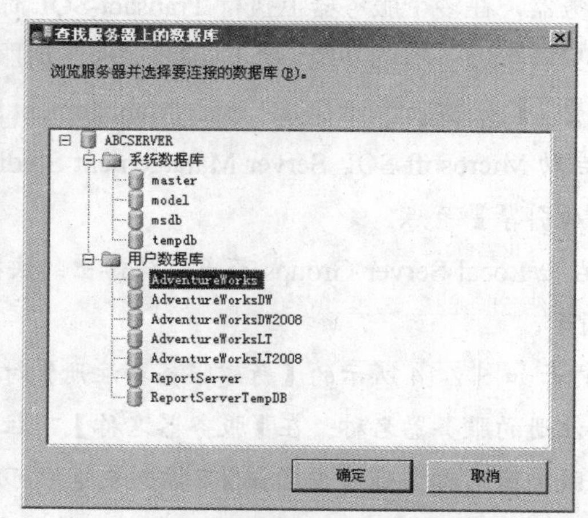

图 2-16　【查找服务器上的数据库】对话框

(5) 在如图 2-14 所示的对话框中，单击【测试】按钮，可以对当前连接属性的设置进行测试。如果出现表示连接测试成功的消息框，那么当前连接属性的设置就是正确的。

(6) 完成连接属性设置后，单击图 2-14 中的【保存】按钮，表示完成连接属性设置操作。

2.6 配置服务器选项

服务器选项用于确定 Microsoft SQL Server 2008 系统运行行为和资源利用状况。用户既可以使用 sp_configure 系统存储过程配置服务器选项，也可以使用 SQL Server Management Studio 工具设置。下面，先介绍服务器选项的类型和特点，然后讲述使用 sp_configure 系统存储过程，最后探讨使用 SQL Server Management Studio 工具设置服务器选项的方式。

2.6.1 服务器选项

与 2005 版本相比，Microsoft SQL Server 2008 系统的服务器选项有了一些变化，有些选项被废弃了，新增了若干个选项。Microsoft SQL Server 2008 系统提供的 60 多个服务器选项的名称和对应的取值范围如表 2-1 所示。

表 2-1　Microsoft SQL Server 2008 的服务器选项

服务器选项	最 小 值	最 大 值	默 认 值
access check cache bucket count (A)	0	16384	0
access check cache quota (A)	0	2147483647	0
ad hoc distributed queries (A)	0	1	0
affinity I/O mask (A, RR)	–2 147 483 648	2 147 483 647	0
affinity64 I/O mask (A)	–2 147 483 648	2 147 483 647	0
affinity mask (A)	–2 147 483 648	2 147 483 647	0
affinity64 mask (A)	–2 147 483 648	2 147 483 647	0
agent XPs (A)	0	1	0
awe enabled (A, RR)	0	1	0
backup compression default	0	1	0
blocked process threshold (A)	0	86 400	0
c2 audit mode (A, RR)	0	1	0
clr enabled	0	1	0
common criteria compliance enabled (A, RR)	0	1	0
cost threshold for parallelism (A)	0	32 767	5
cross db_ownership chaining	0	1	0
cursor threshold (A)	–1	2 147 483 647	–1
Database Mail XPs (A)	0	1	0
default full-text language (A)	0	2 147 483 647	1 033

(续表)

服务器选项	最小值	最大值	默认值
default language	0	9 999	0
default trace enabled (A)	0	1	1
disallow results from triggers (A)	0	1	0
EKM provider enabled	0	1	0
filestream acess level	0	2	0
fill factor (A, RR)	0	100	0
ft crawl bandwidth (max) (A)	0	3 2767	100
ft crawl bandwidth (min) (A)	0	3 2767	0
ft notify bandwidth (max) (A)	0	3 2767	100
ft notify bandwidth (min) (A)	0	3 2767	0
index create memory (A, SC)	704	2 147 483 647	0
in-doubt xact resolution (A)	0	2	0
lightweight pooling (A, RR)	0	1	0
locks (A, RR, SC)	5000	2 147 483 647	0
max degree of parallelism (A)	0	64	0
max full-text crawl range (A)	0	256	4
max server memory (A, SC)	16	2 147 483 647	2 147 483 647
max text repl size	0	2 147 483 647	65 536
max worker threads (A, RR)	128	32 767	0
media retention (A, RR)	0	365	0
min memory per query (A)	512	2 147 483 647	1 024
min server memory (A, SC)	0	2 147 483 647	8
nested triggers	0	1	1
network packet size (A)	512	65 536	4 096
Ole Automation Procedures (A)	0	1	0
optimize for ad hoc workloads (A)	0	1	0
PH timeout (A)	1	3600	60
precompute rank (A)	0	1	0
priority boost (A, RR)	0	1	0
query governor cost limit (A)	0	2 147 483 647	0
query wait (A)	–1	2 147 483 647	–1
recovery interval (A, SC)	0	32 767	0
remote access (RR)	0	1	1
remote admin connections	0	1	0
remote login timeout	0	2 147 483 647	20
remote proc trans	0	1	0

(续表)

服务器选项	最 小 值	最 大 值	默 认 值
remote query timeout	0	2 147 483 647	600
Replication XPs 选项 (A)	0	1	0
scan for startup procs (A, RR)	0	1	0
server trigger recursion	0	1	1
show advanced options	0	1	0
SMO and DMO XPs (A)	0	1	1
SQL Mail XPs (A)	0	1	0
transform noise words (A)	0	1	0
two digit year cutoff (A)	1 · 753	9 999	2 049
user connections (A, RR, SC)	0	32 767	0
User Instance Timeout (A)	5	65535	10
user instances enabled	0	1	0
user options	0	32 767	0
xp_cmdshell	0	1	0

在表 2-1 所列的服务器选项中，A 表示高级选项，这些高级选项只有当 show advanced options 选项设置为 1 时，才能对其进行设置；RR 表示这种选项只有当数据库引擎重新启动之后，新设置才能起作用；SC 表示是自配置选项，这些选项由 Microsoft SQL Server 系统根据需要自动配置。

按照不同的分类方式，可以把这些选项分成不同的类型。根据选项设置后是否立即发生作用，可以把选项分成动态选项和非动态选项两类。对于动态选项来说，当设置选项和运行 RECONFIGURE 语句之后，选项的值立即发生作用。对于非动态选项来说，当设置选项之后，必须停止和重新启动 SQL Server 实例，这些新设置的选项才能起作用。

根据选项是否能由系统自动配置，可以把服务器选项分为自动配置选项和手工配置选项。自动配置选项是系统根据运行环境和活动状况自动设置的，例如 max server memory 选项。手工设置选项是必须由用户使用选项设置工具进行设置的服务器选项，例如 cost threshold for parallelism 选项。

需要特别指出的是，自动配置选项也可以进行手工设置。根据选项的设置过程，可以把服务器选项分类成普通选项和高级选项。普通选项是可以利用 sp_configure 系统存储过程直接设置的选项，例如 clr enabled 选项。高级选项是不能利用 sp_configure 工具直接进行设置，必须在 show advanced options 选项设置为 1 时才能进行设置的选项，例如指定索引页填充度的 fill factor 选项。

2.6.2 使用 sp_configure 配置选项

sp_configure 系统存储过程可以用来显示和配置服务器的各种选项。sp_configure 的基本语法形式如下：

```
sp_configure 'option_name', 'value'
```

在上面的语法形式中，option_name 参数表示服务器选项名称，其默认值是空值。value 参数表示服务器选项的设置值，其默认值也是空值。如果该命令执行成功，返回 0；否则，返回 1。

在 Microsoft SQL Server 系统中，每一个服务器选项都有两个值，一个是配置值(value)，一个是运行值(value_in_use)。服务器选项按照 value_in_use 值起作用。一般，这两个值是相等的，但在特殊情况下，这两个值不相等。例如，当使用 sp_configure 更改某个服务器选项之后，但尚未执行 RECONFIGURE 语句(对于动态选项)或重新启动 SQL Server(对于非动态选项)时，配置值和运行值不相等。对于动态选项，使用 sp_configure 执行配置之后，应该立即运行 RECONFIGURE 语句，使得这些配置生效。对于非动态选项，使用 sp_configure 执行配置之后，只有在停止和重新启动 SQL Server 实例后，该配置才生效。

如果希望使用 sp_configure 配置服务器的高级动态选项，那么必须首先运行 sp_configure 将 show advanced options 选项设置为 1，然后再运行 RECONFIGURE 语句使得这种设置立即发生作用。如图 2-17 所示的就是一个配置高级动态服务器选项的示例。在这个示例中，首先设置 show advanced options 选项的值为 1，然后设置 cursor threshold 高级选项的值为 0 (0 表示所有的游标键级都是异步产生的，默认值是 - 1)。运行 RECONFIGURE 语句之后，该选项的新配置可立即发生作用。

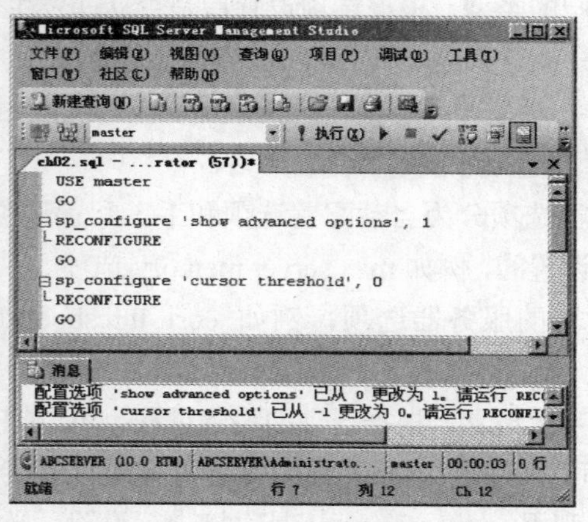

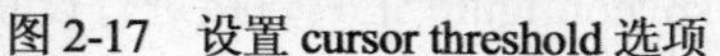
图 2-17 设置 cursor threshold 选项

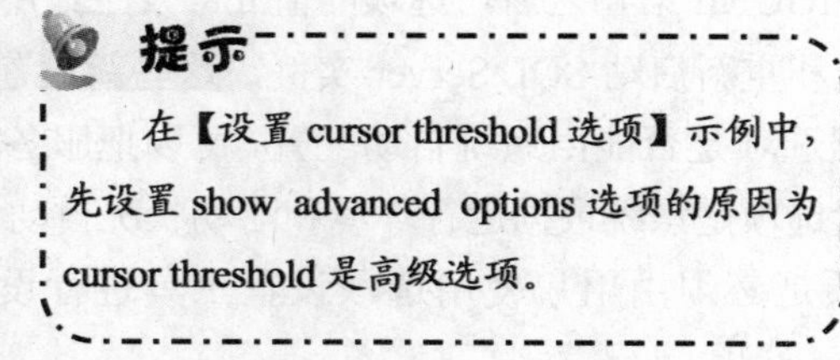

2.6.3 使用 SQL Server Management Studio 配置选项

配置服务器选项的过程就是为了充分利用系统资源、设置服务器行为的过程。合理地配置

服务器选项，可以加快服务器回应请求的速度、充分利用系统资源、提高工作效率。

【例 2-2】练习使用 SQL Server Management Studio 工具配置常用的服务器选项。

(1) 在 SQL Server Management Studio 工具的【对象资源管理器】中，右击将要设置的服务器名称，从弹出的快捷菜单中选择【属性】命令，打开如图 2-18 所示的【服务器属性- ABCSERVER】对话框。该对话框中包含了 8 个选项卡，通过这 8 个选项卡可以查看或设置服务器的常用选项值。【常规】选项卡如图 2-18 所示。该选项卡列出了当前服务器的产品名称、操作系统名称、平台名称、版本号、使用的语言、当前服务器的最大内存数量、当前服务器的处理器数量、当前 SQL Server 安装的根目录、服务器使用的排序规则以及是否已经群集化等信息。

(2) 【服务器属性 - ABCSERVER】对话框的【内存】选项卡如图 2-19 所示。在该选项卡中，可以设置与内存管理有关的选项。【使用 AWE 分配内存】选项表示在当前服务器上使用 AWE 技术执行超大物理内存。从理论上来看，32 位地址最多可以映射 4GB 内存。但是，通过使用 AWE 技术，Microsoft SQL Server 系统可以使用远远超过 4GB 的内存空间。一般，只有大型数据库应用系统才使用该选项。该选项对应 awe enabled 选项。

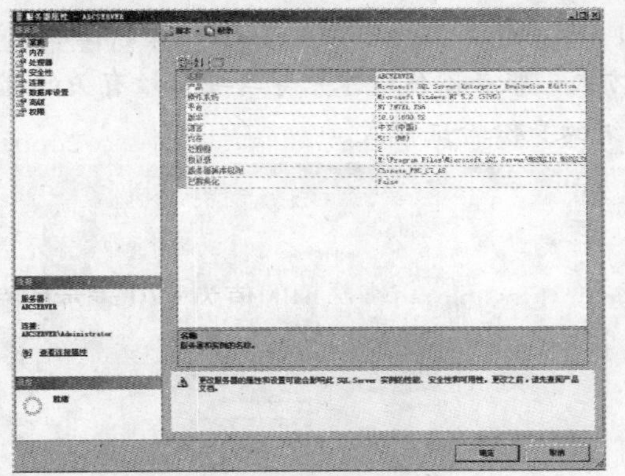

图 2-18　【常规】选项卡

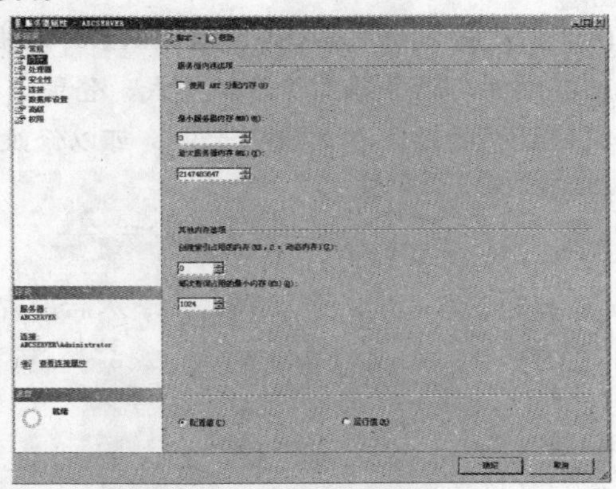

图 2-19　【内存】选项卡

如果需要设置服务器可以使用的内存范围，那么可以通过【最小服务器内存(MB)】和【最大服务器内存(MB)】两个文本框来完成。如果希望为索引指定占用的内存，那么可以通过【创建索引占用的内存】文本框来完成。需要强调的是，当【创建索引占用的内存】文本框中的值为 0 时，表示系统动态为索引分配内存。查询也需要耗费内存，【每次查询占用的最小内存(KB)】文本框可以指定这种内存大小，其默认值是 1024KB。

需要说明的是，该选项卡上有两个单选按钮，即【配置值】和【运行值】单选按钮。前面已经说过，配置值是选项的当前设置值，但是还没有真正起作用，运行值是当前系统正在使用的选项值。如果对某个选项进行设置之后，单击【运行值】按钮可以查看该设置是否已经产生作用。如果这些设置不能立即产生作用，那么必须经过数据库引擎的停止和重新启动才能生效。

(3) 【服务器属性 - ABCSERVER】对话框的【处理器】选项卡如图 2-20 所示。在该选项卡上，可以设置与服务器的处理器相关的选项。只有当服务器上安装了多个处理器时，【处理器关联】和【I/O 关联】才有意义。

关联是指在多处理器环境下为了提高执行多任务效率的一种设置。在 Windows 操作系统中，有时为了执行多任务，需要在不同的处理器之间进行移动以便处理多个线程。但是，这种在多个处理器之间的移动活动会由于每个处理器缓存会不断地重新加载数据，从而显著降低 Microsoft SQL Server 系统的性能。如果事先将每个处理器分配给特定的线程，则可以消除处理器缓存的重新加载数据、处理器之间的移动活动而提高 Microsoft SQL Server 系统的性能。线程与处理器之间的这种关系被称为处理器关联。

【最大工作线程数(M)】文本框可以用来设置 Microsoft SQL Server 进程的工作线程数。如果客户端比较少，可以为每一个客户端设置一个线程；如果客户端很多，可以为这些客户端设置一个工作线程池。当该值为 0 时，表示由系统动态地分配线程。最大线程数受到服务器硬件的限制，例如，当服务器的 CPU 数低于 4 个时，32 位机器的可用最大线程数是 256，64 位机器的可用最大线程数是 512。

选中【提升 SQL Server 的优先级(B)】复选框，表示设置 Microsoft SQL Server 进程的优先级高于操作系统上其他进程。一般情况下，选中【使用 Windows 纤程(轻型池)(U)】复选框可以通过减少上下文的切换频率而提高系统的吞吐量。

(4) 【服务器属性 - ABCSERVER】对话框的【安全性】选项卡如图 2-21 所示。在该选项卡中，可以设置与服务器身份认证模式、登录审核方式、服务器代理帐户等与安全性有关的选项。需要特别说明的是，在该选项卡中，可以修改系统的身份验证模式。

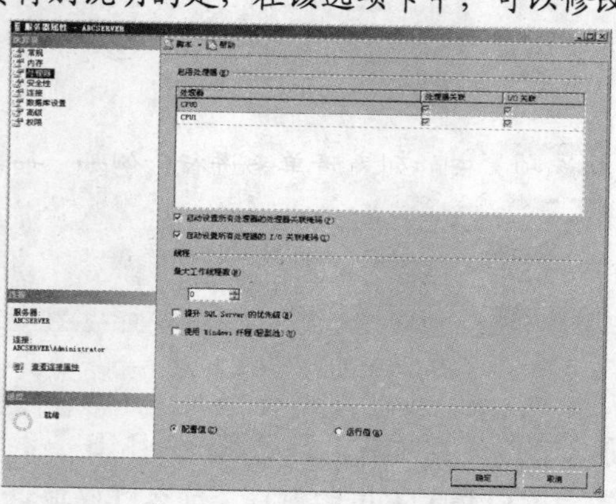

图 2-20 【处理器】选项卡

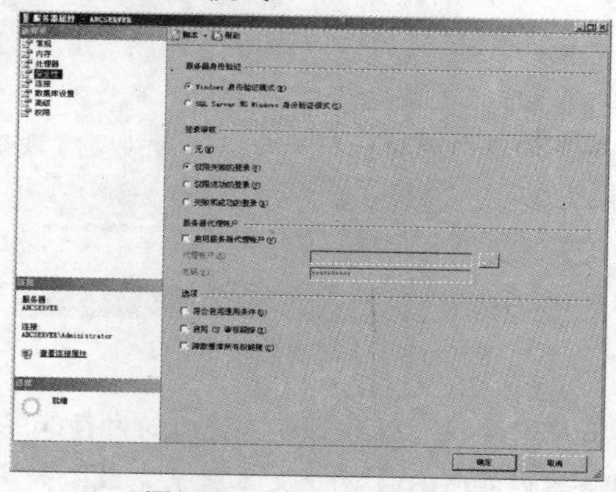

图 2-21 【安全性】选项卡

可以通过设置登录审核将用户的登录结果记录在错误日志中。如果选中【无(N)】单选按钮，表示不对登录过程进行审核。如果选中【仅限失败的登录(F)】单选按钮，则表示只记录登录失败的事件。如果选中【仅限成功的登录(U)】单选按钮，则表示在错误日志中只记录成功登录的事件。如果选中【失败和成功的登录(B)】单选按钮，则表示无论是登录失败事件还是成功事件都记录在错误日志中，以便对这些登录事件进行跟踪和审核。

这种登录审核仅仅是对登录事件的审核。如果希望对执行某条语句的事件进行审核以及对使用某个数据库对象的事件进行审核，那么应该怎么办呢？答案是，选中【启用 C2 审核跟踪(E)】复选框。该选项可以在日志文件中记录对各种语句、对象访问的事件。

在 Microsoft SQL Server 系统中可以使用 xp_cmdshell 存储过程执行操作系统命令。那么，这些操作系统命令的身份是什么，它们是如何登录系统的，它们在系统中有什么样的权限呢？这就

是服务器代理帐户需要解决的问题。这些服务器代理帐户可以用于操作系统命令的执行。如果选中【启用服务器代理帐户(V)】复选框，那么还需要指定代理帐户名称和密码。需要提醒的是，如果服务器代理帐户的权限过大，那么有可能被恶意用户利用，形成安全漏洞，危及系统安全。因此，服务器代理帐户所用的登录帐户应该仅是具有执行既定工作所需的最小权限。例如，如果操作系统命令只是需要访问数据库中 employees 表中的数据，那么只是为服务器代理帐户赋予对 employees 表的 select 权限。

所有权链接通过设置对某个对象的权限允许管理对多个对象的访问。但是，这种所有权链接是否具备跨数据库的能力，需要通过对【跨数据库所有权链接(C)】复选框进行设置。

(5) 【服务器属性-ABCSERVER】对话框的【连接】选项卡如图 2-22 所示。在该选项卡中可以设置与连接服务器有关的选项和参数。

【最大并发连接数(0=无限制)】文本框用于设置当前服务器允许的最大并发连接数量。并发连接数量是指同时访问服务器的客户端数量。这种限制受到技术和商业两方面的限制。技术上的限制可以在这里设置，商业上的限制需要通过许可来确定。0 表示从技术上来讲不对并发连接数量进行限制，理论上允许有无数多的客户端同时访问服务器。

在 Microsoft SQL Server 系统中，查询语句的执行时间的长度是可以有限制的，查询调控器可以限制查询语句的执行时间。如果使用【使用查询调控器防止查询长时间运行】文本框指定一个非零、非负的数值，那么查询调控器将不允许查询语句的执行时间超过此设定值。如果指定为 0，那么表示不限制查询语句的执行时间。

控制查询语句的执行行为可以通过设置【默认连接选项】中的列表清单来进行。例如，如果选中 implicit transactions 复选框，表示打开隐式事务模式的开关，也就是说，用户在执行事务操作时必须显示地提交或回滚，否则该事务中的操作不能被自动地提交。

如果希望设置与远程服务器连接有关的操作，那么需要设置【允许远程连接到此服务器】复选框、【远程查询超时值(秒，0=无超时)】文本框和【需要将分布式事务用于服务器到服务器的通信】复选框。

(6) 【服务器属性 - ABCSERVER】对话框的【数据库设置】选项卡如图 2-23 所示。在该选项卡中，可以设置与创建索引、执行备份和还原等操作有关的选项。

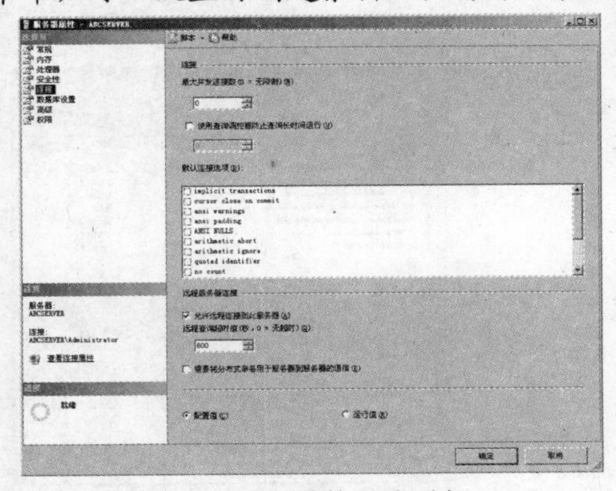

图 2-22　【连接】选项卡

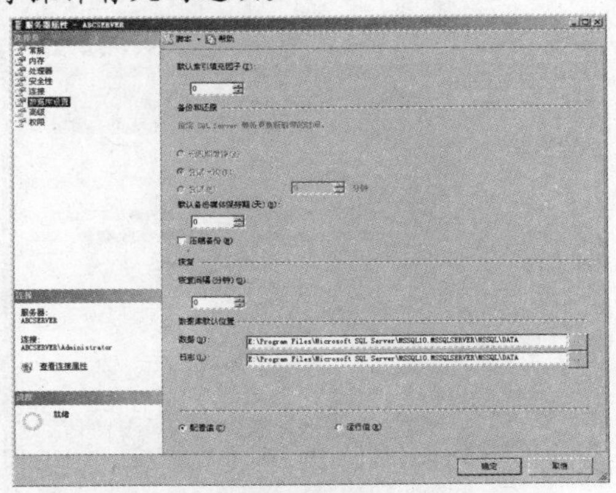

图 2-23　【数据库设置】选项卡

在创建索引时，需要将索引页填满到什么样的程度呢？衡量这种程度的指标被称为填充因子。过低的填充因子有利于对表中数据的维护性能，但是不利于检索操作；过高的填充因子不利于对表中数据的维护操作。可以在【默认索引填充因子】文本框中设置索引页的填充程度。

有关备份和还原操作的一些行为可以在【备份和还原】区域中设置。例如，在使用磁带执行备份或还原时，更换磁带时需要耗费一定的时间。那么 SQL Server 如何对待这种等待时间呢？有 3 种行为，【无限期等待】表示没有等待时间的限制；【尝试一次】表示仅仅请求一次，如果需要磁带但是却没有磁带，那么 Microsoft SQL Server 超时；尝试的时间长度可以通过【尝试】文本框来设置。

为防止备份媒体上备份内容被覆盖，可用【默认备份媒体保持期(天)】文本框设置时间长度。如果选中【压缩备份】复选框，表示在备份过程中执行压缩备份。压缩备份是 Microsoft SQL Server 2008 版本的新增功能。

每当 Microsoft SQL Server 的实例启动时，总是要恢复各个数据库，回滚未提交的事务，并且前滚已提交但是更改内容在 Microsoft SQL Server 实例停止时尚未写入磁盘中的事务。在恢复每个数据库时，需要耗费一定的时间。这种时间长度的上限可以通过【恢复间隔(分钟)】文本框来设置。0 表示由 Microsoft SQL Server 系统自动确定时间长度。

在创建数据库时，数据库的数据文件和日志文件的默认物理位置可以通过【数据】、【日志】文本框来指定。当然，这里指定的位置仅仅是默认位置。用户在创建数据库时，如果指定了明确的数据文件和日志文件的物理位置，则按照指定的物理位置创建数据库。

(7) 【服务器属性 - ABCSERVER】对话框的【高级】选项卡如图 2-24 所示。在该选项卡中，可以设置有关服务器的并行操作行为、网络行为等选项。这里主要介绍一下【并行的开销阈值】选项的设置。开销是指在特定的硬件配置中运行串行计划估计需要花费的时间，时间单位是秒。开销阈值是 Microsoft SQL Server 系统自动创建并运行查询并行计划的起点。例如，如果将该值设置为 5，表示当某个查询的串行计划估计超过 5 秒时，系统将自动创建并运行该查询的并行计划。

(8) 【服务器属性-ABCSERVER】对话框的【权限】选项卡如图 2-25 所示。在该选项卡中可以设置和查看当前 SQL Server 实例中登录名或角色的权限信息。有关权限管理的内容，本书后面有专门的章节讲述，这里就不多说了。

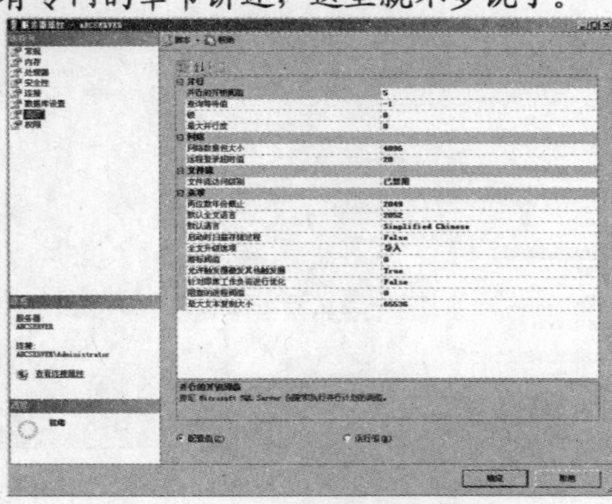

图 2-24　【高级】选项卡

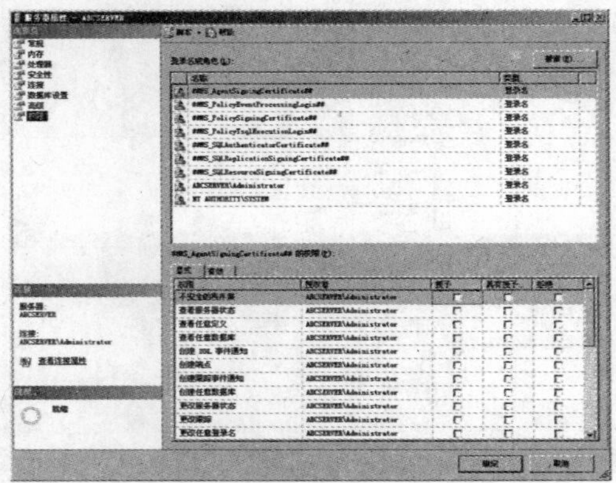

图 2-25　【权限】选项卡

2.7 上机练习

本章上机练习的内容是练习使用 Microsoft SQL Server Management Studio 工具分别设置 awe enabled 选项、two digit year cutoff 选项和 fill factor 选项。

(1) 选择【开始】|【所有程序】|【Microsoft SQL Server 2008】|【SQL Server Management Studio】命令，启动 Microsoft SQL Server Management Studio，这时显示【连接到服务器】对话框。

(2) 在【连接到服务器】对话框中，输入连接信息，单击【连接】按钮，则启动 Microsoft SQL Server Management Studio 工具主窗口，如图 2-26 所示。

(3) 在如图 2-26 所示的主窗口中，选中数据库引擎服务器 ABCSERVER，右击该服务器，则弹出如图 2-27 所示的快捷菜单。

(4) 从如图 2-27 所示的快捷菜单中选择【属性】命令，则出现【服务器属性-ABCSERVER】对话框的【常规】选项卡。

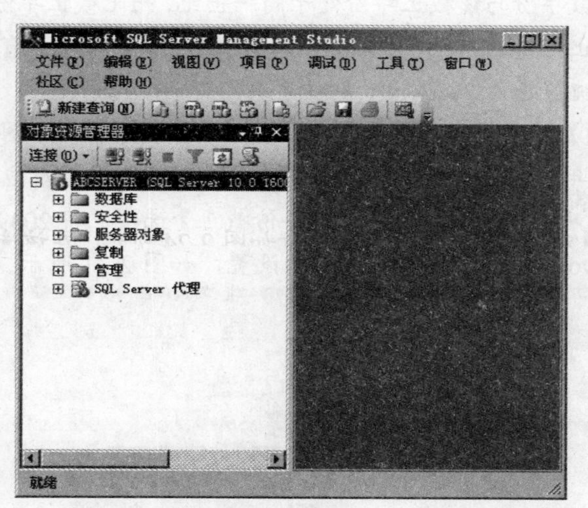

图 2-26　SQL Server Management Studio 主窗口

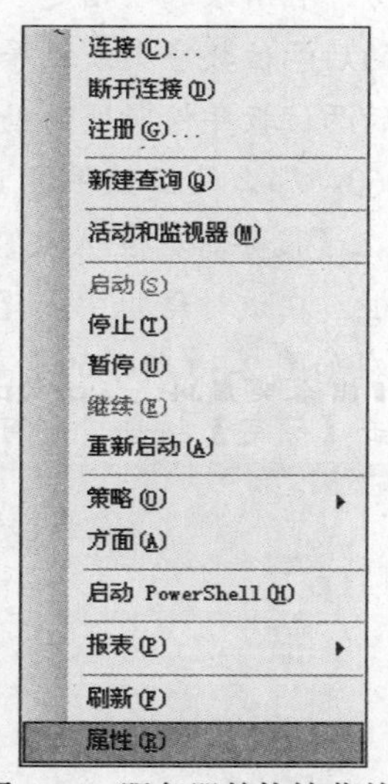

图 2-27　服务器的快捷菜单

(5) awe enabled 选项可以指定 SQL Server 利用 Windows 操作系统地址窗口化扩展插件(AWE)支持的多达 64GB 的物理内存。该选项的设置受系统物理内存、max server memory 选项的影响。

(6) 在【服务器属性-ABCSERVER】对话框中，选中【内存】选项卡，则如图 2-28 所示。在该对话框中可以设置多个选项。其中，【使用 AWE 分配内存(U)】复选项是与 awe enabled 选项对应的。注意，awe enabled 选项设置之后需要重新启动服务器才能起作用。

(7) 在如图 2-28 所示的【内存】选项卡中，选中【使用 AWE 分配内存(U)】复选框，然后单击【确定】按钮，则完成 awe enabled 选项的设置操作，如图 2-29 所示。

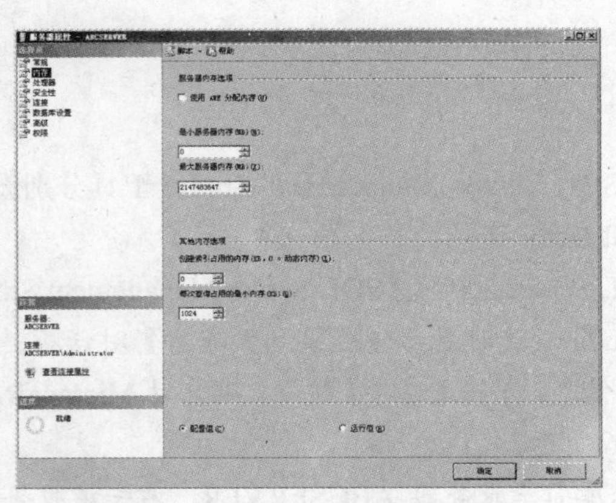

图 2-28 【内存】选项卡(设置前)

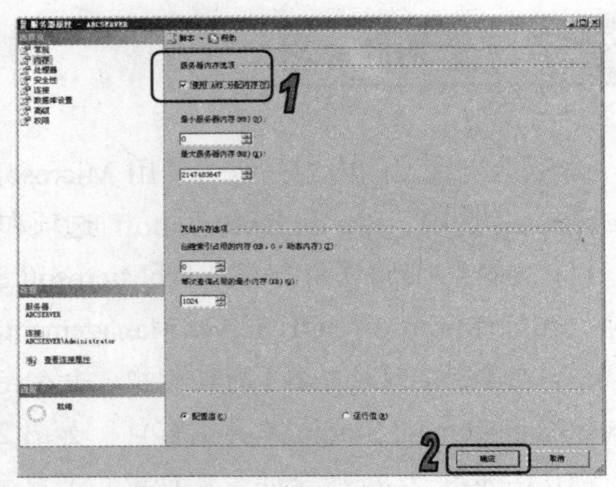

图 2-29 【内存】选项卡(设置后)

(8) 现在了解 two digit year cutoff 选项的作用。该选项指定 SQL Server 系统是如何处理两位数字年份。利用该选项指定一个 4 位整数年份，从 1753 到 9999，该年份称为截止年份。比截止年份的后两位数字小或相等的两位数年份与该截止年份处于同一世纪，而比截止年份的后两位数字大的两位数年份所处的世纪比截止年份的世纪早。例如，如果 two digit year cutoff 选项的设置是 2060，那么两位数年份 12 被系统解释为 2012，95 则被系统解释为 1995 年。

(9) 在【服务器属性-ABCSERVER】对话框中，选中【高级】选项卡，则打开如图 2-30 所示的对话框。在该对话框中，【两位数年份截止】选项与 two digit year cutoff 选项对应。

(10) 在如图 2-30 所示的【高级】选项卡中，选中【两位数年份截止】选项，将 2049 修改为 2060，单击【确定】按钮，即可完成 two digit year cutoff 选项的设置，如图 2-31 所示。

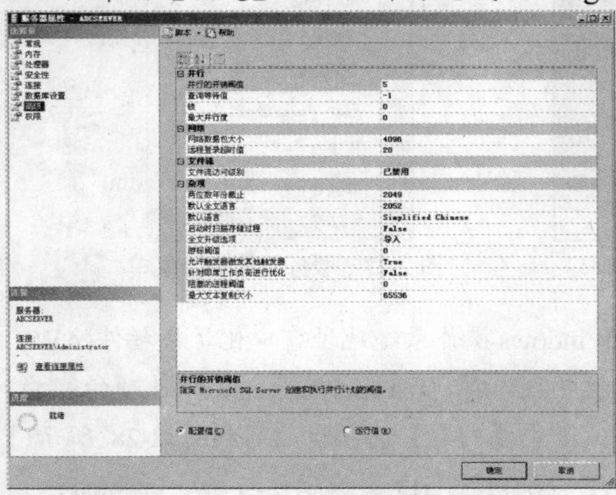

图 2-30 【高级】选项卡(设置前)

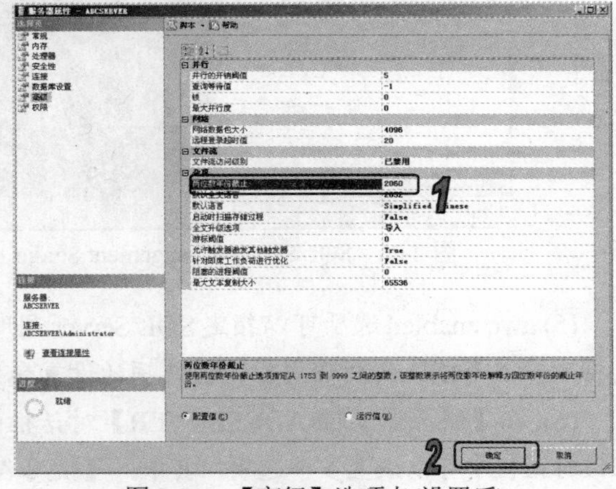

图 2-31 【高级】选项卡(设置后)

(11) 现在了解 fill factor 选项的作用。该选项与索引相关，索引数据物理存储在索引页上。如果索引页过满，那么当增加数据时由于索引数据之间的顺序发生变化需要对索引页进行拆分，拆分自然会影响系统的查询性能；如果索引页的空闲资源过多，索引占据空间较大，这样索引数据有更多的空间资源可以进行顺序调整，这种情景虽然不会频繁地发生索引页的拆分，但是会耗费大量的空间资源。创建索引时如何确定每个索引页的填满程度呢？这就需要设置 fill factor 选

项。该选项的有效值是 0~100，0 和 100 都表示将索引页填满，60 表示在初始创建索引时索引页的数据仅占索引页空间的 60%，表示有接近 40%的空间资源闲置。实际上，该选项用于平衡索引页的空间资源使用状况。

(12) 在【服务器属性-ABCSERVER】对话框中，打开【数据库设置】选项卡，则出现如图 2-32 所示的对话框。在该对话框中，【默认索引填充因子(I)】选项与 fill factor 选项对应。

(13) 在如图 2-32 所示的选项卡中，选中【默认索引填充因子(I)】选项，然后将 0 修改为 60，单击【确定】按钮，则完成 fill factor 选项的设置操作，如图 2-33 所示。重新启动服务器，则该设置可以发生作用。

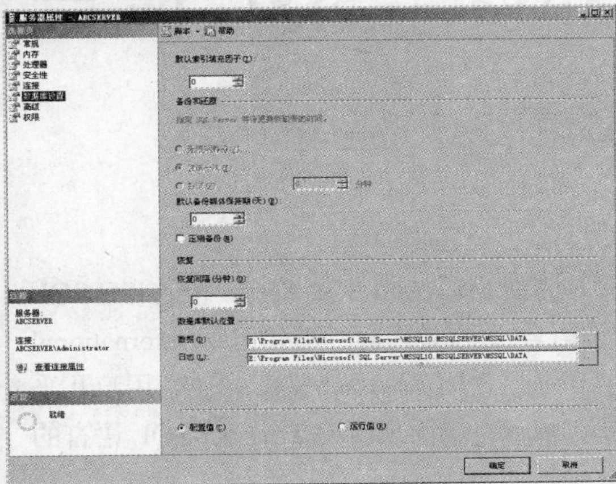

图 2-32　【数据库设置】选项卡(设置前)

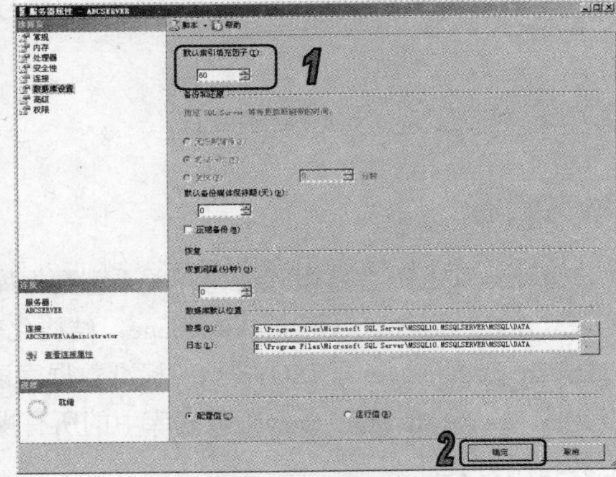

图 2-33　【数据库设置】选项卡(设置后)

2.8　习题

1. 安装 Microsoft SQL Server 2008 系统，从微软公司网站下载示例数据库文件并进行安装。浏览示例数据库的内容。

2. 使用 sp_configure 存储过程练习设置 two digit year cutoff 选项，比较与 Microsoft SQL Server Management Studio 工具的设置操作，体会一下两者的差别。

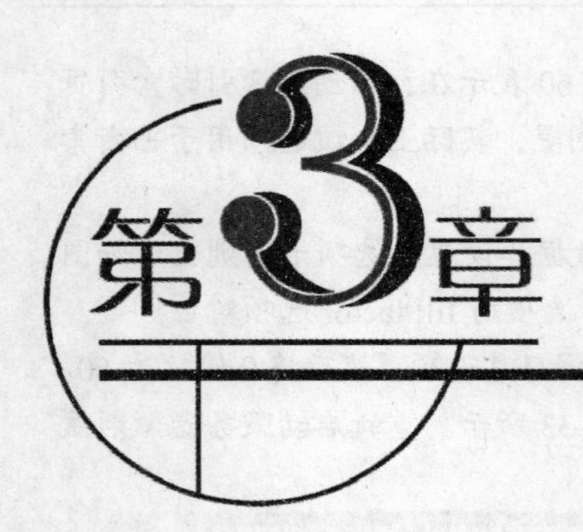

Transact-SQL 语言

学习目标

Transact-SQL 语言是微软公司在关系型数据库管理系统 Microsoft SQL Server 中的 ISO SQL 的实现。SQL(Structure Query Language，结构化查询语言)语言是国际标准化组织(International Standardize Organization，ISO)采纳的标准数据库语言。通过使用 Transact-SQL 语言，用户几乎可以完成 Microsoft SQL Server 数据库中的所有操作。本章将全面来研究 Transact-SQL 语言的特点和使用方式。

本章重点

- ◎ 特点和类型
- ◎ 执行方式
- ◎ 数据定义语言
- ◎ 数据操纵语言
- ◎ 数据控制语言
- ◎ 事务管理语言
- ◎ 附加语言元素

3.1 Transact-SQL 语言的特点

1970 年 6 月，埃德加•考特(Edgar Frank Codd)在 Communications of ACM 上发表了《大型共享数据库数据的关系模型》一文。首次明确而清晰地为数据库系统提出了一种崭新的模型，即关系模型。1970 年以后，考特继续致力于完善与发展关系理论。1972 年，他提出了关系代数和关系演算的概念，定义了关系的并、交、投影、选择、连接等各种基本运算，为 SQL 语言的形成和发展奠定了理论基础。1979 年，SQL 在商业数据库中成功得到了应用。

1986 年，美国国家标准化组织正式发表了编号为 X3.135-1986 的 SQL 标准，并且在 1987 年得到了 ISO 组织的认可，被命名为 ISO9075-1987。后来这个标准在 1992 年、1999 年、2003 年、2006 年、2008 年等不断地得到了扩充和完善。1992 年发布的标准是 SQL92，也称为 SQL2。1999 年发布的标准称为 SQL:1999，也称为 SQL3。该版本增加了迭代查询、触发器、控制流以及面向对象功能。2003 年，SQL 标准引入了 XML 支持、自动生成值等特征。2006 年的标准在 XML 数据的存储和查询方面有了更多的增强。

从 SQL 语言的历史来看，Transact-SQL 语言与 SQL 语言并不完全等同。不同的数据库供应商一方面采纳了 SQL 语言作为自己数据库的操作语言，另一方面又对 SQL 语言进行了不同程度的扩展。这种扩展的主要原因是不同的数据库供应商为了达到特殊目的和实现新的功能，不得不对标准的 SQL 语言进行扩展，而这些扩展往往又是 SQL 标准的下一个版本的主要实践来源。

Transact-SQL 语言是微软公司在 Microsoft SQL Server 系统中使用的语言，是对 SQL 语言的一种扩展形式。

Transact-SQL 语言是一种交互式查询语言，具有功能强大、简单易学的特点。该语言既允许用户直接查询存储在数据库中的数据，也可以把语句嵌入到某种高级程序设计语言中使用，如可以嵌入到 Microsoft Visual C#.NET、Java 语言中。与任何其他程序设计语言一样，Transact-SQL 语言有自己的数据类型、表达式、关键字等。当然，Transact-SQL 语言与其他语言相比要简单得多。

Transact-SQL 语言有 4 个特点：一是一体化的特点，集数据定义语言、数据操纵语言、数据控制语言、事务管理语言和附加语言元素为一体；二是有两种使用方式，即交互使用方式和嵌入到高级语言中的使用方式；三是非过程化语言，只需要提出“干什么”，不需要指出“如何干”，语句的操作过程由系统自动完成；四是类似于人的思维习惯，容易理解和掌握。

在 Microsoft SQL Server 2008 系统中，根据 Transact-SQL 语言的功能特点，可以把 Transact-SQL 语言分为 5 种类型，即数据定义语言、数据操纵语言、数据控制语言、事务管理语言和附加的语言元素。

数据定义语言(Data Definition Language，DDL)是最基础的 Transact-SQL 语言类型，用来创建数据库和数据库中的各种对象。只有创建数据库和数据库中的各种对象之后，数据库中的各种其他操作才有意义。例如，CREATE 语句是典型的 DDL，可以用来创建数据库中的表对象，DROP 语句则可以删除数据库中的表对象。

如何在表中插入数据、更新数据呢？这就需要使用到 INSERT、UPDATE、DELETE 等语句。这些操纵数据库中数据的语句被称为数据操纵语言(Data Manipulation Language，DML)。例如，当使用 DDL 语言创建了表之后，就可以使用 DML 语言向表中插入数据、检索数据、更新数据等。

如何确保数据库的安全呢？如何允许一些用户使用表中的数据，但是禁止另外一些用户使用表中的数据呢？这些问题涉及权限管理。在 Transact-SQL 语言中，涉及权限管理的语言包括了 GRANT、REVOKE、DENY 等语句，这些语句被称为数据控制语言(Data Control Language，DCL)。

在数据库中执行操作时，经常需要多个操作同时完成或同时取消。例如，从一个账户中转出的款项应该进入另一个账户。这时需要使用事务的概念。事务就是一个单元的操作，这些操作要么全部成功，要么全部失败。在 Microsoft SQL Server 2008 系统中，可以使用 COMMIT 语句提交事务，可以使用 ROLLBACK 语句撤销某些操作。这些用于事务管理的语句被称为事务管理语言(Transact Management Language，TML)。

作为一种语言，Transact-SQL 语言还提供了有关变量、标识符、数据类型、表达式及控制流语句等语言元素。这些语言元素被称为附加的语言元素。

就像其他许多语言一样，Microsoft SQL Server 2008 系统使用 100 多个保留关键字来定义、操作或访问数据库和数据库对象，这些关键字包括 DATABASE、CURSOR、CREATE、INSERT、BEGIN 等。这些保留关键字是 Transact-SQL 语言语法的一部分，用于分析和理解 Transact-SQL 语言。一般，不要使用这些保留关键字作为对象名称或标识符。

3.2 Transact-SQL 语言的执行方式

在 Microsoft SQL Server 2008 系统中，主要使用 SQL Server Management Studio 工具来执行 Transact-SQL 语言编写的查询语句。除此之外，还可以使用 sqlcmd 实用工具来执行 Transact-SQL 语句。因为前面已经讲过如何使用 sqlcmd 工具执行 Transact-SQL 语句了，下面主要介绍 SQL Server Management Studio 工具的特点。

在 SQL Server Management Studio 主窗口中，关闭【已注册的服务器】窗口、【模板资源管理器】窗口、【对象资源管理器】窗口等，可以最大限度地显示查询窗口。在查询窗口中执行 Transact-SQL 语句后的结果如图 3-1 所示。

在图 3-1 所示的查询窗口中，【SQL 编辑器】工具栏及工具栏上的图标功能描述如图 3-2 所示。最常使用的工具图标是带有红色感叹号的【执行(X)】图标，用于执行选中的 Transact-SQL 语句。

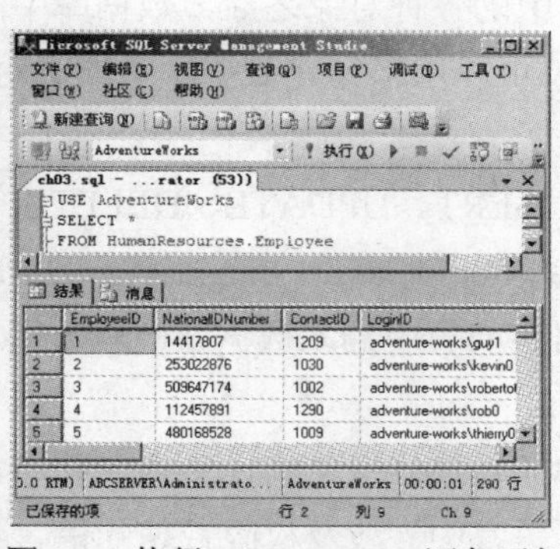

图 3-1　执行 Transact-SQL 语句示例

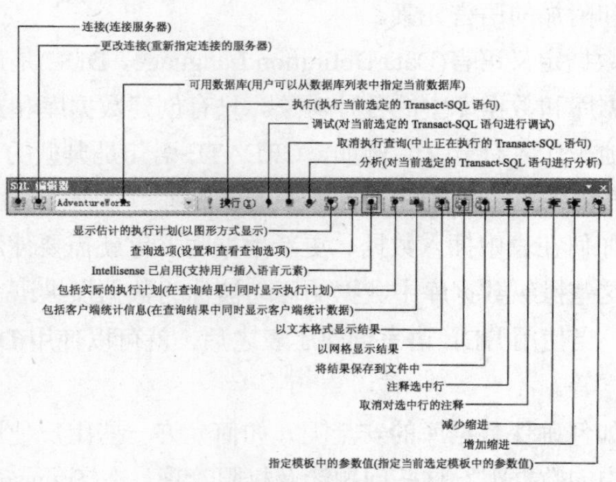

图 3-2　【SQL 编辑器】的工具栏

3.3 数据定义语言

数据定义语言用于创建数据库和数据库对象，为数据库操作提供对象。例如，数据库以及表、触发器、存储过程、视图、索引、函数、类型、用户等都是数据库中的对象，都需要通过定义才能使用。在 DDL 中，主要的 Transact-SQL 语句包括 CREATE 语句、ALTER 语句、DROP 语句。

CREATE 语句用于创建数据库以及数据库中的对象，是一个从无到有的过程。也就是说，CREATE 语句用于创建将要在今后使用的数据库或数据库对象。

【例 3-1】使用 CREATE 语句创建一个 ContactDetail 表。

(1) 创建一个用于存放示例对象和数据的数据库，即 ElecTravelCom 数据库(详细操作以后再讲)。

(2) 创建一个名称为 SaleManager 的架构(详细操作以后再介绍)。

(3) 启动【查询编辑器】，使用如图 3-3 中所示的命令，创建 ContactDetail 表。该表可以用于存储有关合同的明细信息，包括合同编码、产品编码、产品数量、单价以及备注信息。创建之后，用户可以在数据库中使用 ContactDetail 表。

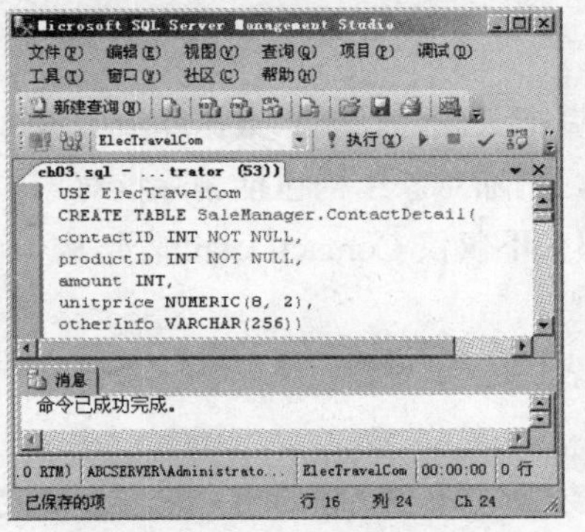

图 3-3 使用 CREATE 语句示例

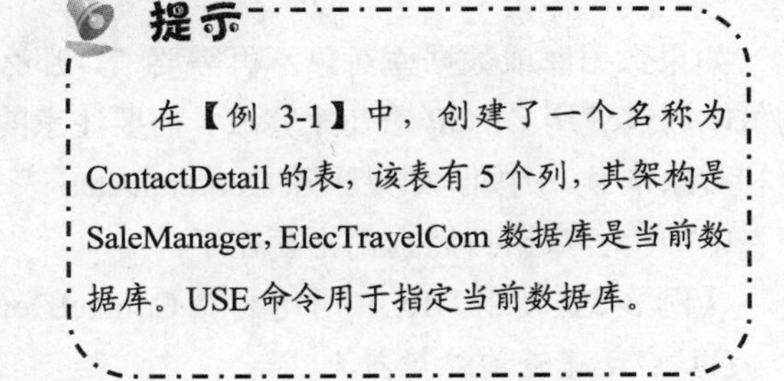

提示

在【例 3-1】中，创建了一个名称为 ContactDetail 的表，该表有 5 个列，其架构是 SaleManager，ElecTravelCom 数据库是当前数据库。USE 命令用于指定当前数据库。

在 Microsoft SQL Server 2008 系统中，可以使用 CREATE 语句创建的对象包括数据库、登录名、表、触发器、类型、用户、视图、数据库主密钥、非对称密钥、对称密钥、存储过程、全文目录、全文索引、索引、XML 索引、关联操作、函数、聚合函数、默认值、规则、架构、架构组件、服务、维度成员、计算成员、挖掘模型、挖掘结构、分区函数、分区方案、端点、事件通知、消息类型、角色、应用程序角色、程序集、元组计算、证书、约定、凭据、队列、绑定、路由、命名集、统计直方图、多维数据集、同义词等。

不同的数据库对象，CREATE 语句有不同的用法。在某些情况下，当需要为数据库对象指定多个属性时，CREATE 语句可能相当复杂。具体的 CREATE 语句语法，在本书后面相应的章节中将详细讲述，这里不一一讨论了。

ALTER 语句用于更改数据库以及数据库对象的结构。也就是说，ALTER 语句的对象必须已经存在。ALTER 语句仅仅是更改其对象的结构，其对象中已有的数据不受任何影响。对于表对象来说，使用 ALTER 语句在表中增加一个新列、删除一个列等操作都属于对表结构的更改。

【例 3-2】使用 ALTER 语句在 ContactDetail 表中增加一个 productName 列。

(1) 启动【查询编辑器】。

(2) 在如图 3-4 所示的示例中，使用 ALTER 语句在 ContactDetail 表中增加一个 productName 列，该列用于存储合同明细中的产品名称信息。

(3) 使用 SELECT 语句查看 ContactDetail 表更改后的结果，这时 ContactDetail 表有 6 个列，但是表中没有数据。

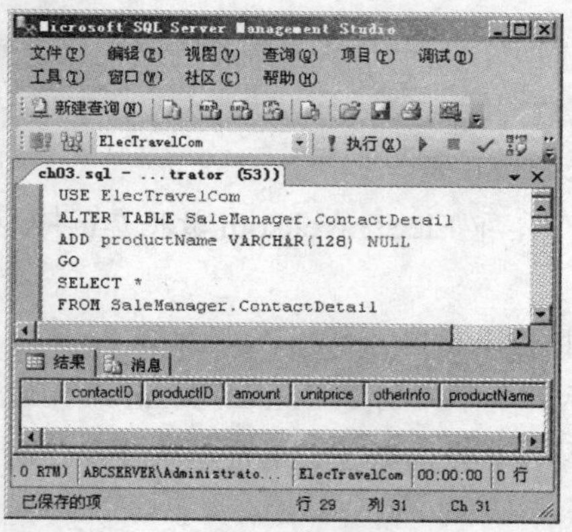
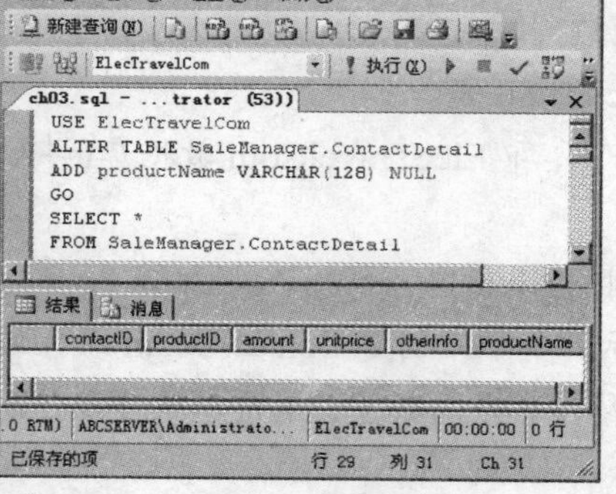

图 3-4　使用 ALTER 语句示例

> **提示**
>
> 在【例 3-2】中，使用 ALTER 语句对 ContactDetail 表的结构进行了修改，增加了一个新列。GO 命令表示批结束标志，提交前面的 Transact-SQL 语句。最后，使用 SELECT 语句检索修改后的表中数据。

如果数据库或数据库对象不再需要了，那么可以把其删除。删除数据库或数据库对象的结构可以通过使用 DROP 语句来完成。需要注意的是，删除对象结构包括删除该对象中的所有内容和对象本身。例如，如果删除 ContactDetail 表，那么不仅仅 ContactDetail 表结构不再存在了，该表中的所有数据自然也都不存在了。

【例 3-3】使用 DROP 语句删除 ContactDetail 表。

(1) 启动【查询编辑器】。

(2) 在如图 3-5 所示的示例中，首先使用 SELECT 语句查看 ContactDetail 表，这时该表存在。

(3) 使用 DROP 语句删除 ContactDetail 表。

(4) 再次使用 SELECT 语句查看该表时，发现该表已经不存在了，出现了 208 号对象名无效的错误消息。

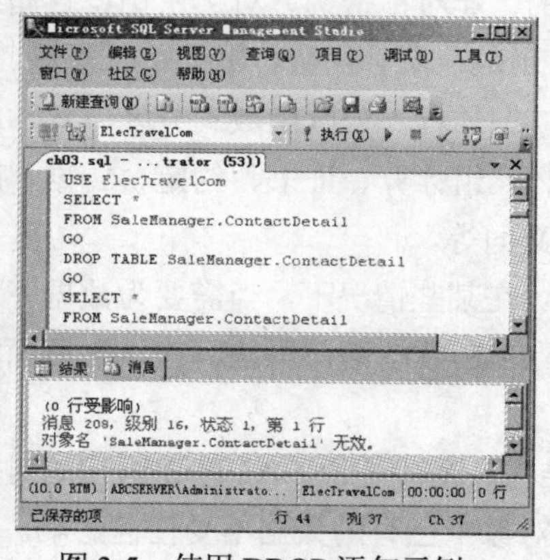

图 3-5　使用 DROP 语句示例

> **提示**
>
> 在【例 3-3】中，主要演示如何使用 DROP 语句对 ContactDetail 表执行删除操作。删除之后，该表在当前数据库中不再存在了，该表中的全部数据自然也随之被删除了。删除之前，一定要小心。

在 Microsoft SQL Server 2008 系统中，学习某个数据库对象时，除了了解该对象的作用和特点外，更重要的是掌握如何使用 CREATE、ALTER、DROP 语句创建、更改和删除该对象。

3.4　数据操纵语言

数据操纵语言主要是用于操纵表、视图中数据的语句。当创建表对象之后，该表的初始状态是空的，没有任何数据。如何向表中添加数据呢？这时需要使用 INSERT 语句。如何检索表中数据呢？可以使用 SELECT 语句。如果表中的数据不正确，可以使用 UPDATE 语句进行更新。当然，也可以使用 DELETE 语句删除表中的数据。实际上，DML 语言正是包括了 INSERT、SELECT、UPDATE 及 DELETE 等语句。

INSERT 语句用于向已经存在的表中插入新的数据，一次插入一行数据。当需要向表中插入多行数据时，需要多次使用 INSERT 语句。

【例 3-4】使用 INSERT 语句向 ContactDetail 表中插入数据。

(1) 启动【查询编辑器】。

(2) 在如图 3-6 所示的 INSERT 语句示例中，向 ContactDetail 表中插入 3 行数据。

(3) 使用 SELECT 语句检索 ContactDetail 表中的数据。

(4) 说明，ContactDetail 表必须事先存在。如果不存在，应该事先创建该表。在输入汉字时，用单引号引起来，并且在前面使用 N 字符，表示输入 Unicode 类型的字符串常量。

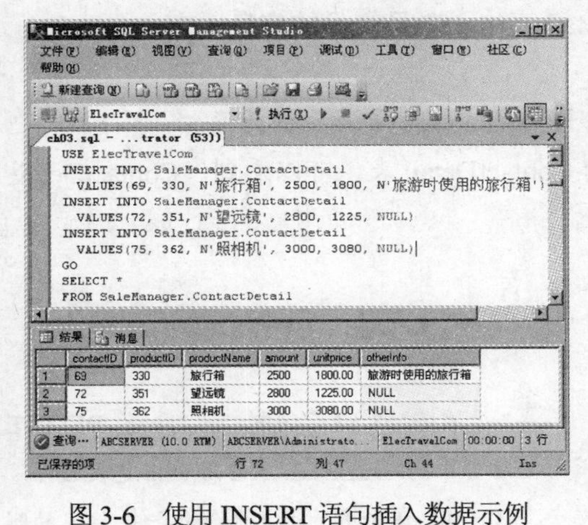

	contactID	productID	productName	amount	unitprice	otherInfo
1	69	330	旅行箱	2500	1800.00	旅游时使用的旅行箱
2	72	351	望远镜	2800	1225.00	NULL
3	75	362	照相机	3000	3080.00	NULL

图 3-6　使用 INSERT 语句插入数据示例

> **提示**
>
> 在【例 3-4】中，主要演示如何使用 INSERT 语句插入数据。需要注意的是，数值数据和字符数据的插入方式不完全相同。

如果表中的数据不正确或不合适或者已经变化，那么可以使用 UPDATE 语句更新这些不恰当的数据。

【例 3-5】使用 UPDATE 语句将 ContactDetail 表中 330 号产品的销售数量由 2500 台更新为 3000 台，单价由 1000 元更改为 990 元。

(1) 启动【查询编辑器】。

(2) 在如图 3-7 所示的示例中，首先使用 UPDATE 语句执行更新操作。其中，UPDATE 子句用于指定表名称，SET 子句用于指定将要更新的列名称和新的数据，WHERE 子句用于指定数据行名称。

(3) 然后，使用 SELECT 语句查看更新后的结果。

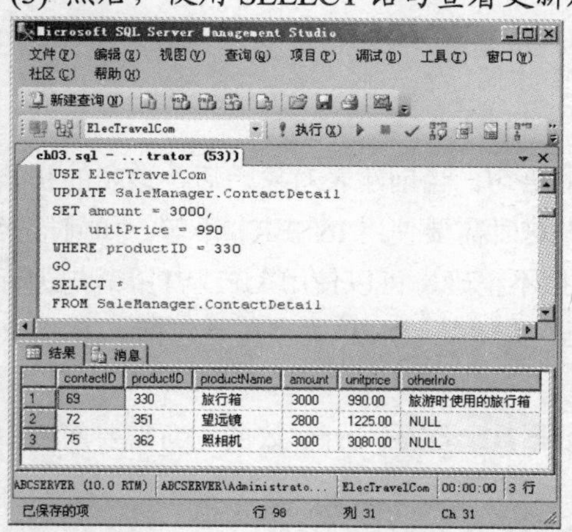

图 3-7 使用 UPDATE 语句更新数据

> **提示**
>
> 在【例 3-5】示例中，UPDATE 语句中的 SET 子句用于指定将要更新的列名称和更新后的数据，WHERE 语句用于指定更新的条件。

使用 DELETE 语句可以删除表中的数据。一般情况下，如果在 DELETE 语句中没有删除条件，那么将删除表中的所有数据。需要注意的是，DELETE 语句与 DROP 语句不同，DELETE 语句删除表中的数据，但是该表对象依然存在；DROP 语句则删除了表对象，表中的数据自然也不存在了。

【例 3-6】使用 DELETE 语句删除 ContactDetail 表中 351 号产品的信息。

(1) 启动【查询编辑器】。

(2) 在如图 3-8 所示的示例中，使用 DELETE 语句删除 351 号产品的信息。

(3) 使用 SELECT 语句查看删除一行数据后的 ContactDetail 表。可以看到，ContactDetail 表中的数据只剩下两行了。

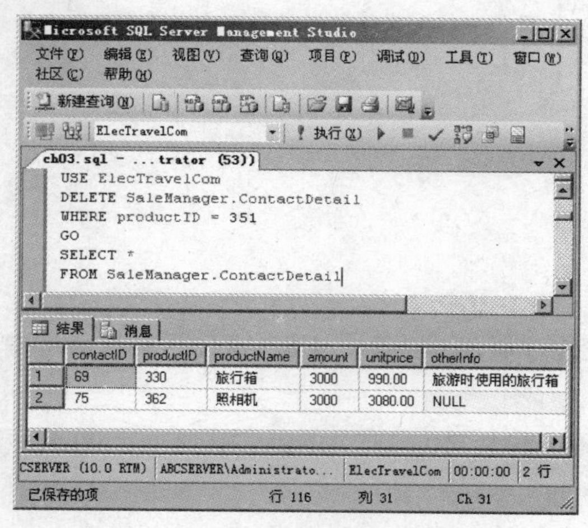

图 3-8 使用 DELETE 语句删除数据

> **提示**
>
> 在【例 3-6】示例中，可以看到，DELETE 语句中的 DELETE 子句用于指定表名称，WHERE 语句用于指定删除的条件。这里的删除操作删除了一行数据。

在前面已经看到 SELECT 语句的示例了，这里就不再介绍。有关 SELECT、INSERT、UPDATE、DELETE 等语句的详细使用方式，本书后面有关章节还将继续讲述。

3.5　数据控制语言

数据控制语言(DCL)主要用来执行有关安全管理的操作，该语言主要包括 GRANT 语句、REVOKE 语句和 DENY 语句。GRANT 语句可以将指定的安全对象的权限授予相应的主体；REVOKE 语句则删除授予的权限；DENY 语句拒绝授予主体权限，并且防止主体通过组或角色成员继承权限。下面通过一个简单示例讲述 DCL 语言的特点。

【例 3-7】演示 DCL 语言的特点。假设 Cleon 是 ElecTravelCom 数据库中的一个用户，GManager 是该数据库中的一个角色，且 Cleon 用户是 GManager 角色的一个成员。

(1) 启动【查询编辑器】。

(2) 在如图 3-9 所示的示例中，首先使用 USE 语句将当前数据库置为 ElecTravelCom 数据库。

(3) 然后，使用 GRANT 语句将 SaleManager.ContactDetail 表的 SELECT 权限授予 Cleon 用户。

(4) 之后，又将 SaleManager.ContactDetail 表的 SELECT 权限授予 GManager 角色。

(5) 接下来，使用 REVOKE 语句从 Cleon 用户处收回对 SaleManager.ContactDetail 表的 SELECT 权限。

(6) 说明，这时能否说 Cleon 用户不能对 SaleManager.ContactDetail 表执行 SELECT 操作了呢？不能，因为 Cleon 用户作为 GManager 角色的成员，仍然从角色中继承了对 Sale Mana ger. ContactDetail 表的 SELECT 操作权限。但是，如果使用 DENY 语句从 Cleon 用户处收回对 SaleManager.ContactDetail 表的 SELECT 权限，那么 Cleon 用户就不能对 SaleManager.ContactDetail 表执行 SELECT 操作了。

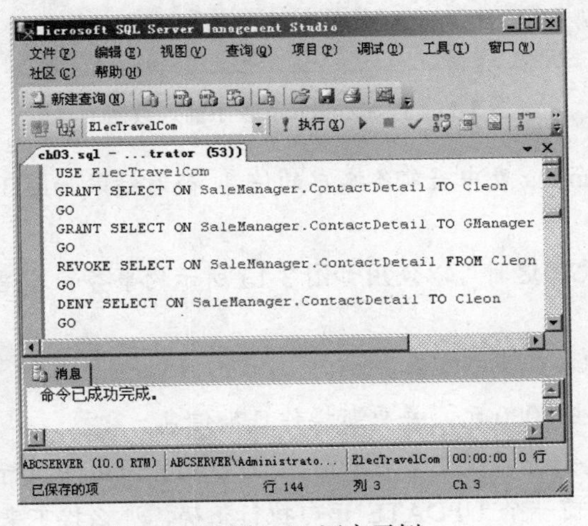

图 3-9　使用 DCL 语言示例

提示

在【例 3-7】中，可以看到有两个 GRANT 语句和两个 REVOKE 语句。第一个 GRANT 语句直接对 Cleon 授权，第二个向 GManager 角色授权。这时，Cleon 已经从两个路线获得了 SELECT 权限。第一个 REVOKE 从 clean 直接收权，第二个 REVOKE 间接收权。

3.6 事务管理语言

在 Microsoft SQL Server 系统中，可以使用 BEGIN TRANSACTION、COMMIT TRANSACTION 及 ROLLBACK TRANSACTION 等事务管理语言(TML)的语句来管理显式事务。其中，BEGIN TRANSACTION 语句用于明确地定义事务的开始，COMMIT TRANSACTION 语句用于明确地提交完成的事务。如果事务中出现了错误，那么可以使用 ROLLBACK TRANSACTION 语句明确地取消定义的事务。

【例 3-8】演示如何使用 TML 语言。为了确保账户之间的转账过程准确无误，需要通过定义明确的事务来完成这种操作。

(1) 启动【查询编辑器】。

(2) 创建 accounting 表，该表用于存储有关账户、客户名称、账户金额、操作日期等信息，如图 3-10 所示。

(3) 向 accounting 表中插入 5 行数据，插入命令如图 3-11 所示。

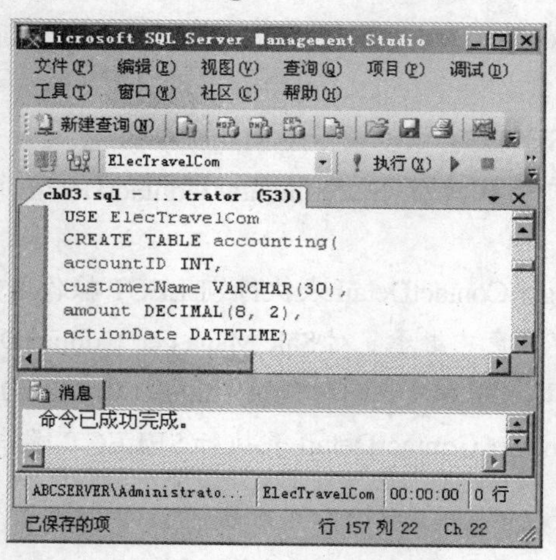

图 3-10　创建 accounting 表

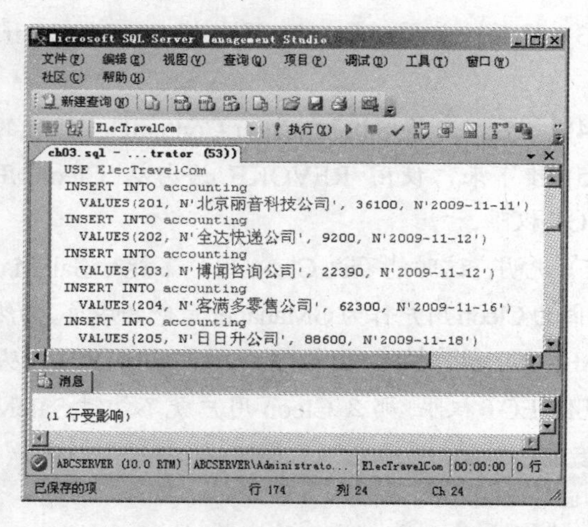

图 3-11　向 accounting 表中插入数据

(4) 在转账前，使用 SELECT 语句查看 accounting 表中当前各帐户的信息，查看结果如图 3-12 所示。

(5) 现在从 202 帐户向 205 账户转账 8000 元，这时可以使用如图 3-13 所示的事务管理语句来实现。

首先，使用 BEGIN TRANSACTION 语句明确地声明事务开始。

然后，使用 UPDATE 语句从 202 账户中减去 8000 元，并更新操作日期信息。

之后使用了 IF 语句。在该语句中，使用@@error 系统变量判断前面 UPDATE 语句的执行是否正确，0 表示正确，否则表示执行失败。如果前一个 UPDATE 语句执行正确，那么接下来执行第二个 UPDATE 语句，并且判断该语句的执行是否正确，只有当第二个 UPDATE 语句执行也正确时，该事务才能被提交；否则，只要有一个 UPDATE 语句执行失败，那么该事务的操作都

会被自动取消。这样可以保证整个事务要么成功，要么失败。

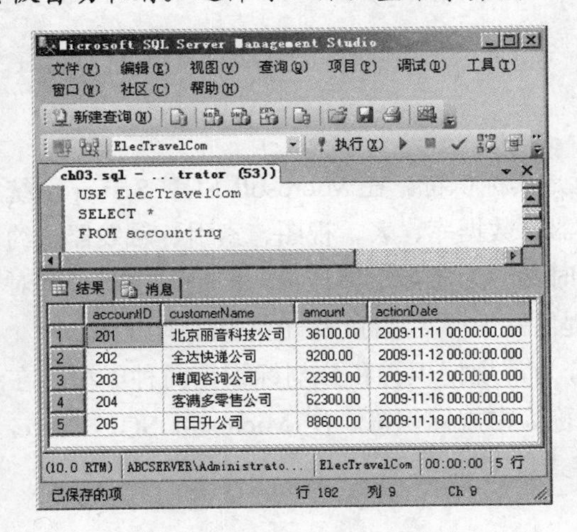

图 3-12　accounting 表中的当前信息

```
USE ElecTravelCom
BEGIN TRANSACTION
UPDATE accounting SET amount = amount - 8000, actionDate = getdate()
  WHERE accountID = 202
IF (@@error = 0)
  BEGIN
    UPDATE accounting SET amount = amount + 8000, actionDate = getdate()
      WHERE accountID = 205
    IF (@@error = 0)
      COMMIT TRANSACTION        -- 两次操作都成功时提交事务
    ELSE
      ROLLBACK TRANSACTION      -- 第二次操作失败时取消事务
  END
ELSE
  ROLLBACK TRANSACTION          -- 第一次操作失败时取消事务
```

(1 行受影响)

图 3-13　转账事务语言示例

在如图 3-13 所示的示例中，除了事务管理语言之外，还使用了 UPDATE、IF…ELSE、BEGIN…END 等语句以及@@error 系统变量、getdate()函数等。有关这些语句、变量、函数的详细使用方法，本章后面将会详细讲述。

(6) 转账操作结束之后，可以使用 SELECT 语句查看 accounting 表中的数据，结果如图 3-14 所示。从图中可以看到，202 账户中的金额由 9200 元变为了 1200 元，而 205 账户中的金额由 88600 元变为了 96600 元。

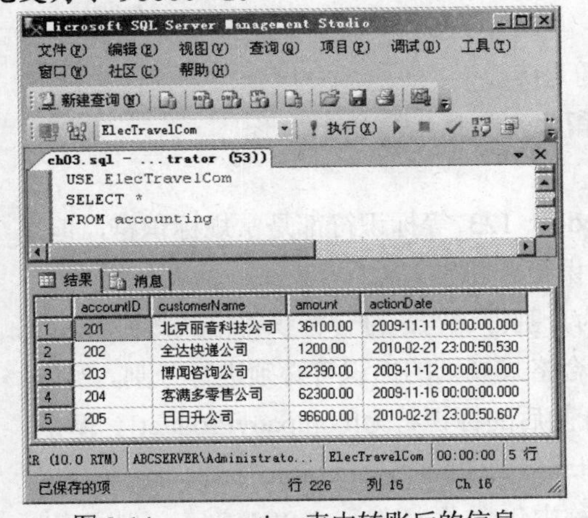

图 3-14　accounting 表中转账后的信息

提示

从图 3-14 中，可以看到 accounting 表中的数据与图 3-12 中显示的转账前的数据是不同的，且这种更新操作可以保证这些操作要么全部成功，要么全部失败的事务一致性状态。事务一致性是非常重要的业务需求。

3.7　附加的语言元素

除了前面介绍的语句之外，Transact-SQL 语言还包括了附加的语言元素。这些附加的语言元素主要包括标识符、变量和常量、运算符、表达式、数据类型、函数、控制流语言、错误处

理语言及注释等。下面详细介绍这些内容。

3.7.1 标识符

在 Transact-SQL 语言中，数据库对象的名称就是其标识符。在 Microsoft SQL Server 系统中，所有的数据库对象都可以有标识符，例如服务器、数据库、表、视图、索引、触发器、约束等。大多数对象的标识符是必须的，例如创建表时必须为表指定标识符。但是，也有一些对象的标识符是可选的，例如创建约束时用户可以不提供标识符，其标识符由系统自动生成。

按照标识符的使用方式，可以把这些标识符分为常规标识符和分割标识符两种类型。在 Transact-SQL 语句中使用时不用将其分割的标识符称为常规标识符。在 Microsoft SQL Server 2008 系统中，Transact-SQL 语言的常规标识符的格式规则如下。

规则一，第一个字符必须是下列字符之一：

- Unicode 标准定义的字母，这些字母包括 a~z、A~Z 以及其他语言的字母字符。
- 下划线(_)、符号(@)或数字符号(#)。不过，需要注意的是，以一个符号(@)开头的标识符表示局部变量，以两个符号(@)开头的标识符表示系统内置的函数。以一个数字符号(#)开头的标识符标识临时表或临时存储过程，以两个数字符号(#)开头的标识符标识全局临时对象。

规则二，后续字符可以包括以下类型的字符：

- Unicode 标准中定义的字母。
- 基本拉丁字符或十进制数字。
- 下划线(_)、符号(@)、数字符号(#)或美元符号($)。

规则三，标识符不能是 Transact-SQL 语言的保留字，包括大写和小写形式。

规则四，不允许嵌入空格或其他特殊字符。

例如，companyProduct、_com_product、comProduct_123 等标识符都是常规标识符，但是诸如 this product info、company 123 等则不是常规标识符。

包含在双引号("")或方括号([ ])内的标识符被称为分割标识符。符合标识符格式规则的标识符既可以分割，也可以不分割。但是，对于那些不符合格式规则的标识符必须进行分割。例如，companyProduct 标识符既可以分割也可以不分割，分割后的标识符为[companyProduct]。但是，this product info 必须进行分割，分割后为[this product info]或"this product info"标识符。

以下两种情况需要使用分割标识符：一是对象名称中包含了 Microsoft SQL Server 保留字时需要使用分割标识符，例如，[where]分割标识符；二是对象名称中使用了未列入限定字符的字符，例如，[product[1] table]分割标识符。

使用双引号分割的标识符称为引用标识符，使用方括号分割的标识符称为括号标识符。默认情况下，只能使用括号标识符。当 QUOTED_IDENTIFIER 选项设置为 ON 时，才能使用引用标识符。

【例 3-9】演示 QUOTED_IDENTIFIER 选项的作用和特点。

(1) 启动【查询编辑器】。

(2) 在如图 3-15 所示的示例中，使用 SET 语句设置 QUOTED_IDENTIFIER 选项的值为 OFF。

(3) 使用 CREATE 语句创建一个名称为"Employee Info"的表，但是创建失败。失败原因是该标识符为非法标识符。

(4) 设置 QUOTED_IDENTIFIER 选项的值为 ON。

(5) 重新使用 CREATE 语句创建名称为"Employee Info"的表，这时创建操作成功，该标识符是合法标识符，如图 3-16 所示。

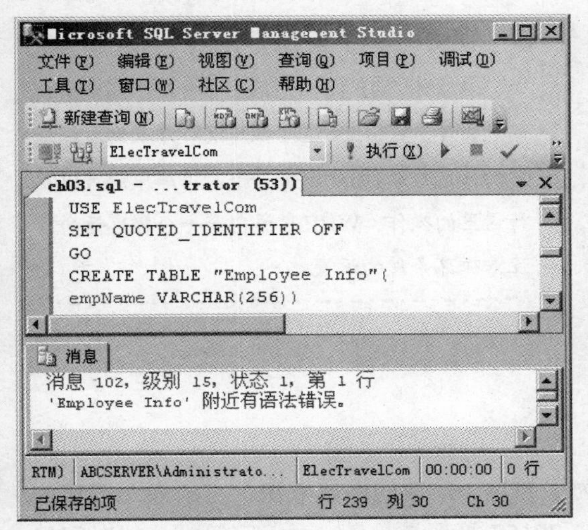

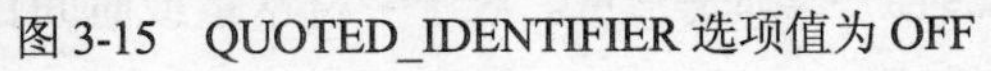

图 3-15 QUOTED_IDENTIFIER 选项值为 OFF

图 3-16 QUOTED_IDENTIFIER 选项值为 ON

3.7.2 变量和常量

在 Microsoft SQL Server 2008 系统中，变量也被称为局部变量，是可以保存单个特定类型数据值的对象。一般经常在批处理和脚本中使用变量，这些变量可以作为计数器计算循环执行的次数或控制循环执行的次数；保存数据值以供控制流语句测试；保存存储过程返回代码要返回的数据值或函数返回值。

在 Transact-SQL 语言中，可以使用 DECLARE 语句声明变量。在声明变量时需要注意：第一，为变量指定名称，且名称的第一个字符必须是@；第二，指定该变量的数据类型和长度；第三，默认情况下将该变量值设置为 NULL。

可以在一个 DECLARE 语句中声明多个变量，多个变量之间使用逗号分隔开。变量的作用域是可以引用该变量的 Transact-SQL 语句的范围。变量的作用域从声明变量的地方开始到声明变量的批处理的结尾。

有两种为变量赋值的方式，即使用 SET 语句为变量赋值和使用 SELECT 语句为变量赋值。

【例 3-10】演示如何定义和使用变量。

(1) 启动【查询编辑器】。

(2) 首先，使用 DECLARE 语句声明一个整数型@yearCounter 变量，如图 3-17 所示。

(3) 然后，使用 SET 语句为该变量赋初值。

(4) 之后，使用 WHILE 语句循环为该变量赋值，直到其值达到 2050。

(5) 最后，使用 PRINT 语句打印出该变量的值。

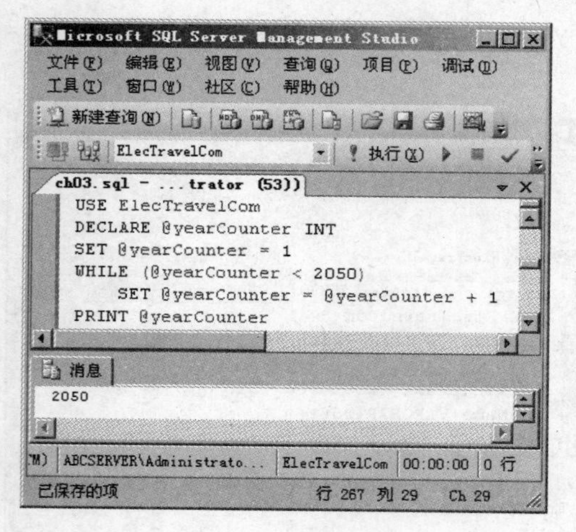

图 3-17　使用变量

提示

在【例 3-10】中，USE 语句用于指定当前的数据库。实际上，这些操作没有涉及到数据库中的任何对象，因此在哪一个数据库中都可以执行这里的操作。WHILE 语句是一个循环语句，注意循环条件的设置。

常量是表示特定数据值的符号，常量也被称为字面量。常量的格式取决于它所表示的值的数据类型。例如，'This is a book.'、'August 8, 2008'、29157 等都是常量。对于字符常量或时间日期型常量，需要使用单引号引起来。

3.7.3　运算符

运算符是一种符号，用来指定要在一个或多个表达式中执行的操作。在 Microsoft SQL Server 2008 系统中，可以使用的运算符包括算术运算符、逻辑运算符、赋值运算符、字符串串联运算符、按位运算符、一元运算符及比较运算符等。

算术运算符可以用于对两个表达式进行数学运算，其类型如表 3-1 所示。

表 3-1　算术运算符

运 算 符	描　述
+	加法运算，也可以将一个以天为单位的数字加到日期中
-	减法运算，也可以从日期中减去以天为单位的数字
*	乘法运算
/	除法运算，如果两个表达式都是整数，则结果是整数，小数部分被截断
%	取模运算，返回两数相除后的余数。例如 12%7 的模是 5，这是因为 12 除以 7，余数是 5

【例 3-11】演示如何使用算术运算符。

(1) 启动【查询编辑器】。

(2) 在如图 3-18 所示的示例中，在 SELECT 语句中使用算术运算符。

(3) 说明，12.0/5.0 的结果是 2.400000，但是 12/5 的结果是 2，两者的值并不相等。12.0/15.0 的结果是 0.800000，但是 12/15 的结果却是 0。因此，需要着重指出的是，在进行除法运算时，一定要确认除数和被除数是否浮点数类型，否则运算结果有可能与期望的结果不同。从图 3-18 中可以看出，12%7 的模是 5。

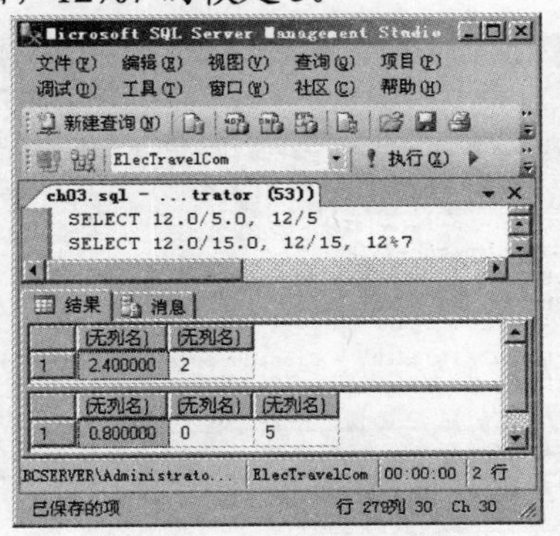

图 3-18 使用算术运算符

> **提示**
>
> 在【例 3-11】中，需要注意的是，在执行除法运算时整数和浮点数是不同的。因此，在程序中使用算术运算符时，一定要确定参与运算的数值类型。

逻辑运算符用于对某些条件进行测试，以获得实际情况。逻辑运算符的运算结果值是布尔数据类型，TRUE 或 FALSE。TRUE 表示条件成立，FALSE 则表示条件不成立。在 Microsoft SQL Server 2008 系统中，可用的逻辑运算符如表 3-2 所示。

表 3-2 逻辑运算符

运 算 符	描 述
ALL	用于比较标量值与单列集中的值。如果一组的比较都为 TRUE，则比较结果为 TRUE
AND	组合两个布尔表达式。如果两个表达式都为 TRUE，则组合结果为 TRUE
ANY	用于比较标量值与单列集中的值。如果一组的比较中任何一个为 TRUE，则比较结果为 TRUE
BETWEEN	如果操作数在某个范围之内，那么结果为 TRUE
EXISTS	如果自查询中包含了一些行，那么结果为 TRUE
IN	如果操作数等于表达式列表中的一个，那么结果为 TRUE
LIKE	如果操作数与某种模式相匹配，那么结果为 TRUE
NOT	对任何其他布尔运算符的结果值取反
OR	如果两个布尔表达式中的任何一个为 T。RUE，那么结果为 TRUE
SOME	如果在一组比较中，有些比较为 TRUE，那么结果为 TRUE

【例 3-12】演示如何使用逻辑运算符。

(1) 启动【查询编辑器】。

(2) 在如图 3-19 所示的示例中，SELECT 语句中的条件使用了 AND 和 OR 运算符。该查询语句检索的结果是合同编码小于 10 且称谓为“Mr.”，或者 FirstName 名为 Tom 的合同信息。

在 Transact-SQL 语言中，赋值运算符只有一个，就是等号(=)。赋值运算符有两个主要用途：第一，可以给变量赋值，这是最主要的用途；第二，可以为表中的列改变列标题。赋值运算符几乎会出现在所有的语句中。

【例 3-13】演示如何使用赋值运算符。

(1) 启动【查询编辑器】。

(2) 在如图 3-20 所示示例的 SET 语句中，使用赋值运算符为@Ename 变量赋值；在 SELECT 语句中，使用赋值运算符改变 FirstName 列的标题。

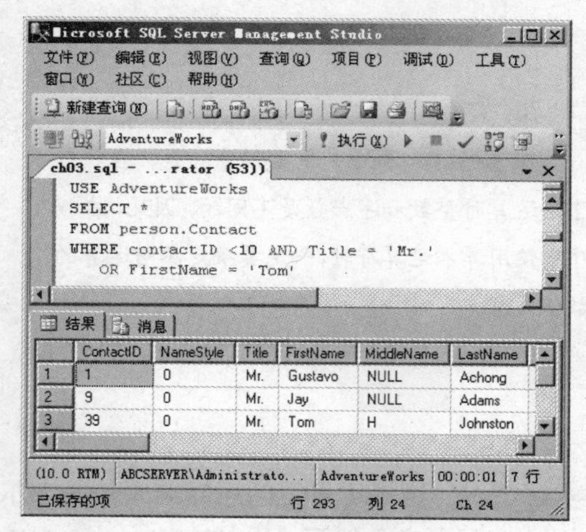

图 3-19 使用逻辑运算符

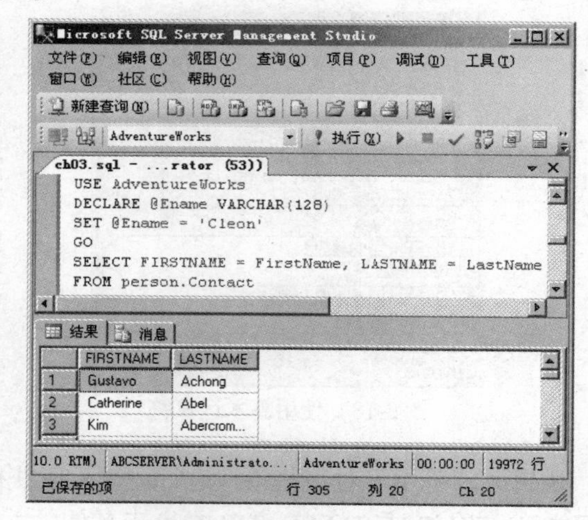

图 3-20 使用赋值运算符

就像赋值运算符一样，字符串串联运算符也只有一个，这就是加号(+)。使用字符串串联运算符可以把两个字符串连接起来。

【例 3-14】演示如何使用字符串串联运算符。

(1) 启动【查询编辑器】。

(2) 在如图 3-21 所示的示例中，通过使用字符串串联运算符，把员工的称谓、姓名、联系电话等信息连接起来，并且指定列名称为 FullInfo。

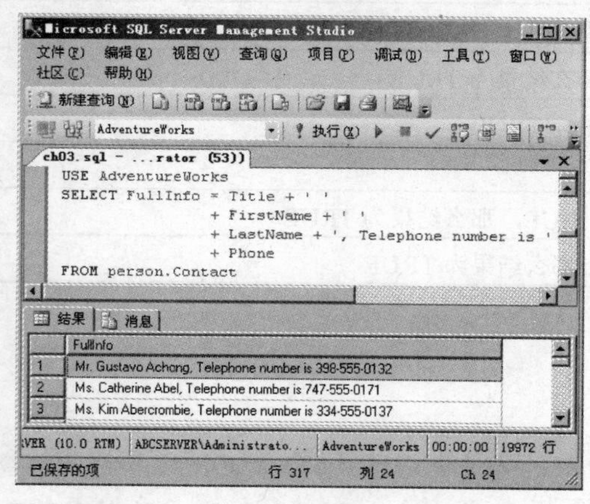
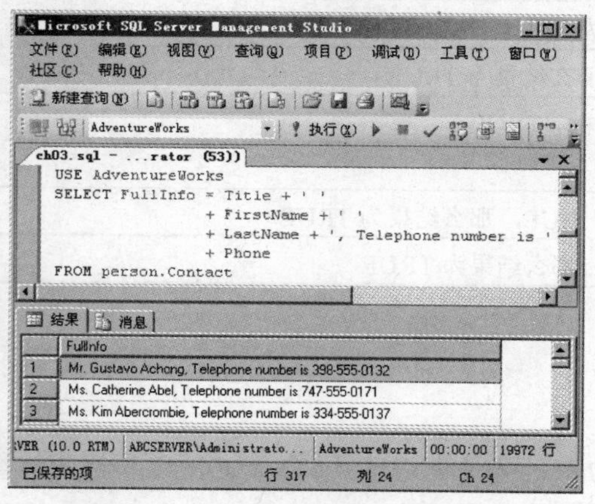

图 3-21 使用字符串串联运算符

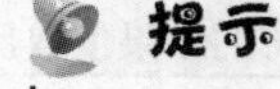

提示

在【例 3-14】示例中，使用字符串串联运算符把多个字符信息连接了起来。注意，在 SELECT 语句中，可以使用换行，不影响语句的执行结果。

按位运算符可以在两个表达式之间执行位操作。这两个表达式可以是整数数据类型中的任何数据类型。Transact-SQL 语言提供的按位运算符如表 3-3 所示。

表 3-3 按位运算符

运 算 符	描 述
&	位与逻辑运算，从两个表达式中取对应的位。当且仅当输入表达式中两个位的值都为 1 时，结果中的位才被设置为 1；否则，结果中的位被设置为 0
|	位或逻辑运算，从两个表达式中取对应的位。如果输入表达式中两个位只要有一个的值为 1 时(可以两个值都为 1)，结果中的位就被设置为 1；只有当两个位的值都为 0 时，结果中的位才被设置为 0
^	位异或运算，从两个表达式中取对应的位。如果输入表达式中两个位只有一个的值为 1 时(不可以两个值都为 1)，结果中的位就被设置为 1；只有当两个位的值都为 0 或 1 时，结果中的位才被设置为 0

【例 3-15】演示如何使用按位运算符。

(1) 启动【查询编辑器】。

(2) 在 SELECT 语句中使用按位运算符，如图 3-22 所示。

(3) 说明，20 和 12 之间的位与运算结果为 4，位或运算结果为 28，位异或运算结果为 24。实际上，20 的二进制是 0000 0000 0001 0100，12 的二进制是 0000 0000 0000 1100，这两个二进制的位与运算结果是 0000 0000 0000 0100，而二进制 0000 0000 0000 0100 表示的十进制数据是 4。

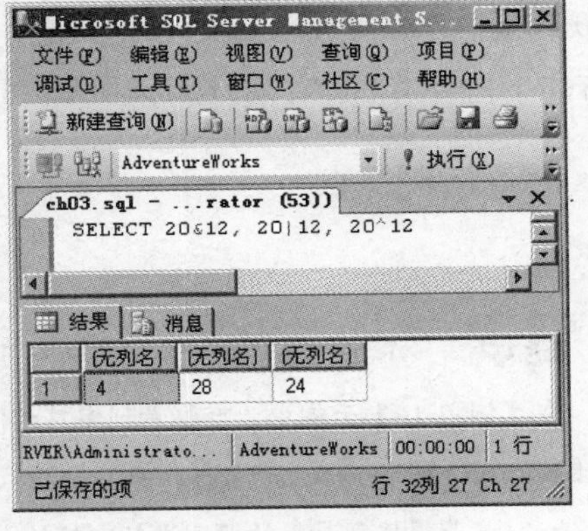

图 3-22 使用按位运算符

提示

在【例 3-15】示例中，使用了 3 个位运算符。这些运算符的运算过程与数据的二进制相关，这里的“位”是指数据的二进制表示中的位。

一元运算符表示只对一个表达式执行操作。该表达式可以是 numeric 数据类型类别中的任意一种数据类型。在 Transact-SQL 语言中有 3 个一元运算符，如表 3-4 所示。

表 3-4 一元运算符

运 算 符	描 述
+	数值为正
-	数值为负
~	返回数字的逻辑非

比较运算符用于测试两个表达式是否相同。如果相同，则返回 TRUE，否则返回 FALSE。除了 text、ntext、image 数据类型的表达式之外，其他所有的表达式之间都可以使用比较运算符。常用的比较运算符如表 3-5 所示。

表 3-5　比较运算符

运 算 符	描　述
=	等于
>	大于
<	小于
>=	大于或等于
<=	小于或等于
<>	不等于
!=	不等于
!<	不小于
!>	不大于

【例 3-16】演示如何使用比较运算符。

(1) 启动【查询编辑器】。

(2) 在如图 3-23 所示的示例中，第一个 SELECT 语句检索合同编码小于 10 且姓大于 Kim 的合同信息。

(3) 第二个 SELECT 语句检索合同编码小于 10 且姓小于或等于 Kim 的合同信息。

(4) 说明，当使用字符串进行比较时，由于 P 大于 K，因此 Pilar 大于 Kim；同理，C 小于 K，因此 Carla 小于 Kim。

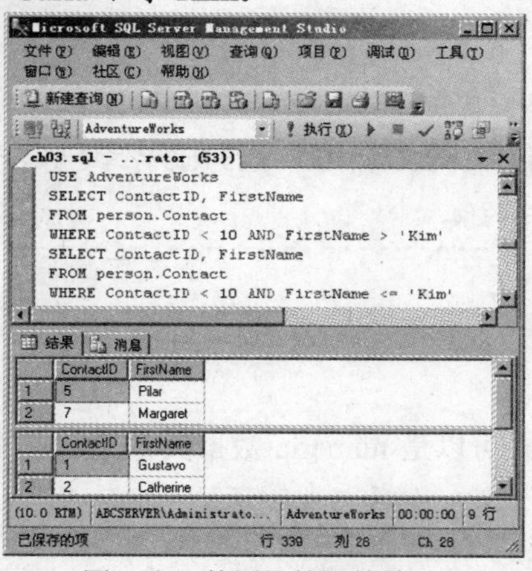

图 3-23　使用比较运算符

提示

在【例 3-16】示例中，可以看到字符之间的比较方式，Margaret 大于 Kim，而 Frances 小于 Kim，这是根据字母表的顺序进行比较的。

当某个复杂的表达式有多个运算符时，运算符优先级决定了执行运算的先后顺序。运算符的优先级别如表 3-6 所示。当运算符的级别不同时，先对较高级别的运算符进行运算，然后对较低级别的运算符进行运算。当运算符的级别相同时，按照它们在表达式中的位置从左到右

进行运算。需要强调的是，使用括号可以改变运算符的运算顺序，运算时先计算括号中的表达式的值。

表 3-6 运算符的优先级

级 别	运 算 符
1	~(位非)
2	*(乘)、/(除)、%(取模)
3	+(正)、-(负)、+(加)、+(连接)、-(减)、&(位与)
4	=、>、<、>=、<=、<>、!=、!>、!<(比较运算符)
5	^(位异或)、|(位或)
6	NOT
7	AND
8	ALL、ANY、BETWEEN、IN、LIKE、OR、SOME
9	=(赋值)

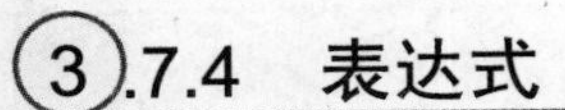

3.7.4 表达式

在 Transact-SQL 语言中，表达式是由标识符、变量、常量、标量函数、子查询、运算符等的组合。在 Microsoft SQL Server 2008 系统中，表达式可以在多个不同的位置使用，这些位置包括查询中检索数据的一部分、搜索数据的条件等。

表达式可以分为简单表达式和复杂表达式两种类型。简单表达式只是一个变量、常量、列名或标量函数，复杂表达式是由两个或更多个简单表达式通过使用运算符连接起来的表达式。在复杂表达式中，两个或多个表达式有相同的数据类型，优先级低的数据类型可以隐式转换为优先级高的数据类型。

【例 3-17】演示如何使用复杂表达式。

(1) 启动【查询编辑器】。

(2) 在如图 3-24 所示的 SELECT 语句中，Title+' '+SUBSTRING(FirstName,1,1)+'. '+LastName 表达式由列名、函数、字符串等组成，是一个典型的复杂表达式。该复杂表达式的列名称是 NameList。

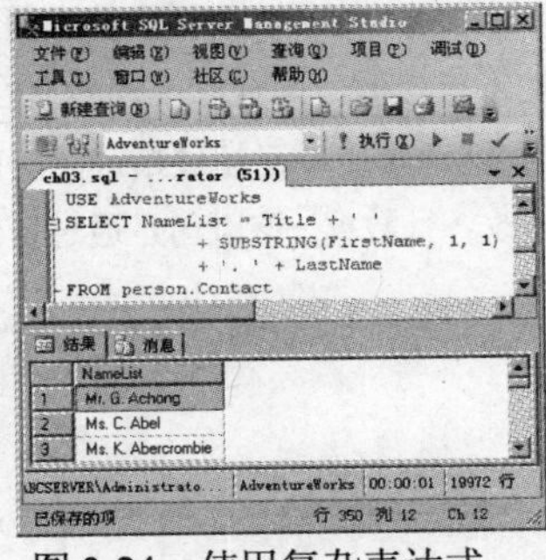

图 3-24 使用复杂表达式

提示

在【例 3-17】示例中，表达式包含多个组成部分，这些部分通过加号(+)连接起来。SUBSTRING 函数的作用是计算子字符串，即得到 FirstName 字符串的第一个字符。

对于那些由单个常量、变量、标量函数、列名等组成的简单表达式来说，其数据类型、排序规则、精度、小数位数和值就是它所引用的单个元素的数据类型、排序规则、精度、小数位数和值。使用比较运算符或逻辑运算符组成两个或多个表达式时，生成的数据类型为布尔值，即 TRUE、FALSE 或 UNKNOWN。当使用算术运算符、位运算符、字符串运算符组合两个表达式时，生成的数据类型取决于运算符。例如，算术运算符组合两个表达式时，生成的数据类型是数值型数据类型。

3.7.5 控制流语言

一般结构化程序设计语言的基本结构有顺序结构、条件分支结构和循环结构。顺序结构是一种自然结构，条件分支结构和循环结构都需要根据程序的执行状况对程序的执行顺序进行调整。

在 Transact-SQL 语言中，用于控制语句流的语言被称为控制流语言。Microsoft SQL Server 2008 系统提供了 8 种控制流语句，这些语句的说明如表 3-7 所示。

表 3-7 控制流语句

控制流语句	描 述
BEGIN…END	定义语句块，这些语句块作为一组语句执行，允许语句块嵌套
BREAK	退出 WHILE 或 IF…ELSE 语句中最里层的循环。如果 END 关键字作为循环结束标记，那么执行 BREAK 语句后将执行出现在 END 关键字后面的任何语句
GOTO	使 Transact-SQL 批处理的执行跳至指定标签的语句。也就是说，不执行 GOTO 语句和标签之间的所有语句。由于该语句破坏了结构化语句的结构，应该尽量少用该语句
CONTINUE	重新开始一个新的 WHILE 循环
IF…ELSE	用于指定 Transact-SQL 语句的执行条件。如果条件为 TRUE，则执行条件表达式后面的 Transact-SQL 语句；当条件为 FALSE 时，可以使用 ELSE 关键字指定要执行的 Transact-SQL 语句
WHILE	设置重复执行 Transact-SQL 语句或语句块的条件。当指定的条件为真时，重复执行循环语句。可以在循环体内设置 BREAK 和 CONTINUE 关键字，以便控制循环语句的执行
RETURN	无条件终止查询、存储过程或批处理的执行。存储过程或批处理中 RETURN 语句后面的所有语句都不再执行。当在存储过程中使用 RETURN 语句时，可以使用该语句指定返回给调用应用程序、批处理或过程的整数值。如果 RETURN 语句未指定值，则存储过程的返回值是 0
WAITFOR	悬挂起批处理、存储过程或事务的执行，直到发生以下情况为止：已超过指定的时间间隔、到达一天中指定的时间、指定的 RECEIVE 语句至少修改一行数据。该语句是通过暂停语句的执行而改变语句的执行过程

【例 3-18】演示如何使用控制流语言。

(1) 启动【查询编辑器】。

(2) 如图 3-25 所示的示例，使用了 WHILE、BEGIN…END、IF…ELSE、BREAK 及 CONTINUE

等控制流语句。

(3) 首先使用 WHILE 语句，该语句的循环条件是 Production.Product 表中所有产品的平均价格小于 500 元。如果满足该循环条件，就执行循环体，否则结束循环。整个循环体是一个 BEGIN…END 语句块。对于 WHILE 语句来说，该语句块中的所有语句在逻辑上是一个语句。

(4) 在 BEGIN…END 语句块中，首先使用 UPDATE 语句将该表中的所有产品价格增加一倍，然后检索该表中价格最高的产品。如果该最高价格大于 800 元，则结束循环，否则重新判断条件继续下一次循环。

(5) 该语句的执行流程图如图 3-26 所示。

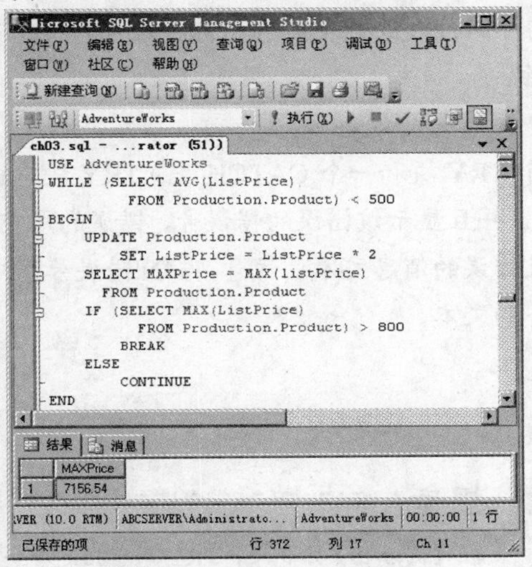

图 3-25　使用控制流语句

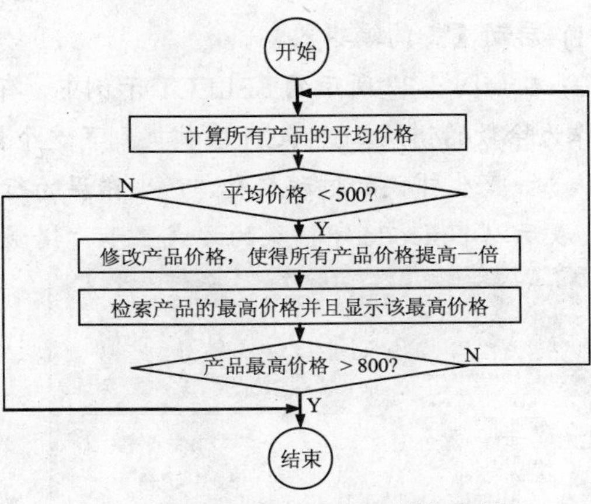

图 3-26　图 3-25 中示例的流程图

3.7.6　错误捕捉语言

为了增强程序的健壮性，必须对程序中可能出现的错误进行及时处理。在 Transact-SQL 语言中，可以使用两种方式处理发生的错误，即使用 TRY…CATCH 构造和使用@@ERROR 函数。

在 Transact-SQL 语句中，可以使用 TRY…CATCH 构造来处理 Transact-SQL 代码中的错误。TRY…CATCH 构造由一个 TRY 块和一个 CATCH 块组成，如果在 TRY 块中包含了 Transact-SQL 语句中检测到的错误条件，那么控制将被传递到 CATCH 块中以便处理该错误。CATCH 块处理该错误之后，控制将被传递到 END CATCH 语句后面的第一个 Transact-SQL 语句。如果 END CATCH 语句是存储过程或触发器中的最后一条语句，那么控制将传递到调用该存储过程或触发器的代码，将不执行 TRY 块中生成错误语句后面的 Transact-SQL 语句。如果 TRY 块中没有错误，那么控制将被传递到关联的 END CATCH 语句后紧跟的语句。

在 TRY…CATCH 构造中，TRY 块以 BEGIN TRY 语句开头，以 END TRY 语句结尾。在 BEGIN TRY 和 END TRY 语句之间可以指定一个或多个 Transact-SQL 语句。由于 TRY 块和 CATCH 块之间的语句是不会执行的，因此，CATCH 块必须紧紧跟着 TRY 块。CATCH 块以

BEGIN CATCH 语句开始，以 END CATCH 语句结尾。要注意，每一个 TRY 块仅仅与一个 CATCH 块关联。

在 TRY…CATCH 构造中，使用错误函数来捕捉错误信息。这些错误函数如下。

- ERROR_NUMBER()：返回错误号。
- ERROR_MESSAGE()：返回错误消息的完整文本。
- ERROR_SEVERITY()：返回错误的严重性。
- ERROR_STATE()：返回错误状态号。
- ERROR_LINE()：返回导致错误的例程中的行号。
- ERROR_PROCEDURE()：返回出现错误的存储过程或触发器的名称。

【例 3-19】演示使用 TRY…CATCH 构造捕捉错误。

(1) 启动【查询编辑器】。

(2) 在如图 3-27 所示的 SELECT 示例中，有一个 TRY 块和一个 CATCH 块。TRY 块中出现了 0 作为除数的错误。CATCH 块捕捉到了这个错误，并且显示该错误的错误号、错误的严重性、错误状态、产生错误的过程名称、产生错误的行号及错误的消息文本。注意，“N'错误号'”中的“N”表示以 Unicode 字符集的方式显示“错误号”的文本。

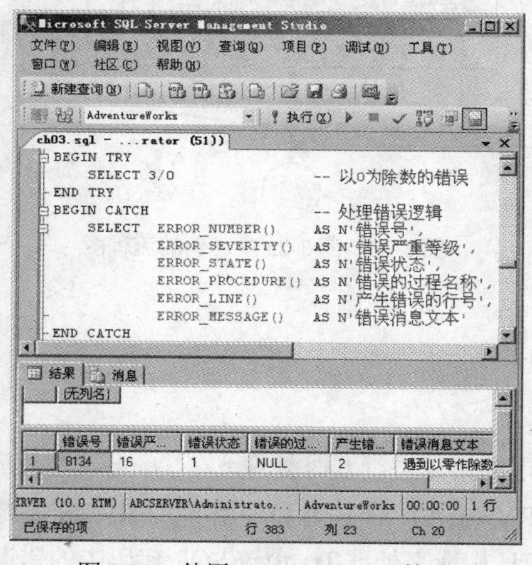

图 3-27 使用 TRY…CATCH 构造

> **提示**
>
> 在【例 3-19】示例中，TRY 用于指定命令执行范围，CATCH 用于指定捕捉到的错误显示方式。两个短横后面是注释内容，AS 子句后面是新标题。

@@ERROR 函数可以用于捕捉上一个 Transact-SQL 语句生成的错误号。需要注意的是，@@ERROR 函数仅在生成错误的 Transact-SQL 语句之后立即返回错误的信息。如果生成错误的语句在 TRY 块中，@@ERROR 函数的值必须在相关的 CATCH 块的第一条语句中进行测试。

【例 3-20】演示使用@@ERROR 函数捕捉错误。

(1) 启动【查询编辑器】。

(2) 在如图 3-28 所示的示例中，执行第一个 SELECT 语句时，由于指定的对象不存在，因此产生了错误。

(3) 在 SELECT 语句中显示使用@@ERROR 函数捕捉到了上一个语句的错误代号，也就是

说，指定对象不存在的错误代号是 208。

(4) 在执行第三个 SELECT 语句时，该语句计算一个表达式的值，执行正确。

(5) 再次使用 SELECT 语句显示@@ERROR 函数的值是 0。

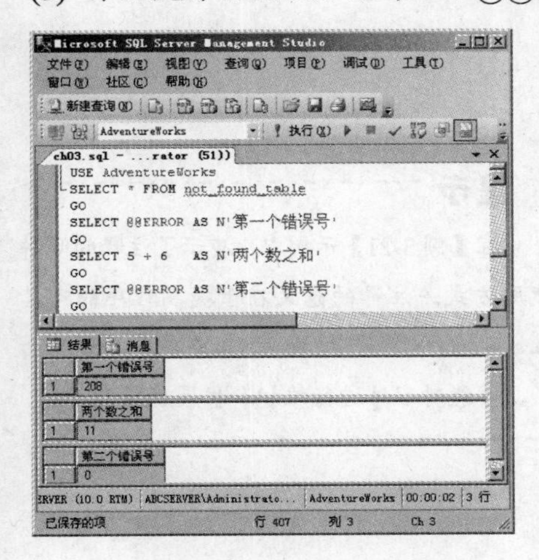

图 3-28　使用@@ERROR 函数

提示

在【例 3-20】示例中使用了 4 个 SELECT 语句。第一和第三个 SELECT 语句用于执行表达式，第二和第四个 SELECT 语句用于显示@@ERROR 函数的值。

3.7.7 注释

所有的程序设计语言都有注释。注释是程序代码中不执行的文本字符串，用于对代码进行说明或暂时用来进行诊断的部分语句。一般情况下，注释主要描述程序名称、作者名称、变量说明、代码更改日期、算法描述等。Microsoft SQL Server 系统支持两种注释方式，即双连字符(--)注释方式和正斜杠星号字符对(/*…*/)注释方式。

在双连字符(--)注释方式中，从双连字符开始到行尾的内容都是注释内容。这些注释内容既可以与要执行的代码处于同一行，也可以另起一行。双连字符(--)注释方式主要用于在一行中对代码进行解释和描述。当然，双连字符(--)注释方式也可以进行多行注释，每一行都须以双连字符开始。

在正斜杠星号字符对(/*…*/)注释方式中，开始注释对(/*)和结束注释对(*/)之间的所有内容均视为注释字符。这些注释字符既可以用于多行注释，也可以与执行的代码处在同一行，甚至还可以在可执行代码的内部。

双连字符(--)注释和正斜杠星号字符对(/*…*/)注释都没有注释长度的限制。一般行内注释采用双连字符(--)，多行注释采用正斜杠星号字符对。

【例 3-21】演示使用注释。

(1) 启动【查询编辑器】。

(2) 使用 CREATE 语句创建一个名称为 ContactHead 表，用于存储合同相关信息。创建过程如图 3-29 所示。

(3) 使用正斜杠星号字符对(/*…*/)注释提供了程序名称、作者、最后一次修改日期、程序描述等信息，便于读者了解该程序的作用。

(4) 使用双连字符(--)注释对表中的每一个字段进行了描述。由于提供了比较多的注释，该脚本的可阅读性大大提高了。

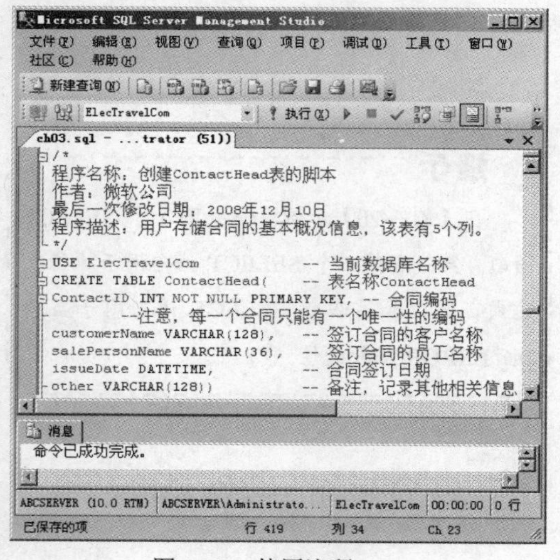

图 3-29 使用注释

> **提示**
>
> 在【例 3-21】示例中，演示了注释的两种使用方式。注释的意义在于提高程序的可读性、可维护性和可扩展性。只有把程序看明白了，才能对程序进行维护和扩展新功能。

3.8 数据类型

本节将从 6 个方面研究 Transact-SQL 语言的数据类型。首先分析数据类型的概念、特点和主要类型，然后讲述数字数据类型的主要内容和特点，之后描述字符数据类型的使用方式，接着研究日期和时间数据类型的输入输出特点，分析二进制数据类型的特点，最后讲述其他数据类型的内容和特点。

3.8.1 数据类型的类型和特点

在 Microsoft SQL Server 2008 系统中，包含数据的对象都有一个数据类型。实际上，数据类型是一种用于指定对象可保存的数据的类型。例如，INT 数据类型的对象只能包含整数型数据，DATETIME 数据类型的对象只能包含符合日期时间格式的数据。

在 Microsoft SQL Server 2008 系统中，需要使用数据类型的对象包括表中的列、视图中的列、定义的局部变量、存储过程中的参数、Transact-SQL 函数及存储过程的返回值等。

Microsoft SQL Server 2008 系统提供了 33 种数据类型，比 SQL Server 2005 系统的 28 种数据类型增加了一些数据类型。这些数据类型包括数字数据类型、字符数据类型、日期和时间数据类型、二进制数据类型以及其他数据类型。

数字数据类型包括 BIGINT、INT、SMALLINT、TINYINT、BIT、DECIMAL、NUMERIC、

MONEY、SMALLMONEY、FLOAT 和 REAL。

字符数据类型包括 CHAR、VARCHAR、TEXT、NCHAR、NVARCHAR 和 NTEXT。

日期和时间数据类型较以前有了很大的变化，除了 DATETIME 和 SMALLDATETIME 两种数据类型之间，还包括 DATE、TIME、DATETIME2、DATETIMEOFFSET 数据类型。

二进制数据类型包括 BINARY、VARBINARY 和 IMAGE。

除此之外，Microsoft SQL Server 2008 系统中还有 7 种其他数据类型，分别是 CURSOR、SQL_VARIANT、TABLE、TIMESTAMP、UNIQUEIDENTIFIER、XML 和 HIERARCHYID，其中，HIERARCHYID 是新增的数据类型。

当为数据对象指定数据类型时，需要提供对象将要包含的数据类型；对象所存储值的长度或大小。对于数字数据类型来说，还需要指定数值的精度和数值的小数位数。

对象包含的数据种类往往是与具体的数据类型联系在一起的，例如，如果表中的某个列既可能包含字母数据，也可能包含数值数据，那么应该为该列指定一种字符数据类型。如果该列只可能存储数值数据，那么最好指定为某种数字数据类型。

字符数据类型的长度是字符的个数。例如，CHAR 数据类型最多可以存储的字符数是 128 个，即该数据类型的长度是 128，每一个字符占一个字节大小。数字数据类型的长度是存储此数值所占用的字节数。例如，INT 数据类型最多可以存储 10 位数，可以用 4 个字节来存储。

对于数字数据来说，精度是数字中的数字个数，小数位数是数中小数点右边的数字个数。例如，数字 569821.356 的精度是 9，小数位数是 3。

当两个具有相同数据类型的操作数表达式运用运算符组合后，运算结果依旧是当前的数据类型。但是，当两个不同数据类型的表达式运用运算符组合以后，数据类型优先级规则指定将优先级较低的数据类型转换为优先级较高的数据类型。实际上，这种数据类型优先级规则在最大程度上保护了运算结果的正确性和合理性。

3.8.2 数字数据类型

使用数字数据的数据类型被称为数字数据类型。这些数据类型的数字可以参加各种数学运算。还可以为这些数据类型继续进行分类。从这些数字是否有小数，可以把这些数据类型分为整数类型和小数类型；从这些数字的精度和位数是否可以明确地确定，可以把这些数据类型分为精确数字类型和近似数字类型；从是否可以表示金额，可以分为货币数字类型和非货币数字类型。下面详细介绍每一种数据类型的特点。

1. 整数数据类型

整数数据类型表示可以存储整数精确数据。在 Microsoft SQL Server 2008 系统中，有 4 种整数数据类型，即 BIGINT、INT、SMALLINT 和 TINYINT。可以从取值范围和长度两个方面理解这些整数数据类型。

BIGINT 数据类型的长度是 8 字节。由于每个字节的长度是 8 位且可以存储正负数字，因此

BIGINT 数据类型的取值范围是-2^{63}至$2^{63}-1$，即-9,223,372,036,854,775,808 至 9,223,372,036,854,775,807。

INT 数据类型的长度是 4 字节且可以存储正负数，因此 INT 数据类型的取值范围是-2^{31}至$2^{31}-1$，即-2,147,483,648 至 2,147,483,647。实际上，INT 数据类型是最常使用的数据类型，当 INT 数据类型表示的数据长度不足时，才考虑使用 BIGINT 数据类型。

SMALLINT 数据类型的长度是 2 字节，也可以存储正负数，因此其取值范围是-2^{15}至$2^{15}-1$，即-32,768 至 32,767。

如果将要存储的整数大小是很有限的，且都是正数，那么可以考虑使用 TINYINT 数据类型。该数据类型的长度是 1 个字节，其取值范围是 0 至 255。

在选择整数数据类型时，默认情况下应该考虑使用 INT 数据类型，如果确认将要存储的数据可能很大或很小，那么可以考虑使用 BIGINT 数据类型或 SMALLINT 数据类型。只有当将要存储的数据不超过 255 且都是正数时，才能使用 TINYINT 数据类型。

在使用某种整数数据类型时，如果提供的数据超出其允许的取值范围时，则发生数据溢出错误。

【例 3-22】演示数据溢出现象的原因和解决方式。

(1) 启动【查询编辑器】。

(2) 使用 CREATE 语句创建 test_integer_datatype 表，该表包括一个数据类型是 INT 的 col1 列。创建过程如图 3-30 所示。

(3) 使用 INSERT 语句向该表插入数据。由于 col1 列的数据类型是 INT，但是为其提供的数据 12,345,678,987,654,321 超出了其允许的范围，因此出现了数据溢出错误。

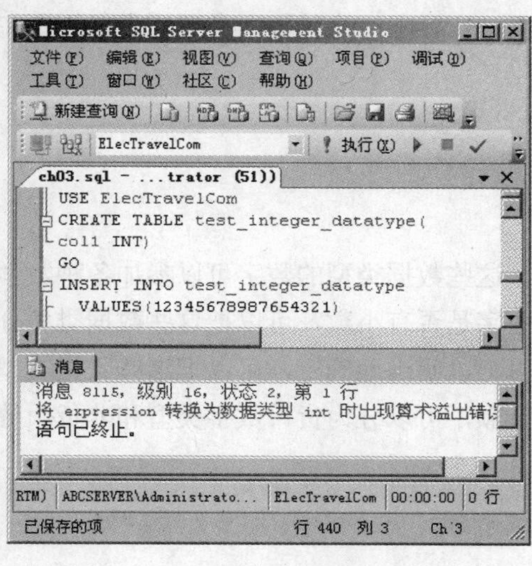

图 3-30 超出数据范围的溢出错误

提示

在【例 3-22】示例中，需要重点提醒的是，在定义表和确定表中每一个列的数据类型时，一定要根据需要准确地描述数据的变化范围，只有这样才能避免溢出错误。

2. DECIMAL 和 NUMERIC

DECIMAL 和 NUMERIC 数据类型都是带固定精度和位数的数据类型。这两种数据类型在

功能是等价的，只是名称不同而已。在 Microsoft SQL Server 2008 系统中，把这两种数据类型实际上作为完全相同的一种数据类型来对待。下面主要介绍 DECIMAL 数据类型的特点和使用方式。

DECIMAL 数据类型的语法如下：

```
DECIMAL (p, s)
```

其中，p 表示数字的精度，s 表示数字的小数位数。精度 p 的取值范围是 1 至 38，默认值是 18。小数位数 s 的取值范围必须是 0 至 p 之间的数值(包括 0 和 p)。从这些约定可以知道，DECIMAL 数据类型的取值范围是-10^{38}+1 至 10^{38}-1。

由于 DECIMAL 数据类型的精度是变化的，因此该数据类型的长度是不定的，它会随精度的变化而变化。当精度低于 9 或等于 9 时，其数据存储需要的字节数是 5；当精度达到 38 时，需要的字节数是 17。

例如，DECIMAL(10, 2)数据类型表示可以存储精度为 10、小数位数为 2 的数据。28921.51 可以存储在该数据类型中，但是 123.45678 则不能正确地存储，因为 123.45678 数据的小数位数是大于 2 的 5。当 DECIMAL 数据类型的小数位数为 0 时，可以作为整数类型来对待。

3. MONEY 和 SMALLMONEY

如果希望存储代表货币数值的数据，那么可以使用 MONEY 和 SMALLMONEY 数据类型。这两种数据类型的差别在于存储字节的大小和取值范围的不同。在 Microsoft SQL Server 2008 系统中，MONEY 数据类型需要占用 8 个存储字节，其取值范围为-922,337,203,685,477.5808 至 922,337,203,685,477.5807。SMALLMONEY 数据类型只需要占用 4 个存储字节，取值范围为-214,748.3648 至 214,748.3647。

可以说，MONEY 和 SMALLMONEY 数据类型是一种确定性数值数据类型，因为其精度和小数位数都是确定的。但是，MONEY 和 SMALLMONEY 数据类型也有一些与其他数字数据类型不同的地方：第一，它们表示了货币数值，因此可以在数字前面加上$作为货币符号；第二，它们的小数位数最多是 4，也就是说，可以表示出当前货币单位的万分之一；第三，当小数位数超过 4 时，自动按照四舍五入进行处理。

【例 3-23】演示 MONEY 数据类型的特点。

(1) 启动【查询编辑器】。

(2) 使用 CREATE 语句创建一个有 5 个列的 test_money_datatype 表，该表所有列的数据类型都是 MONEY，创建过程如图 3-31 所示。

(3) 使用 INSERT 语句为该表插入一行数据，插入的数据有各种不同的形式。

(4) 使用 SELECT 语句检索该表中的数据。从结果可以看到，当货币数值没有小数时，只保留两位小数。当存储数据的小数位数超过 4 位时，保留 4 位且自动执行四舍五入处理。

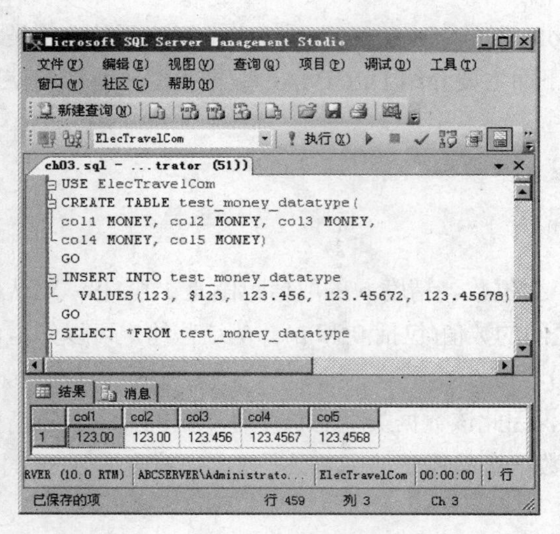

图 3-31　使用 MONEY 数据类型

提示

在【例 3-23】示例中，演示了 MONEY 数据类型的存储和显示特点。如果需要对末尾数据的取舍有特殊的规定，那么不应该使用 MONEY 类型，而应该使用一般的有小数的数据，通过程序指定末尾数据的取舍方式。

4. FLOAT 和 REAL 数据类型

如果需要进行科学计算，并且希望存储更大的数值，但是对数据的精度要求并不是太严格，那么应该考虑使用 FLOAT 或 REAL 数据类型。FLOAT 或 REAL 数据类型是用于表示数值数的大致数据值的数据类型。

从取值范围来看，REAL 数据类型的取值范围为-3.40E+38 至-1.18E-38、0、1.18E-38 至 3.40E+38；FLOAT 数据类型的取值范围为-1.79E+308 至-2.21E-308、0、2.23E-308 至 1.79E+308。REAL 数据类型的长度是 4 字节。如果 FLOAT 数据类型是 FLOAT(n)，那么 n 的最大值是 53，默认值也是 53。FLOAT(53)数据类型的长度是 8 字节。

需要注意的是，如果某些列中的数据或变量将会参加某些科学计算，那么最好将这些数据对象指定为 FLOAT 或 REAL 数据类型。

5. BIT

BIT 是可以存储 1、0 或 NULL 数据的数据类型。这些数据主要是用于一些条件逻辑判断。也可以把 TRUE 和 FALSE 数据存储到 BIT 数据类型中，这时需要按照字符格式存储 TRUE 和 FALSE 数据。

3.8.3　字符数据类型

字符数据类型用于存储固定长度或可变长度的字符数据。Microsoft SQL Server 2008 系统，提供了 CHAR、VARCHAR、TEXT、NCHAR、NVARCHAR 和 NTEXT 共 6 种数据类型。前 3 种数据类型是非 Unicode 字符数据，后 3 种是 Unicode 字符数据。

CHAR(n)是存储固定长度的字符数据，长度是 n 个字节。n 的取值范围是 1 至 8000。也就

是说，如果使用 CHAR(n)数据类型存储字符数据，这些字符数据的最大长度是 8000 个字符。如果没有指定 n 的大小，默认值是 1。

VARCHAR(n)也是存储字符数据的数据类型，但是其存储长度是可变的。n 的取值范围也是 1 至 8000。注意，VARCHAR(MAX)可以用来存储最大字节数为 2^{31}-1 的数据。实际上，VARCHAR(MAX)被称为大数值数据类型，可以使用 VARCHAR(MAX)来代替 TEXT 数据类型。微软公司建议，用户应该避免使用 TEXT 数据类型，使用 VARCHAR(MAX)存储大文本数据。

字符数据通常使用单引号引起来。如果在字符常量中包含了一个单引号本身，那么可以使用两个单引号表示该单引号字符。例如，'It''s a book.'字符表示 It's a book。当输出的字符数据长度超过 CHAR(n)或 VARCHAR(n)指定的长度时，字符数据就会被截断。对于固定长度的 CHAR(n)字符数据来说，如果输入的字符小于指定的长度，那么该字符尾部用空格补齐。但是，对于可变长度的 VARCHAR(n)字符数据来说，在默认情况下，如果输入的字符数据小于指定的长度，则只存储实际的字符长度。

一般来说，在选择使用 CHAR(n)或 VARCHAR(n)数据类型时，可以按照下面的原则来判断：

- 如果该列存储的数据的长度都相同，那么使用 CHAR(n)数据类型。如果该列中存储的数据的长度相差比较大，那么应该考虑使用 VARCHAR(n)数据类型。
- 如果存储的数据的长度虽然不是完全相同，但是长度差别不大，如果希望提高查询的执行效率，可以考虑使用 CHAR(n)数据类型；如果希望降低数据存储的成本，那么可以考虑使用 VARCHAR(n)数据类型。

当数据库中存储的数据有可能涉及到多种语言时，应该使用 Unicode 数据类型。用于存储 Unicode 字符数据的数据类型包括 NCHAR、NVARCHAR 和 NTEXT。就像 CHAR、VARCHAR 和 TEXT 数据类型一样，NCHAR 和 NVARCHAR 分别用于存储固定长度和可变长度的 Unicode 字符数据。NTEXT 也是将要被取消的数据类型，可使用 NVARCHAR(MAX)数据类型来代替 NTEXT 数据类型。由于每一个 Unicode 字符数据需要两个存储字节，因此，Unicode 数据类型的存储范围是 1 至 4000 字节。需要注意的是，Unicode 字符常量通常使用下面这种方式来表示：

```
N'清华大学出版社'
```

这里提醒一下，在使用 Microsoft SQL Server 2008 系统时，如果某些列需要存储中文字符，建议最好使用 NCHAR、NVARCHAR 数据类型。

除了前面提到的 TEXT 和 NTEXT 数据类型应该由 VARCHAR(MAX)和 NVARCHAR(MAX)大数值数据类型取代之外，IMAGE 数据类型也应该由 VARBINARY(MAX)大数值数据类型来代替。

3.8.4 日期和时间数据类型

与以前版本相比，Microsoft SQL Server 2008 系统增加了多个日期和时间数据类型。除了

DATETIME 和 SMALLDATETIME 两种数据类型之间，还包括 DATE、TIME、DATETIME2、DATETIMEOFFSET 数据类型。

DATE 数据类型用于表示日期，其格式是 YYYY-MM-DD，表示的日期范围是 0001-01-01 至 9999-12-31，精确度是 1 天。

TIME 数据类型用于表示时间，其格式是 hh:mm:ss[.nnnnnnn]，涉及的时间范围是 00:00:00.0000000 至 23:59:59.9999999，精确度是 100 纳秒。

如果希望同时存储日期和时间数据，一般可以使用 DATETIME 或 SMALLDATETIME 数据类型。这两种数据类型的差别在于其表示的日期和时间范围不同，时间精确度也不同。DATETIME 数据类型可以表示的范围是 1753 年 1 月 1 日至 9999 年 12 月 31 日，时间精确度是 3.33 毫秒。SMALLDATETIME 数据类型可以表示的范围是 1900 年 1 月 1 日至 2079 年 12 月 31 日，时间精确度是 1 分钟。建议用户在大型应用程序中不要使用 SMALLDATETIME 数据类型，避免出现类似千年虫的问题。因为 2079 年 12 月 31 日不是一个特别遥远的日期。

在同时存储日期和时间数据时，如果希望继续提高精确度，可以使用 DATETIME2，其格式是 YYYY-MM-DD hh:mm:ss[.nnnnnnn]，精确度是 100 纳秒。

如果希望在日期和时间中出现国际时区信息，那么可以使用 DATETIMEOFFSET 数据类型，其格式是 YYYY-MM-DD hh:mm:ss[.nnnnnnn][+|-]hh:mm。

Microsoft SQL Server 2008 系统既可以识别字母表示的日期，也可以识别数值表示的日期。例如，字母日期可以是 May 12, 2009 或者 12 May 2009；数值日期可以是 12/05/2009 或者 2009-05-12。日期的年月日的格式可以是 mdy、ymd、dmy、dym、ydm 等。

在向表中输入日期数据时，可以使用 SET DATEFORMAT 语句设置输入日期的格式。

【例 3-24】 演示如何使用 SET DATEFORMAT 语句设置输入日期的格式。

(1) 启动【查询编辑器】。

(2) 使用 CREATE TABLE 语句创建一个包含日期数据类型列的表，如图 3-32 所示。

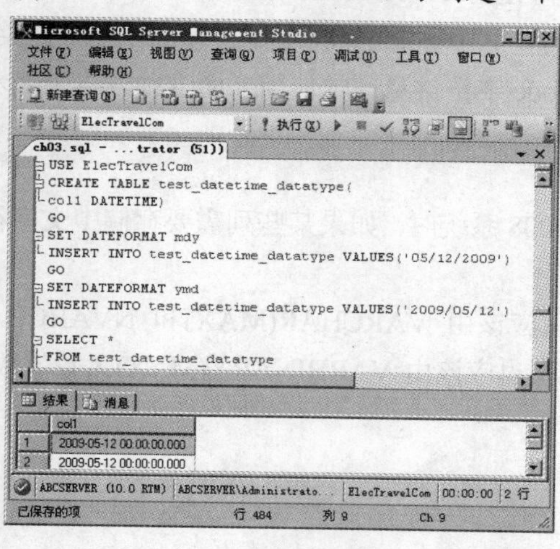

图 3-32　使用日期数据

提示

在【例 3-24】示例中可以看到，指定的日期格式仅对输入的日期数据起作用，对显示的日期数据无影响。这容易理解，人们总是对输入的日期格式有要求，不同的国家和地区以及不同的人群，对日期输入格式要求不同。

(3) 然后，设置输入日期的格式为 mdy，且按照这种格式输入一个日期数据。

(4) 接下来，设置日期格式为 ymd，又按照这种格式输入一个日期数据。

(5) 最后，使用 SELECT 语句检索表中的数据，可以看到，这些日期数据都能被正确显示。

3.8.5 二进制数据类型

二进制数据类型包括 BINARY、VARBINARY 和 IMAGE，可以用于存储二进制数据。其中，BINARY 可以用于存储固定长度的二进制数据，VARBINARY 用于存储可变长度的二进制数据。BINARY(n)和 VARBINARY(n)的数据长度由 n 值来确定，n 的取值范围是 1 至 8000。IMAGE 数据类型用于存储图像信息。但是，在 Microsoft SQL Server 2008 系统中，微软建议使用 VARBINARY(MAX)代替 IMAGE 数据类型，其中 MAX 可以达到的最大存储字节为 2^{31}-1。

BINARY(n)和 VARBINARY(n)的默认值是 1。如果要存储的各种二进制数据的大小比较一致，那么建议使用 BINARY(n)数据类型。如果将要存储的二进制数据之间的大小差别比较大，那么应该使用 VARBINARY(n)数据类型。如果将要存储的二进制数据大于 8000 字节，那么必须使用 VARBINARY(MAX)数据类型。

当二进制数据存储到表中时，可以使用 SELECT 语句来检索。但是，检索结果以 16 进制数据格式来显示。

【例 3-25】演示 BINARY 数据类型的特点。

(1) 启动【查询编辑器】。

(2) 使用 CREATE 语句创建 test_binary_datatype 表，该表中的所有列都是 BINARY 数据类型。创建过程如图 3-33 所示。

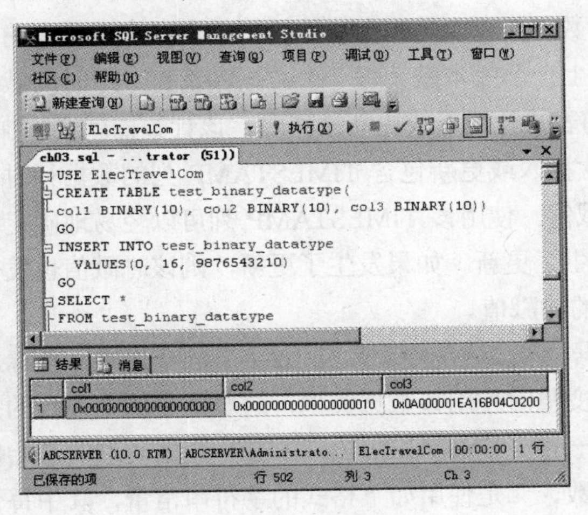

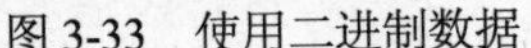

图 3-33 使用二进制数据

提示

在【例 3-25】示例中可以看到，对于 BINARY 数据类型的数据来说，插入的数据与显示的数据是不同的。这种数据类型主要用于存储需要以二进制形式存储的数据，这些二进制数据可以由应用程序根据需要进行处理。

(3) 使用 INSERT 语句向 test_binary_datatype 表中插入一行数据。

(4) 使用 SELECT 语句检索数据，可以看到，表中的数据以 0x 开头的 16 进制数据来显示。

3.8.6 其他数据类型

除了前面介绍的数据类型之外，Microsoft SQL Server 2008 系统还提供了 CURSOR、SQL_VARIANT、TABLE、TIMESTAMP、UNIQUEIDENTIFIER、XML 和 HIERARCHYID 等数据类型。

CURSOR 是变量或存储过程的输出参数使用的一种数据类型，有时也把这种数据类型称为游标。游标提供了一种逐行处理查询数据的功能。该变量只能由于与定义游标和使用游标的有关语句中，不能在诸如 CREATE TABLE 语句中使用。

SQL_VARIANT 也是一种特殊的数据类型，可以用来存储 Microsoft SQL Server 2008 系统支持的各种数据类型(不包括 TEXT、NTEXT、IMAGE、TIMESTAMP、SQL_VARIANT 数据类型)的值。该数据类型可以用在列、变量、用户定义的函数等返回值中。由于 SQL_VARIANT 数据类型不仅包括数据，而且包含了有关该数据的类型值信息，因此，SQL_VARIANT 数据类型可以存储的数据最大长度是 8016 字节。在表中，SQL_VARIANT 数据类型列的数量是没有限制的。一般只是在不能准确确定将要存储的数据类型时使用这种数据类型。由于使用这种数据类型时先要判断其基本的数据类型，因此，SQL_VARIANT 数据类型的性能会受到一定的影响。

TABLE 也是一种非常特殊的数据类型，主要用于存储结果集，以便今后继续处理，这些结果集往往是通过表值函数返回的。在 Microsoft SQL Server 2008 系统中，可以将变量和函数声明为 TABLE 数据类型。在其作用范围内，TABLE 变量可以作为表一样使用。但是，如果 TABLE 数据类型的变量包含的数据量非常庞大时，会对系统的性能造成比较大的影响。

首先说，TIMESTAMP 不是一个日期时间数据类型，是一个特殊的用于表示先后顺序的时戳数据类型。该数据类型可以为表中数据行加上一个版本戳。每一个数据库都有一个时间戳计数器，当对该数据库中包含 TIMESTAMP 列的表执行插入或更新操作时，该计数器就会增加。一个表最多只能有一个 TIMESTAMP 列，每次插入或更新包含 TIMESTAMP 列的数据行时，就会在 TIMESTAMP 列中插入增量数据库时戳值。使用该 TIMESTAMP 列可以轻易地确定表中的某个数据行的任何值是否在上次读取后发生了更新。如果发生了更新，则该时戳值也发生了变化。可以使用@@DBTS 函数返回数据库的时戳值。

UNIQUEIDENTIFIER 也是一个特殊的数据类型。这是一个具有 16 字节的全局唯一性标志符，用来确保对象的唯一性。可以在定义列或变量时使用该数据类型，这些定义的主要目的是在合并复制和事务复制中确保表中数据行的唯一性。UNIQUEIDENTIFIER 数据类型的初始值可以通过两种方式得到，一是使用 NEWID 函数，二是使用如下格式的字符串常量，其中每一个 X 都是 0-9 或 a-f 范围内的 16 进制数据：

```
XXXXXXXX-XXXX-XXXX-XXXX-XXXXXXXXXXXX
```

XML 数据类型用于存储 XML 数据。可以像使用 INT 数据类型一样使用 XML 数据类型。需要注意的是，存储在 XML 数据类型中的数据实例的最大值是 2GB。

HIERARCHYID 是 Microsoft SQL Server 2008 系统新增的数据类型，是长度可变的系统数据类型，用于表示层次结构中的位置。

3.9 内置函数

Microsoft SQL Server 2008 系统提供了许多内置函数，这些函数可以完成许多特殊的操作，增强了系统的功能，提高了系统的易用性。本节介绍这些内置函数的特点。

3.9.1 函数的特点和类型

可以把 Microsoft SQL Server 2008 系统提供的内置函数分为 14 种类型，每一种类型的内置函数都可以完成某种类型的操作，这些类型的函数名称和主要功能如表 3-8 所示。

表 3-8 内置函数类型和描述

函 数 类 别	描 述
聚合函数	将多个数值合并为一个数值，例如，计算合计值
配置函数	返回当前配置选项配置的信息
加密函数	支持加密、解密、数字签名和数字签名验证等操作
游标函数	返回有关游标状态的信息
日期和时间函数	可以执行与日期、时间数据相关的操作
数学函数	执行对数、指数、三角函数、平方根等数学运算
元数据函数	用于返回数据库和数据库对象的属性信息
排名函数	可以返回分区中的每一行的排名值
行集函数	可以返回一个可用于代替 Transact-SQL 语句中表引用的对象
安全函数	返回有关用户和角色的信息
字符串函数	可以对字符数据执行替换、截断、合并等操作
系统函数	对系统级的各种选项和对象进行操作或报告
系统统计函数	返回有关 SQL Server 系统性能统计的信息
文本和图像函数	用于执行更改 TEXT 和 IMAGE 值的操作

在 Microsoft SQL Server 2008 系统中，根据函数得到的结果能够明确地确定，是否可以把这些内置函数分为确定性函数和非确定性函数。

如果对于一组特定的输入值，函数始终可以返回相同的结果，那么这种函数就是确定性的。例如，SQRT(81)的结果始终是 9，因此该平方根函数是确定性的函数。但是，如果对于一组特定的输入值，函数的结果可能会不同，那么这种函数就是非确定性的函数。例如，GETDATE()函数用于返回当前系统的日期和时间，不同时间运行该函数都有不同的结果，因此该函数是一种非确定性的函数。只有确定性函数才可以在索引视图、索引计算列、持久化计算列、用户定

义的函数中调用。

在 Microsoft SQL Server 2008 系统中，所有的配置函数、游标函数、元数据函数、安全函数、系统统计函数等都是非确定性函数。

3.9.2 函数示例

聚合函数可以对一组值执行计算，并且返回单个值。除了 COUNT 函数之外，其他的聚合函数都忽略空值。Microsoft SQL Server 2008 系统提供了 12 个聚合函数。

【例 3-26】演示使用聚合函数。

(1) 启动【查询编辑器】。

(2) 在如图 3-34 所示的示例中，分别使用 COUNT、MAX、MIN、AVG、Stdev 等聚合函数对 Sales.SalesPerson 表中的数据进行了统计。

(3) 统计结果是：销售人员总数是 17 个，最高奖金额是 6700 元，最低奖金额是 0 元，平均奖金额是 2859.4117 元，奖金额的标准偏差是 2273.31454210651 元等聚合信息。

配置函数用于返回当前配置选项的信息。例如，如果希望得到当前数据库的时戳值，可以使用@@DBTS 函数。Microsoft SQL Server 2008 系统提供了 15 个配置函数。

【例 3-27】演示使用配制函数。

(1) 启动【查询编辑器】。

(2) 在如图 3-35 所示的示例中，使用配置函数查看了当前一些配置选项的信息。这些信息包括当前使用语言的标识符、语言名称、数据库时戳、版本等信息、服务名称及当前的服务器名称。

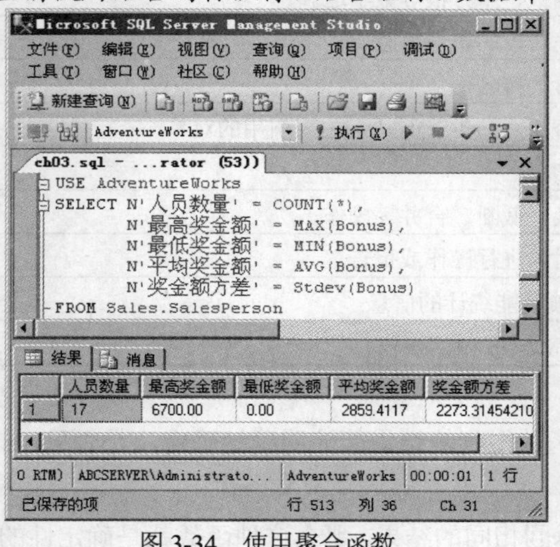

图 3-34 使用聚合函数

图 3-35 使用配置函数

Microsoft SQL Server 2008 系统使用分层加密和密钥管理基础结构来加密数据，每一层都使用证书、非对称密钥和对称密钥的组合对它下面一层进行加密。加密函数用于支持加密、解密、数字签名等操作。Microsoft SQL Server 2008 系统提供了 18 个加密函数。

游标函数可以返回所定义的游标状态信息。Microsoft SQL Server 2008 系统提供了 3 个游标

函数，即@@CURSOR_ROWS、@@FETCH_STATUS 和 CURSOR_STATUS。

很显然，日期和时间函数用于对日期和时间数据的处理。Microsoft SQL Server 2008 系统提供的 19 个日期及时间函数的名称和功能描述如表 3-9 所示。

表 3-9 日期和时间函数

日期和时间函数	描　述
@@DATEFIRST	返回对会话进行 SET DATEFIRST 操作所得结果的当前值
CURRENT_TIMESTAMP	以标准格式返回当前系统的日期和时间，返回值的格式是 DATETIME
DATEADD	返回给指定日期加上一个时间间隔后的新 datetime 值
DATEDIFF	返回两个指定日期的日期边界数和时间边界数
DATENAME	返回表示指定日期的指定日期部分的字符串
DATEPART	返回表示指定日期的指定日期部分的整数
DAY	返回指定日期的“天”部分的整数
GETDATE	以标准格式返回当前系统的日期和时间，返回值的格式是 DATETIME
GETUTCDATE	返回当前 UTC 日期和时间
ISDATE	判断输入的日期时间表达式是否有效的日期或时间数据
MONTH	返回指定日期的“月”部分的整数
SET DATEFIRST	将一周的第一天设置为从 1 到 7 的一个数字
SET DATEFORMAT	设置用于输入日期数据的日期各部分(月/日/年)的顺序
SWITCHOFFSET	更改 DATETIMEOFFSET 值的时区偏移量，并保留 UTC 值
SYSDATIME	返回当前系统的日期和时间，以 DATETIME2 格式返回
SYSDATIMEOFFSET	返回当前系统的日期和时间，以 DATETIME2 格式返回，考虑时区
SYSUTCDATETIME	返回当前 UTC 日期和时间，以 DATETIME2 格式返回
TODATETIMEOFFSET	将 DATETIME2 值转换为指定时区的 DATETIMEOFFSET 值
YEAR	返回指定日期的“年”部分的整数

DATEADD 函数的语法形式如下：

```
DATEADD(datepart, number, date)
```

其中，datepart 参数指定要返回新值的日期的组成部分，Microsoft SQL Server 2008 系统可用的日期部分及其缩写形式如表 3-10 所示，number 参数表示新增加的数值，date 参数用于指定原先的日期时间数据。

表 3-10 日期部分和缩写

日 期 部 分	缩　写
year	yy, yyyy
quarter	qq, q
month	mm, m
dayofyear	dy, y
day	dd, d

(续表)

日期部分	缩写
week	wk, ww
weekday	dw, w
hour	hh
minute	mi, n
second	ss, s
millisecond	ms
nanosecond	ns

在使用数据库中的数据时，经常需要对数字数据进行数学运算，得到一个数值。在 Microsoft SQL Server 2008 系统中可以使用常见的数学函数参加各种数学运算，这些数学函数的名称和功能描述如表 3-11 所示。

表 3-11　数学函数

数学函数	描述
ABS	绝对值函数，返回指定数值表达式的绝对值
ACOS	反余弦函数，返回其余弦值是指定表达式的角(弧度)
ASIN	反正弦函数，返回其正弦值是指定表达式的角(弧度)
ATAN	反正切函数，返回其正切值是指定表达式的角(弧度)
ATN2	反正切函数，返回其正切值是两个表达式之商的角(弧度)
CEILING	返回大于或等于指定数值表达式的最小整数，与 FLOOR 函数对应
COS	正弦函数，返回指定表达式中以弧度表示的指定角的余弦值
COT	余切函数，返回指定表达式中以弧度表示的指定角的余切值
DEGREES	弧度至角度转换函数，返回以弧度指定的角的相应角度，与 RADIANS 函数对应
EXP	指数函数，返回指定表达式的指数值
FLOOR	返回小于或等于指定数值表达式的最大整数，与 CEILING 函数对应
LOG	自然对数函数，返回指定表达式的自然对数值
LOG10	以 10 为底的常用对数，返回指定表达式的常用对数值
PI	圆周率函数，返回 14 位小数的圆周率常量值
POWER	幂函数，返回指定表达式的指定幂的值
RADIANS	角度至弧度转换函数，返回指定角度的弧度值，与 DEGREES 函数对应
RAND	随机函数，随机返回 0~1 之间的 float 数值
ROUND	圆整函数，返回一个数值表达式，并且舍入到指定的长度或精度
SIGN	符号函数，返回指定表达式的正号、零或负号
SIN	正弦函数，返回指定表达式中以弧度表示的指定角的正弦值
SQRT	平方根函数，返回指定表达式的平方根
SQUART	平方函数，返回指定表达式的平方
TAN	正切函数，返回指定表达式中以弧度表示的指定角的正切值

【例 3-28】演示使用数学函数。

(1) 启动【查询编辑器】。

(2) 在如图 3-36 所示的示例中，分别演示了 LOG 函数、EXP 函数、SIGN 函数、PI 函数、SIN 函数和 COS 函数的用法。

(3) 需要注意的是，虽然 COS(PI()/2.0)理论上的值是 0，但是由于 PI()函数和 COS 函数本身的误差，所以 COS(PI()/2.0)实际值不是 0，而是 6.12323399573677×10-17。这一点，在进行条件判断时要十分小心。在包含了函数的表达式的条件中，应该尽可能通过误差来判断。

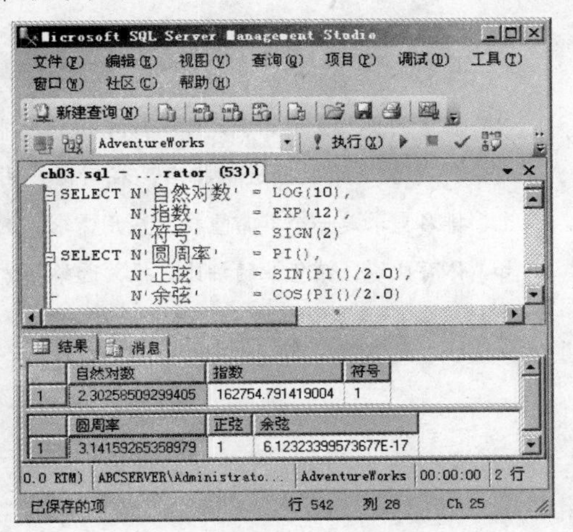

图 3-36　使用数学函数

提示

在【例 3-28】示例中，可以看到 COS(PI()/2.0)的值虽然很小，但不是 0。因此，应该谨慎使用数学函数。另外，从这里也可以看出，SQL Server 系统在函数方面依然有很多需要进一步改进和提高的地方。

通过使用系统提供的元数据函数，可以返回有关数据库和数据库对象的信息。Microsoft SQL Server 2008 系统提供了 20 多个元数据函数。这些函数包括 DATABASEPROPERTYEX、FILE_NAME、INDEXKEY_PROPERTY 等。

在 Microsoft SQL Server 2008 系统中，可以使用排名函数为分区中的数据进行排名。这些排名函数如表 3-12 所示。使用排名函数可以为分区中的每一行返回一个排名值。在排名过程中，某些行的排名值有可能相同。

表 3-12　排名函数

排 名 函 数	描　述
RANK	返回结果集的分区内每一行的排名值，排名中有可能间断
DENSE_RANK	返回结果集的分区内每一行的排名值，且排名中没有任何间断
NTILE	将有序分区中的数据分发到指定数量的组中。每个组都有一个从 1 开始的编号。对于每一行数据，返回该行所属的组的编号。
ROW_NUMBER	返回结果集分区内数据行的序列号。在每一个分区内，序列号都从 1 开始。

【例 3-29】演示使用 RANK 和 DENSE_RANK 排名函数。

(1) 启动【查询编辑器】。

(2) 如图 3-37 所示的示例使用了 RANK 函数和 DENSE_RANK 函数。

(3) RANK 函数的使用方式是 RANK() OVER (PARTITION BY i.LocationID order by i.Quantity) as RANK。其中，RANK() OVER 是函数的关键字，PARTITION BY i.LocationID 表示对结果集按照 LocationID 列的数据分区，order by i.Quantity 表示分区内的数据按照数量从低到高排序。

(4) DENSE_RANK 函数的使用方式与 RANK 函数类似。当同一个区内的销售数量相同时，这两个排名函数的排名值也相同。例如，1 区内有两个销售数量都是 169，所以其排名值也相同，都是 7。

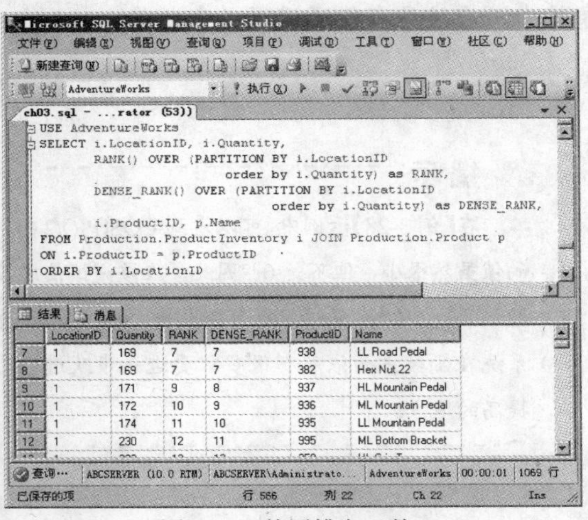

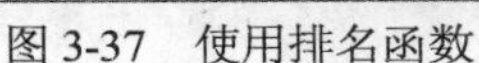
图 3-37　使用排名函数

提示

在【例 3-29】示例中，可以按照指定的排名条件对表中的数据进行排名。在实际应用上，排名需求是一个非常重要的应用需求。例如，体育比赛、销售业绩评比、投票选举等方面都离不开排名的需求。

(5) RANK 函数和 DENSE_RANK 函数的差别在于 RANK 函数有间断，因为有两个 7 排名值，所以下一个排名值是 9；DENSE_RANK 函数没有间断，虽然有两个 7 排名值，但是其下一个排名值依然是 8。

行集函数的特点是其返回的结果集，可以像表一样用在 Transact-SQL 语句中引用表对象的地方。Microsoft SQL Server 2008 系统提供了 6 个行集函数，即 CONTAINSTABLE、FREETEXTTABLE、OPENDATASOURCE、OPENQUERY、OPENROWSET 和 OPENXML。

如何检索和查看有关安全性管理的信息呢？可以使用安全函数。安全函数可以返回有关用户、架构、角色等信息。Microsoft SQL Server 2008 系统提供的 17 个安全函数及其功能如表 3-13 所示。

表 3-13　安全函数

安全函数	描　述
CURRENT_USER	返回当前用户名称。该函数等价于 USER_NAME 函数
sys.fn_builtin_permissions	返回对服务器内置权限层次的说明
Has_Perms_By_Name	评估当前用户对指定安全对象的有效权限
IS_MEMBER	指示当前用户是否为指定的 Windows 组或 SQL Server 数据库角色的成员
IS_SRVROLEMEMBER	指示 SQL Server 登录名是否为指定的固定服务器角色的成员
PERMISSIONS	指示当前用户的语句、对象或列权限
SCHEMA_ID	返回与指定的架构名称关联的标识符

(续表)

安 全 函 数	描　　述
SCHEMA_NAME	返回与指定的架构标识符关联的架构名称
SESSION_USER	返回当前数据库中当前上下文中的用户名
SETUSER	允许 sysadmin 固定服务器角色的成员或 db_owner 固定数据库角色的成员模拟另一个用户
SUSER_ID	返回用户的登录标识符。建议使用 SUSER_SID。
SUSER_SID	返回指定登录名的安全标识符
SUSER_SNAME	返回与安全标识符关联的登录名
SYSTEM_USER	返回当前登录名
SUSER_NAME	返回用户的登录标识符。建议使用 SUSER_SNAME 函数。
USER_ID	返回数据库用户的标识符
USER_NAME	返回指定标识符的数据库用户名

对输入的字符串进行各种操作的函数被称为字符串函数。就像数学函数一样，字符串函数也是经常使用的一类函数。Microsoft SQL Server 2008 系统提供的 23 个字符串函数及其功能如表 3-14 所示。

表 3-14　字符串函数

字符串函数	描　　述
ASCII	ASCII 函数，返回字符串表达式中最左端字符的 ASCII 代码值
CHAR	ASCII 代码转换函数，返回指定 ASCII 代码的字符
CHARINDEX	用于确定字符位置函数，返回指定字符串中指定表达式的开始位置
DIFFERENCE	字符串差异函数，返回两个字符表达式的 SOUNDEX 值之间的差别
LEFT	左子串函数，返回指定字符串中从左边开始指定个数的字符
LEN	字符串长度函数，返回指定字符串表达式中字符的个数
LOWER	小写字母函数，返回指定表达式的小写字母，将大写字母转换为小写字母
LTRIM	删除前导空格函数，返回删除了前导空格的字符表达式
NCHAR	Unicode 字符函数，返回指定整数代码的 Unicode 字符
PATINDEX	模式定位函数，返回指定表达式中指定模式第一次出现的起始位置。0 表示没有找到指定的模式
QUOTENAME	返回带有分隔符的 Unicode 字符串
REPLACE	替换函数，用第三个表达式替换第一个字符串表达式中出现的所有第二个指定字符串表达式的匹配项
REPLICATE	复制函数，以指定的次数重复字符表达式
REVERSE	逆向函数，返回指定字符串的逆向表达式
RIGHT	右子串函数，返回字符串表达式中从右边开始指定个数的字符
RTRIM	删除尾随空格函数，返回删除所有尾随空格的字符表达式
SOUNDEX	相似函数，返回一个由 4 个字符组成的代码，用于评估两个字符串的相似性

(续表)

字符串函数	描　述
SPACE	空格函数，返回由重复的空格组成的字符串
STR	数字向字符转换函数，返回由数字转换过来的字符串
STUFF	插入替代函数，删除指定长度的字符，并在指定的起点处插入另外一组字符
SUBSTRING	子串函数，返回字符表达式、二进制表达式等的指定部分
UNICODE	UNICODE 函数，返回指定表达式中第一个字符的整数代码
UPPER	大写函数，返回指定表达式的大写字母形式

【例 3-30】演示使用字符串函数。

(1) 启动【查询编辑器】。

(2) 在如图 3-38 所示的示例中，使用了 LEN 函数计算 FirstName 列中字符串的长度，SUBSTRING 函数计算 FirstName 列的前 3 个字串，并且使用 UPPER 函数将其转换为大写字母，最后使用 REPLICATE 函数将 FirstName 列的字符串重复 5 次。

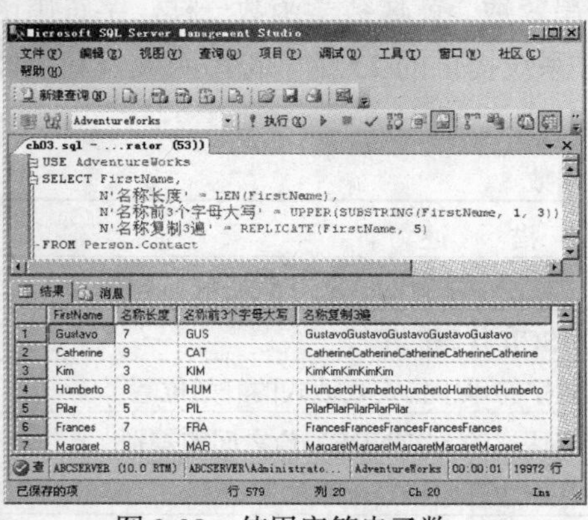

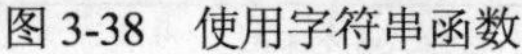
图 3-38　使用字符串函数

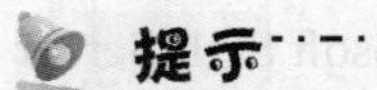

提示

在【例 3-30】示例中，可以看出，通过灵活地使用字符串函数，可以对从表中检索出来的数据进行各种处理，满足显示数据的需求。对于数值数据而言，通过转换为字符数据类型，也可以使用字符串函数对其进行运算。

在 Microsoft SQL Server 2008 系统中，对各种选项或对象进行操作或报告的函数被称为系统函数。这些系统函数及其功能如表 3-15 所示。

表 3-15　系统函数

系 统 函 数	描　述
APP_NAME	返回当前会话的应用程序名称
CASE	计算条件列表，返回多个候选结果表达式中的一个表达式
CAST	将一种数据类型的表达式显式转换为另外一种数据类型的表达式，同 CONVERT 函数
CONVERT	将一种数据类型的表达式显式转换为另外一种数据类型的表达式，同 CAST 函数
COALESCE	返回参数中第一个非空表达式
COLLATIONPROPERTY	返回指定规则的属性信息
COLUMNS_UPDATED	返回指示表或试图中插入或更新了哪些列的信息，可以用于触发器中的条件测试或判断

(续表)

系统函数	描述
CURRENT_TIMESTAMP	返回系统的当前日期和时间，等价于 GETDATE 函数
CURRENT_USER	返回当前用户的名称，等价于 USER_NAME 函数
DATALENGTH	返回指定表达式的字节数
@@ERROR	返回已经执行的上一个 Transact-SQL 语句的错误号
ERROR_LINE	返回发生错误的代码行号，该错误将导致运行 CATCH 块
ERROR_MESSAGE	返回导致 TRY…CATCH 构造 CATCH 块运行的错误的文本
ERROR_NUMBER	返回导致 TRY…CATCH 构造 CATCH 块运行的错误的错误号
ERROR_PROCEDURE	返回导致 TRY…CATCH 构造 CATCH 块运行的错误所在的存储过程或触发器名称
ERROR_SEVERITY	返回导致 TRY…CATCH 构造 CATCH 块运行的错误的严重级别
ERROR_STATE	返回导致 TRY…CATCH 构造 CATCH 块运行的错误的错误状态号
fn_helpcollations	返回 Microsoft SQL Server 2008 系统支持的所有排序规则的名称列表
fn_servershareddrives	返回群集服务器使用的共享驱动器的名称
fn_virtualfilestats	返回数据库文件的 I/O 统计信息，例如对文件发出的读取次数、对文件的写入次数等
FORMATMESSAGE	根据现有的消息构造一条新消息
GETANSINULL	返回此会话的数据库默认空值性
HOST_ID	返回工作站标识符
HOST_NAME	返回工作站名称
IDENT_CURRENT	返回为某个会话和作用域中指定的表或视图声明的最新的标识值
IDENT_INCR	返回标识列的增量值
IDENT_SEED	返回标识列的初始值
@@IDENTITY	返回最后插入的标识值
IDENTITY	使用 SELECT INTO 语句将标识值插入到新表中
ISDATE	确认输入的表达式是否为有效的日期
ISNULL	使用指定的替换表达式替换空值
ISNUMERIC	确认输入的表达式是否为有效的数值
NEWID	创建 uniqueidentifier 数据类型的唯一值
NULLIF	如果两个指定的表达式相等，则返回空值
PARSENAME	返回对象名称的指定部分
ORIGINAL_LOGIN	返回连接到 SQL Server 实例的登录名
@@ROWCOUNT	返回已执行的上一行 Transact-SQL 语句影响的行数
ROWCOUNT_BIG	返回已执行的上一行 Transact-SQL 语句影响的行数，与@@ROWCOUNT 函数等价，但是返回的数据类型是 bigint
SCOPE_IDENTITY	返回为某个会话或作用域指定的表或视图声明的最新的标识值
SERVERPROPERTY	返回有关服务器实例的属性信息，例如，默认的排列规则名称、安装的全文索引组件、是否处于单用户模式等

(续表)

系 统 函 数	描 述
SESSIONPROPERTY	返回当前会话的 SET 选项设置，共有 7 个 SET 选项设置
SESSION_USER	返回当前数据库中当前上下文中的用户名
STATS_DATE	返回上次更新指定索引的统计信息的日期
sys.dm_db_index_physical_stats	返回指定表或视图的数据和索引的大小和碎片信息
SYSTEM_USER	返回当前登录名
@@TRANCOUNT	返回当前连接的活动事务数
UPDATE()	确认是否对表中的指定列进行了 INSERT 或 UPDATE 操作
USER_NAME	返回指定标识符的数据库用户名
XACT_STATE	确认会话是否具有活动事务以及是否可以提交事务

【例 3-31】演示使用 CASE 函数。

(1) 启动【查询编辑器】。

(2) 如图 3-39 所示的示例使用了 CASE 函数。如果某个客户的头衔是“Mr.”，则将显示“先生”。如果头衔是“Ms.”，则显示“女士”，并且将客户的姓、名、头衔连接起来显示。从显示的结果来看，使用 CASE 函数增强了查询结果的可读性。

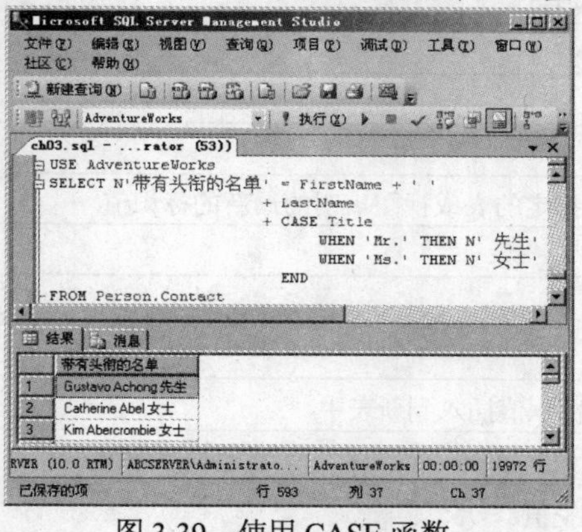

图 3-39 使用 CASE 函数

> **提示**
> 在【例 3-31】示例中，可以看出，通过使用 CASE 函数，可以在列级执行条件判断和显示操作。CASE 函数与字符串函数结合起来使用，可以大大提高数据显示的灵活性，增强结果的可读性。

可以使用系统统计函数获取系统的各种统计信息。Microsoft SQL Server 2008 系统提供了 12 个系统统计函数。

对文本或图像输入值进行操作的函数被称为文本和图像函数。Microsoft SQL Server 2008 系统提供了 3 个文本和图像函数。

3.10 上机练习

本章上机练习的内容是练习使用@@ERROR 函数、安全函数、聚合函数、CASE 函数、数学函数等。

(1) 启动【查询编辑器】。

(2) 使用如图 3-40 的命令，创建 test_table 表。在创建过程中，由于未指定 COL1 列的数据类型，因此执行错误。该错误代号是 173，@@ERROR 函数则捕捉到该错误代号。用户可在应用程序中使用@@ERROR 函数作为条件判断，根据判断结果执行相应的操作。在查询结果显示区域中，单击【结果】选项卡，可以得到@@ERROR 函数的当前值，如图 3-41 所示。

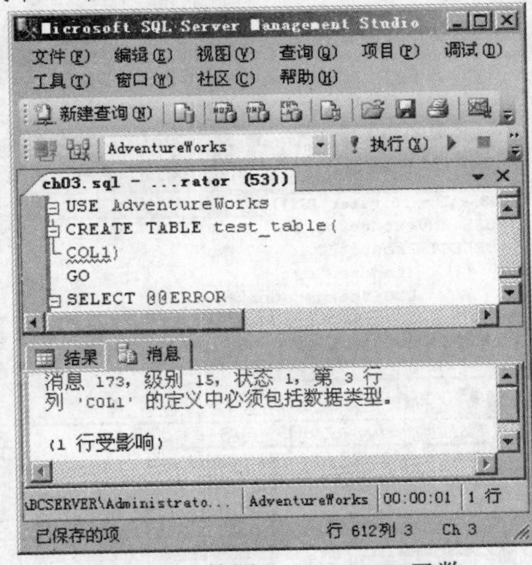

图 3-40 使用@@ERROR 函数

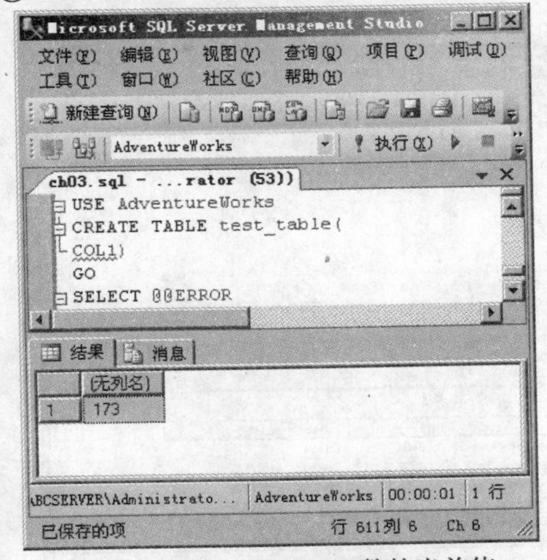

图 3-41 @@ERROR 函数的当前值

(3) 使用如图 3-42 所示的命令，检索出当前会话用户的登录名和数据库用户名。其中，SUSER_SNAME()函数用于检索当前登录名，USER_NAME()函数用于检索该登录用户在当前数据库中对应的用户名。注意，这两个函数的差别在于前者名称中有 S，S 是 System 的首字母，表示 SUSER_SNAME()函数检索系统级信息，名称中没有 S 字符的函数检索数据库级信息。

(4) 使用如图 3-43 所示的命令，其中使用了 AVG、MIN、MAX 等常用的聚合函数，通过这些聚合函数计算 Production.Product 表中单价(ListPrice)与标准成本 (StandardCost)倍数的平均值、最小值和最大值。从计算结果来看，单价和标准成本的最高比值是 5.5943，最低比值是 2.5974，平均值是 3.8757。通过聚合函数对数值列进行统计分析，可以得到许多重要的管理和营销信息。

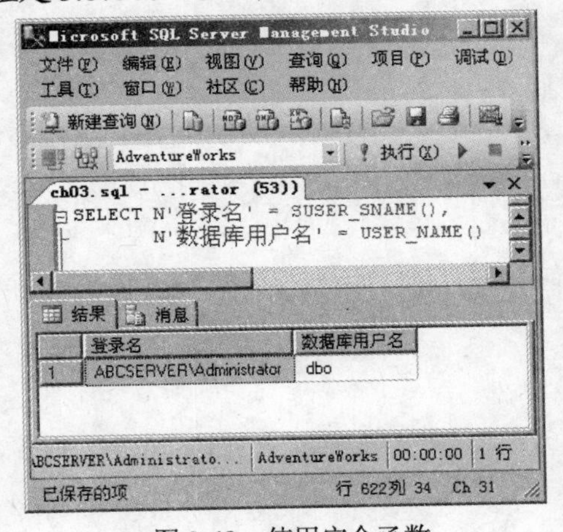

图 3-42 使用安全函数

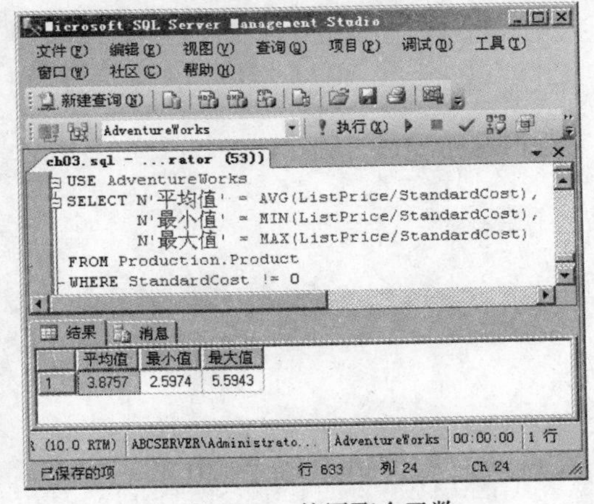

图 3-43 使用聚合函数

(5) 在如图 3-44 所示的命令中，使用了 CASE 函数，该函数没有针对一个确定的列，而是针对一个计算得到的列。该计算列的含义是，如果单价(ListPrice)与标准成本(StandardCost)倍数大于 1 且小于或等于 5，则显示【一般产品】；如果大于 5，则显示【高附加值产品】。

(6) 在如图 3-45 所示的命令中，在 StandardCost 列上使用了 LOG 函数。实际上，标准成本对数值没有什么具体的管理意义。因此，使用函数时应注意，要确保得到的结果有意义。

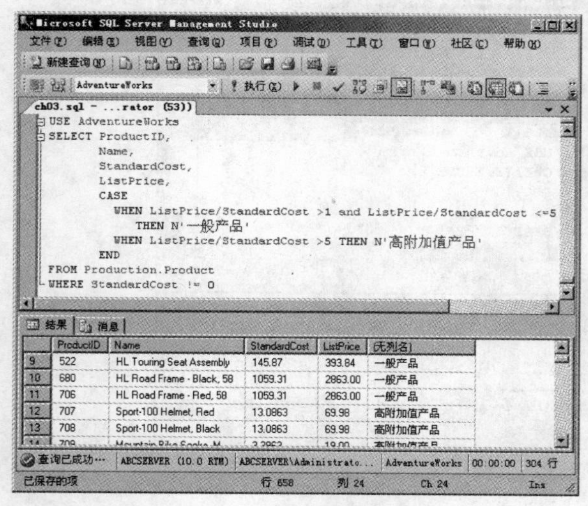

图 3-44　使用 CASE 函数

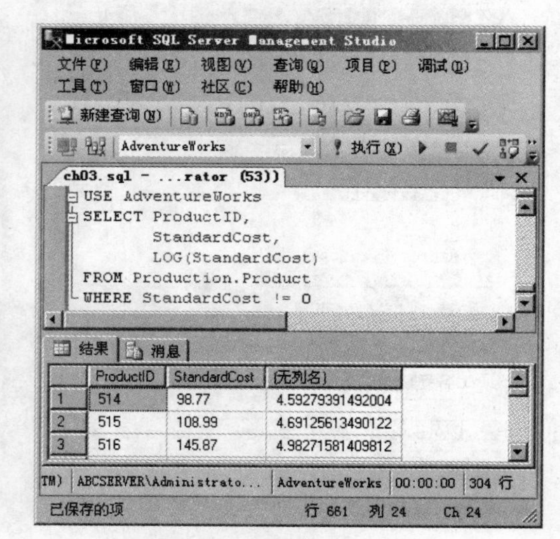

图 3-45　使用数学函数

3.11　习题

1. 练习使用 CONVERT 函数，将数值数据转化为字符之后再用到字符串函数中。
2. 练习使用日期函数。

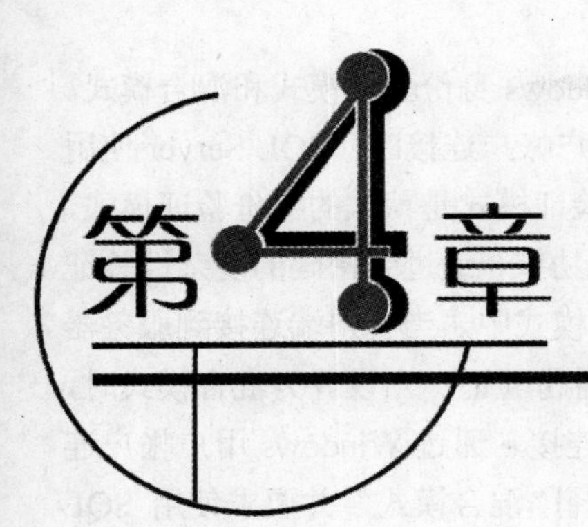

第4章 安全性

学习目标

安全性是评价一个数据库系统的重要指标。Microsoft SQL Server 2008 系统存储了大量的业务数据，这些业务数据都是企业的核心商业机密。Microsoft SQL Server 2008 系统提供了一整套保护数据安全的机制，包括角色、架构、用户、权限等手段，可以有效地实现对系统访问和数据访问的控制。本章全面讲述 Microsoft SQL Server 2008 系统的安全管理。

本章重点

- 安全性机制
- 登录名
- 角色
- 数据库用户
- 架构
- 权限

4.1 概述

安全性是数据库管理系统的一个重要特征。理解安全性问题是理解数据库管理系统安全性机制的前提。下面结合 Microsoft SQL Server 2008 系统的安全特征，分析安全性问题和安全性机制之间的关系。

第一个安全性问题是：当用户登录数据库系统时，如何确保只有合法的用户才能登录到系统中呢？这是一个最基本的安全性问题，也是数据库管理系统提供的基本功能。在 Microsoft SQL Server 2008 系统中，这个问题是通过身份验证模式和主体解决的。

身份验证模式是 Microsoft SQL Server 2008 系统验证客户端和服务器之间连接的方式。

Microsoft SQL Server 2008 系统提供了两种身份验证模式，Windows 身份验证模式和混合模式。在 Windows 身份验证模式中，用户通过 Microsoft Windows 用户帐户连接时，SQL Server 使用 Windows 操作系统中的信息验证帐户名和密码。Windows 身份验证模式是默认的身份验证模式，它比混合模式安全。Windows 身份验证模式使用 Kerberos 安全协议，通过强密码的复杂性验证提供密码策略强制、帐户锁定支持、支持密码过期等。在混合模式中，当客户端连接到服务器时，既可能采取 Windows 身份验证，也可能采取 SQL Server 身份验证。当设置为混合模式时，允许用户使用 Windows 身份验证和 SQL Server 身份验证进行连接。通过 Windows 用户帐户连接的用户可以使用 Windows 验证的受信任连接。如果必须选择"混合模式"并要求使用 SQL Server 帐户登录，则必须为所有的 SQL Server 帐户设置强密码。

在 Microsoft SQL Server 2008 系统中，主体是可以请求系统资源的个体、组合过程。例如，数据库用户是一种主体，他可以按照自己的权限在数据库中执行操作和使用相应的数据。Microsoft SQL Server 2008 系统有多种不同的主体，不同主体之间的关系是典型的层次结构关系，位于不同层次上的主体在系统中影响的范围也是不同的。位于层次比较高的主体，其作用范围也比较大；位于层次比较低的主体，其作用范围也比较小。例如，SQL Server 登录名作为一种主体，其所处的层次高于数据库用户主体，因此，SQL Server 登录名有可能访问多个不同的数据库，但是指定数据库用户的作用范围则是所在的数据库。有些主体是单个的，有些主体则是一个集合。例如，Windows 域登录名是一个单个的主体，因为一个 Windows 域登录名是一个不可分的主体。但是，Windows 组则是一个集合主体，因为一个 Windows 组可能包括了多个 Windows 域登录名。无论主体是单个的还是集合的，它都有一个唯一的安全标识符。

在 Microsoft SQL Server 2008 系统中，可以把主体的层次分为 3 个级别，即 Windows 级别、SQL Sever 级别和数据库级别。Windows 级别的主体包括 Windows 组、Windows 域登录名和 Windows 本地登录名，这些级别的主体的作用范围是整个 Windows 操作系统，SQL Server 系统只是 Windows 操作系统中的一个部分。SQL Server 级别的主体包括 SQL Server 登录名和固定服务器角色。这两种主体的作用范围是整个 SQL Server 系统。也就是说，该层次上的主体可以在所有的数据库中起作用。数据库级别的主体的作用范围是数据库，这些主体包括数据库用户、固定数据库角色和应用程序角色。这些主体可以请求数据库内的各种资源。

第二个安全性问题是：当用户登录到系统中，可以执行哪些操作，使用哪些对象和资源呢？这也是一个非常基本的安全问题，在 Microsoft SQL Server 2008 系统中，这个问题是通过安全对象和权限设置来实现的。

Microsoft SQL Server 2008 系统管理者可以通过权限保护分层实体集合，这些实体被称为安全对象。安全对象是 Microsoft SQL Server 2008 系统控制对其进行访问的资源。SQL Server 系统通过验证主体是否已经获得适当的权限来控制主体对安全对象的各种操作。就像主体的层次一样，安全对象之间的关系类似层次结构关系。层次高的安全对象具有更大的安全范围，层次低的安全对象具有比较小的安全范围。安全范围大的安全对象往往可以包含安全范围小的安全对象。在 Microsoft SQL Server 2008 系统中，存在 3 种安全对象范围，即服务器安全对象范围、数据库安全对象范围和架构安全对象范围。

服务器安全对象范围包括端点、SQL Server登录名和数据库。可以在SQL Server级别上设置这些安全对象的权限，这些设置将对整个服务器范围产生影响。例如，如果为主体授予了创建数据库的权限，那么该主体创建数据库之后就可以作为数据库所有者在数据库中执行各种操作。数据库安全对象范围包括用户、应用程序角色、角色、程序集、消息类型、路由、服务、远程服务绑定、全文目录、证书、非对称密钥、对称密钥、约定、架构等。可以在数据库中控制对这些资源的访问。架构安全对象范围包括类型、XML架构集合、聚合、约束、函数、过程、队列、统计信息、同义词、表、视图等。这些安全对象都是可以由架构拥有的。

主体和安全对象之间是通过权限关联起来的。主体通过发出请求来访问系统资源，安全对象就是相关主体访问的系统资源。主体能否对安全对象执行访问操作，需要判断主体是否拥有访问安全对象的权限。例如，如果SQL Server登录名拥有数据库的CREATE DATABASE权限，那么该SQL Server登录名就能创建数据库和访问数据库中的所有资源。在Microsoft SQL Server 2008系统中，主体和安全对象的组成部分和这些部分之间的关系如图4-1所示。

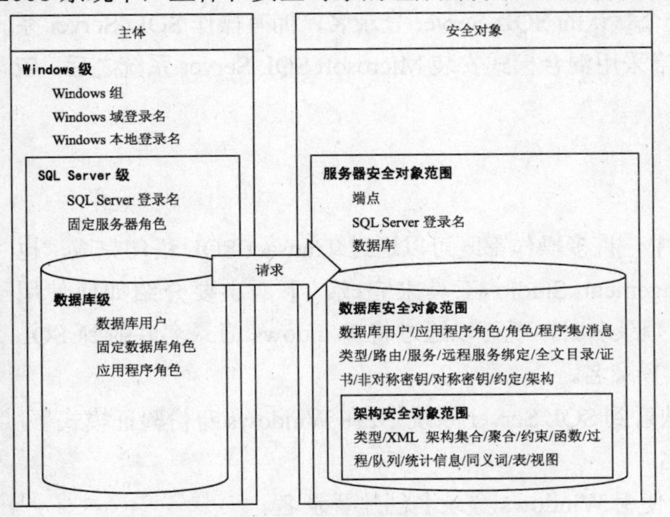

图4-1 主体和安全对象的结构示意图

提示

从图4-1中可以看出主体和安全对象之间的关系。主体和安全对象都是分层次的，图4-1中的方框表示层次和作用范围，大方框的层次高于小方框的层次，且作用范围更大。

第三个安全性问题是：数据库中的对象由谁所有？如果由用户所有，那么当用户被删除时，其所拥有的对象怎么办呢？数据库对象可以成为没有所有者的“孤儿”吗？在Microsoft SQL Server 2008系统中，这个问题是通过用户和架构分离来解决的。在该系统中，用户并不拥有数据库对象，架构可以拥有数据库对象。用户通过架构来使用数据库对象。这种机制使得删除用户时不必修改数据库对象的所有者，提高了数据库对象的可管理性。数据库对象、架构和用户之间的这种关系如图4-2所示。

在Microsoft SQL Server 7.0/2000等先前版本的系统中，数据库对象是由用户直接拥有的，引起了“孤儿”对象问题。Microsoft SQL Server 2005引入了用户和架构分离机制，很好地解决了这种问题。另外，所有的权限都可以由GRANT语句来授予，并且增强了加密和密钥管理功能。在安全性管理方面，Microsoft SQL Server 2008系统与2005版本比较变化不大，对安全性的增强功能主要包括新的加密函数、添加的透明数据加密和可扩展密钥管理功能等。

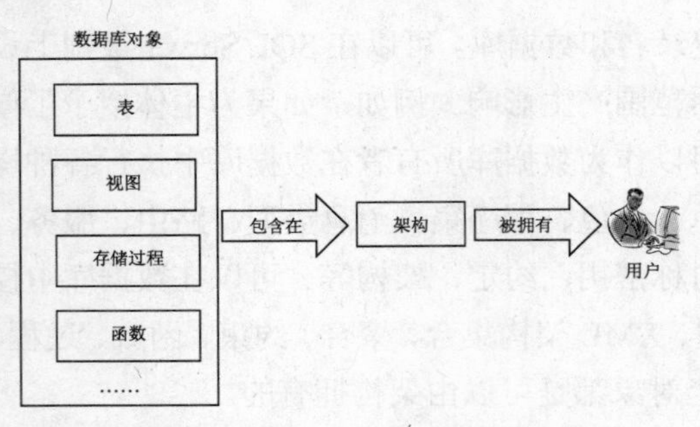

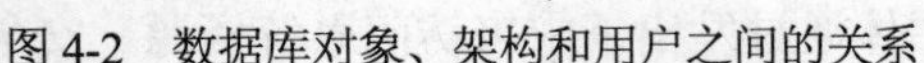

图 4-2　数据库对象、架构和用户之间的关系

> **提示**
>
> 从图 4-2 中可以看出，用户不能直接拥有数据库对象，数据库对象的直接所有者是架构，用户通过架构拥有数据库对象。

4.2　管理登录名

管理登录名包括创建登录名、设置密码策略、查看登录名信息、修改和删除登录名。下面讲述登录名管理的内容。注意，sa 是一个默认的 SQL Server 登录名，拥有操作 SQL Server 系统的所有权限，该登录名不能被删除。当采用混合模式安装 Microsoft SQL Server 系统之后，应该为 sa 指定一个密码。

4.2.1　创建登录名

在 Microsoft SQL Server 2008 系统中，许多操作都既可以通过 Transact-SQL 语句完成，也可以通过 Microsoft SQL Server Management Studio 工具来完成。下面主要介绍如何使用 Transact-SQL 语句创建登录名。在创建登录名时，既可以通过将 Windows 登录名映射到 SQL Server 系统中，也可以创建 SQL Server 登录名。

首先讲述如何将 Windows 登录名映射到 SQL Server 系统中。在 Windows 身份验证模式下，只能使用基于 Windows 登录名的登录名。

【例 4-1】在 SQL Server 系统中，使用 Windows 登录名创建登录名。

(1) 启动【查询编辑器】。

(2) 在 Windows 操作系统中创建 Bobbie 用户。

(3) 在如图 4-3 所示的示例中，使用了 CREATE LOGIN 命令来创建 SQL Server 登录名。

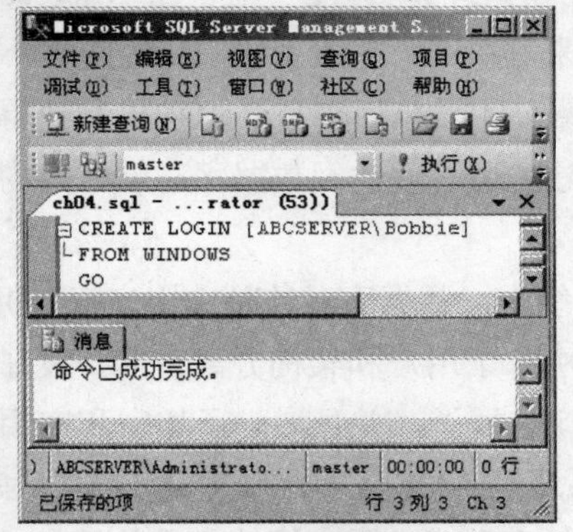

图 4-3　使用 Windows 登录名创建登录名

> **提示**
>
> 【例 4-1】是一种最简单的创建登录名的方法，没有为该登录名指定密码。注意，登录名信息是系统级信息。

(4) 说明，[ABCSERVER\Bobbie]是将要创建的基于 Windows 登录名的登录名，其中，方括号是必需的，ABCSERVER 指定域名，Bobbie 是 Windows 操作系统中已经存在的 Windows 登录名。FROM WINDOWS 是关键字，表示该登录名的来源是 Windows 登录名。

在这个创建登录名的示例中，没有为新建的登录名指定密码属性。这是因为基于 Windows 的登录名已经有密码了，并且使用 Windows 身份验证模式，不再需要额外提供密码信息。这样，Windows 登录名的密码策略就直接可以应用到 SQL Server 系统中。

如果指定的 Windows 登录名不存在，那么就不能在 SQL Server 系统中基于 Windows 登录名创建登录名，否则，系统将产生错误信息。但是，如果某个 Windows 登录名已存在，但是并没有基于该 Windows 登录名创建登录名，那么该 Windows 登录名不能直接使用 Windows 身份验证模式访问 SQL Server 系统。

需要指出的是，在上面创建基于 Windows 登录名的登录名时，还有一个问题没有解决。当用户到 SQL Server 系统中，需要直接访问某一个数据库，该数据库是该登录名的默认数据库。如果没有为新建的登录名明确地指定默认数据库，那么默认数据库是 master 数据库。但是，如果要为新建的登录名明确地指定默认数据库，可以使用 WITH DEFAULT_DATABASE 子句。

【例 4-2】在 SQL Server 系统中创建一个指定默认数据库的登录名。

(1) 启动【查询编辑器】。

(2) 在 SQL Server Management Studio 工具的【对象资源管理器】窗口中，依次打开指定的服务器节点、【安全性】节点、【登录名】节点，从中删除刚刚创建的 Bobbie 登录名。

(3) 在如图 4-4 所示的示例中，重新使用 CREATE LOGIN 命令创建 Bobbie 登录名。这时，明确指定了[ABCSERVER\Bobbie]登录名的默认数据库是 AdventureWork。当该用户登录到 SQL Server 系统中时，可以直接进入 AdventureWork 数据库。

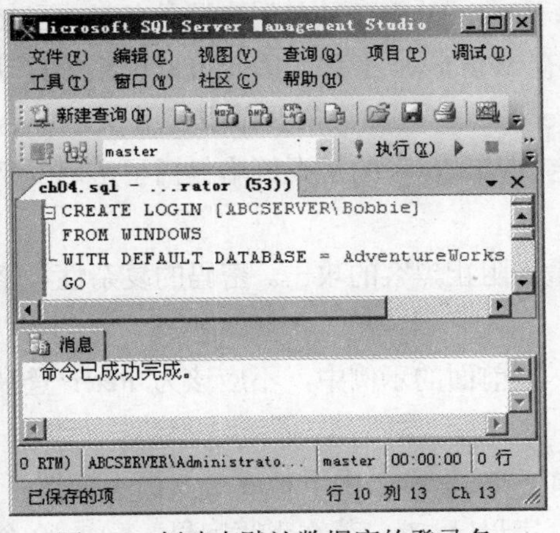

图 4-4 创建有默认数据库的登录名

提示

【例 4-2】演示了如何创建有默认数据库的登录名方式。默认数据库的含义是，登录名信息存储在 master 数据库中，但是登录后可以直接进入默认数据库。

使用 CREATE LOGIN 语句除了可以创建基于 Windows 登录名的登录名之外，还可以创建 SQL Server 自身的登录名，即 SQL Server 登录名。SQL Server 登录名必须通过 SQL Server 身份验证。在创建 SQL Server 登录名时，需要指定该登录名的密码策略。

【例 4-3】使用 CREATE LOGIN 语句创建 SQL Server 登录。

(1) 启动【查询编辑器】。

(2) 使用 CREATE LOGIN 语句创建 SQL Server 登录名的方式如图 4-5 所示。

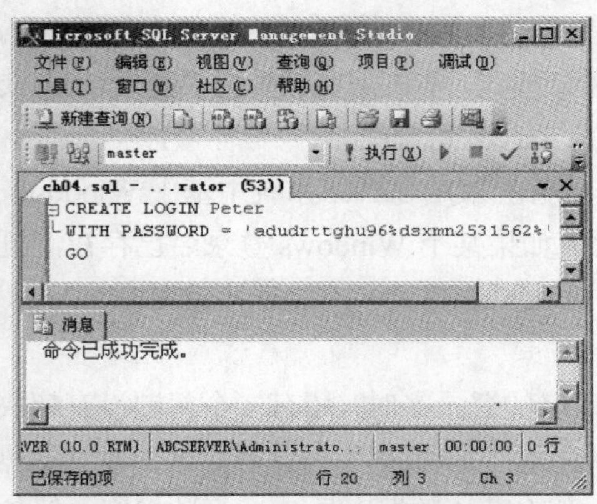

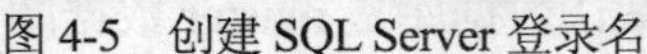
图 4-5　创建 SQL Server 登录名

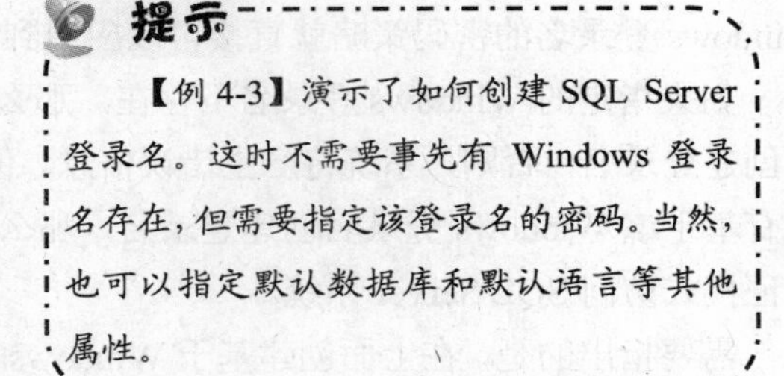
提示

【例 4-3】演示了如何创建 SQL Server 登录名。这时不需要事先有 Windows 登录名存在，但需要指定该登录名的密码。当然，也可以指定默认数据库和默认语言等其他属性。

在如图 4-5 所示的示例中，CREATE LOGIN 是关键字；Peter 是将要创建的 SQL Server 登录名；WITH PASSWORD 是关键字，用于指定该登录名的密码。在该命令中，既没有使用 Windows 域名限定登录名，也没有使用 FROM 关键字指定登录名的来源，因此这是创建 SQL Server 登录名的方式。如果在创建 SQL Server 登录名时需要指定默认的数据库和使用的默认语言，可以使用 DEFAULT_DATABASE 关键字指定默认的数据库，使用 DEFAULT_LANGUASE 关键字指定默认的语言。

现在介绍一下 Microsoft SQL Server 2008 系统的密码策略问题。实际上，Microsoft SQL Server 2008 系统使用了 Windows 的密码策略。当基于 Windows 登录名创建登录名时，虽然不需要明确指定密码，但是由于 Windows 登录名本身有 Windows 密码，因此可以说系统自动使用了 Windows 的密码策略。但是，在创建 SQL Server 登录名，如果依然希望使用 Windows 的密码策略，那么需要通过使用一些关键字来明确指定。Windows 的密码策略包括了密码复杂性和密码过期两大特征。

密码的复杂性是指通过增加更多可能的密码数量来阻止黑客的攻击。密码的复杂性策略应该遵循下面一些原则：

- ◎ 密码不应该包含全部或部分登录名。例如，在前面的示例中，不应该为 Peter 登录名指定'Peter'这样的密码。
- ◎ 密码长度至少为 6 个字符，不能太短。例如，'Peter'密码由于长度是 5 而不合理。
- ◎ 密码应该包含 4 类字符中的 3 类：英文大写字母(A~Z)、英文小写字母(a~z)、10 个基本数字(0~9)和非字母数字(!、$、#、%等)。

密码过期策略是指如何管理密码的使用期限。在创建 SQL Server 登录名时，如果使用密码过期策略，那么系统将提醒用户及时更改旧密码和登录名，并且禁止使用过期的密码。

为了确保密码的安全，一般建议采取这些措施：密码中应该组合大小写字母、数字和特殊

符号；密码在字典中查找不到；密码不是用户名或者人名；不是地理位置名称；不是程序语言的命令名；定期更改；旧密码与新密码有比较大的差别。

在使用 CREATE LOGIN 语句创建 SQL Server 登录名时，为了实施上述的密码策略，可以指定 HASHED、MUST_CHANGE、CHECK_EXPIRATION、CHECK_PLICY 等关键字。

HASHED 关键字用于描述如何处理密码的哈希运算。在使用 CREATE LOGIN 语句创建 SQL Server 登录名时，如果在 PASSWORD 关键字后面使用 HASHED 关键字，那么表示在作为密码的字符串存储到数据库之前，对其进行哈希运算。如果在 PASSWORD 关键字后面没有使用 HASHED 关键字，那么表示作为密码的字符串已经是经过哈希运算之后的字符串，因此在存储到数据库之前不再进行哈希运算了。

哈希运算是指采用哈希函数对作为密码的字符串进行运算。哈希是英文 Hash 的音译，也翻译成散列。哈希函数也被称为散列函数。哈希函数可以把一个任意长的字符串映射为一个定长的哈希码。这种映射是单向的，映射前的字符串与映射后的哈希码具有一一对应关系。哈希运算的作用在于判断字符串在传递过程中是否发生了改变。MD5 是一个著名的哈希函数。

MUST_CHANGE 关键字表示在首次使用新登录名时提示用户输入新密码。CHECK_EXPIRATION 关键字表示是否对该登录名实施密码过期策略。CHECK_PLICY 关键字表示对该登录名强制实施 Windows 密码策略。

【例 4-4】使用 CREATE LOGIN 语句创建 SQL Server 登录，并设置密码策略。

(1) 启动【查询编辑器】。

(2) 如图 4-6 所示的示例在使用 CREATE LOGIN 语句创建 Peterson 登录名时，使用了 MUST_CHANGE 和 CHECK_EXPIDATION 选项对新建的 Peterson 登录名实施密码过期策略，且第一次登录时必须修改密码。

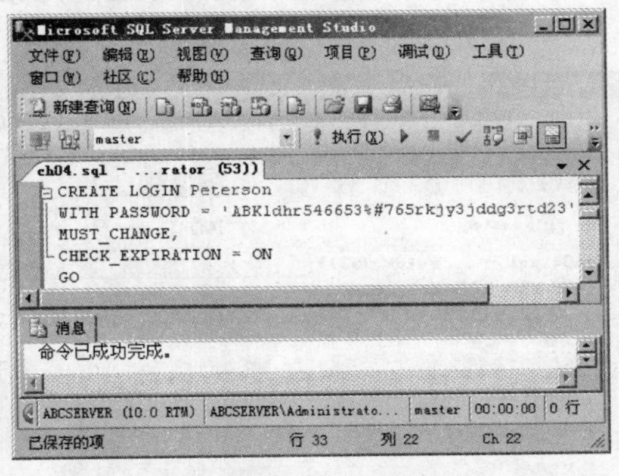

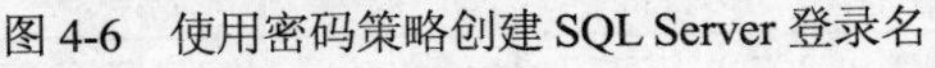
图 4-6 使用密码策略创建 SQL Server 登录名

提示

在【例 4-4】示例中，在创建 SQL Server 登录名时指定了密码策略，这些策略可以提高密码的安全。对于数据库系统来说，由于存储了大量业务数据，因此安全是非常重要的需求。

在 Microsoft SQL Server 2008 系统中，可以使用安全性目录视图查看登录名、权限、证书等有关安全性的信息。例如，sys.server_principals 目录视图可以查看有关服务器级的主体信息，sys.sql_logins 目录视图提供了有关 SQL Server 登录名信息。这些信息包括名称、主体标示符、SID(安全性标识符)、类型、类型描述、创建日期、最后修改日期、默认数据库、默认语言等。在 sys.server_principals 和 sys.sql_logins 目录视图中，S 类型表示 SQL Server 登录名，U 表示

Windows 登录名，G 表示 Windows 组。

4.2.2 维护登录名

登录名创建之后，可以根据需要修改登录名的名称、密码、密码策略、默认的数据库等信息，可以禁用或启用该登录名，甚至可以删除不需要的登录名。

ALTER LOGIN 语句用来修改登录名的属性信息。修改登录名的名称与删除、重建该登录名是不同的。在 Microsoft SQL Server 系统中，登录名的标识符是 SID，登录名的名称只是一个逻辑上使用的名称。修改登录名的名称时，由于该登录名的 SID 是不变的，因此系统依然把这种修改前后的登录名作为同一个登录名对待，与该登录名有关的密码、权限等不会发生任何变化。但是，如果删除和重建登录名之后，虽然登录名的逻辑名称可能是相同的，但是由于该登录名重建前后的 SID 是不同的，因此这种登录名是不同的。

【例 4-5】使用 ALTER LOGIN 语句把 Peterson 登录名修改为 Rudolf 登录名。

(1) 启动【查询编辑器】。

(2) 使用如图 4-7 所示的命令，把 Peterson 登录名修改为 Rudolf 登录名。新名称由 NAME 关键字指定。

使用 ALTER LOGIN 语句也可以修改登录名的密码和密码策略。这种修改不需要指定旧密码，直接指定新密码即可。

【例 4-6】使用 ALTER LOGIN 语句修改 Rudolf 登录名的密码。

(1) 启动【查询编辑器】。

(2) 使用如图 4-8 所示的命令修改 Rudolf 登录名的密码。新密码由 WITH PASSWORD 子句指定。

图 4-7 使用 ALTER LOGIN 修改登录名

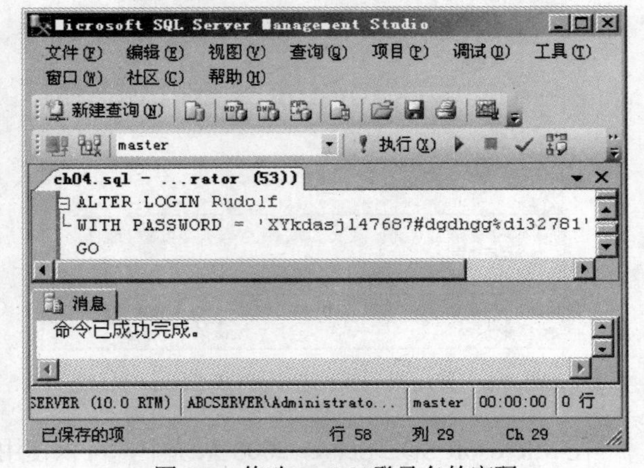

图 4-8 修改 Rudolf 登录名的密码

需要特别指出的是，使用 ALTER LOGIN 语句可以禁用或启用指定的登录名。禁用登录名与删除登录名是不同的。禁用登录名时，登录名的所有信息依然存在系统中，但是却不能正常使用。只有被重新启用，该登录名才可以发挥作用。实际上，禁用登录名是一种临时的禁止登

录名起作用的措施。例如，ElecTravelCom 公司 Rudolf 员工被临时借调到 RHD 公司工作 3 个月。在 RHD 公司工作期间，Rudolf 员工不能登录 ElecTravelCom 公司的数据库系统。但是，3 个月之后，Rudolf 员工返回 ElecTravelCom 公司时，依然可以登录公司的数据库系统并且使用自己以前的所有信息。这时可以临时禁用 Rudolf 登录名。

【例 4-7】练习禁用和启用登录名。

(1) 启动【查询编辑器】。

(2) 在 ALTER LOGIN 语句中使用 DISABLE 关键字表示禁用登录名，如图 4-9 所示。

(3) 在 ALTER LOGIN 语句中使用 ENABLE 关键字表示启用指定的登录名。

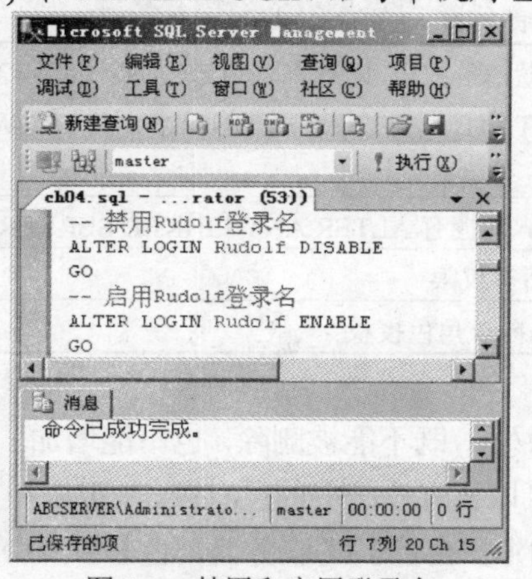

图 4-9 禁用和启用登录名

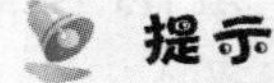

提示

【例 4-7】演示了禁用和启用登录名的操作。实际上，禁用就是暂停使用。这些操作在实际应用中是非常有意义的，可以大大方便对特殊环境下的安全管理。

如果某个登录名不再需要了，那么可以使用 DROP LOGIN 语句删除该登录名。删除登录名表示删除该登录名的所有信息。例如，如果 Rudolf 登录名不再有用了，那么可以使用 DROP LOGIN Rudolf 命令删除该登录名。需要注意的是，正在使用的登录名是不能被删除的，拥有任何安全对象、服务器级别的对象或代理作业的登录名也是不能被删除的。

4.3 固定服务器角色

固定服务器角色也是服务器级别的主体，其作用范围是整个服务器。固定服务器角色已经具备了执行指定操作的权限，可以把其他登录名作为成员添加到固定服务器角色中，这样该登录名可以继承固定服务器角色的权限。

4.3.1 什么是固定服务器角色

固定服务器角色也是服务器级别的主体，已经具备了执行指定操作的权限。Microsoft SQL Server 2008 系统提供了 9 个固定服务器角色，这些角色及其功能如表 4-1 所示。

表 4-1 固定服务器角色

固定服务器角色	描 述
bulkadmin	块数据操作管理员，拥有执行块操作的权限，即拥有 ADMINISTER BULK OPERATIONS 权限，例如执行 BULK INSERT 操作
dbcreator	数据库创建者，拥有创建数据库的权限，即拥有 CREATE DATABASE 权限
diskadmin	磁盘管理员，拥有修改资源的权限，即拥有 ALTER RESOURCE 权限
processadmin	进程管理员，拥有管理服务器连接和状态的权限，即拥有 ALTER ANY CONNECTION、ALTER SERVER STATE 权限
securityadmin	安全管理员，拥有执行修改登录名的权限，即拥有 ALTER ANY LOGIN 权限
serveradmin	服务器管理员，拥有修改端点、资源、服务器状态等权限，即拥有 ALTER ANY ENDPOINT、ALTER RESOURCES、ALTER SERVER STATE、ALTER SETTINGS、SHUTDOWN 和 VIEW SERVER STATE 权限
setupadmin	安装程序管理员，拥有修改链接服务器权限，即拥有 ALTER ANY LINKED SERVER 权限
sysadmin	系统管理员，拥有操作 SQL Server 系统的所有权限
public	公共角色，没有预先设置的权限，用户可以向该角色授权

固定服务器角色的权限是固定不变的(public 角色除外)，既不能被删除，也不能增加。在这些角色中，sysadmin 固定服务器角色拥有的权限最多，可以执行系统中的所有操作。可以在 SQL Server Management Studio 的【对象资源管理器】窗口的【安全性】|【服务器角色】节点中查看这些固定服务器角色的名称，如图 4-10 所示。右击某个固定服务器角色，从弹出的快捷菜单中选择【属性】命令，可以查看该角色的成员等信息。

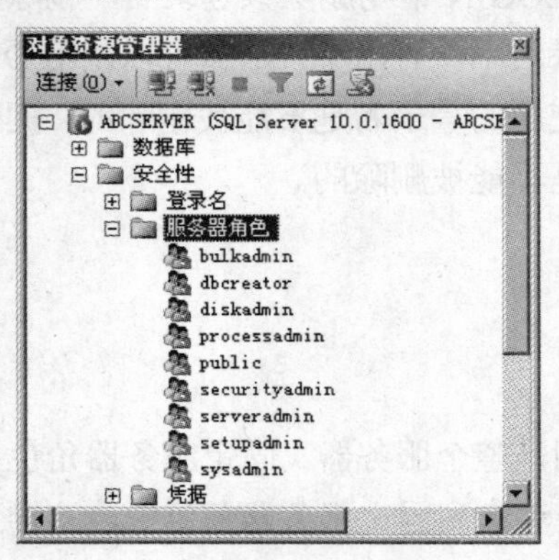

图 4-10 固定服务器角色

提示

【固定服务器角色】窗口，列出了 9 个系统提供的固定服务器角色。固定的含义是指这些角色的名称、权限都是事先存在的，并且不能被删除或修改。其好处是简化了系统级权限的管理工作。只有 public 角色没有固定的权限。

4.3.2 固定服务器角色和登录名

在 Microsoft SQL Server 系统中，可以把登录名添加到固定服务器角色中，使得登录名作为固定服务器角色的成员继承固定服务器角色的权限。对于登录名来说，可以判断其是否是某个

固定服务器角色的成员。用户可以使用 sp_addsrvrolemember、sp_helpsrvrolememeber、sp_dropsrvrolemember等存储过程和IS_SRVROLEMEMBER函数来执行有关固定服务器角色和登录名之间关系的操作。

如果希望指定的登录名成为某个固定服务器角色的成员，那么可以使用 sp_ addsrvrolemember 存储过程来完成这种操作。sp_addsrvrolemember 存储过程的语法如下：

```
sp_addsrvrolemember 'login_name', 'role_name'
```

其中，login_name 参数用于指定登录名，role_name 参数用于指定表 4-1 中列出的固定服务器角色名称。

【例 4-8】练习将 Rudolf 登录名指定为 sysadmin 固定服务器角色的成员。

(1) 启动【查询编辑器】。

(2) 使用如图 4-11 所示的命令，将 Rudolf 登录名指定为 sysadmin 固定服务器角色的成员，那么以 Rudolf 登录名登录系统的用户将自动拥有系统管理员权限。

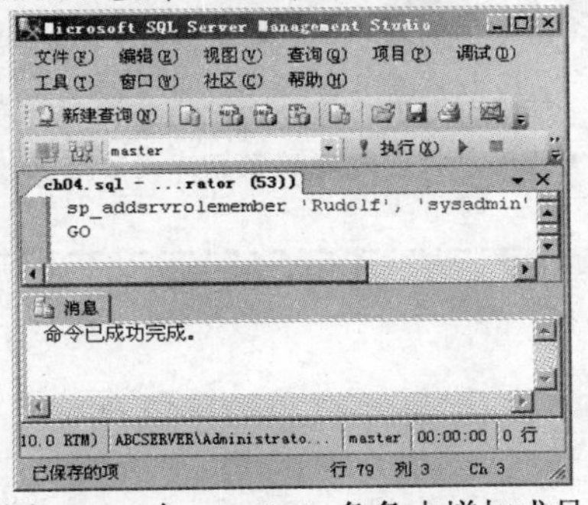

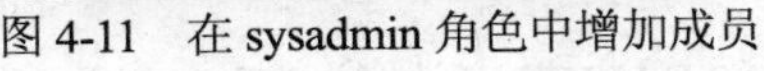
图 4-11　在 sysadmin 角色中增加成员

提示

【例 4-8】命令中的第一个参数是登录名，第二个参数是固定服务器角色名称。该命令执行之后，登录名自动继承指定的固定服务器角色的所有权限。

如果希望查看指定的固定服务器角色的成员或所有的固定服务器角色的成员，那么可以使用 sp_helpsrvrolemember 存储过程。如果希望判断指定的登录名是否是某个固定服务器角色的成员，可以使用 IS_SRVROLEMEMBER 函数。该函数返回 1 时，表示当前用户的登录名是成员；返回 0 时，表示不是成员；否则表示指定的固定服务器角色名称是错误的。

如果要将固定服务器角色的某个成员删除，可以使用 sp_dropsrvrolemember 存储过程。删除固定服务器角色的登录名成员，只是表示该登录名成员不是当前固定服务器角色的成员，但是依然作为系统的登录名存在。

4.4　管理数据库用户

数据库用户是数据库级的主体，是登录名在数据库中的映射，是在数据库中执行操作和活动的执行者。在 Microsoft SQL Server 2008 系统中，数据库用户不能直接拥有表、视图等数据库对象，而是通过架构拥有这些对象。数据库用户管理包括创建用户、查看用户信息、修改用户、删除用户等操作。

4.4.1 创建数据库用户

可以使用 CREATE USER 语句在指定的数据库中创建用户。由于用户是登录名在数据库中的映射，因此在创建用户时需要指定登录名。

【例 4-9】练习在 AdventureWorks 数据库中创建对应于 Peter 登录名的用户。

(1) 启动【查询编辑器】。

(2) 使用如图 4-12 所示的 CREATE USER 语句在 AdventureWorks 数据库中创建对应于 Peter 登录名的用户，其名称是 Peter_user。

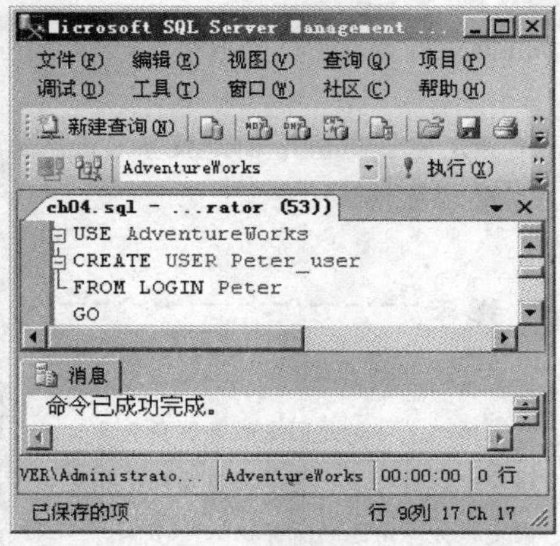

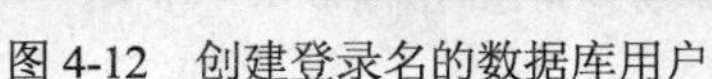
图 4-12 创建登录名的数据库用户

提示

在【例 4-9】示例中，CREATE USER 语句中的两个参数非常重要，Peter 是事先存在的登录名参数，Peter_user 是在当前数据库中将要创建的数据库用户名。

(3) 说明，用户是基于数据库的主体，在执行 CREATE USER 语句创建用户之前，应该使用 USE AdventureWorks 命令设置当前的数据库。接下来，使用 CREATE USER 语句创建了一个对应于 Peter 登录名的 Peter_user 用户。注意，这里使用了 FROM LOGIN 关键字来指定登录名。也可以使用 FOR LOGIN 关键字指定登录名。

用户名和登录名既可以一样，也可以不一样。在数据库中创建用户时，如果用户名与登录名完全一样，那么可以省略 FROM LOGIN 关键字。也就是说，当 CREATE USER 语句中没有明确指定登录名时，表示将创建一个与登录名完全一样的用户。例如，如果希望在 AdventureWorks 数据库中创建与 Peter 登录名一样的 Peter 用户，那么可以使用 CREATE USER Peter 命令。

数据库中的每一个用户都可以对应多个架构，但是只能对应一个默认架构，只有这样才能通过架构引用数据库对象。当不明确指定架构时，使用该用户的默认架构。如果在 CREATE USER 语句中没有明确指定架构，那么所创建的新用户使用 dbo 架构。dbo 是一个自动生成的架构，它可以拥有数据库中的所有对象。但是，如果希望为新用户明确地指定架构，那么可以在 CREATE USER 语句中使用 DEFAULT_SCHEMA 关键字来指定架构名称。

【例 4-10】练习创建带有默认架构的数据库用户。

(1) 启动【查询编辑器】。

(2) 在如图4-13所示的脚本中，使用CREATE USER语句新建一个基于[ABCSERVER\Bobbie]登录名、拥有HRManager架构的Bobbie用户。

虽然当前在AdventureWorks数据库中HRManager架构是不存在的，但是在创建数据库用户时可以引用当前不存在的架构，这样提高了创建数据库用户的灵活性。

如果希望查看数据库用户的信息，可以使用sys.database_principals目录视图。该目录视图包含了有关数据库用户的名称、ID、类型、默认的架构、创建日期、最后修改日期等信息。

dbo是数据库中的默认用户。SQL Server系统安装之后，dbo用户就自动存在了。dbo用户拥有在数据库中操作的所有权限。默认情况下，sa登录名在各数据库中对应的用户是dbo用户。

guest用户是数据库中的一个默认用户。就像dbo用户一样，SQL Server安装之后，guest用户就已存在数据库中。要注意，用户既不能创建guest用户，也不能删除该用户，但是可以激活该用户。

【例4-11】练习激活guest用户。

(1) 启动【查询编辑器】。

(2) 在AdventureWorks数据库中使用GRANT CONNECT语句激活guest用户，如图4-14所示。这时，guest用户可以在该数据库中使用了。

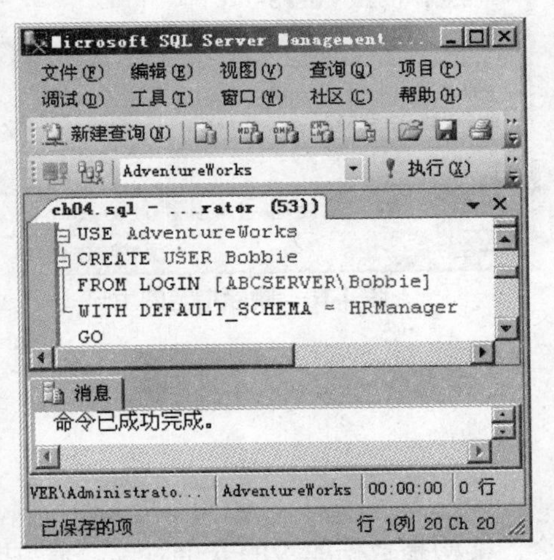

图4-13 创建带有默认架构的数据库用户

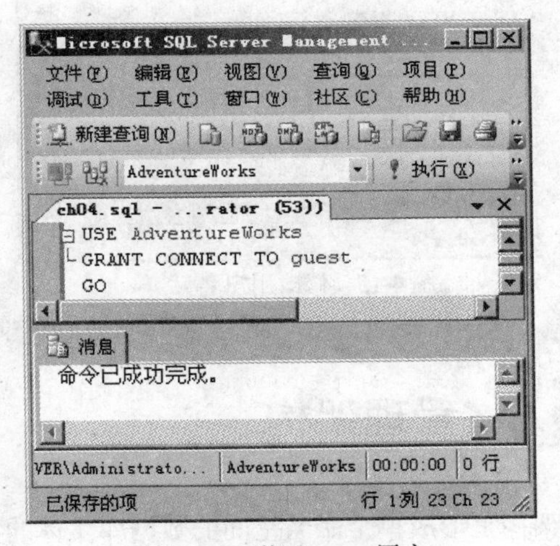

图4-14 激活guest用户

4.4.2 维护数据库用户

可以使用ALTER USER语句修改用户。修改用户包括两个方面，第一，可以修改用户名；第二可以修改用户的默认架构。

修改用户名与删除、重建用户是不同的。修改用户名仅仅是名称的改变，不是用户与登录名对应关系的改变，也不是用户与架构关系的变化。

【例4-12】练习修改用户名。

(1) 启动【查询编辑器】。

(2) 使用如图 4-15 所示的命令将 Bobbie 用户名修改为 Tomson 用户名，但是 Tomson 用户对应的登录名依然是[ABCSERVER\Bobbie]，即对应关系不变。

也可以使用 ALTER USER 语句修改指定用户的默认架构，这时应该在 ALTER USER 语句中使用 WITH DEFAULT_SCHEMA 子句。如果不再需要某个指定的用户了，可以使用 DROP USER 语句删除该用户。

【例 4-13】练习删除用户名。

(1) 启动【查询编辑器】。

(2) 使用如图 4-16 所示的命令将 Tomson 用户从 AdventureWorks 数据库中删除。数据库用户删除之后，其对应的登录名依然存在。

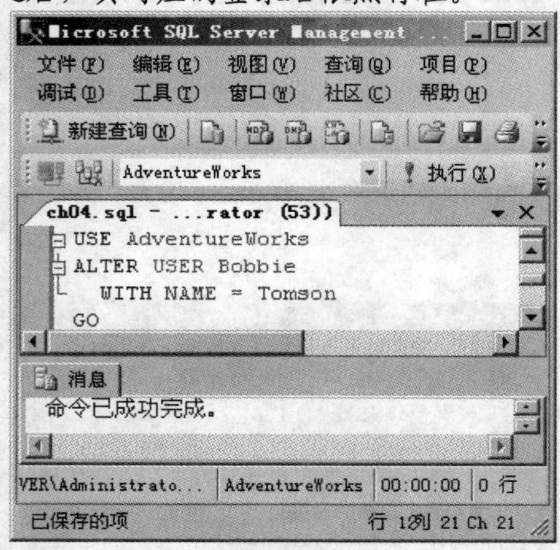

图 4-15　修改用户名

图 4-16　删除指定的用户

4.5　管理架构

架构是形成单个命名空间的数据库实体的集合。架构是数据库级的安全对象，是数据库对象的容器，是 Microsoft SQL Server 2008 系统强调的特点。管理架构包括创建架构、查看架构的信息、修改架构及删除架构等。

4.5.1　创建架构

使用 CREATE SCHEMA 语句不仅可以创建架构，而且在创建架构的同时还可以创建该架构所拥有的表和视图，并且可以对这些对象设置权限。下面讲述如何创建架构。

【例 4-14】练习创建最简单的架构。

(1) 启动【查询编辑器】。

(2) 使用 CREATE SCHEMA 语句创建一个最简单的架构，如图 4-17 所示。这里仅仅指定

companyGManager 作为架构的名称，没有明确指定该架构的所有者。这时，该架构的所有者默认为当前执行该项操作的用户。

(3) 说明，在图 4-17 所示的示例中，首先使用 USE 语句将 AdventureWorks 数据库置为当前数据库，然后使用 GO 关键字。GO 表示前一个批次查询的结束和下一个批次查询的开始。一般建议将 CREATE SCHEMA 语句作为批次查询中第一个语句来执行。

如果希望在创建架构时明确地指定架构的所有者，那么可以在 CREATE SCHEMA 语句中使用 AUTHORIZATION 关键字。该关键字后面的用户名是新创建的架构所有者。

【例 4-15】练习创建有明确所有者的架构。

(1) 启动【查询编辑器】。

(2) 如图 4-18 所示的示例在 CREATE SCHEMA 语句中使用 AUTHORIZATION 关键字指明新创建的 SaleManager 架构的所有者是 Peter_user 用户。

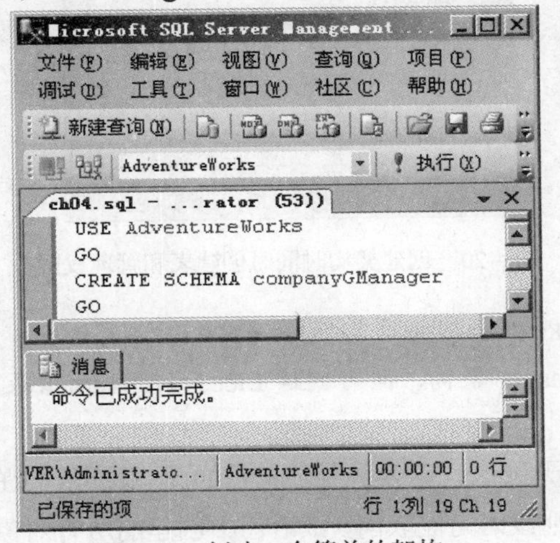

图 4-17 创建一个简单的架构

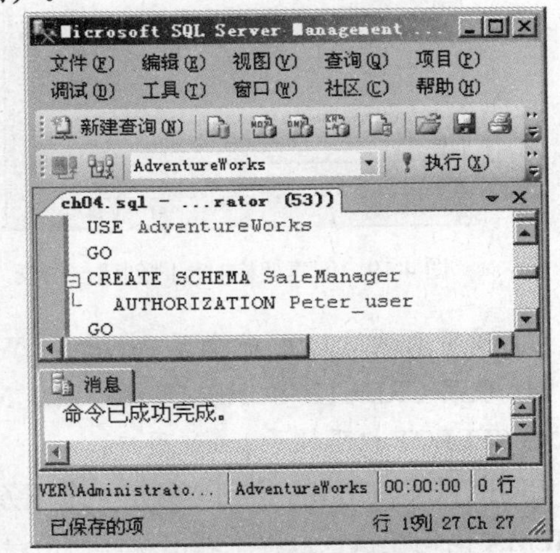

图 4-18 创建有明确所有者的架构

需要指出的是，用户的默认架构与架构的所有者是不同的。用户的默认架构是指该用户所创建的对象，在默认情况下所有者是该默认架构，架构的所有者是指拥有和管理该架构的用户。

如果在创建架构时，同时希望创建该架构所拥有的数据库对象，那么可以在 CREATE SCHEMA 语句中使用诸如 CREATE TABLE 等语句。

【例 4-16】练习创建架构的同时创建一个表。

(1) 启动【查询编辑器】。

(2) 在如图 4-19 所示的使用 CREATE SCHEMA 语句创建架构的示例中，该语句中有一个 CREATE TABLE 子句，表示在创建架构的同时创建了一个 ElecTravelHuman 表，该表的所有者是新创建的架构。

(3) 说明，在如图 4-19 所示的 CREATE SCHEMA 语句中，Peter_user 是用户名，Manager 是新建的架构名，ElecTravelHuman 表是新建表。其隶属关系是，Peter_user 用户拥有 Manager 架构，Manager 架构拥有 ElecTravelHuman 表。

在创建架构时，不仅可以创建该架构所拥有的对象，还可以管理该对象的权限。

【例 4-17】练习创建架构时同时创建一个表和管理权限。

(1) 启动【查询编辑器】。

(2) 在如图 4-20 所示的命令中，首先使用 DROP TABLE 语句和 DROP SCHEMA 语句删除图 4-19 中创建的 ElecTravelHuman 表和 Manager 架构。

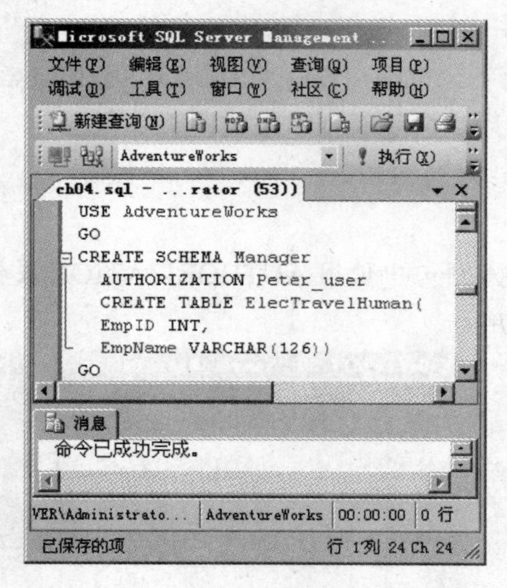

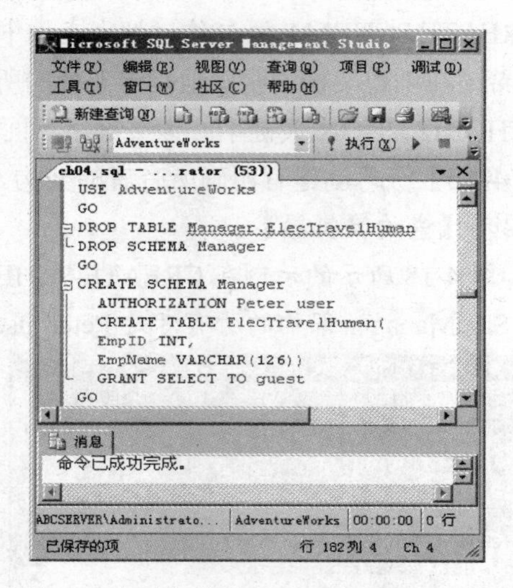

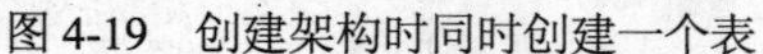

图 4-19　创建架构时同时创建一个表　　　图 4-20　创建架构时同时创建表和管理权限

(3) 接下来使用 USE 命令置 AdventureWorks 数据库为当前数据库。

(4) 使用 CREATE SCHEMA 语句创建 Manager 架构，同时创建 ElecTravelHuman 表，并把该表的 SELECT 权限授予 guest 用户。

CREATE SCHEMA 语句本身是一个事务，无论该语句多么复杂也是如此。因此，CREATE SCHEMA 语句在执行过程中若出现任何错误，则该语句被取消，该语句中创建的所有对象以及执行的所有权限管理也都被取消。

如果希望查看数据库中的架构信息，可以使用 sys.schemas 架构目录视图。该视图包含了数据库中架构的名称、架构的标识符、架构所有者的标识符等信息。

4.5.2 修改和删除架构

修改架构是指将特定架构中的对象转移到其他架构中。可以使用 ALTER SCHEMA 语句完成对架构的修改。需要注意的是，如果要更改对象本身的结构，应该使用针对该对象的 ALTER 语句。

【例 4-18】练习转移对象的架构，将 Manager 架构拥有的 ElecTravelHuman 表转移到 SaleManager 架构中。

(1) 启动【查询编辑器】。

(2) 使用如图 4-21 所示的 ALTER SCHEMA 语句，Manager 架构是 ElecTravelHuman 表的原架构，SaleManager 是其新架构，其中 TRANSFER 是不可缺少的关键字。

需要注意的是，由于对象的权限是与所属的架构紧密关联的，当将对象转移到新架构时，与该对象关联的所有权限都被删除。

如果架构已经没有存在的必要了，可以使用 DROP SCHEMA 语句删除架构。删除架构时需要注意，如果架构中包含有任何对象，那么删除操作失败。只有当架构中不再包含对象时才可以被删除。

【例 4-19】练习删除架构。

(1) 启动【查询编辑器】。

(2) 在如图 4-22 所示的示例中执行 DROP SCHEMA 语句删除指定的 SaleManager 架构。由于该架构拥有 ElecTravelHuman 表，对该架构的删除操作失败。

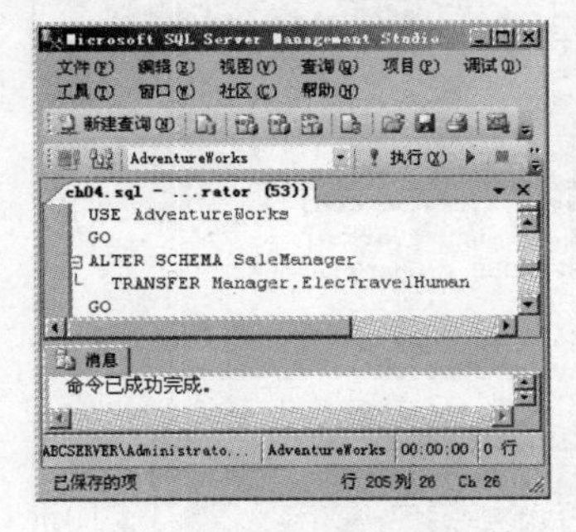

图 4-21 转移对象的架构

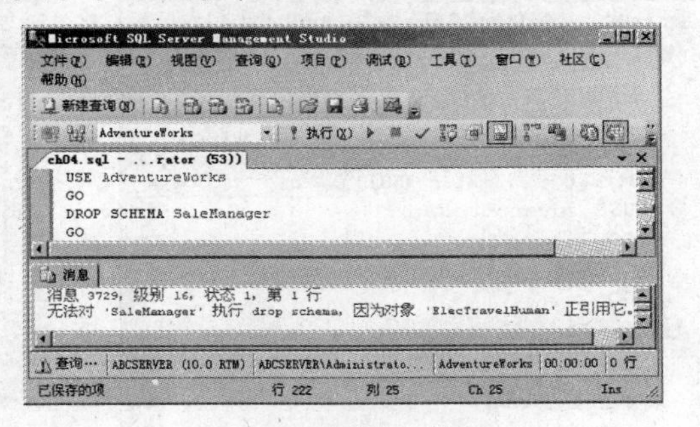

图 4-22 删除架构

4.6 数据库角色

数据库角色是数据库级别的主体，也是数据库用户的集合。数据库用户可以作为数据库角色的成员，继承数据库角色的权限。数据库管理人员可以通过管理角色的权限来管理数据库用户的权限。Microsoft SQL Server 2008 系统提供了一些固定数据库角色和 public 特殊角色。下面详细描述数据库角色的特点和管理方式。

4.6.1 管理数据库角色

管理数据库角色包括创建数据库角色、添加和删除数据库角色成员、查看数据库角色信息、修改和删除角色等。

可以使用 CREATE ROLE 语句创建角色。实际上，创建角色的过程就是指定角色名称和拥有该角色的用户的过程。如果没有明确地指定角色的所有者，那么当前操作的用户默认是该角色的所有者。

【例 4-20】练习使用 CREATE ROLE 语句创建简单的角色。

(1) 启动【查询编辑器】。

(2) 在如图 4-23 所示的示例中，使用 CREATE ROLE 语句创建一个名称为 ProjectManager

的角色。角色创建之后，即可为其授权和添加成员。

在图 4-22 所示的示例中，由于没有明确指定角色的所有者，所以当前执行 CREATE ROLE 语句操作的用户是默认的所有者。如果希望明确指定所有者，那么可以使用 AUTHORIZATION 关键字。

【例 4-21】练习使用 CREATE ROLE 语句创建带有所有者的角色。

(1) 启动【查询编辑器】。

(2) 在如图 4-24 所示的命令中，首先使用 USE 语句置 AdventureWorks 数据库为当前数据库，表示所有操作都在该数据库中执行。

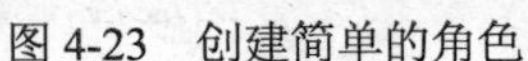
图 4-23 创建简单的角色

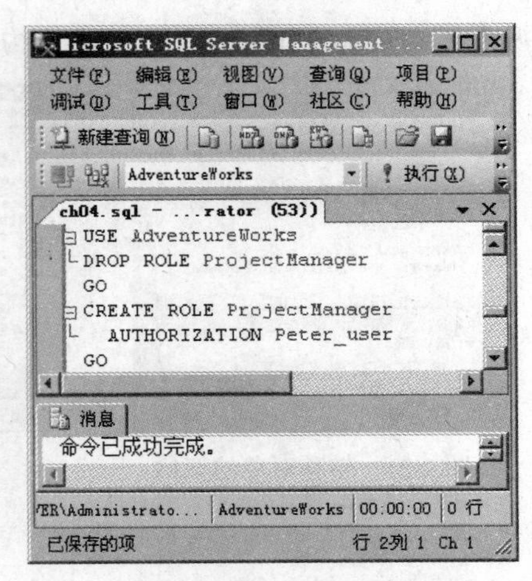

图 4-24 创建带有所有者的角色

(3) 使用 DROP ROLE 语句删除现有的 ProjectManager 角色，目的是为了下面重建该角色。

(4) 使用 CREATE ROLE 语句创建 ProjectManager 角色，并且使用 AUTHORIZATION 关键字指定该角色的所有者为 Peter_user 用户。

如果要为角色添加成员，可以使用 sp_addrolemember 存储过程。使用该存储过程可以为当前数据库中的数据库角色添加数据库用户、数据库角色、Windows 登录名和 Windows 组。sp_addrolemember 存储过程的使用方式如下：

```
sp_addrolemember 'role_name', 'security_account'
```

其中，role_name 参数用于指定当前数据库角色，security_account 参数用于指定将要作为当前数据库角色成员的安全帐户名称。

【例 4-22】练习为角色添加成员。

(1) 启动【查询编辑器】。

(2) 在如图 4-25 所示的示例中，使用 sp_addrolemember 存储过程将 Peter_user 用户添加到 ProjectManager 角色中。这时，Peter_user 用户继承了 ProjectManager 角色的权限。

图 4-25 在角色中添加成员

提示

在【例 4-22】示例中，sp_addrolemember 存储过程的两个参数分别是角色名和用户名，且角色名在前，用户名在后。这种顺序与添加固定服务器角色成员时的顺序恰好相反。

需要注意的是，如果某个 Windows 级别的主体，例如 Windows 登录名或 Windows 组，在当前数据库中没有数据库用户，那么执行该存储过程之后可以自动在当前数据库中生成对应的数据库用户。

数据库角色可以包括其他的数据库角色作为成员，但是数据库角色不能包含自己作为成员。无论是直接作为成员包含自身，还是通过其他中间的数据库角色间接地包含自身，这种操作都是无效的。

与 sp_addrolemember 存储过程相对应的是 sp_droprolemember 存储过程，后者可以删除指定数据库角色中的成员。

可以使用 sys.database_principals 安全性目录视图查看当前数据库中所有数据库角色信息，使用 sys.database_role_members 安全性目录视图查看当前数据库中所有数据库角色和其成员的信息。

如果要修改数据库角色的名称，可以使用 ALTER ROLE 语句。如果某个角色确实不再需要了，可以使用 DROP ROLE 语句删除指定的角色。ALTER ROLE 语句和 DROP ROLE 语句的语法形式如下：

```
ALTER ROLE role_name WITH NAME new_role_name
DROP ROLE role_name
```

4.6.2 固定数据库角色

就像固定服务器角色一样，固定数据库角色也具有了预先定义好的权限。使用固定数据库角色可以大大简化数据库角色权限管理工作。

Microsoft SQL Server 2008 系统提供了 9 个固定数据库角色，这些固定数据库角色及其权限如表 4-2 所示。

表 4-2　固定数据库角色

固定数据库角色	描　述
db_accessadmin	访问权限管理员，具有 ALTER ANY USER、CREATE SCHEMA、CONNECT、VIEW ANY DATABASE 等权限，可以为 Windows 登录名、Windows 组、SQL Server 登录名添加或删除访问权限
db_backupoperator	数据库备份管理员，具有 BACKUP DATABASE、BACKUP LOG、CHECKPOINT、VIEW DATABASE 等权限，可以执行数据库备份操作
db_datareader	数据检索操作员，具有 SELECT、VIEW DATABASE 等权限，可以检索所有用户表中的所有数据
db_datawriter	数据维护操作员，具有 DELETE、INSERT、UPDATE、VIEW DATABASE 等权限，可以在所有用户表中执行插入、更新、删除等操作
db_ddladmin	数据库对象管理员，具有创建和修改表、类型、视图、过程、函数、XML 架构、程序集等权限，可以执行对这些对象的管理操作
db_denydatareader	拒绝执行检索操作员，拒绝 SELECT 权限，具有 VIEW ANY DATABASE 权限，不能在数据库中对所有对象执行检索操作
db_denydatawriter	拒绝执行数据维护操作员，拒绝 DELETE、INSERT、UPDATE 权限，不能在数据库中执行所有的删除、插入、更新等操作
db_owner	数据库所有者，具有 CONTROL、VIEW ANY DATABASE 权限，具有在数据库中的所有操作
db_securityadmin	安全管理员，具有 ALTER ANY APPLICATION ROLE、ALTER ANY ROLE、CREATE SCHEMA、VIEW DEFINITION、VIEW ANY DATABASE 等权限，可以执行权限管理和角色成员管理等操作

例如，如果 Peter_user 用户是 db_owner 固定数据库角色的成员，该用户就可以在数据库中执行所有的操作。如果 Tomson 用户是 db_denydatareader 固定数据库角色的成员，那么该用户不能在数据库中执行所有的检索操作。

4.6.3　public 角色

除了前面介绍的固定数据库角色之外，Microsoft SQL Server 系统成功安装之后，还有一个特殊的角色即 public 角色。public 角色有两大特点，第一，初始状态时没有权限；第二，所有的数据库用户都是它的成员。

固定数据库角色都有预先定义好的权限，但是不能为这些角色增加或删除权限。虽然初始状态下 public 角色没有任何权限，但是可以为该角色授予权限。由于所有的数据库用户都是该角色的成员，并且这是自动的、默认的和不可变的，因此数据库中的所有用户都会自动继承 public 角色的权限。

从某种程度上可以这样说，当为 public 角色授予权限时，实际上就是为所有的数据库用户在授予权限。

4.7 管理应用程序角色

应用程序角色是一个数据库主体，它使应用程序能够用其自身的、类似用户的权限来运行。在使用应用程序时，可以仅仅允许那些经过特定应用程序连接的用户来访问数据库中的特定数据，如果不通过这些特定的应用程序连接，那么无法访问这些数据。这是使用应用程序角色实现安全管理的目的。

与数据库角色相比来说，应用程序角色有 3 个特点：第一，在默认情况下该角色不包含任何成员；第二，在默认情况下该角色是非活动的，必须激活之后才能发挥作用；第三，该角色有密码，只有拥有应用程序角色正确密码的用户才可以激活该角色。当激活某个应用程序角色之后，用户会失去自己原有的权限，转而拥有应用程序角色的权限。

在 Microsoft SQL Server 2008 系统中，可以使用 CREATE APPLICATION ROLE 语句创建应用程序角色。该语句的语法形式如下：

```
CREATE APPLICATION ROLE application_role_name
WITH PASSWORD = 'password',
oDEFAULT_SCHEMA = schema_name
```

其中，application_role_name 参数是将要新建的应用程序角色名称，可以使用 WITH PASSWORD 关键字指定该应用程序角色密码。如果没有明确指定该应用程序角色的架构，可以使用 dbo 架构。如果希望明确指定该应用程序角色的架构，可以使用 DEFAULT_SCHEMA 关键字。

【例 4-23】练习创建应用程序角色。

(1) 启动【查询编辑器】。

(2) 在如图 4-26 所示的示例中，使用 CREATE APPLICATION ROLE 命令创建一个名称为 alter_HR_salary，密码为 strRbc1673#!asdfklj，所有者架构为 Manager 的应用程序角色。

应用程序角色只有激活之后才能发挥作用。可以使用 sp_setapprole 存储过程激活应用程序角色。

【例 4-24】练习激活应用程序角色。

(1) 启动【查询编辑器】。

(2) 在如图 4-27 所示的示例中，使用 sp_setapprole 存储过程激活了 alter_HR_salary 应用程序角色。

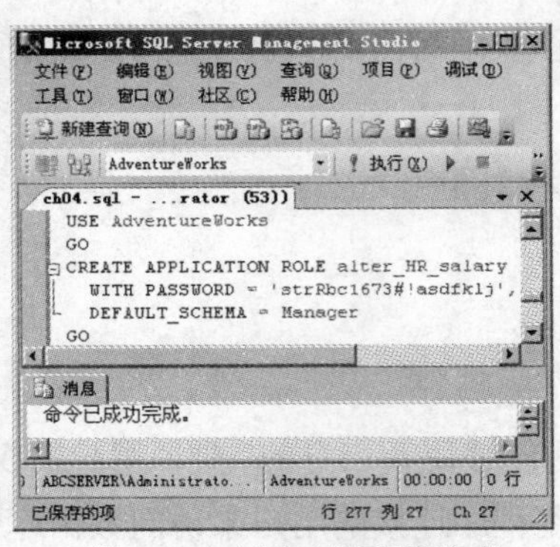

图 4-26　创建应用程序角色

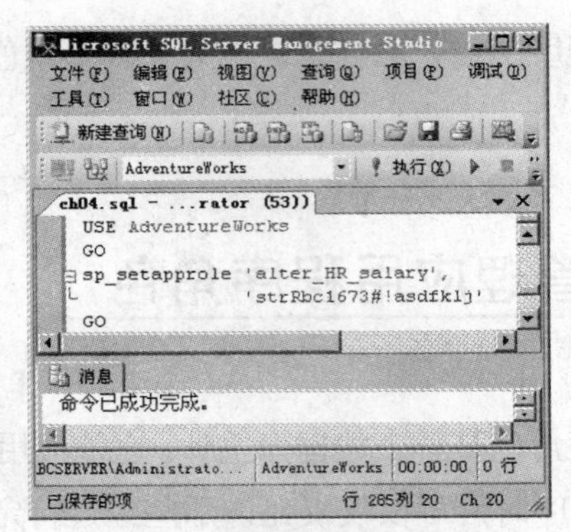

图 4-27　激活应用程序角色

应用程序角色激活之后一直处于活动状态，直到该连接断开或执行了 sp_unsetapprole 存储过程为止。可以使用 sp_helprole 存储过程查看有关应用程序角色的信息。应用程序角色的意义在于其权限的变换。理解这种变换过程有助于利用这种机制开发出更加安全有效的应用程序。

应用程序角色在访问 Microsoft SQL Server 系统中的权限变换过程如下：

第一步，用户执行客户端应用程序。

第二步，客户端应用程序作为用户连接到 Microsoft SQL Server 系统。

第三步，应用程序使用一个隐含在其内部的密码执行 sp_setapprole 存储过程。

第四步，Microsoft SQL Server 系统判断，如果应用程序角色的名称和密码都正确，那么将激活应用程序角色。

第五步，连接成功之后，用户将获得应用程序角色权限，失去原有的权限。这种变换后的权限状态在本次连接期间一直有效。

对于应用程序角色来说，可以使用 ALTER APPLICATION ROLE 语句修改应用程序角色的名称、密码和所有者架构。

【例 4-25】练习修改应用程序角色的名称、密码和架构。

(1) 启动【查询编辑器】。

(2) 使用如图 4-28 所示的 ALTER APPLICATION ROLE 语句修改应用程序角色的名称、密码和架构。

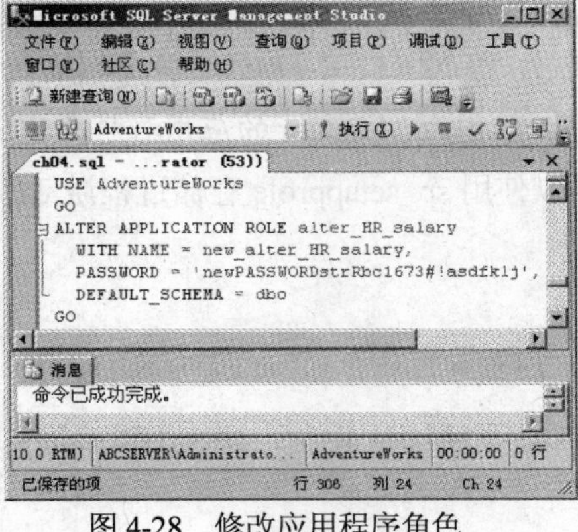

图 4-28　修改应用程序角色

提示

在【例 4-25】示例中，NAME 关键字指定新角色名称，PASSWORD 关键字指定新的密码，DEFAULT_SCHEMA 关键字指定默认的架构。需要指出的是，密码只能指定一次，不能再确定一次。如果该操作出现错误，应该断开当前连接，然后再执行。

如果应用程序角色不再需要了，可以使用 DROP APPLICATION ROLE 语句删除该角色。删除角色的语法形式如下：

```
DROP APPLICATION ROLE role_name
```

4.8 管理权限

权限是执行操作、访问数据的通行证。只有拥有了针对某种安全对象的指定权限，才能对该对象执行相应的操作。在 Microsoft SQL Server 2008 系统中，不同的对象有不同的权限。为了更好地理解权限管理的内容，下面从权限的类型、常用对象的权限、隐含的权限、授予权限、收回权限、否认权限等几个方面讲述。

4.8.1 权限类型

在 Microsoft SQL Server 2008 系统中，不同的分类方式可以把权限分成不同的类型。如果依据权限是否预先定义，可以把权限分为预先定义的权限和预先未定义的权限。如果按照权限是否与特定的对象有关，可以把权限分为针对所有对象的权限和针对特殊对象的权限。下面具体分析这些类型的特点。

理解哪些安全主体拥有预先定义的权限，哪些安全主体需要经过授权或继承才能获得对安全对象的使用权限，将有助于对权限类型的理解。

预先定义的权限是指那些系统安装之后，不必通过授予权限即拥有的权限。例如，固定服务器角色和固定数据库角色所拥有的权限即是预定义的权限，对象的所有者也拥有该对象的所有权限以及该对象所包含的对象的所有权限。

预先未定义的权限是指那些需要经过授权或继承才能得到的权限。大多数的安全主体都需要经过授权才能获得对安全对象的使用权限。

针对所有对象的权限表示这种权限可以针对 SQL Server 系统中所有的对象，例如，CONTROL 权限是所有对象都有的权限。针对特殊对象的权限是指某些权限只能在指定的对象上起作用，例如 INSERT 可以是表的权限，但是不能是存储过程的权限；而 EXECUTE 可以是存储过程的权限，但是不能是表的权限。下面详细讨论这两种权限类型。

在 Microsoft SQL Server 2008 系统中，针对所有对象的权限有 CONTROL、ALTER、ALTER ANY、TAKE OWNERSHIP、INPERSONATE、CREATE 及 VIEW DEFINITION 等。

CONTROL 权限为被授权者授予类似所有权的功能，被授权者拥有对安全对象所定义的所有权限。在 SQL Server 系统中，由于安全模型是分层的，因此 CONTROL 权限在特定范围内隐含着对该范围内的所有安全对象的 CONTROL 权限。例如，如果 ABCSERVER\Bobbie 登录名拥有对某个数据库的 CONTROL 权限，那么该登录名就会拥有对该数据库的所有权限、所有架构的所有权限、架构内所有对象的所有权限等。

ALTER 权限为被授权者授予更改特定安全对象的属性的权限，实际上这些权限可以包括该对象除所有权之外的权限。实际上，当授予对某个范围内的 ALTER 权限时，也授予了更改、删除或创建该范围内包含的任何安全对象的权限。例如，如果 Tomson_HRM 用户拥有了对 companyGManager 架构的 ALTER 权限，那么该用户拥有在该架构内创建、更改、删除对象的权限。

ALTER ANY 权限与 ALTER 权限是不同的。ALTER 权限需要指定具体的安全对象，但是 ALTER ANY 权限则是与特定安全对象类型相关的权限，不针对某个具体的安全对象。例如，如果某个用户拥有 ALTER ANY LOGIN 权限，那么表示其可以执行创建、更改、删除 SQL Server 实例中任何登录名的权限。如果该用户拥有 ALTER ANY SCHEMA 权限，那么可以执行创建、更改、删除数据库中任何架构的权限。

TAKE OWNERSHIP 权限允许被授权者获得所授予的安全对象的所有权，那么被授权者可以执行针对该安全对象的所有权限。TAKE OWNERSHIP 权限与 CONTROL 权限是不同的，TAKE OWNERSHIP 权限是通过所有权的转移实现的，CONTROL 权限则仅仅是拥有类似所有权的操作。

IMPERSONATE 权限可以使被授权者模拟指定的登录名或指定的用户执行各种操作。如果拥有 IMPERSONATE <登录名>权限，那么表示被授权者可以模拟指定的登录名执行操作。如果是 IMPERSONATE <用户>权限，那么表示被授权者可以模拟指定的用户执行操作。这种模拟只是一种临时的权限获取方式。

CREATE 权限可以使得被授权者获取创建服务器安全对象、数据库安全对象、架构内的安全对象的权限。这是一种常用的权限。例如，假设为 Tomson_HRM 用户被授予了 CREATE TABLE 权限，那么该用户就拥有了创建表的权限。

如果要查看系统或数据库元数据，则应该具有 VIEW DEFINITION 权限。

在 Microsoft SQL Server 2008 系统中，常用的针对特殊对象的权限包括 SELECT、UPDATE、REFERENCES、INSERT、DELETE 及 EXECUTE 等。

SELECT 权限是对指定安全对象中数据的检索操作。这些安全对象包括同义词、表和列、表值函数、视图和列等。例如，如果 Tomson_HRM 用户被授予了针对 human.salary 表的 SELECT 权限，那么该对象可以针对该表执行检索操作。

UPDATE 权限是对指定安全对象中数据的更新操作，这些安全对象包括同义词、表和列、视图和列等。

REFERENCES 权限是对指定安全对象的引用操作，这些安全对象包括标量函数、聚合函数、队列、表和列、表值函数、视图和列等。

对指定安全对象进行插入数据的操作，需要拥有针对该对象的 INSERT 权限。这些安全对象包括同义词、表和列、视图和列等。

DELETE 权限表示对指定安全对象的删除数据的操作，这些安全对象包括同义词、表和列、视图和列等。

EXECUTE 权限表示对指定安全对象的执行操作，这些安全对象包括过程、标量函数、聚

合函数、同义词等。

4.8.2 常见对象的权限

上一节从权限的角度来看待对象，本节从对象的角度来看待权限。在使用 GRANT 语句、REVOKE 语句和 DENY 语句执行权限管理操作时，经常使用 ALL 关键字表示指定安全对象的常用权限。不同的安全对象往往具有不同的权限。安全对象的常用权限如表 4-3 所示。

表 4-3 安全对象的常用权限

安全对象	常用权限
数据库	BACKUP DATABASE、BACKUP LOG、CREATE DATABASE、CREATE DEFAULT、CREATE FUNCTION、CREATE PROCEDURE、CREATE RULE、CREATE TABLE、CREATE VIEW
表	SELECT、DELETE、INSERT、UPDATE、REFERENCES
表值函数	SELECT、DELETE、INSERT、UPDATE、REFERENCES
视图	SELECT、DELETE、INSERT、UPDATE、REFERENCES
存储过程	EXECUTE、SYNONYM
标量函数	EXECUTE、REFERENCES

4.8.3 授予权限

在 Microsoft SQL Server 2008 系统中，可以使用 GRANT 语句将安全对象的权限授予指定的安全主体。这些可以使用 GRANT 语句授权的安全对象包括应用程序角色、程序集、非对称密钥、证书、约定、数据库、端点、全文目录、函数、消息类型、对象、队列、角色、路由、架构、服务器、服务、存储过程、对称密钥、系统对象、表、类型、用户、视图、XML 架构集合等。

GRANT 语句的语法比较复杂，不同的安全对象有不同的权限，因此也有不同的授权方式。

【例 4-26】通过授权示例演示如何使用 GRANT 语句执行授权操作。

(1) 启动【查询编辑器】。

(2) 如图 4-29 所示的示例在 AdventureWorks 数据库中执行了 3 个授权操作。需要注意的是，确保当前数据库中有 Tomson、Peter_user 和 Cleon 用户存在。如果这些用户不存在，必须先创建。

(3) 第一个 GRANT 语句将数据库的 CONTROL 权限授予了 Tomson 用户，那么 Tomson 用户获得了对当前数据库的类似所有权的权限。

(4) 在第二个 GRANT 语句中，将 CREATE TABLE 权限授予了 Peter_user 用户，这时该用户拥有了可以在当前数据库中执行创建表的操作。

(5) 在第三个 GRANT 语句中，使用了 WITH GRANT OPTION 子句，表示不仅将 CREATE TABLE 权限授予 Cleon 用户，而且该用户可将 CREATE TABLE 权限转授给其他用户。

【例 4-27】练习针对数据库中表对象执行授权操作。

(1) 启动【查询编辑器】。

(2) 在如图 4-30 所示的示例中，第一个 GRANT 语句直接把 Sales.Customer 表的 SELECT 权限授予 Cleon 用户。这里可以使用架构名作为限定字符。如果省略了架构名，那么使用当前用户默认的架构名。

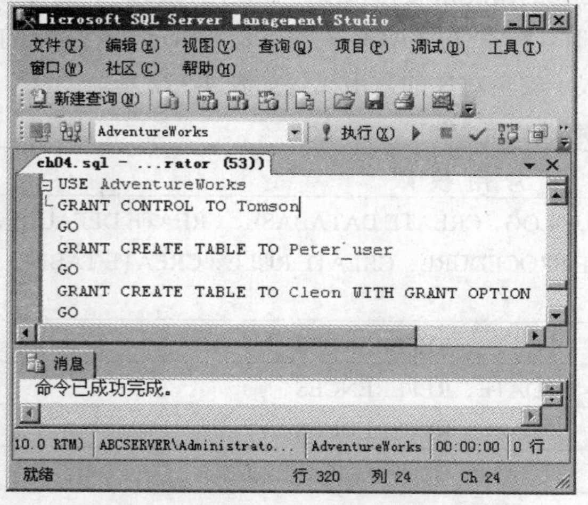

图 4-29 针对数据库授权的 GRANT 语句

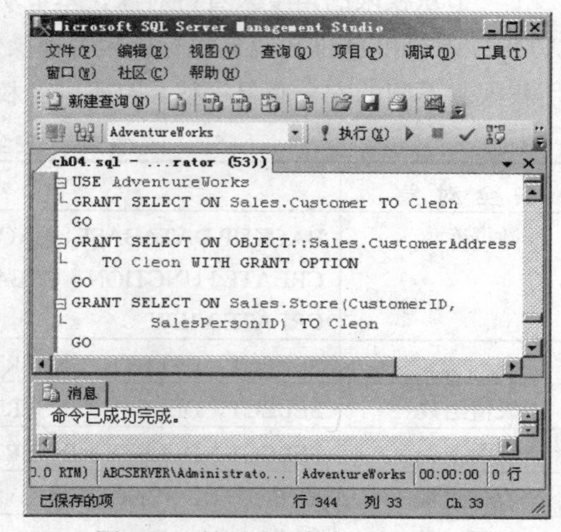

图 4-30 针对表授权的 GRANT 语句

(3) 第二个 GRANT 语句使用了 OBJECT::字符作为 Sales.CustomerAddress 表的限定字符，这里的 OBJECT::字符可以省略。WITH GRANT OPTION 子句表示 Cleon 用户可以将这里授予的权限转授给其他用户。

(4) 第三个 GRANT 语句，在表名称后面使用了两个列名称，CustomerID 和 SalesPersonID，表示 Cleon 用户只能检索 Sales.Store 表中指定的这两个列的信息。

在执行 GRANT 语句时，授权者必须具有带 GRANT OPTION 的相同权限，或具有隐含所授予权限的最高权限。对象所有者拥有对象的全部权限，因此可以将与该对象有关的权限授予其他安全主体。当某个安全主体拥有某个安全对象的 CONTROL 权限时，该主体可以将该安全对象的权限授予其他主体。

4.8.4 收回和否认权限

如果要从某个安全主体处收回权限，可以使用 REVOKE 语句。REVOKE 语句与 GRANT 语句相对应，可以把通过 GRANT 语句授予安全主体的权限收回。也就是说，使用 REVOKE 语句可以删除通过 GRANT 语句授予安全主体的权限。

【例 4-28】练习使用 REVOKE 语句收回 Cleon 用户的权限。

(1) 启动【查询编辑器】。

(2) 如图 4-31 所示的示例使用 REVOKE 语句成功地收回了 Cleon 用户对 Sales.Customer 表的 SELECT 权限。

安全主体可以通过两种方式获得权限，第一种方式是直接使用GRANT语句为其授予权限，第二种方式是通过作为角色成员继承角色的权限。使用 REVOKE 语句只能删除安全主体通过第一种方式得到的权限，要想彻底删除安全主体的特定权限必须使用 DENY 语句。DENY 语句的语法形式与 REVOKE 语句非常类似。

【例 4-29】练习使用 DENY 语句删除 Cleon 用户的权限。

(1) 启动【查询编辑器】。

(2) 在如图 4-32 所示的示例中，使用 DENY 语句不仅成功地从 Cleon 用户处删除了针对 Sales.Store 表中两个列 CustomerID 和 SalesPersonID 的 SELECT 权限，而且禁止该用户通过作为其他角色的成员获得针对这两列的 SELECT 权限。

当某个安全主体针对某个安全对象的指定权限处于否认状态时，可以使用 REVOKE 语句收回这种状态，使得该安全主体针对该安全对象的指定权限处于自然状态。

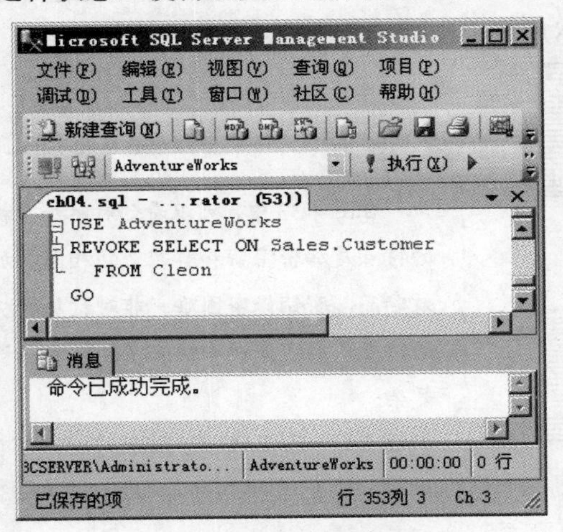

图 4-31　收回授予的权限

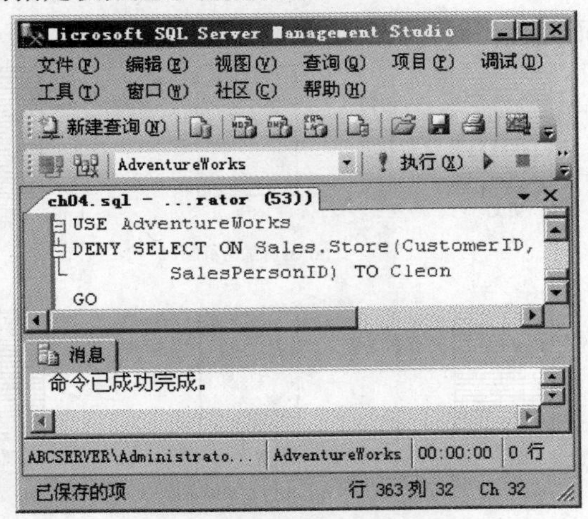

图 4-32　删除权限

4.9　内置的加密机制

Microsoft SQL Server 2008 系统不仅仅是提供一些加密函数，而是把数据安全技术引进到数据库中，形成了一个严谨的内置加密层次结构。

加密是一种保护数据的机制，它通过将原始数据打乱，达到只有经过授权的人员才能访问和读取数据、未授权人不能识别或读取数据的目的，从而增强了数据的保密性。当原始数据(称为明文)与称为密钥的值一起经过一个或多个数学公式运算之后，数据就完成了加密。这种加密过程使原始数据转换为不可读形式。获得的加密数据称为密文。为使此密文数据重新可读，数据接收方需要使用相反的数学过程以及正确的密钥将数据解密。

在加密技术领域，根据加密密钥和解密密钥是否相同，可以把加密方式分为对称加密机制和非对称加密机制，其数据传输如图 4-33 所示。加密密钥和解密密钥相同的加密方式为对称加密机制，加密密钥和解密密钥不相同的加密方式为非对称加密机制。在非对称加密机制中，密钥又可以分为公钥和私钥。公钥加密的数据只能由私钥解密，私钥加密的数据只能由公钥解密。实际上，证书是非对称加密的一种方式。证书是一个数字签名的安全对象，它将公钥绑定到持有相应私钥的用户、设备或服务上，认证机构负责颁发和签署证书。Microsoft SQL Server 2008 创建的证书符合 IETF X.509v3 证书标准。

Microsoft SQL Server 2008 支持证书、非对称密钥和对称密钥算法，目的是防止敏感数据被泄漏和被篡改。对称密钥支持 DES、TripleDES、RC4、RC2、AES 等加密算法，而非对称密钥使用 RSA 算法。证书其实就是非对称密钥中存放公钥的容器。密钥管理是安全中比较弱的部分。Microsoft SQL Server 2008 系统每一层都使用证书、非对称密钥和对称密钥的组合对它下面的一层进行加密，提高了密钥安全性。

需要注意的是，出于性能考虑，一般不用加密强度大的非对称密钥或证书直接加密数据，而是使用对称密钥加密数据获得较快的性能，然后使用证书或非对称密钥加密对称密钥。

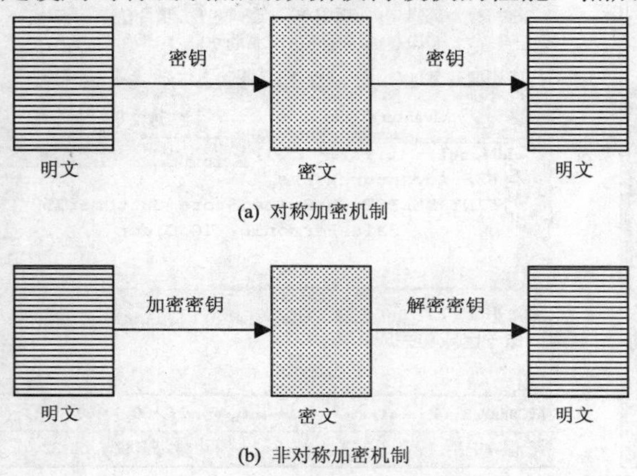

图 4-33　对称加密机制和非对称加密机制示意图

> **提示**
> 在图 4-33 中，可以看到对称加密机制的特点是加密密钥和解密密钥相同，加密效率高，密钥保密困难。非对称加密机制的特点是加密密钥和解密密钥不同，计算复杂。

4.10　使用 SQL Server Management Studio 工具

除了可以使用 Transact-SQL 语句执行有关安全的操作之外，使用 SQL Server Management Studio 图形工具也可以完成许多有关安全管理的操作。需要注意的是，考虑到性能和安全等原因，大多数情况下建议使用 Transact-SQL 语句执行相关的操作。

【例 4-30】通过创建登录名讲述如何使用图形工具执行安全操作。

(1) 登录 SQL Server Management Studio。

(2) 在【对象资源管理器】中单击指定 SQL Server 实例的服务器节点，打开【安全性】节点。右击【登录名】节点，从弹出的快捷菜单中选择【新建登录名(N)】命令。

(3) 单击【新建登录名(N)】命令，则出现如图 4-34 所示的【登录名-新建】对话框。可以在该对话框中完成登录名的创建操作。该对话框包括了 5 个选项卡，即【常规】、【服务器角色】、

【用户映射】、【安全对象】和【状态】。如图 4-34 所示的是【常规】选项卡。

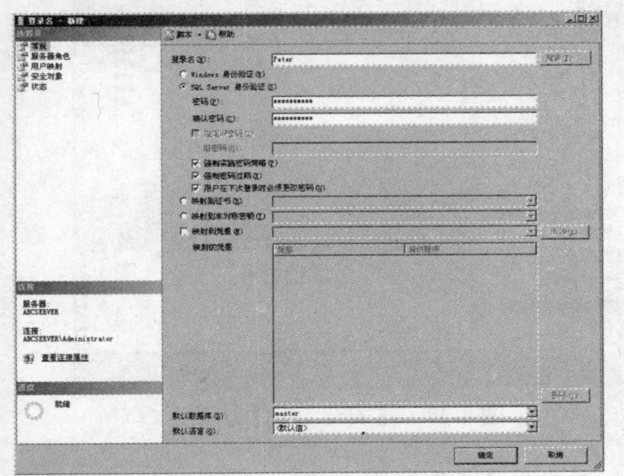

图 4-34 【常规】选项卡

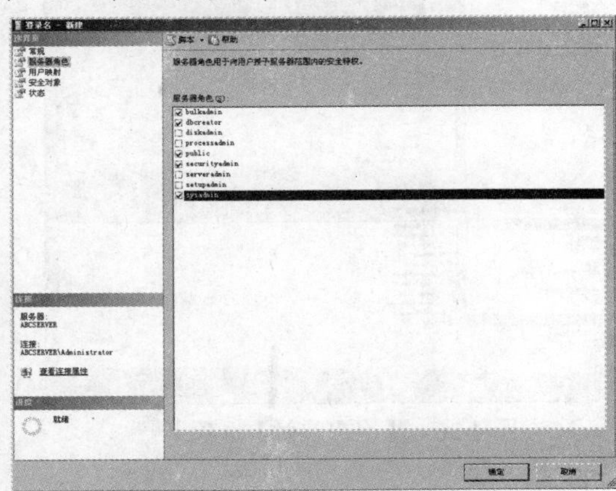

图 4-35 【服务器角色】选项卡

在【常规】选项卡中，可以指定登录名的类型、名称以及默认的数据库和默认语言。如果创建基于 Windows 的登录名，应该选中【Windows 身份验证】单选按钮，这时可使用【登录名】文本框后的【搜索】按钮搜索 Windows 登录名。如果选中【SQL Server 身份验证】单选按钮，则表示创建 SQL Server 登录名，这时需要为登录名指定密码和密码策略。登录名的默认数据库和默认语言可以在窗口下部的【默认数据库】和【默认语言】下拉列表中选择。如果在当前数据库中创建了数据库主密钥、证书、非对称密钥或凭据，也可以创建基于证书、非对称密钥或凭据的登录名。这里输入的用户是 Peter。

(4) 【服务器角色】选项卡如图 4-35 所示。在该选项卡中可以指定将要新建的登录名所属的固定服务器角色。【服务器角色】列表中列出了 SQL Server 系统的所有固定服务器角色，可以通过选择角色名称左边的复选框来选择角色。由于一个登录名可以是多个固定服务器角色的成员，因此可以在这里选择多个服务器角色。

(5) 【用户映射】选项卡如图 4-36 所示。在该选项卡中可以设置将要新建的登录名可以访问的数据库，在数据库中的用户名称，默认的架构以及所属的数据库角色等信息。

在【映射到此登录名的用户】区域中，可以选中该登录名可以访问的数据库。在默认情况下，该登录名在此数据库中的用户名称是相同的，但是用户名也是可以进行修改的。并且可以指定该用户的默认架构。通过单击【默认架构】右端的【...】按钮可以从当前数据库中的架构中选择指定的架构。如果没有指定默认架构，那么该用户使用 dbo 架构作为默认架构。

可以通过选中【已启用 Guest 账户 AdventureWorks】复选框，启用 AdventureWorks 数据库中的 Guest 用户。当然，如果该用户已经启用了，那么该复选框将变成灰色。

【数据库角色成员身份：AdventureWorks】区域中的内容随着选中不同的数据库而不同。在该区域中，列出了当前数据库中所有的数据库角色，包括固定数据库角色和用户定义的角色，可以为当前用户指定所属的数据库角色。

(6) 【安全对象】选项卡如图 4-37 所示。在该选项卡中可以显示和设置服务器、端点、登录名等安全对象的权限。

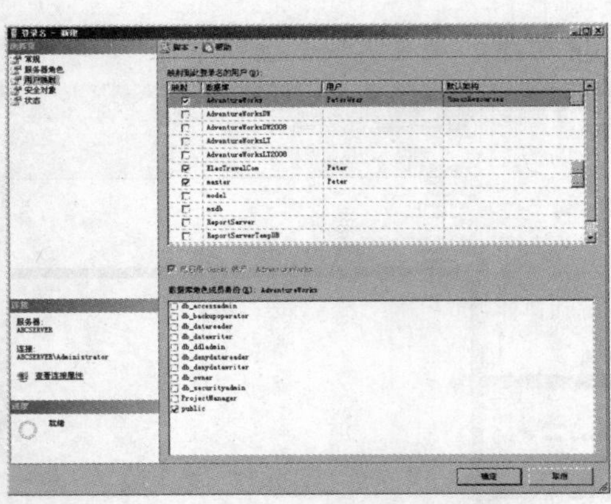

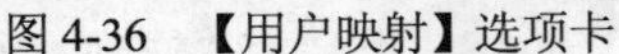

图 4-36 【用户映射】选项卡

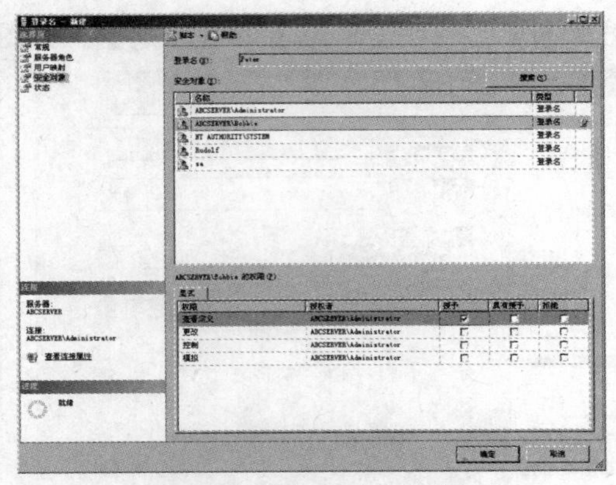

图 4-37 【安全对象】选项卡

可以单击【搜索】按钮将选中的安全对象列在【安全对象】列表框中，单击【删除】按钮则可以删除【安全对象】列表框中选中的安全对象。

通过在【安全对象】列表框中选中安全对象，可以在下面与该安全对象对应的【ABCSERVER\Bobbie 的显式权限】列表框中执行为当前的登录名授权的操作。

(7) 【状态】选项卡如图 4-38 所示。在该选项卡中可以设置和显示登录名的状态。

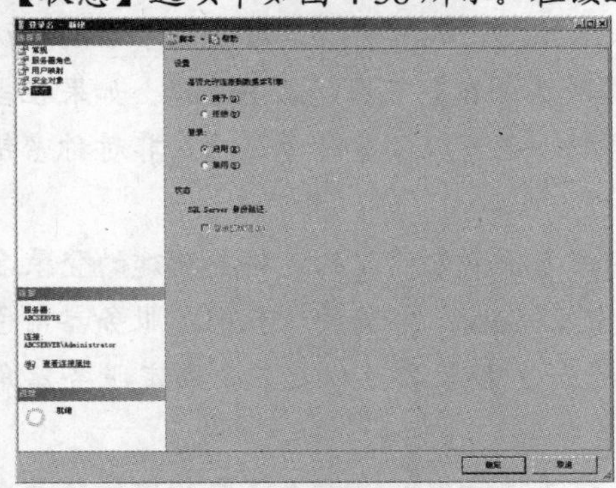

图 4-38 【状态】选项卡

提示

在【状态】选项卡中，这些选项都可以对应到 CREATE LOGIN 语句中的选项。语句中的大多数选项可以通过图形工具来设置。但是，一些特殊的选项只能通过语句来设置，不能通过图形工具设置。

如果选中【授予】单选按钮，则表示允许该登录名连接到当前的 SQL Server 数据库引擎实例。如果选中【拒绝】单选按钮，则表示系统将阻止该登录名的连接。实际上，这两个单选按钮对应 SQL Server 数据库引擎实例的 CONNECT 权限。

可以使用 ALTER LOGIN 语句修改指定的登录名的状态。在 ALTER LOGIN 语句中，如果使用 ENABLE 关键字时表示启用该登录名，使用 DISABLE 关键字则表示禁止使用该登录名登录。这种设置可以通过如图 4-38 所示中的【启用】或【禁用】单选按钮来完成。

当前的登录名是否已经被锁定，可以通过【登陆已锁定】复选按钮来查看状态。

(8) 在如图 4-38 所示的对话框中，单击【确定】按钮，即可完成 Peter 登录名的创建。

4.11 上机练习

本章上机练习的内容是使用 SQL Server Management Studio 图形工具为指定的用户授予指定的权限。

(1) 登录 SQL Server Management Studio。

(2) 在【对象资源管理器】中单击指定 SQL Server 实例的服务器节点，打开【数据库】|【AdventureWorks】|【安全性】|【用户】节点，右击 Peter_user 用户，从弹出的快捷菜单中选择【属性】命令，则打开如图 4-39 所示的【数据库用户】对话框的【常规】选项卡。

(3) 在【常规】选项卡中，在【此用户拥有的架构】列表框中可以指定 Peter_user 用户拥有的架构。通过选中列表框中某个架构的复选框，可以指定 Peter_user 用户拥有的架构。

(4) 在【常规】选项卡中，在【数据库角色成员身份】列表框中可以指定 Peter_user 用户作为哪一个角色的成员。通过选中列表框中某个角色的复选框，表示指定 Peter_user 用户为该角色的成员。

(5) 在如图 4-40 所示的【安全对象】选项卡中，【安全对象】列表框用于列出 Peter_user 用户将要关联的安全对象。因为初始进入该选项卡，所以该选项卡是空的。

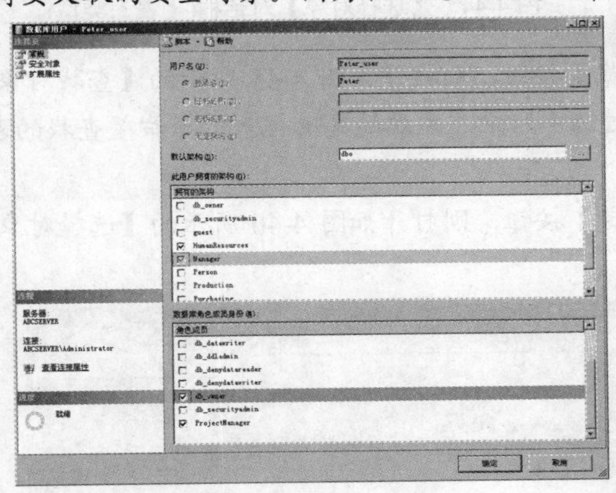

图 4-39 【常规】选项卡

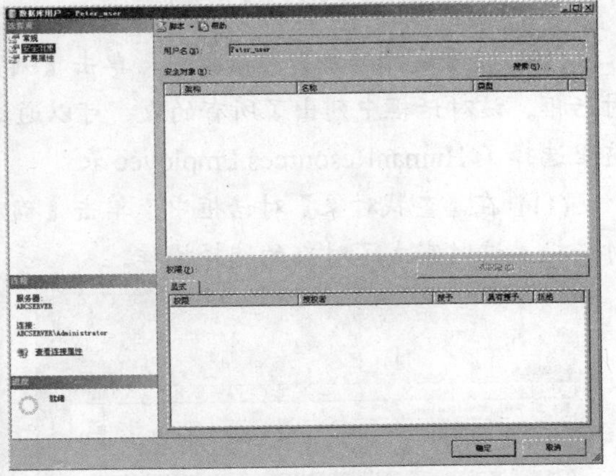

图 4-40 【安全对象】选项卡

(6) 在【安全对象】选项卡中，单击【安全对象】列表框上面的【搜索】按钮，则打开【添加对象】对话框，如图 4-41 所示。从该对话框中可以选择将要添加的对象类型。这里选中了【特定对象】单选框。

(7) 在【添加对象】对话框中，单击【确定】按钮，则打开如图 4-42 所示的【选择对象】对话框。在该对话框中可以选择将要关联 Peter_user 用户的对象类型和具体对象。

(8) 在【选择对象】对话框中，单击【对象类型】按钮，则打开如图 4-43 所示的【选择对象类型】对话框。这里列出了所有可供选择的对象类型，可以通过选中特定对象类型左端的复选框选择该对象类型。这里选择【表】类型。

(9) 在【选择对象类型】对话框中，单击【确定】按钮，则完成对象类型的选择。这时打开如图 4-44 所示的【选择对象】对话框。这里列出了已经选择的对象类型：【表】类型。

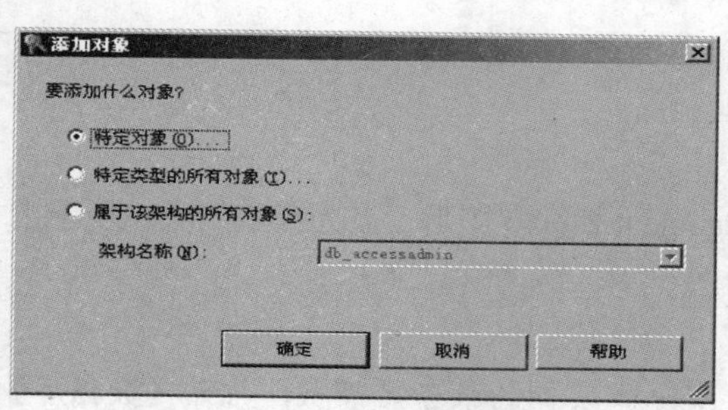

图 4-41 【添加对象】对话框

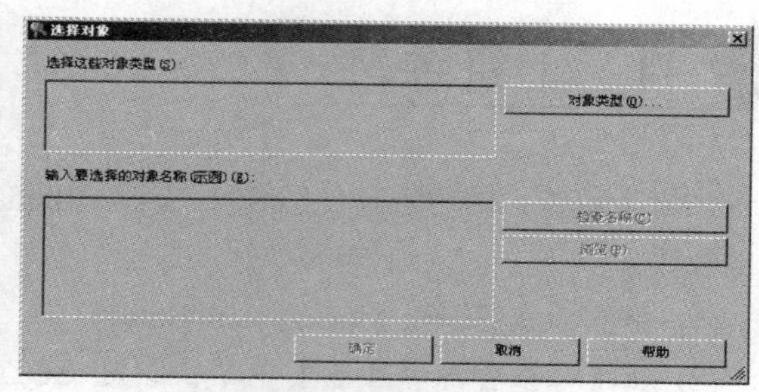

图 4-42 【选择对象】对话框

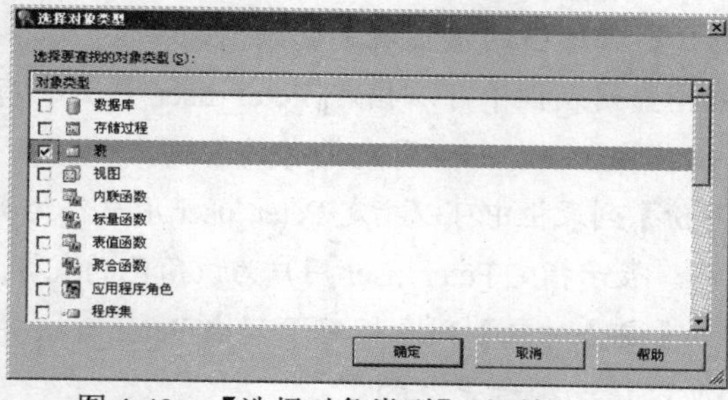

图 4-43 【选择对象类型】对话框

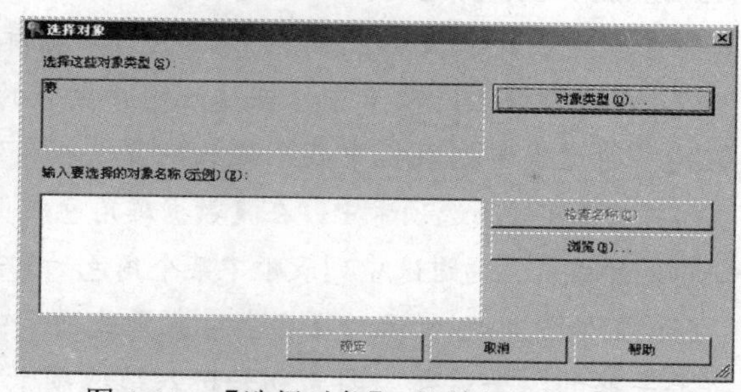

图 4-44 【选择对象】对话框(【表】类型)

(10) 在【选择对象】对话框中，单击【浏览】按钮，则打开如图 4-45 所示的【查找对象】对话框。该对话框中列出了所有的表。可以通过选中特定表左端的复选框来选择希望查找的表。这里选择了 HumanResources.Employee 表。

(11) 在【查找对象】对话框中，单击【确定】按钮，则打开如图 4-46 所示的【选择对象】对话框。这时完成了对象的选择操作。

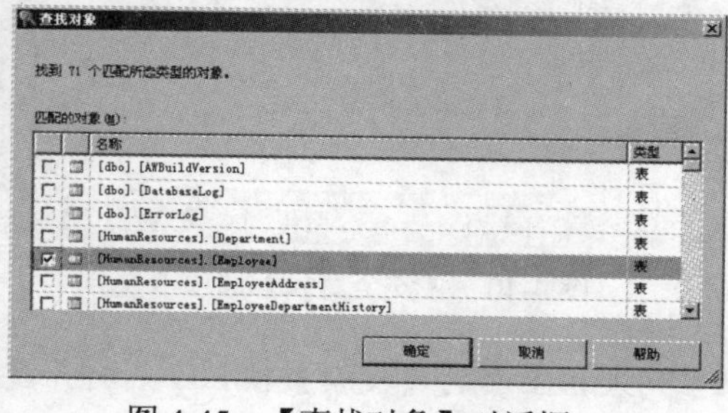

图 4-45 【查找对象】对话框

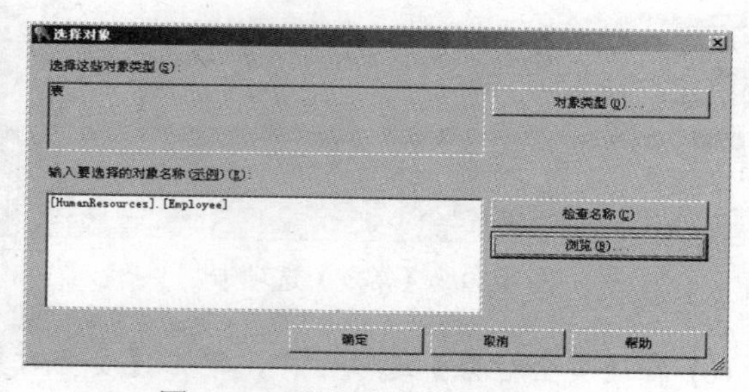

图 4-46 【选择对象】对话框(表)

(12) 在【选择对象】对话框中，单击【确定】按钮，则打开如图 4-47 所示的【数据库用户】属性对话框的【安全对象】选项卡。这时，【安全对象】列表框中已经有一个刚刚选择的 Employee 表。如果需要，可以继续单击【搜索】按钮选择其他安全对象。

(13) 在【安全对象】选项卡中，单击【有效】选项卡，则打开如图 4-48 所示的【有效权限】对话框。有效权限是指当前数据库用户拥有指定安全对象的所有权限。有效权限不仅包括安全对象的显式权限，而且包括从角色继承到的隐式权限。该对话框是一个只读对话框，只能阅读，不能执行修改等操作。单击【确定】按钮，则关闭该对话框。

(14) 在【安全对象】选项卡中，【显式】列表框中的内容随上面的列表中选中的安全对象不

同而不同。因为现在【安全对象】列表中只有一个 HumanResources.Employes 表，因此【显式】列表框中列出了 HumanResources.Employes 表的所有显式权限。

(15) 在【安全对象】选项卡中，【显式】列表框中有 3 个可供选中的列，这些列分别是【授予】、【具有授予权限】和【拒绝】。【授予】表示将当前的权限授予用户，相当于执行 GRANT 语句的结果。【具有授予权限】表示允许用户将授予的权限转授予其他用户，该选项相当于在 GRANT 语句中使用 WITH GRANT OPTION 子句。【拒绝】表示当前用户不能拥有指定的权限，相当于执行 DENY 语句的结果，禁止用户继承权限。选择显式权限后的结果如图 4-49 所示。

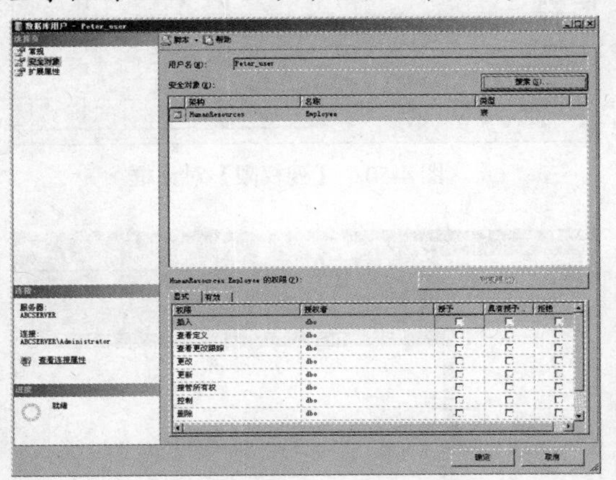

图 4-47 【安全对象】选项卡(安全对象)

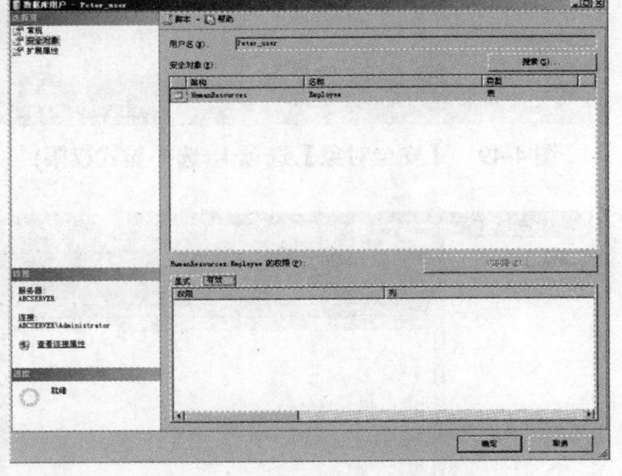

图 4-48 【安全对象】选项卡中【有效】选项卡

(16) 在【安全对象】选项卡中，如果在【显式】列表框选中了可以指定列权限的权限之后，则该列表框下面的【列权限】按钮可以使用，表示可以针对表中的列进行权限管理。例如，表示执行检索操作的 SELECT 权限和表示可以创建外键的 REFERENCES 权限都可以针对表中的列进行相应的权限授予、收回、拒绝等操作。

(17) 在【安全对象】选项卡中，单击【列权限】按钮，则打开如图 4-50 所示的【列权限】对话框。该对话框中列出了 HumanResources.Employes 表的所有列。可以在这里完成针对列数据的权限管理操作，操作结果如图 4-50 所示。

(18) 在【列权限】对话框中，单击【确定】按钮，则回到如图 4-49 所示的【安全对象】选项卡。

(19) 【扩展属性】选项卡如图 4-51 所示。可以在该选项卡中输入当前数据库的扩展性信息，这些信息可以存储在数据库中，也可以在应用程序中读取这些扩展属性，这样有助于加强系统处理的一致性。

(20) 每一个扩展属性都包括名称、值和等级等信息。单击【名称】下面的空白处，可以输入扩展属性的名称；单击【值】右下端的按钮，可以输入该扩展属性的值。在【扩展属性】选项卡中输入一个扩展属性信息，如图 4-52 所示。

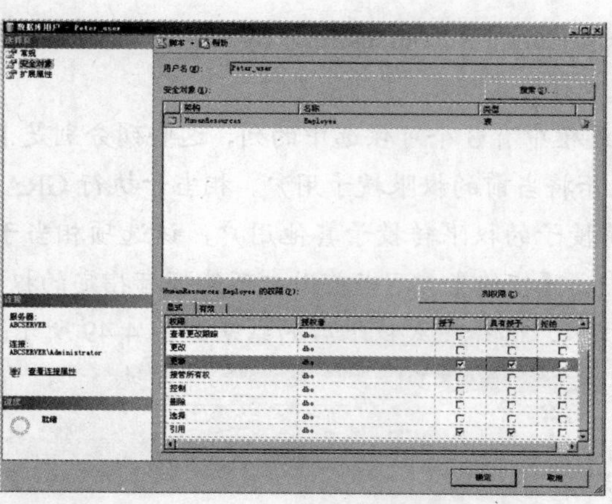

图 4-49　【安全对象】选项卡(选中显式权限)

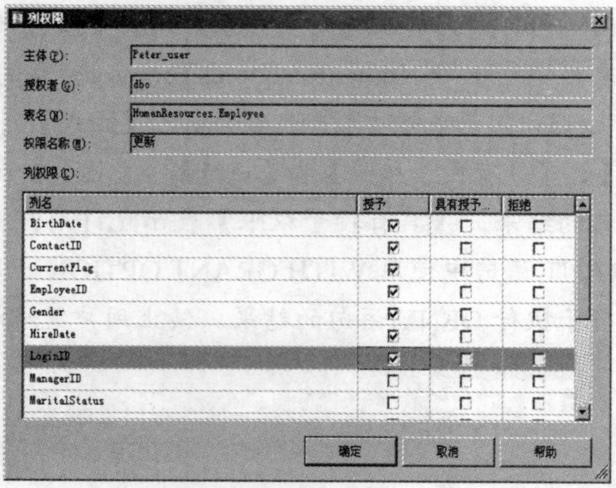

图 4-50　【列权限】对话框

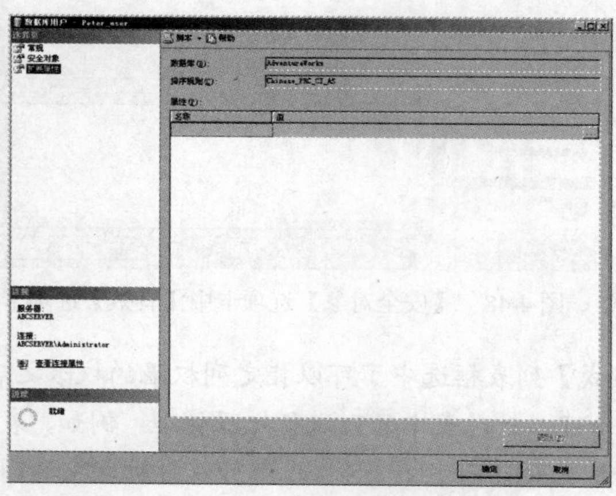

图 4-51　【扩展属性】选项卡(空白)

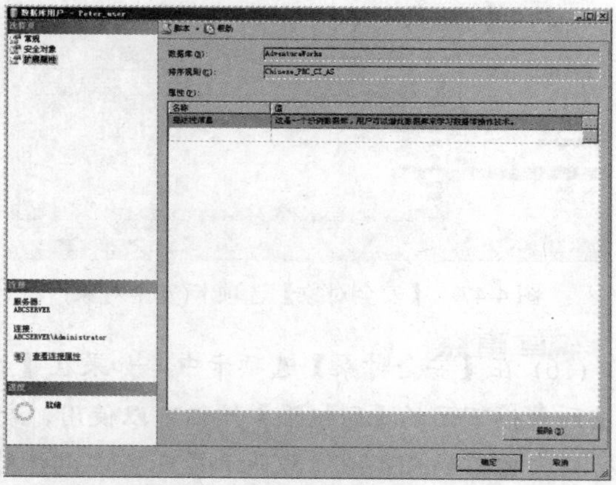

图 4-52　【扩展属性】选项卡

(21) 设置完成后，单击【确定】按钮，则完成授权操作。

4.12　习题

1. 练习分别使用 Transact-SQL 命令和 SQL Server Management Studio 图形工具，完成应用程序角色的管理操作，并且比较这两种操作方式的优缺点。

2. 练习创建基于 Windows 操作系统登录名的登录名，并且将其添加到 sysadmin 固定服务器角色中。

管理数据库文件

学习目标

数据库是数据库管理系统的基础和核心，是存放数据库对象的容器，也是使用数据库时首先接触的对象。数据库文件是数据库的存在形式。管理数据库文件就是设计数据库、定义数据库及其文件，以及维护数据库的过程。数据库的效率和性能在很大程度上取决于数据库的设计和优化。本章将对 Microsoft SQL Server 系统的数据库进行全面研究和分析。

本章重点

- 数据库结构
- 物理存储和估算
- CREATE DATABASE 语句
- 数据库选项
- 扩大数据库
- 收缩数据库
- 文件组
- 数据库快照

5.1 概述

为了有效地实现数据库和数据库文件的管理工作，必须至少解决 8 个方面的问题，这些问题是数据库文件的存储问题、数据库的大小问题、确定数据库运行时的行为特征、数据库的更改问题、数据库的扩大问题、数据库的收缩问题、如何兼顾数据库的事务处理效率和决策支持效率问题、数据库的性能优化问题等。

数据库是数据库对象和数据的容器，数据库最终通过操作系统文件体现出来。数据库应该包括哪些类型的操作系统文件呢？一个数据库只能有一个操作系统文件呢，还是最多只能有两个操作系统文件，或者说一个数据库可以有任意多个操作系统文件？这是管理数据库时必须首先理解和解决的问题。从某种意义上来说，管理数据库就是管理数据库文件。

既然说数据库是对象和数据的容器，那么这个容器的容量是多少？数据库应该是越大越好呢，还是越小越好？应该如何设置数据库的大小？数据库在使用过程中其大小是否会自动发生变化？这种数据库的容量大小问题也是管理数据库时必须首先解决的基本问题。

数据库在正常运行过程中执行哪些行为？一般情况下，数据库中的数据是可读写的，但是数据库中的数据能否定义成只读呢？通常情况下，数据库中有许多并发用户同时访问，那么在特殊情况下能否对用户访问进行限制呢？能否根据需要将数据库设置为不可访问的状态呢？数据库中的常见故障是什么？这些问题可以通过设置数据库的状态和选项来解决。

数据库创建之后，能否根据需要更改数据库的某些属性，例如，更改数据库名称、数据库文件的位置等。因为数据库是数据库管理系统的核心对象和数据库应用程序访问的基本对象，更改数据库名称之后可能会产生什么样的影响？这些都是数据库的更改问题。

如果当前的数据库容量不能满足用户需要，能否扩大数据库呢？如果能，则如何扩大数据库呢？手工扩大还是自动扩大较好？扩大数据库之后会产生什么样的影响？这些都是有关数据库扩大的问题。

就像数据库扩大一样，如果数据库的容量太大了，能否收缩数据库呢？有哪些收缩数据库的方法？收缩数据库时的限制和条件是什么？收缩数据库的时机是什么？这些都是收缩数据库的问题。

从性能方面来看，不同的使用场景，对数据库有不同的影响。在事务处理场景中，强调数据的添加、更新、删除等维护操作的效率；在决策支持场景中，看重的是检索数据的效率。维护操作效率提高时，往往造成检索操作的效率下降；提高检索操作效率时，可能会造成维护操作的效率下降。如何有效地解决这种维护操作效率和检索操作效率之间的矛盾呢？这是数据库管理中必须解决的问题。

如何提高数据库的并发操作效率？如何提高数据库的容错能力？如何提高数据库的可管理性？这些都是与数据库性能优化相关的问题。

除了上面提到的主要问题之外，数据库的管理过程中还会涉及数据库的分离、备份、恢复及删除等内容。本章将详细研究这些问题的解决方法。

5.2 数据库的基本特点

本节主要讲述数据库文件的类型、事务的概念、文件组的作用、估算数据库文件大小的方法等数据库的基本特点。

在 Microsoft SQL Server 2008 系统中，一个数据库至少有一个数据文件和一个事务日志文件。当然，该数据库也可以有多个数据文件和多个日志文件。数据文件用于存放数据库的数据和各种对象，而事务日志文件用于存放事务日志。

数据文件又可以分为主数据文件和次数据文件两种形式。主数据文件是数据库的起点，每一个数据库都有且仅有一个主数据文件。主数据文件名称的默认后缀是 mdf。次数据文件是可选的，它们可以存储不在主数据文件中的全部数据和对象。数据库既可能没有次数据文件，也可能有多个次数据文件。次数据文件名称的默认后缀是 ndf。

事务就是一个单元的工作，该单元的工作要么全部完成，要么全部不完成。Microsoft SQL Server 系统具有事务功能，可以保证数据库操作的一致性和完整性。Microsoft SQL Server 系统使用数据库的事务日志来实现事务的功能。事务日志记录了对数据库的所有修改操作。日志记录了每一个事务的开始，对数据的改变和取消修改的足够信息。随着对数据库的操作，日志是连续增加的。对于一些大型操作创建索引，日志只是记录该操作的事实，而不是记录所发生的数据。事务日志还记录了数据页的分配和释放，以及每一个事务的提交和滚回。这样就允许 SQL Server 系统要么恢复事务，要么取消事务。当事务没有完成时，则取消该事务。事务日志以操作系统文件的形式存在，在数据库中被称为日志文件。每一个数据库都至少有一个日志文件。日志文件名称的后缀默认是 ldf。

在操作系统上，数据库是作为数据文件和日志文件存在的，这些文件都明确地指明了文件的位置和名称。但是，在 Microsoft SQL Server 系统内部，例如在 Transact-SQL 语言中，如果使用物理文件执行操作，由于这些文件的名称比较长，使用起来非常不方便。为此，数据库又有了逻辑文件。每一个物理文件都对应一个逻辑文件。在使用 Transact-SQL 语句的过程中，使用逻辑文件是非常便捷的和方便的。

文件组就是文件的逻辑集合。为了方便数据的管理和分配，文件组可以把一些指定的文件组合在一起。例如，在某个数据库中，3 个文件(data1.ndf、data2.ndf 和 data3.ndf)分别创建在 3 个不同的磁盘驱动器中，然后为它们指定一个文件组 fgroup1。以后所创建的表可以明确指定放在文件组 fgroup1 上。对该表中数据的查询将分布在这 3 个磁盘上，因此，可以通过执行并行访问而提高查询性能。在创建表时，不能指定将表放在某个文件上，只能指定将表放在某个文件组上。因此，如果希望将某个表放在特定的文件上，那么必须通过创建文件组来实现。

使用文件和文件组时，应该考虑下列因素：

- 一个文件或者文件组只能用于一个数据库，不能用于多个数据库。
- 一个文件只能是某一个文件组的成员，不能是多个文件组的成员。
- 数据库的数据信息和日志信息不能放在同一个文件或文件组中，数据文件和日志文件总是分开的。
- 日志文件永远也不能是任何文件组的一部分。

在 Microsoft SQL Server 系统中，可管理的最小物理空间是以页为单位的，每一个页的大小是 8KB，即 8192 字节。在表中，每一行数据不能跨页存储。这样，表中每一行的字节数不能超过 8192 个字节。在每一个页上，由于系统占用了一部分空间用于记录与该页有关的系统信息，所以每一个页可用的空间是 8060 个字节。但是，包含了 VARCHAR、NVARCHAR、VARBINARY、SQL_VARIANT 等数据类型的列的表不受这种限制。

每 8 个连续页称为一个区，即区的大小是 64KB。这意味着每个 1MB 的数据库有 16 个区。

区用于控制表和索引的存储。Microsoft SQL Server 系统提供了两种类型的区，即统一区和混合区。由单个对象所有的区是统一区，区中的所有 8 页只能由所属对象使用。由两个或两个以上对象共享的区被称为混合区。

通过理解数据库的空间管理，可以估算数据库的设计尺寸。数据库的大小等于数据库中的表大小、索引大小以及其他占据物理空间的数据库对象大小之和。假设某个数据库中只有一个表，该表的数据行字节是 800B。这时，一个数据页上最多只能存放 10 行数据。如果该表大约有 100 万行的数据，那么该表将占用 10 万个数据页的空间。因此，该数据库的大小估计为 100000×8KB=800000KB=781.25MB。根据数据库大小的估计值，再考虑其他因素，即可得到数据库的设计值。

5.3 定义数据库

定义数据库就是从无到有地创建数据库和设置数据库选项。本节从 3 个方面讲述定义数据库，即创建数据库、设置数据库选项和查看数据库信息。

5.3.1 创建数据库

创建数据库就是确定数据库名称、文件名称、数据文件大小、数据库的字符集、是否自动增长以及如何自动增长等信息的过程。在一个 Microsoft SQL Server 实例中，最多可以创建 32767 个数据库。数据库的名称必须满足系统的标识符规则。在命名数据库时，一定要使数据库名称简短和具有一定的含义。

具有 CREATE DATABASE、CREATE ANY DATABASE 或 ALTER ANY DATABASE 权限的用户才可以执行创建数据库的操作。

在创建数据库时，系统自动将 model 数据库中的所有用户定义的对象都复制到新建的数据库中。用户可以在 model 系统数据库中创建希望自动添加到所有新建数据库中的对象，例如表、视图、数据类型及存储过程等。

在 Microsoft SQL Server 系统中，既可以使用 CREATE DATABASE 语句创建数据库，也可以使用 SQL Server Management Studio 工具创建数据库。下面主要介绍如何使用 CREATE DATABASE 语句创建数据库。

【例 5-1】使用 CREATE DATABASE 语句创建数据库的最简单方式。

(1) 启动【查询编辑器】。

(2) 使用如图 5-1 所示的 CREATE DATABASE ElecTravelCom 命令创建 ElecTravelCom 数据库。注意，这里使用 USE master 命令，表示在 master 数据库中执行该命令。

(3) 说明，该示例仅指明了数据库的名称为 ElecTravelCom，没有明确指定数据库的数据文件、日志文件的位置和大小。这时，数据库的数据文件和日志文件按照服务器属性中指定的默认

数据库文件位置来放置，数据文件的默认大小是 3MB，日志文件的默认大小是 1MB。该默认数据库的数据文件和日志文件都是自动增长。

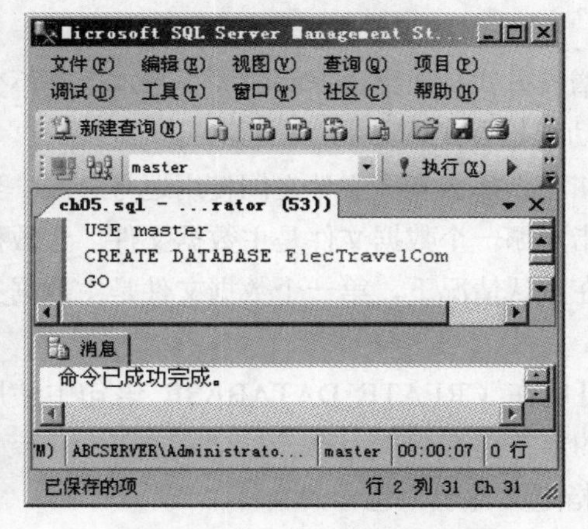

图 5-1 创建一个最简单的数据库

提示

在【例 5-1】示例中，如果 ElecTravelCom 数据库已经存在，则需要首先删除该数据库，然后才能执行创建操作。之所以说这种创建方式简单，是因为采取了默认方式创建数据库。

如果要在创建数据库时明确指定数据库的文件和这些文件的大小以及增长方式，可以使用 CREATE DATABASE 语句创建。

【例 5-2】使用 CREATE DATABASE 语句，以明确指定数据库的文件和这些文件的大小以及增长方式的形式创建数据库。

(1) 启动【查询编辑器】。

(2) 如图 5-2 所示的命令创建了 LCBCom 数据库，其数据文件的逻辑名称是 LCBCom_DATA，日志文件的逻辑名称是 LCBCom_LOG。LCBCom_DATA 数据文件的物理名称是通过 FILENAME 关键字指定的，SIZE 关键字指定该数据文件的大小为 6MB(由于没有明确地指定文件大小的单位，默认单位是 MB)，最大值是 20MB，可自动增长且增长速度是 10%。用户可使用 LOG ON 子句指定日志文件的信息。由于该数据库的数据文件大小是 6MB，日志文件大小是 2MB，因此整个数据库的初始大小是 8MB。

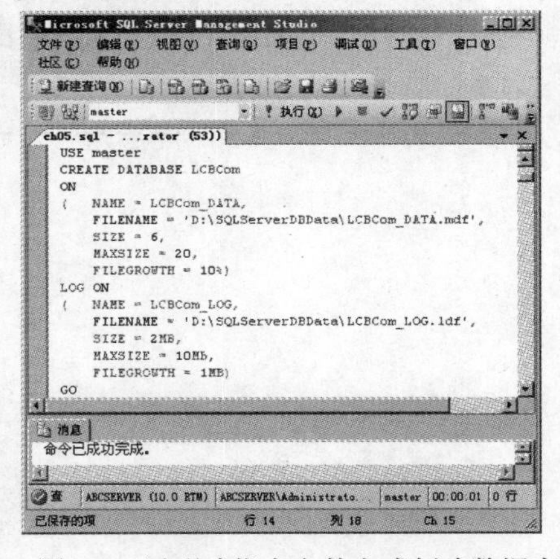

图 5-2 以明确指定文件方式创建数据库

提示

在【例 5-2】示例中，使用 FILENAME 关键字指定数据库的数据文件和日志文件的位置。这个位置必须事先已经存在。如果指定的位置不存在，则创建操作失败。

在定义数据库时，数据库中的数据文件和日志文件大小可用的单位包括 KB、MB、GB 和 TB，默认值是 MB。对于文件增量，除了前面提到的几个单位之外，还可以使用%表示增长的百分比，实际取值为最接近的 64KB 的整数倍。

如果数据库的大小是不断增长的，可以指定其增长方式。如果数据库的大小基本上是不变的，为了提高数据库的使用效率，一般不指定其自动增长方式。

如果数据库的数据文件或日志文件的数量超过 1 个，那么多个文件之间使用逗号分隔。当某个数据库有两个或两个以上的数据文件时，需要指定哪一个数据文件是主数据文件。主数据文件是数据库的起点，指向数据库中的其他文件。在默认情况下，第一个数据文件是主数据文件，也可以使用 PRIMARY 关键字指定主数据文件。

如果新建的数据库和服务器的字符集不同，可以在 CREATE DATABASE 语句中使用 COLLATE 关键字明确指定该新建数据库将要使用的字符集。

在创建数据库时也可以同时创建文件组，并且指定文件组中包含的文件。

【例 5-3】使用 CREATE DATABASE 语句，创建数据库，同时创建文件组。

(1) 启动【查询编辑器】。

(2) 如图 5-3 所示的示例创建了一个 LCBSalesDB 数据库。该数据库包含 3 个数据文件和一个日志文件。第一个数据文件在主文件组，其他两个数据文件放在名称为 SG 的文件组中。注意，可以在 CREATE DATABASE 语句中使用 FILEGROUP 关键字指定文件组名称及其包含的文件名称。

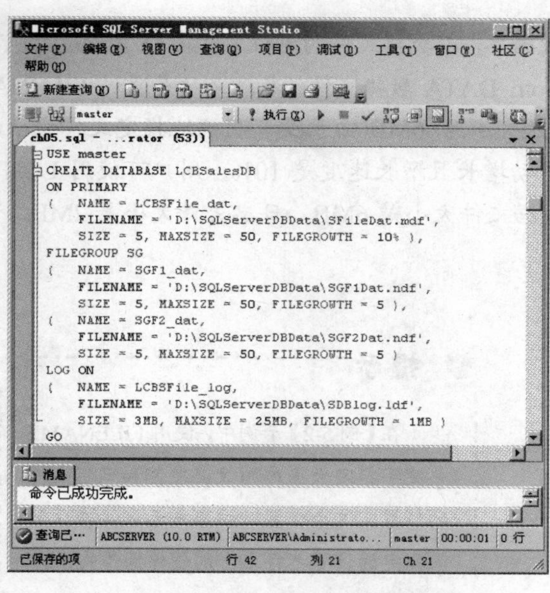

图 5-3　创建有多个文件和文件组的数据库

> **提示**
>
> 在【例 5-3】示例中，创建文件组是非常有意义的。例如，创建表时，不能直接指定该表将存储在哪一个文件上，但是可以指定该表将存储在哪一个文件组。通过文件组可以将表放在合适的位置。

5.3.2　数据库的状态和选项

为了理解数据库的运行特征，需要了解数据库的状态。数据库的状态是由数据库选项表示的。下面介绍数据库的状态和选项的特点。

数据库总是存在某个特定的状态中，例如，ONLINE 状态表示数据库处于正常的在线状态，可以对数据库执行正常的操作。数据库的状态及其特征如表 5-1 所示。

表 5-1　数据库的状态

状　态	描　述
ONLINE	在线状态或联机状态，可以执行对数据库的访问
OFFLINE	离线状态或脱机状态，数据库不能正常使用。用户可以人工设置，可以执行对处于这种状态的数据库文件的移动等操作
RESTORING	还原状态，正在还原主文件组的一个或多个文件，这时数据库不能使用
RECOVERING	恢复状态，正在恢复数据库。这是一个临时性状态，如果恢复成功，那么数据库自动处于在线状态；如果恢复失败，那么数据库处于不能正常使用的可疑状态
RECOVERY PENDING	恢复未完成状态。恢复过程中缺少资源造成的问题状态。这时数据库不可使用，必须执行其他操作来解决这种问题。
SUSPECT	可疑状态，主文件组可疑或可能被破坏。这时数据库不能使用，必须执行其他操作来解决这种问题
EMERGENCY	紧急状态，可以人工更改数据库设置为该状态。这时数据库处于单用户模式和只读状态，只能由 sysadmin 固定服务器角色成员访问。主要用于对数据库的故障排除

设置数据库选项是定义数据库状态或特征的方式，例如可以设置数据库的状态为 EMERGENCY。每一个数据库都有许多选项，可以使用 ALTER DATABASE 语句中的 SET 子句来设置这些数据库选项。需要注意的是，使用 Microsoft SQL Server Management Studio 工具只能设置其中大多数的选项。下面首先介绍 Microsoft SQL Server 2008 系统提供的数据库选项，然后讲述如何设置这些选项。

在 Microsoft SQL Server 2008 系统中，大约有 30 多个数据库选项。这些数据库选项及其功能如表 5-2 所示。

表 5-2　数据库选项

选项类型	选　项	描　述
数据库状态选项类型	ONLINE	在线状态或联机状态，表示数据库处于正常使用状态
	OFFLINE	离线状态或脱机状态，表示数据库被关闭，不能被正常使用
	EMERGENCY	紧急状态，这时数据库标记为 READ_ONLY，不能只执行日志记录，只能由 sysadmin 固定服务器角色成员访问。主要用于故障维护

(续表)

选项类型	选　项	描　述
控制用户对数据库访问选项	SINGLE_USER	单用户模式，一次只能有一个用户访问数据库
	RESTRICTED_USER	限制用户模式，只能由 sysadmin 固定服务器角色成员、db_owner 和 dbcreator 固定数据库角色成员访问数据库
	MULTI_USER	多用户模式，正常状态，有访问权限的用户都可以访问数据库
控制是否允许更新数据库选项	READ_ONLY	只读状态，用户只能从数据库中读取数据，不能修改数据库中的数据
	READ_WRITE	读写状态，正常状态，允许用户读写数据库
日期相关性优化选项	DATE_CORRELATION_OPTIMIZATION	当指定为 ON 时，SQL Server 将维护数据库中所有由 FOREIGN KEY 约束链接的包含 datetime 列的两个表中的相关统计信息。否则，不会维护这些信息
控制是否允许外部资源访问数据库	DB_CHAINING	ON 表示数据库可以作为跨数据库所有权链接的源和目标，OFF 表示不能
	TRUSTWORTHY	ON 表示使用模拟上下文的程序模块(例如，存储过程、用户定义的函数等)可以访问数据库以外的资源，OFF 表示不能
控制游标选项	CURSOR_CLOSE_ON_COMMIT	ON 表示在提交或回滚事务时关闭已经打开的所有游标，OFF 表示在提交事务时保持游标打开的状态，在回滚事务时关闭非 STATIC 和 INSENSITIVE 游标
	CURSOR_DEFAULT	用于控制游标的作用域，LOCAL 表示本地游标，GLOBAL 表示全局游标
控制自动选项	AUTO_CLOSE	ON 表示在最后一个用户退出后自动关闭数据库，释放资源。可以使用 USE 语句打开指定的数据库。OFF 表示在最后一个用户退出后，数据库仍保持打开状态
	AUTO_CREATE_STATISTICS	ON 表示可以自动创建优化查询需要的统计信息，OFF 表示必须手动创建统计信息
	AUTO_SHRINK	ON 表示允许数据库文件定义自动收缩，需要指出的是，数据库文件是否能自动收缩还受到其他因素的影响。OFF 表示不允许数据库文件自动收缩
	AUTO_UPDATE_STATISTICS	ON 表示在查询优化期间，系统自动更新查询优化需要的、已经过期的统计信息。OFF 表示必须手动修改统计信息
	ANSI_NULL_DEFAULT	用于指定在定义表时未显示定义为空性的列的默认值，ON 表示默认值为 NULL，OFF 表示默认值为 NOT NULL

(续表)

选项类型	选　项	描　述
在数据库级控制 ANSI 编译选项	ANSI_NULLS	ON 表示与空值运算的所有结果为 UNKNOWN，OFF 表示当两个值都为 NULL 时结果为 TRUE
	ANSI_PADDING	ON 表示不裁减 varchar 或 nvarchar 字符串的尾随空格或 varbinary 的尾随零，OFF 表示裁减 varchar 或 nvarchar 字符串的尾随空格或 varbinary 的尾随零
	ANSI_WARNINGS	指定在运算过程中除数为0时是设置为空值，还是发出错误信息，ON 表示发出错误信息，OFF 表示设置为空值
	ARITHABORT	ON 表示在查询执行过程中出现溢出或被零除等错误时，结束查询。OFF 表示如果在查询执行过程中出现溢出或被零除等其中一个错误则显示警告信息，但是，查询、批处理、事务继续处理，就像没有发生错误一样
	CONCAT_NULL_YIELDS_NULL	指定空值与字符串进行连接时的行为，ON 表示结果为 NULL，OFF 表示将空值作为空字符串处理
	NUMERIC_ROUNDABORT	ON 表示当表达式中发生精度损失时发生错误，OFF 则表示不会
	QUOTED_IDENTIFIER	ON 表示可以将分割标识符包含在双引号中，OFF 表示标识符不能包含在双引号中
	NUMERIC_ROUNDABORT	当指定为 ON 时，表达式中出现失去精度时将产生错误
	RECURSIVE_TRIGGERS	ON 表示允许递归激发 AFTER 触发器，OFF 表示仅不允许 AFTER 触发器的直接递归
控制数据库恢复选框和磁盘 I/O 错误检查	RECOVERY	FULL 表示完全记录事务日志，可以执行事务日志备份和恢复；BULK_LOGGED 表示按照最小方式记录大量数据操作；SIMPLE 表示不记录事务日志。其默认值由 model 数据库设置
	PAGE_VERIFY	目标是验证和发现磁盘 I/O 路径错误引起的损坏的数据库页面。CHECKSUM 表示在向磁盘中写入页面时，计算整个页面内容的校验和并将该值存储在页头中；TORN_PAGE_DETECTION 将页面写入磁盘时，将每个 512 字节扇区的特定位保存在数据库页头中；NONE 表示不计算校验码
控制 Service Broker 的选项	ENABLE_BROKER	启用 Service Broker
	DISABLE_BROKER	禁用 Service Broker
	NEW_BROKER	接收新的 Broker
	ERROR_BROKER_CONVERSATIONS	指定数据库的会话接收错误消息

(续表)

选项类型	选　　项	描　　述
控制参数化选项	PARAMETERIZATION	SIMPLE 表示基于数据库的默认行为使查询参数化，FORCED 表示所有查询参数化
快照隔离选项	ALLOW_SNAPSHOT_ISOLATION	当指定为 ON 时，事务可以指定 SNAP SHOT 事务隔离级别，否则无法指定
	READ_COMMITTED_SNAPSHOT	当指定为 ON 时，指定 READ COMMI TTED 隔离级别的事务将使用行版本控制而不是锁定。当事务在 READ COMMITTED 隔离级别运行时，所有的语句都将数据快照视为位于语句的开头。当指定为 OFF 时，指定 READ COMMITTED 隔离级别的事务将使用锁定

【例 5-4】使用 ALTER DATABASE 语句设置 AdventureWorks 数据库的选项。

(1) 启动【查询编辑器】。

(2) 在如图 5-4 所示的示例中，使用 ALTER DATABASE 语句设置 AdventureWorks 数据库的两个选项，即将 RECOVERY 恢复选项设置为 FULL 和 PAGE_VERIFY 页面验证选项设置为 CHECKSUM。

(3) 说明，需要注意的是，设置数据库选项的操作应该在 master 数据库中执行。RECOVERY 恢复选项设置为 FULL 时，表示该数据库的日志中存储了所有的日志操作，可以对该数据库执行日志备份和恢复。PAGE_VERIFY 页面验证选项设置为 CHECKSUM 时，表示在向磁盘中写入页面时，计算整个页面内容的校验和并将该值存储在页头中。目的是验证和发现磁盘 I/O 路径错误可能引起的损坏的数据库页面。

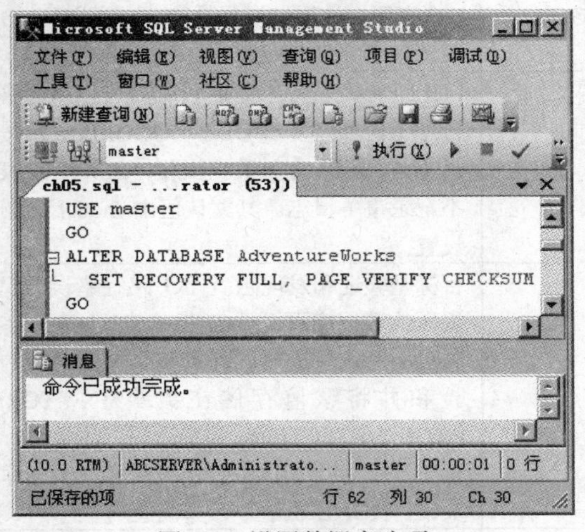

图 5-4　设置数据库选项

提示

在【例 5-4】示例中可以看到，设置数据库选项是通过 ALTER DATABASE 语句执行的。因此，设置数据库选项是对数据库属性的修改操作。另外，这些选项及其取值都应该符合系统的要求。

如果希望更改当前系统中数据库选项的默认值，那么可以通过更改 model 数据库中的相应数据库选项的值来实现。

需要说明的是，使用 sp_configure 存储过程可以设置服务器级别的选项，使用 ALTER

DATABASE 语句可以设置数据库级别的选项，而使用 SET 语句只能设置那些影响当前用户会话的选项。

5.3.3 查看数据库信息

在 Microsoft SQL Server 2008 系统中，可以使用一些目录视图、函数、存储过程查看有关数据库的基本信息。

sys.databases 数据库和文件目录视图可以查看有关数据库的基本信息，sys.database_files 可以查看有关数据库文件的信息，sys.filegroups 可以查看有关数据库文件组的信息，sys.master_files 可以查看数据库文件的基本信息和状态信息。

DATABASEPROPERTYEX 函数可以查看指定数据库的指定选项的信息，一次只能返回一个选项的设置。

【例 5-5】使用 DATABASEPROPERTYEX 函数查看 AdventrueWorks 的属性信息。

(1) 启动【查询编辑器】。

(2) 在如图 5-5 所示的示例中，使用 DATABASEPROPERTYEX 函数查看 AdventrueWorks 数据库的 Recovery 选项(数据库的恢复模式)的设置，其结果为 FULL。

使用 sp_spaceused 存储过程可以显示数据库使用和保留的空间。

【例 5-6】使用 sp_spaceused 存储过程查看 AdventrueWorks 的空间信息。

(1) 启动【查询编辑器】。

(2) 在如图 5-6 所示的示例中，使用 sp_spaceused 存储过程查看 AdventureWorks 数据库的空间大小、已经使用的空间等信息。可以看到，在该数据库中，数据占了 87504KB 空间，索引占了 77888KB 空间，还有 5112KB 空间没有被使用。

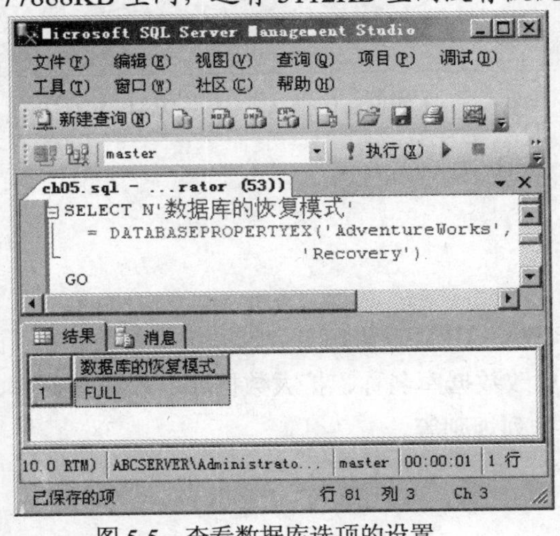

图 5-5 查看数据库选项的设置

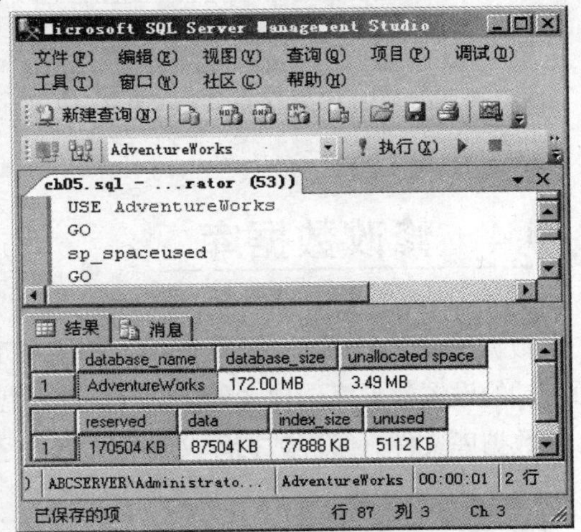

图 5-6 查看数据库空间使用状况信息

使用 sp_helpdb 存储过程可以查看所有数据库或指定数据库的基本信息。

【例 5-7】使用 sp_helpdb 存储过程查看 AdventrueWorks 数据库的详细信息。

(1) 启动【查询编辑器】。

(2) 使用如图 5-7 所示的 sp_helpdb AdventureWorks 命令查看 AdventureWorks 数据库的详细信息。这些详细信息包括数据库的名称、标识符、所有者、创建日期、数据库的大小、数据和日志文件位置等。

在 SQL Server Management Studio 工具中，通过查看特定数据库的属性，也可以查看有关数据库的基本信息。

【例 5-8】使用 SQL Server Management Studio 工具查看 AdventrueWorks 数据库的信息。

(1) 启动 SQL Server Management Studio 工具。

(2) 右击 AdventureWorks 数据库，从弹出的快捷菜单中选择【属性】命令，打开如图 5-8 所示的【数据库属性-AdventureWorks】对话框。在该对话框中，可以查看数据库的基本信息、文件信息、文件组信息、选项信息、权限信息，以及有关字符排序规则、镜像、事务日志等信息。

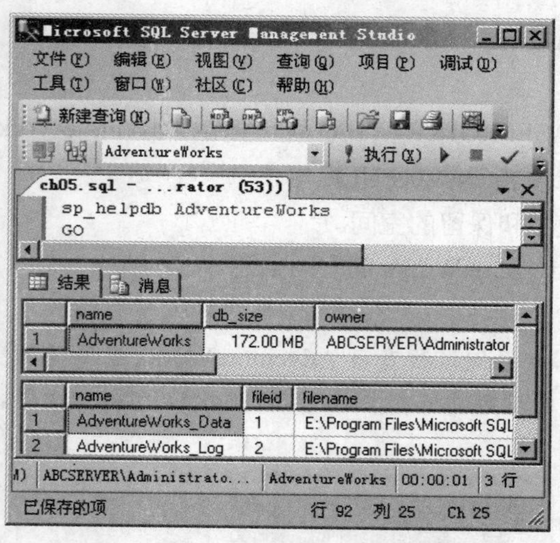

图 5-7 使用 sp_helpdb 存储过程查看数据库

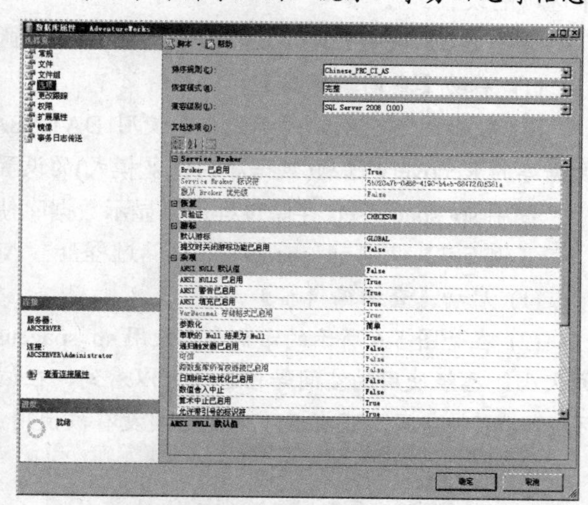

图 5-8 【数据库属性-AdventureWorks】对话框

5.4 修改数据库

数据库创建之后，根据需要可以使用 ALTER DATABASE 语句对数据库进行修改。除了前面讲过的设置数据库选项之外，修改操作还包括更改数据库名称、扩大数据库、收缩数据库、修改数据库文件、管理数据库文件组、修改字符排列规则等。

5.4.1 更改数据库名称

数据库创建之后，一般情况下最好不要更改数据库的名称，因为许多应用程序都可能使用

了该数据库的名称。数据库名称更改之后，需要修改相应的应用程序。但是，如果确实需要更改数据库名称，可以使用 ALTER DATABASE 语句来实现。

使用 ALTER DATABASE 语句更改数据库名称的语法形式如下：

```
ALTER DATABASE database_name MODIFY NAME = new_database_name
```

【例 5-9】将 LCBCom 数据库的名称更改为 LGCom。

(1) 启动【查询编辑器】。

(2) 在如图 5-9 所示的示例中，使用 ALTER DATABASE 语句将 LCBCom 数据库的名称更改为 LGCom。这种更改只是更改了数据库的逻辑名称，对于该数据库的数据文件和日志文件没有任何的影响。

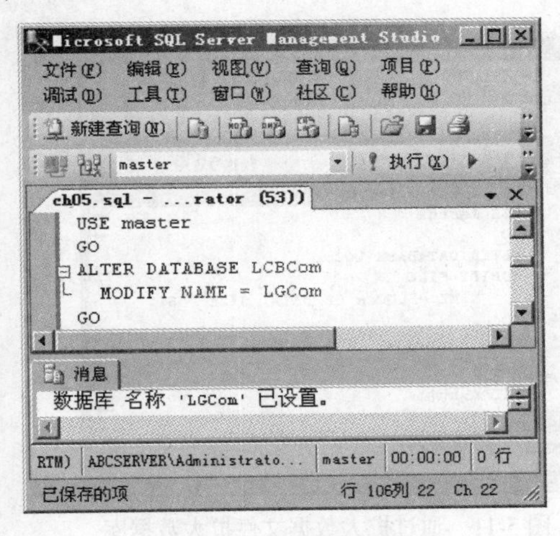

图 5-9　更改数据库名称

提示

在【例 5-9】示例中可以看到，数据库名称的操作是非常简单的，但是这种操作对应用系统的影响是非常大的，需要访问该数据库的所有应用系统都修改自己的访问设置，因此一般不要轻易更改数据库名称。

切记，在创建数据库之前，一定要慎重确定数据库名称，数据库名称应该具有描述性。数据库名称是许多相关数据库应用程序访问和使用该数据库的基础，数据库创建之后，除非不得已，不要轻易更改数据库名称。

5.4.2 扩大数据库

在 Microsoft SQL Server 系统中，如果数据库的数据量不断膨胀，可以根据需要扩大数据库的尺寸。有 3 种扩大数据库的方式：第一种方式是设置数据库为自动增长方式；可以在创建数据库时设置；第二种方式是直接修改数据库的数据文件或日志文件的大小，第三种方式是在数据库中增加新的次要数据文件或日志文件。

【例 5-10】通过增加文件扩大 LGCom 数据库。

(1) 启动【查询编辑器】。

(2) 当前 LGCom 数据库的大小是 8MB，如果希望扩大到 10MB，可以为该数据库增加一个大小为 3MB 的数据文件。

(3) 在如图 5-10 所示的示例中，在 ALTER DATABASE 语句中使用 ADD FILE 子句新增了一个次要数据文件，该数据文件的逻辑名称是 LGCom_02_DATA，其大小是 3MB，最大值是 10MB，并且按照 10%的速度自动增长。

数据库文件的自动增长功能由于消耗系统资源，因此会影响数据库的运行效率。如果希望直接手工修改数据文件来扩大数据库，那么可以在 ALTER DATABASE 语句中通过使用 MODIFY FILE 子句来实现。

【例 5-11】通过扩大文件来扩大 LGCom 数据库。

(1) 启动【查询编辑器】。

(2) 在如图 5-11 所示的示例中，使用 ALTER DATABASE 语句将 MHCom_02_DAT 文件大小由 3MB 直接修改为 8MB，则数据库也随之扩大了。

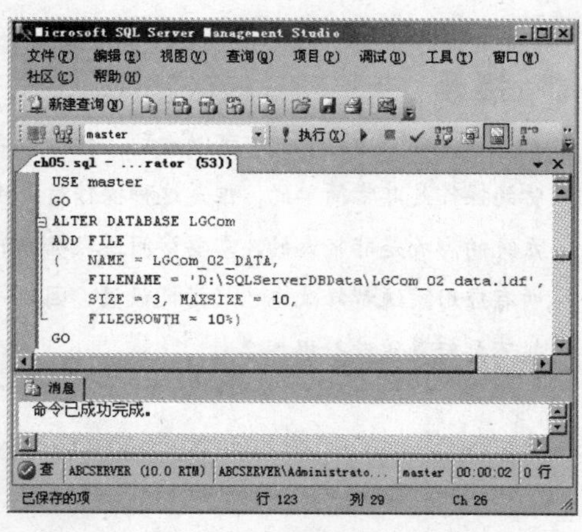

图 5-10　通过增加数据文件扩大数据库

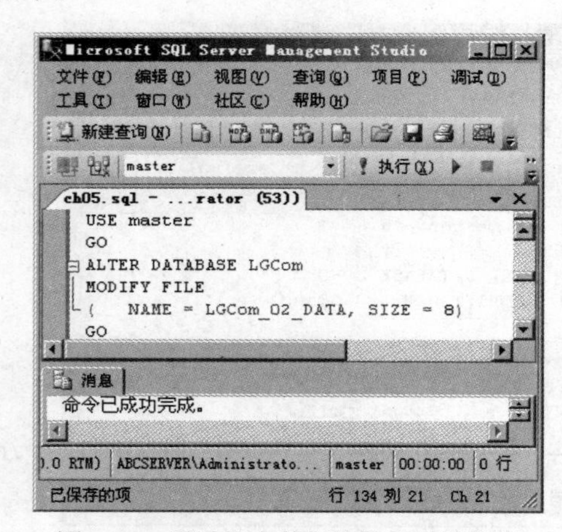

图 5-11　通过扩大数据文件扩大数据库

5.4.3　收缩数据库

如果数据库的设计尺寸过大了，或者删除了数据库中的大量数据，这时数据库会白白耗费大量的磁盘资源。根据用户的实际需要，可以收缩数据库的大小。

在 Microsoft SQL Server 系统中，有 3 种收缩数据库的方式：第一种方式是设置数据库为自动收缩，这可以通过设置 AUTO_SHRINK 数据库选项来实现；第二种方式是收缩整个数据库的大小，这可以通过使用 DBCC SHRINKDATABASE 命令来完成；第三种方式是收缩指定的数据文件，这可以使用 DBCC SHRIKNFILE 命令来实现。除了这些命令方式之外，也可以使用 SQL Server Management Studio 工具来收缩数据库。

能不能在 ALTER DATABASE 语句中直接修改数据文件的大小来达到收缩数据库的目的呢？答案是否定的。

【例 5-12】尝试能否使用 ALTER DATABASE 语句直接通过修改数据文件来收缩数据库。

(1) 启动【查询编辑器】。

(2) 在如图 5-12 所示的示例中，由于 LGCom_02_DATA 文件的大小是 8MB，现在希望将其直接更改为 6MB，结果这种修改操作失败。

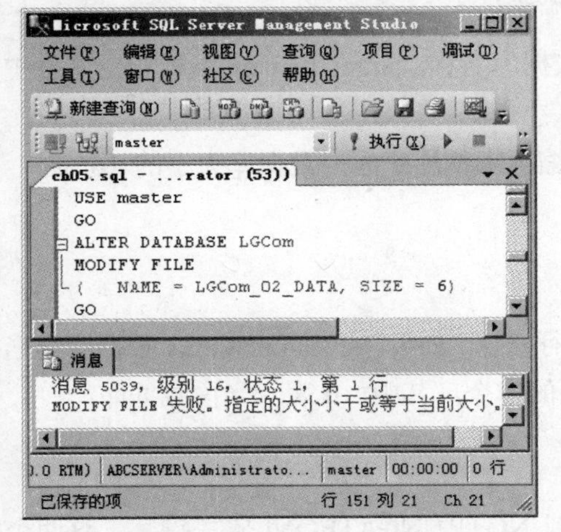

图 5-12　使用 ALTER DATABASE 语句收缩文件

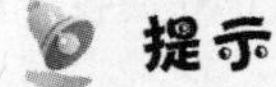
提示

在【例 5-12】示例中可以看到，不能使用 ALTER DATABASE 语句直接收缩数据库的文件，必须使用下面将要讲到的 DBCC SHRINKFILE 命令来收缩数据库的文件。

下面详细研究如何使用 AUTO_SHRINK 数据库选项、DBCC SHRINKDATABASE 命令、DBCC SHRIKNFILE 命令以及图形工具等方式收缩数据库。

1. 使用 AUTO_SHRINK 数据库选项设置自动收缩数据库

在 Microsoft SQL Server 系统中，数据库引擎会定期检查每一个数据库的空间使用情况。如果把某个数据库的 AUTO_SHRINK 选项设置为 ON，则数据库引擎将自动收缩数据库中文件的大小；如果把该选项设置为 OFF，将不自动收缩数据库的大小。该选项的默认值是 OFF。

在 ALTER DATABASE 语句中，设置 AUTO_SHRINK 选项的语法形式如下：

```
ALTER DATABASE database_name SET AUTO_SHRINK ON
```

在收缩数据库时，数据库的数据文件和日志文件都可以自动收缩。需要注意的是，只有在数据库设置为 SIMPLE 恢复模式或事务日志已经备份时，该选项才可以减小事务日志文件大小。

数据库引擎检查数据库的空间使用情况时，判断是否自动收缩数据库的依据是：当文件中超过 25%的部分都是未使用的空间时开始执行收缩文件的操作。当文件收缩的程度未使用空间占该文件 25%的大小时或者收缩至文件初始创建时的大小时，以两者中较大者为准。

数据库的大小不能收缩至低于其创建时的大小。例如，如果 LGCom 数据库创建时的初始大小为 5MB，后来扩大到 25MB，在收缩 LGCom 数据库时，该数据库可能会收缩至 20MB、15MB、10MB、8MB、5MB，但是不可能收缩至 3MB(因为低于初始大小)。另外，不能收缩处于只读状态的数据库。

2. 使用 DBCC SHRINKDATABASE 命令收缩数据库

DBCC SHRINKDATABASE 命令是一种比自动收缩数据库更加灵活收缩数据库的方式，可以对整个数据库进行收缩。

DBCC SHRINKDATABASE 命令的基本语法形式如下：

```
DBCC SHRINKDATABASE ('database_name', target_percent)
```

其中，database_name 参数指定了将要收缩的数据库名称，target_percent 参数指定文件中可用空间的比例。

例如，如果希望将 AdventureWorks 数据库压缩至未使用空间占数据库大小的 10%时，那么可以使用下面的脚本命令：

```
DBCC SHRINKDATABASE ('AdventureWorks', 10%)
```

在收缩数据库时，用户可以在数据库中继续执行操作。如果 AdventureWorks 数据库是当前数据库并且希望对其进行压缩，那么可以使用下面的命令，其中，0 表示当前数据库：

```
DBCC SHRINKDATABASE (0, 10%)
```

在收缩数据库时，可以使用 NOTRUNCATE 或 NOTRUNCATEONLY 关键字。这两个关键字不能同时使用，并且只对数据文件起作用。

NOTRUNCATE 关键字表示将文件中的数据移动到前面的数据页，但是并不将未使用的空间释放给操作系统，文件的物理大小并不变化，好像没有收缩一样。

NOTRUNCATEONLY 关键字将文件末尾的未分配空间全部释放给操作系统，但是文件内部并不移动数据。当使用该关键字时，target_percent 参数指定的数据将失去意义，被系统忽视。下面的脚本命令使用了 NOTRUNCATEONLY 关键字，表示仅将 AdventureWorks 数据库的数据文件末尾处未使用的空间删除，其中的参数 20%没有实际意义：

```
DBCC SHRINKDATABASE ('AdventureWorks', 20%, TRUNCATEONLY)
```

就像自动收缩数据库一样，使用 DBCC SHRINKDATABASE 命令不能将数据库的大小收缩至低于其初始创建时的大小。

3. 使用 DBCC SHRINKFILE 命令收缩数据库文件

DBCC SHRINKFILE 命令可以收缩指定的数据库文件，并且可以将文件收缩至小于其初始创建的大小，重新设置当前的大小为其初始创建的大小。这是该命令与自动收缩、DBCC SHRINKDATABASE 命令不同的地方。因此，在执行收缩数据库操作时，DBCC SHRINKFILE 命令的功能最强大。

DBCC SHRINKFILE 命令的基本语法形式如下：

```
DBCC SHRINKFILE ('file_name', target_size)
```

其中，file_name 参数指定将要收缩的文件逻辑名称，target_size 参数使用 MB 单位指定该文件将要收缩到的大小。

需要注意的是，收缩数据库文件只能是收缩未使用的空间，不能收缩数据正在使用的空间。例如，假设 LGCom 数据库的某个文件的大小是 15MB，包含了 8MB 数据。如果在收缩该文件

时，指定的目标大小是 10MB，那么系统将该文件末尾的数据移动到前 10MB 的空间，然后将末尾处的 5MB 空间释放。但是，如果该文件包含了 12MB 数据，那么即使在收缩时指定的目标大小是 10MB，系统也只能将该文件收缩至 12MB。

是否能删除数据库中某个指定的包含有数据的数据文件呢？答案是肯定的。例如，如果 LGCom 数据库包含了 3 个数据文件，即 LGF1、LGF2、LGF3。现在希望删除 LGF3 数据文件，可以使用下面的脚本命令：

```
DBCC SHRINKFILE ('LGF3', EMPTYFILE)
```

其中，EMPTYFILE 关键字表示首先将当前数据库文件上的数据移动到其他文件上，然后删除该文件。

4. 使用 SQL Server Management Studio 工具收缩数据库

使用 SQL Server Management Studio 工具既可以收缩整个数据库的大小，也可以收缩指定的数据文件的大小。

【例 5-13】使用 SQL Server Management Studio 工具收缩数据库文件。

(1) 启动 SQL Server Management Studio 工具。

(2) 从指定的 SQL Server 实例中，右击 LGCom 数据库，从弹出的快捷菜单中选择【任务】|【收缩】|【文件】命令，则打开如图 5-13 所示的【收缩文件 —LGCom_DATA】对话框。可以通过该对话框完成收缩 LGCom 数据库指定文件、收缩方式的操作。

(3) 在【收缩文件 —LGCom_DATA】对话框中，单击【确定】按钮，则开始执行收缩数据库文件的操作。

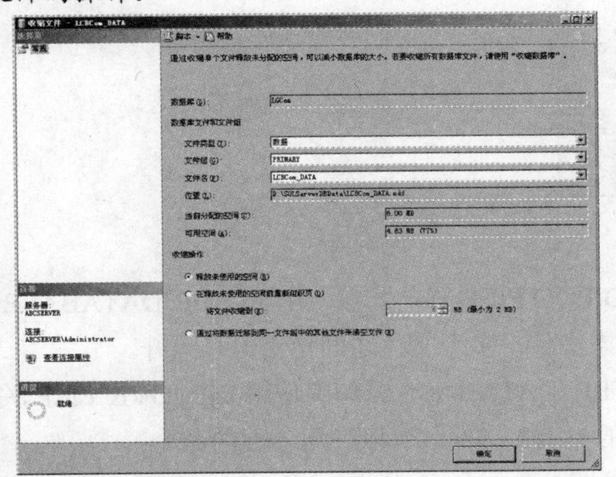

提示

在【收缩文件 —LGCom_DATA】对话框中，可以通过选择其中的复选项来指定收缩数据库的收缩方式。这些复选项与 DBCC SHRINKDATABASE 和 DBCC SHRINKFILE 语句中的选项对应。

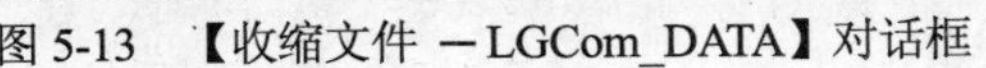

图 5-13 【收缩文件 —LGCom_DATA】对话框

5.4.4 修改数据库文件

用户可以根据需要使用 ALTER DATABASE 语句修改数据库中指定的文件。这些修改操作包括增加数据文件，在指定的文件组中增加指定文件，增加日志文件，删除指定的文件，修改指定的文件等。增加数据文件和修改指定的文件等操作已经讲过了，下面结合一些示例讲述有关数据库文件的其他操作。

如果希望在指定的文件组中增加文件，那么可以在 ALTER DATABASE 语句中使用 TO FILEGROUP 子句。

【例 5-14】在指定的文件组中增加文件。

(1) 启动【查询编辑器】。

(2) 如果 LGCom 数据库已包含了两个数据文件即 LGF1 和 LGF2，现在希望新增加一个 LGF3 文件，并且将其放在 FG1 文件组(该文件组必须已经存在)中，那么可以使用如图 5-14 所示的命令。

(3) 在该示例中，首先为 LGCom 数据库创建了一个 FG1 文件组，然后在该文件组中新增加了一个名称为 LGF3 的数据文件。

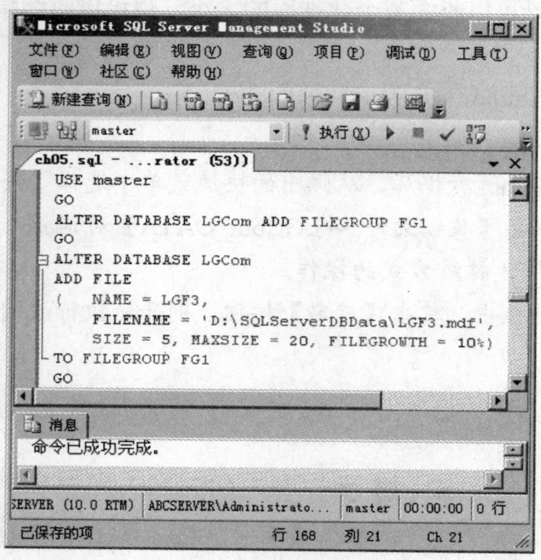

图 5-14 在指定的文件组中增加文件

提示

在【例 5-14】示例中可以看到，如何在文件组中增加文件。因为数据库对象可以指定存储的文件组，所以在文件组中增加文件可以扩大文件组的空间。

如果需要增加日志文件，可以使用 ADD LOG FILE 子句。在一个 ALTER DATABASE 语句中，一次操作可以增加多个数据文件或日志文件，多个文件之间使用逗号隔开。

如果需要删除指定的文件，可以在 ALTER DATABASE 语句中使用 REMOVE FILE 关键字。例如，如果需要删除 LGCom 数据库中的 LGF2 文件，可以使用下面的命令：

```
ALTER DATABASE LGCom REMOVE FILE LGF2
```

5.4.5 管理文件组

文件组是数据库数据文件的逻辑组合，它可以对数据文件进行管理和分配，以便提高数据

库文件的并发使用效率。Transact-SQL 语言没有提供独立的管理文件组的命令，只能通过 ALTER DATABASE 语句提供管理文件组的命令。这些管理文件组的命令包括新建文件组，设置默认的文件组，设置文件组的属性，修改文件组，删除文件组等。下面详细介绍管理文件组的操作。

新建文件组就是在当前数据库中新建一个数据文件的逻辑组合。在默认情况下，每一个数据库都有一个默认的 PRIMARY 文件组。这个 PRIMARY 文件组不能被删除。用户可以定义自己的文件组。使用 ALTER DATABASE 语句新建文件组的命令如下：

```
ALTER DATABASE database_name ADD FILEGROUP filegroup_name
```

默认文件组是指在新增数据库数据文件时，如果没有明确指定，那么该文件将放置在默认文件组中。用户可以使用 ALTER DATABASE 语句设置默认文件组，其命令如下：

```
ALTER DATABASE database_name
MODIFY FILEGROUP filegroup_name DEFAULT
```

设置默认文件组时，只能将现有的文件组设置为默认文件组，不能在新建文件组的同时设置该文件组为默认文件组。

【例 5-15】在新建文件组的同时设置该文件组为默认文件组。

(1) 启动【查询编辑器】。

(2) 在如图 5-15 所示的示例中，使用 ALTER DATABASE 语句将 FG1 文件组设置为默认文件组。

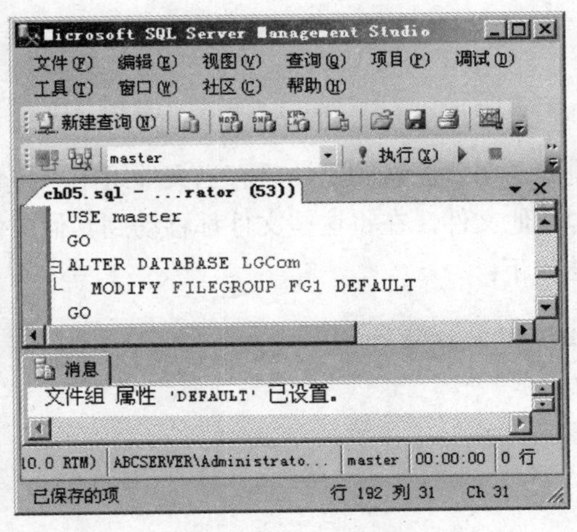

图 5-15　新建文件组时设置为默认文件组

提示

在【例 5-15】示例中可以看到，在将文件组设置为默认文件组时，需要通过修改文件组的属性来实现。在实际应用中，一定要根据需要来进行这种设置。

虽然用户可以指定默认文件组，但是系统表等信息总是放在 PRIMARY 文件组中。

如果文件组的名称不合适，可以修改文件组名称。注意，修改文件组名称并不影响该文件组的属性和数据文件的组合状况。使用 ALTER DATABASE 语句修改文件组名称的语法形式如下：

```
ALTER DATABASE database_name
MODIFY FILEGROUP filegroup_name NAME new_filegroup_name
```

有关文件组中的属性，也可以通过 ALTER DATABASE 语句来完成。如果将文件组的读写属性设置为 READONLY 或 READ_ONLY，那么该文件组中的所有数据文件都是只读的。如果将其属性设置为 READWRITE 或 READ_WRITE，那么可以对该文件组中的数据文件执行读写操作。

【例 5-16】设置该文件组为只读状态。

(1) 启动【查询编辑器】。

(2) 使用如图 5-16 所示的 ALTER DATABASE 命令将 LGCom 数据库中的 FG1 文件组设置为只读状态，这里使用了 FOR READ_ONLY 选项。

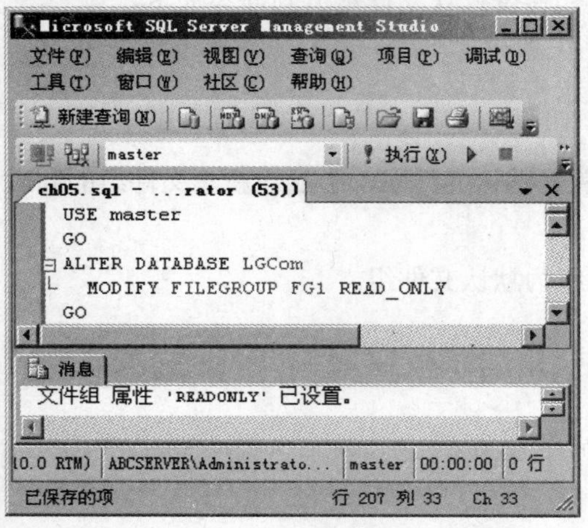

图 5-16　将文件组设置为只读状态

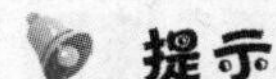

提示

在【例 5-16】示例中可以看到，可以设置文件组为只读状态。如果文件组为只读状态，那么位于该文件组上面的表等数据库对象都处于只读状态。

如果文件组不再需要了，还可以将该文件组删除。需要注意的是，只有当文件组中不再包含数据文件时，才可以将该文件组删除。如果包含其他文件，在将这些文件都移动到其他文件组中以前，不能删除该文件组。删除文件组的语法如下：

```
ALTER DATABASE database_name REMOVE FILEGROUP filegroup_name
```

5.5　管理数据库快照

像片是被照对象在照像时刻的静态图像展示。数据库快照与此类似。数据库快照提供了源数据库在创建快照时刻的只读、静态视图。数据库快照可以有效地支持报表数据汇总、数据分析等只读操作。数据库快照也是 Microsoft SQL Server 2008 系统的一个特征。

如果源数据库中包含了未提交事务，那么这些事务不包含在数据库快照中。需要说明的是，数据库快照必须与源数据库在同一个服务器实例上。

另外，数据库快照是在数据页级上进行的。当创建了某个源数据库的数据库快照时，数据

库快照使用一种稀疏文件维护源数据页。如果源数据库中的数据页上的数据没有更改，那么对数据库快照的读操作实际上就是读源数据库中的这些未更改的数据页上的数据。如果源数据库中的某些数据页上的数据被更改了，那么更改前的源数据页就被复制到了数据库快照的稀疏文件中了，对这些数据的读操作实际上就是读取稀疏文件中的复制过来的数据页。如果源数据库中的数据更改频繁，那么将会导致数据库快照中的稀疏文件大小增长过快。为了避免数据库快照中的稀疏文件过大，可以通过创建新的数据库快照来解决这种问题。

数据库快照虽然是源数据库的影像，但是与源数据库相比，快照存在下面一些限制：

- 必须与源数据库在相同的服务器实例上创建数据库快照。
- 数据库快照捕捉开始创建快照的时刻点，不包括所有未提交的事务。
- 数据库快照是只读的，不能在数据库快照中执行修改操作。
- 不能修改数据库快照的文件。
- 不能创建基于 model、master 及 tempdb 等系统数据库的快照。
- 不能对数据库快照执行备份或还原操作。
- 不能附加或分离数据库快照。
- 数据库快照不支持全文索引，因此源数据库中的全文目录不能传输过来。
- 数据库快照继承快照创建时源数据库的安全约束。但是由于快照是只读的，因此源数据库中对权限的修改不能反映到快照中。
- 数据库快照始终反映创建该快照时的文件组状态。

在 Microsoft SQL Server 2008 系统中，可以使用 CREATE DATABASE 语句创建数据库快照。创建数据库快照的基本语法形式如下：

```
CREATE DATABASE database_shapshot_name
ON
( NAME = source_database_logical_file_name,
FILENAME = 'os_file_name')
AS SNAPSHOT OF source_database_name
```

其中，database_shapshot_name 参数是数据库快照名称，该名称应该符合数据库名称的标识符规范，并且在数据库中是唯一的。数据库快照对应的逻辑文件名称是源数据库的数据文件的逻辑名称，由 NAME 关键字指定。数据库快照的稀疏文件的物理名称由 FILENAME 关键字来指定。AS SNAPSHOT OF 子句用于指定该数据库快照对应的源数据库名称。

【例 5-17】创建数据库快照。

(1) 启动【查询编辑器】。

(2) 在如图 5-17 所示的示例中，创建了一个名称为 AdventureWorks_snapshot_20100912 的数据库快照，该快照的源数据库是 AdventureWorks。现在，可以使用该数据库快照执行有关 AdventureWorks 数据库的只读操作。在命名数据库快照时，最好在名称中包含日期信息，这样可以理解数据库快照中的数据状态。

图 5-17　创建数据库快照

提示

在【例 5-17】示例中可以看到，在数据库快照名称中使用了日期信息。实际上，这种命名方式是有意义的，由于快照总是某个时刻的快照，因此快照信息与日期信息关联紧密。

如果数据库快照不再需要了，可以使用 DROP DATABASE 语句删除数据库快照。删除数据库快照将删除该快照的稀疏文件，但是对源数据库没有影响。删除数据库快照的语法形式如下：

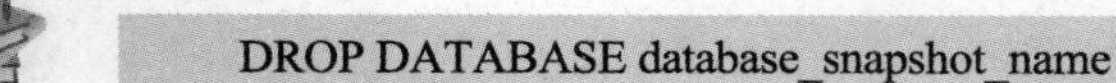

```
DROP DATABASE database_snapshot_name
```


5.6　其他数据库管理操作

除了前面讲述的数据库操作之外，数据库管理操作还包括分离数据库，附加数据库，删除数据库等。下面讨论这些操作。

1. 分离数据库

分离数据库是指将数据库从 Microsoft SQL Server 实例中删除，但是该数据库的数据文件和事务日志文件依然保持不变，这样可以将该数据库附加到任何的 Microsoft SQL Server 实例中。

可以使用 sp_detach_db 存储过程来执行数据库分离操作，当然也可以使用 SQL Server Management Studio 工具来执行分离操作。

【例 5-18】分离数据库。

(1) 启动【查询编辑器】。

(2) 使用如图 5-18 所示的命令，分离 LGCom 数据库。分离之后，LGCom 数据库不能在当前系统中正常使用了。

分离数据库是有限制条件的。例如，已经复制并且发布的数据库不能被分离，有数据库快照的数据库不能被分离，处于可疑状态的数据库不能被分离等。

2. 附加数据库

当需要将分离后的数据库附加到某个 Microsoft SQL Server 实例中时，可以使用 CREATE DATABASE 语句。附加数据库可以将其重置为分离时的状态。附加数据库时所有的数据文件必须都是可用的。在附加数据库过程中，如果没有日志文件，系统将自动创建一个新的日志文件。

【例 5-19】附加数据库。

(1) 启动【查询编辑器】。

(2) 如果希望将分离后的 LGCom 数据库附加到指定的 Microsoft SQL Server 实例中，可以在该实例上执行如图 5-19 所示的操作，附加该数据库原有的文件，即可完成附加数据库的操作。

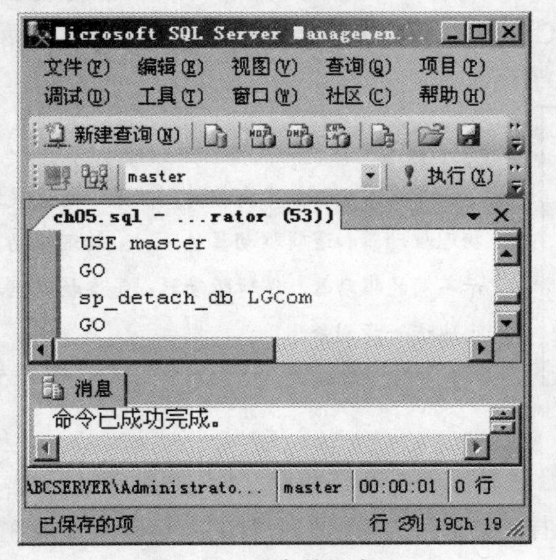

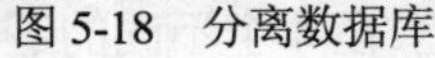
图 5-18　分离数据库

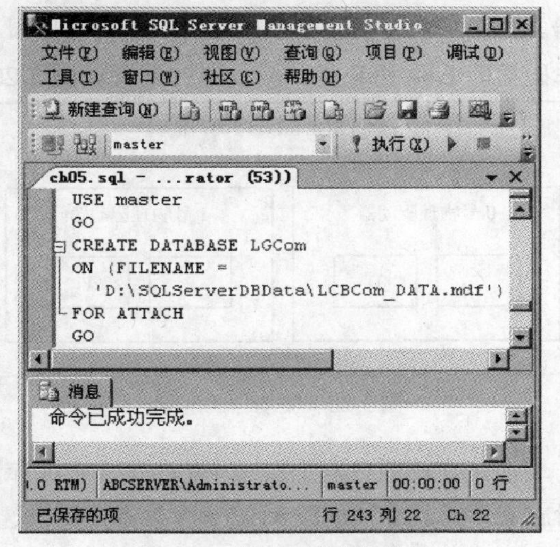

图 5-19　附加分离的数据库

如果分离后的数据库日志文件不能使用了，可以使用 FOR ATTACH_REBUILD_ LOG 关键字指定系统重建日志文件。

3. 删除数据库

如果数据库不再需要了，可以使用 DROP DATABASE 语句删除该数据库。例如，如果要删除 LGCom 数据库，可以使用下面的命令：

```
DROP DATABASE LGCom
```

5.7　优化数据库

在创建数据库时有两个基本目标，即提高数据库的性能和提高数据库的可靠性。提高数据库的性能就是提高操纵数据库的速度。提高数据库的可靠性就是数据库中某个文件破坏之后，数据库依然有可以正常使用的能力。一般可以通过选择如何放置数据文件和日志文件，如何使用文件组，如何使用 RAID 等技术来优化数据库和数据库文件。

5.7.1　放置数据文件和日志文件

在创建数据库时，为了提高操纵数据的效率，应该遵循下面两个原则：原则一，尽可能地把数据文件分散在不同的物理磁盘驱动器中；原则二，把数据文件和日志文件分散在不同的物理磁盘驱动器上。这样做可以最大程度地允许系统执行并行操作，从而提高系统使用数据的效率。

假设某个 Microsoft SQL Server 服务器有两个物理驱动器，即 0 号物理驱动器和 1 号物理驱动器。在 0 号物理驱动器上，有两个逻辑磁盘即 C 盘和 D 盘；在 1 号物理驱动器上，也有两个逻辑磁盘即 E 盘和 F 盘。驱动器的配置如图 5-20 所示。

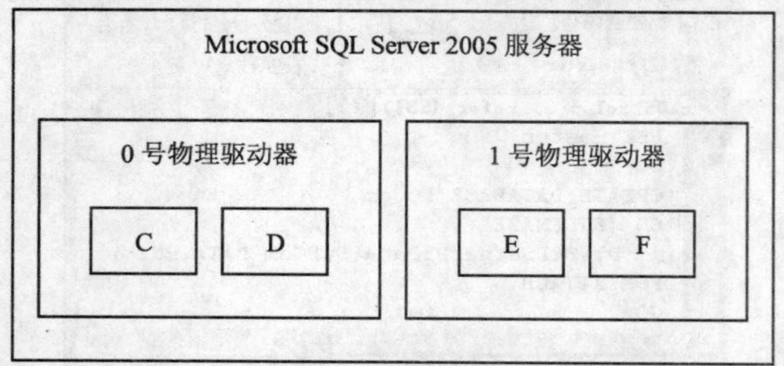

图 5-20　驱动器的配置

提示

在【图 5-20】中需要特别注意，这里提到的物理驱动器和逻辑驱动器的区别。物理驱动器表示不同的驱动器，逻辑驱动器则是在物理驱动器上地进一步划分。

现在，在该服务器上有一个 LGCom 数据库，该数据库有两个数据文件 data1 和 data2、两个日志文件 log1 和 log2。有以下 3 种方案可供选择：第一种方案，把所有的数据库文件放在一个逻辑驱动器上，例如 C 盘；第二种方案，把 4 个文件任意分散在 4 个不同的逻辑驱动器上；第三种方案，先把数据文件和日志文件分别分散在不同的物理驱动器上，然后把不同的文件分散在不同的逻辑磁盘上。在大多数情况下，第三种方案是比较好的，这样可以大大提高系统的操作效率。

5.7.2　使用文件组

使用文件组的优势在于提高系统的操作性能。使用文件组的两个明显优点是，可以平衡多个磁盘上的数据访问负荷，以及可以使用并行线程提高数据访问的效率。

另外，使用文件组还可以简化数据库的维护工作：可以备份或恢复单个的文件或文件组，不必备份或恢复整个数据库。对于海量数据库来说，备份文件或文件组是一个有效的备份策略，可以把表和索引分布到不同的文件组中。对于那些常用的表来说，这样可以提高查询语句的效率。

当使用文件组时，应该考虑下面一些因素：监视系统的性能，理解数据库的结构、文件分布状况、表和索引信息、使用的查询语句类型等。如果使用用户定义的文件组，那么最好把默认的文件组改成用户定义的文件组，这样可以防止用户数据在 PRIMARY 文件组上的增长。文件组只能提高性能，不能提高可靠性。如果文件组中的某个数据文件遭到了破坏，那么整个文件组中的数据都无法使用。

5.7.3　使用 RAID 技术

RAID 是 Redundant Array of Independent Disks 的缩写，中文含义是独立磁盘冗余阵列。RAID 是一种磁盘系统，它将多个磁盘驱动器组合成一个磁盘阵列，以便提供高性能、高可靠性、大存储能力、低成本。磁盘容错阵列可以分成 6 个等级，即 RAID0 到 RAID5。每一种等级都使用了不同的算法来提高系统的性能。

在 Microsoft SQL Server 2008 系统中，经常涉及的 RAID 技术包括 RAID0、RAID1 和 RAID5。这里介绍这 3 种容错等级的特点。RAID0 级是数据并行。在这种等级中，所有的数据都并行分布在不同的物理存储设备上，以便有效执行多个并行的读写操作。但是，如果任何一个物理存储设备损坏了，那么整个数据都不能使用了。因此，RAID0 级只能提高性能，不能提供任何容错功能。RAID1 级是设备镜像。设备镜像就是在所有的镜像设备上提供了数据的完全复制。这种方式可以提高系统的容错性能，但是性能受到影响。RAID5 是最常使用的容错等级。在这种等级中，奇偶信息并行存储。因此，这种等级既可以提高性能，又可以提高可靠性。

5.8　上机练习

本章上机练习的内容是使用 Transact-SQL 语句创建数据库和查看数据库的空间使用信息。

(1) 使用如图 5-21 所示的命令创建 MyCom 数据库。在这里，首先使用 USE 命令置 master 数据库为当前数据库，然后使用 CREATE DATABASE 语句以默认方式创建 MyCom 数据库。

(2) 使用如图 5-22 所示的 sp_spaceused 命令查看 MyCom 数据库的空间信息。从结果可以看到，主要数据包括数据库的大小是 2.81MB，未分配空间是 1.16MB，数据使用的空间是 616KB。

图 5-21　创建数据库

图 5-22　查看数据库的空间信息

(3) 使用如图 5-23 所示的命令创建 info 表。该表的目的是用于存储数据。

(4) 使用如图 5-24 所示的命令向 info 表中插入数据。按照这里列出的脚本命令，通过循环方式插入 200000 行数据。

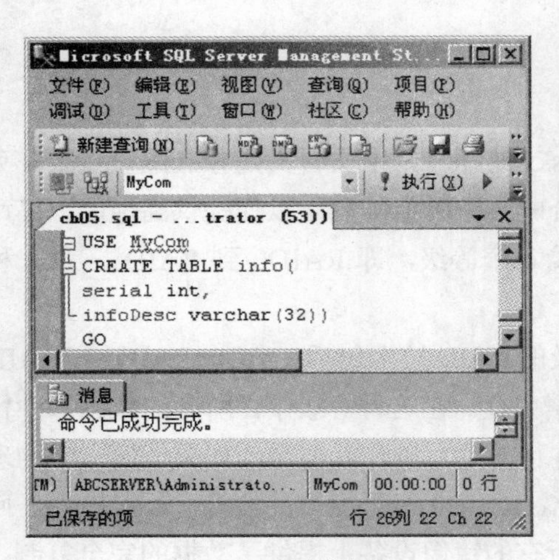

图 5-23 创建表

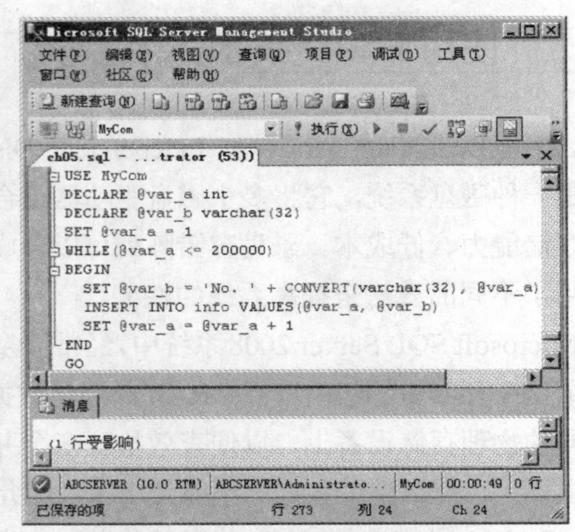

图 5-24 向表中插入数据

(5) 使用如图 5-25 所示的命令查看 info 表中的数据。

(6) 使用如图 5-26 所示的命令查看 MyCom 数据库的空间信息，并将这里的空间信息与图 5-22 比较。可以看到两者差别很大，这说明 info 表占用了大量的空间。

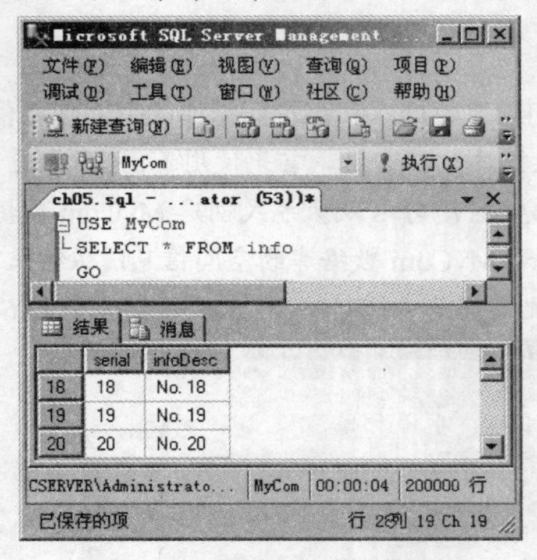

图 5-25 查看 info 表中数据

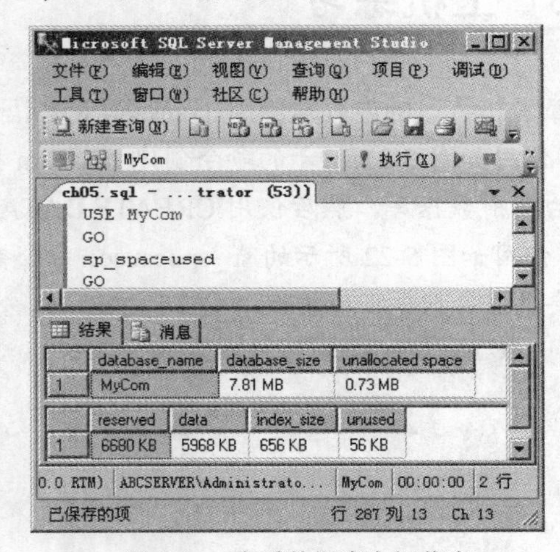

图 5-26 查看数据库空间信息

5.9 习题

1. 练习在数据库中增加和删除文件组。
2. 练习设置数据库选项。

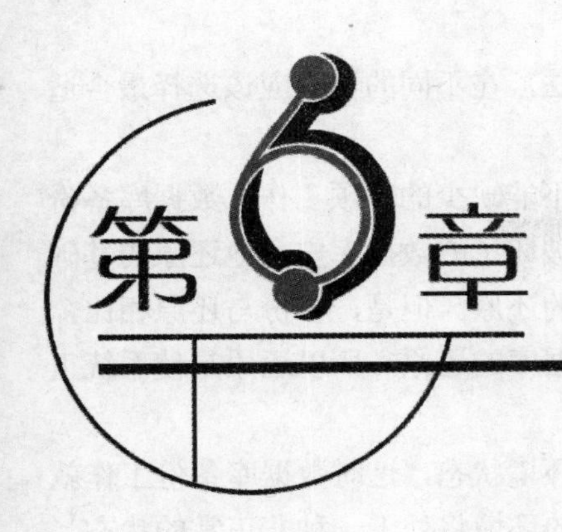

第6章 备份和还原

学习目标

数据库管理员的一项重要工作是执行备份和还原操作，确保数据库中数据的安全和完整。计算机技术的广泛应用，一方面大大提高了人们的工作效率，另一方面又为人们和组织的正常工作带来了巨大的隐患。无论是计算机硬件系统的故障，还是计算机软件系统的瘫痪，都有可能对人们和组织的正常工作带来极大的冲击，甚至出现灾难性的后果。备份和还原是解决这种问题的有效机制。备份是还原的基础，还原是备份的目的。本章研究备份和还原技术。

本章重点

- 工作原理
- 恢复模式
- 备份前的准备
- 备份技术
- 还原前的准备
- 还原技术

6.1 概述

备份就是制作数据库结构和数据的拷贝，以便在数据库遭到破坏的时候能够修复数据库。数据库的破坏是难以预测的，因此必须采取能够还原数据库的措施。一般造成数据丢失的常见原因包括软件系统瘫痪，硬件系统瘫痪，人为误操作，存储数据的磁盘被破坏，以及地震、火灾、战争、盗窃等灾难。

备份就是这样一项重要的系统管理工作，是系统管理员的日常工作。当然，备份需要一定的许可。备份的内容不但包括用户的数据库内容，而且还包括系统数据库的内容。执行备份的时候，允许其他用户继续对数据库进行操作。备份有许多方法，在不同的情况应该选择最合适的方法。

但是，只有数据库备份是远远不够的，数据库还原也是不能缺少的一项工作。数据库备份是一项重要的日常性质的工作，是为了以后能够顺利地将被破坏了的数据库安全地还原的基础性工作。在一定意义上说，没有数据库的备份就没有数据库的还原。但是，备份与还原相比，还原工作尤其重要和艰巨。因为数据库备份的目的是用于数据库的还原，所以还原是使系统正常运行的不可缺少的条件。

进一步而言，在进行数据库备份时，一般系统处于正常环境状态，这时数据库备份工作就是执行数据库备份操作。但是，当进行数据库还原时，系统的环境将处于一种非正常的状态，例如，系统整个硬件失败，或是系统软件瘫痪，或是由于误操作而删除了重要的数据。这些引起数据库备份工作的可能性成为了一种现实的存在。如何正确判断系统的非常状态，如何迅速而安全有效地把系统和数据还原到正常的状态，是系统管理员不可缺少的工作，是测试系统管理员水平高低的一把尺子。

6.2 数据库的恢复模式

数据库的恢复模式是数据库遭到破坏时还原数据库中数据的数据存储方式，它与可用性、性能、磁盘空间等因素相关。每一种恢复模式都按照不同的方式维护数据库中的数据和日志。Microsoft SQL Server 2008 系统提供了以下 3 种数据库的恢复模式：

- 完整恢复模式
- 大容量日志记录的恢复模式
- 简单恢复模式

完整恢复模式是最高等级的数据库恢复模式。在完整恢复模式中，对数据库的所有操作都记录在数据库的事务日志中。即使那些大容量数据操作和创建索引的操作，也都记录在数据库的事务日志中。当数据库遭到破坏之后，可以使用该数据库的事务日志迅速还原数据库。

在完整恢复模式中，由于事务日志记录了数据库的所有变化，所以可以使用事务日志将数据库还原到任意的时刻点。但是，这种恢复模式耗费大量的磁盘空间。除非是那种事务日志非常重要的数据库备份策略，否则一般不建议使用这种恢复模式。

就像完整恢复模式一样，大容量日志记录的恢复模式也使用数据库备份和日志备份来还原数据库。但是，在使用了大容量日志记录的恢复模式的数据库中，其事务日志耗费的磁盘空间远远小于使用完整恢复模式的数据库的事务日志。在大容量日志记录的恢复模式中，CREATE INDEX、BULK INSERT、BCP、SELECT INTO 等操作不记录在事务日志中。

对于那些规模比较小的数据库或数据不经常改变的数据库来说，可以使用简单恢复模式。当使用简单恢复模式时，可以通过执行完全数据库备份和增量数据库备份来还原数据库，数据库只能还原到执行备份操作的时刻点。执行备份操作之后的所有数据修改都丢失并且需要重建。这种模型的特点是数据库没有事务日志。这种模型的好处是耗费比较少的磁盘空间，恢复模式

最简单。

有两种设置数据库恢复模式的方式，即 SQL Server Management Studio 工具和 ALTER DATABASE 语句。这里主要介绍前一种方法。在 SQL Server Management Studio 环境下，选中将要设置恢复模式的数据库，右击该数据库，从弹出的快捷菜单中选择【属性】命令，打开如图 6-1 所示的【数据库属性】对话框。在该对话框的【选项】页中，可以从【恢复模式】下拉列表中选择恢复模式，图 6-1 中圆角矩形区域内的值指定了该数据库的恢复模式。

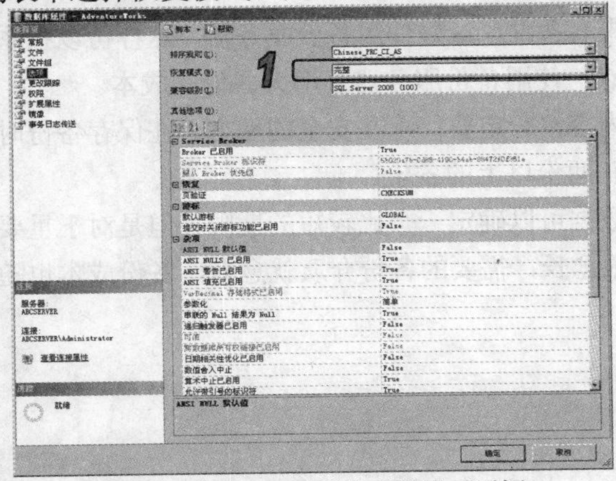

图 6-1　设置数据库的恢复模式对话框

提示

在图 6-1 中，可以看到对话框中的【恢复模式】下拉列表框。需要说明的是，恢复模式是数据库的属性，控制如何记录事务以及可使用的还原操作。还原是使数据库恢复正常情况的操作。

6.3　备份基础

备份就是制作数据库结构和数据的拷贝。在执行备份操作之前，应该做好相应的计划工作，明确备份的对象，理解备份的动态特点等。下面详细介绍这些内容。

6.3.1　备份前的计划工作

为了将系统安全完整的备份，应该在具体执行备份之前，根据具体的环境和条件制订一个完善可行的备份计划，以确保数据库系统的安全。为了制订备份计划，应该着重考虑下列 8 项内容。

确定备份的频率。备份的频率就是每隔多长时间备份一次。这要考虑两种因素：一是系统还原时的工作量，二是系统活动的事务量。对于数据库的完全备份，可以是每一个月、每一周甚至每一天，相对于完全备份而言，事务日志备份可以是每一周、每一天甚至每一小时。

确定备份的内容。备份的内容就是要保护的对象，包括系统数据库中的数据和用户数据库中的数据。每次备份的时候，一定要将应该备份的内容完整地备份。

确定使用的介质。备份的介质一般选用磁盘或磁带。具体使用哪一种介质，要考虑用户的成本承受能力，数据的重要程度，用户的现有资源等因素。在备份中使用的介质确定以后，一

定要保持介质的持续性，一般不要轻易改变。

确定备份工作的负责人。备份负责人负责备份的日常执行工作，并且要经常进行检查和督促。这样可以明确责任，确保备份工作得到人力保障。

确定使用在线备份还是脱机备份。在线备份就是动态备份，允许用户继续使用数据库。脱机备份就是在备份时，不允许用户使用数据库。虽然备份是动态的，但是用户的操作会影响数据库备份的速度。

确定是否使用备份服务器。在备份时，如果有条件，最好使用备份服务器，这样可以在系统出现故障时，迅速还原系统的正常工作。当然，使用备份服务器会增大备份的成本。

确定备份存储的地方。备份是非常重要的内容，一定要保存在安全的地方。在保存备份时应该实行异地存放，并且每套备份的内容应该有两份以上的备份。

确定备份存储的期限。对于一般性的业务数据可以确定一个比较短的期限，但是对于重要的业务数据，需要确定一个比较长的期限。期限愈长，需要的备份介质就愈多，备份成本也随之增大。

6.3.2 备份的对象

在备份的时候，应该确定备份的内容。备份的目的是当系统发生故障或瘫痪之后，应该能够将系统还原到发生故障之前的状态，因此有必要将系统的全部信息都备份下来。从大的方面上讲，应该备份两方面的内容，一方面是备份记录系统信息的系统数据库，另一方面是备份记录用户数据的用户数据库。

系统数据库记录了有关 Microsoft SQL Server 系统和全部用户数据库的信息。需要备份的系统数据库主要是指 master、msdb 和 model 数据库。master 系统数据库有关 Microsoft SQL Server 系统和全部用户数据库的信息，例如用户帐户，可配置的环境变量和系统错误信息。有关 SQL Server Agent 服务的信息记录在 msdb 系统数据库中，例如，作业定义、警报信息、调度安排、工作历史等。model 系统数据库为新的用户数据库提供了样板。

对于系统数据库来说，当执行了涉及修改数据库的某些操作时，应该备份系统数据库。例如，如果执行了增加 login 帐户或创建数据库的操作，那么表示修改了 master 系统数据库，这时应该备份 master 数据库。

用户数据库是存储用户数据的存储空间。用户的所有重要数据都存储在用户的数据库中，因此必须充分保证用户数据库的安全是备份的主要工作。从某种意义上来说，系统数据库信息可以丢失，而用户数据库的信息必须保证安全，千万不能丢失。

在下面一些情况下，建议执行用户数据库的备份操作：

- 创建数据库之后，这是所有备份和还原的基础。
- 加载大量数据之后。
- 创建索引之后。
- 清除事务日志之后。

◉ 执行不记日志的操作之后。

6.3.3　备份的动态特点

在 Microsoft SQL Server 系统中，备份既可以是静态的，也可以是动态的。备份是静态的，表示备份数据库时不允许用户使用数据库。如果说备份是动态的，那么在备份数据库时，允许用户继续在数据库中操作。

当备份某个数据库时，SQL Server 执行下列操作：检查点机制检查数据库，记录最早的事务日志记录的日志序列号；通过直接阅读磁盘，把全部的数据页写进备份介质中；从捕捉到的序列号到日志末尾，写全部的事务日志记录。

备份是动态的，也就是说，在备份的过程中允许用户继续操作数据库。但是，如果在备份时多个用户继续操作数据库中的数据，那么备份的速度和用户操作数据的速度都大大地降低了。因此，应该将备份操作安排在用户操作比较少的时候。

虽然说数据库的备份是动态的，但是在执行数据库的备份操作时某些操作是禁止的。这些禁止的操作包括使用 CREATE DATABASE 或 ALTER DATABASE 语句创建或修改数据库，执行数据库自动增长操作，创建索引，执行那些不记日志的操作，压缩数据库的操作等。

如果正在执行数据库的备份操作时执行这些禁止的操作，则这些操作失败；如果正在执行这些禁止的操作时执行数据库的备份操作，则数据库的备份操作将失败。

6.4　执行备份操作

在执行备份操作之前，应该创建数据库的备份文件。备份文件既可以是永久性的，也可能是临时性的。

6.4.1　创建永久性的备份文件

执行备份的第一步是创建将要包含备份内容的备份文件。为了执行备份操作，在使用之前所创建的备份文件称为永久性的备份文件。这些永久性的备份文件也称为备份设备。

如果希望所创建的备份设备反复使用或执行系统的自动化操作，例如备份数据库，那么必须使用永久性的备份文件。如果不打算重新使用这些备份文件，那么可以创建临时的备份文件。例如，如果正在执行一次性的数据库备份或正在测试准备自动进行的备份操作，那么可以创建临时备份文件。有两种创建永久性备份文件的方法：一是使用 sp_addumpdevice 系统存储过程；二是使用 SQL Server Management Studio。下面分别介绍这两种方法。

sp_addumpdevice 系统存储过程的语法形式如下：

```
sp_addumpdevice 'device_type', 'logical_name', 'physical_name'
```

其中，device_type 参数用于指定备份设备的类型(DISK 或 TAPE)，logical_name 参数指定备份设备的逻辑名称，physical_name 参数表示备份设备带路径的物理名称。

【例 6-1】使用命令创建备份设备。

(1) 启动【查询编辑器】。

(2) 如图 6-2 所示的示例创建了一个备份设备。该备份设备的类型是磁盘文件，备份设备的逻辑名称是 testbackupfile，其物理名称是 D:\SQLServerDBData\testbackupfile.bak。

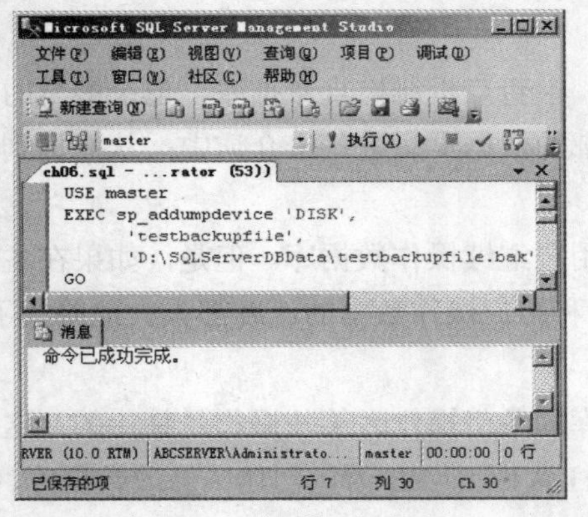

图 6-2 创建备份设备

> **提示**
>
> 在【例 6-1】示例中，可以看到 sp_addumpdevice 存储过程中的 3 个基本参数；第一个用于指定备份设备类型；第二个参数用于指定在命令中使用的逻辑名称；第三个参数指定实际的物理名称。

备份设备创建之后，并没有实际生成该文件。只有在实际执行了备份操作，并在备份设备存储了备份内容之后，该文件才会生成。除了命令之外，也可以使用 SQL Server Management Studio 创建备份设备。

【例 6-2】使用 SQL Server Management Studio 创建备份设备。

(1) 启动 SQL Server Management Studio 工具。

(2) 在 SQL Server Management Studio 主窗口中，打开指定的服务器实例和指定的服务器，然后打开【服务器对象】节点，从中右击【备份设备】节点，则弹出一个用于备份的快捷菜单，选择【新建备份设备】命令，打开如图 6-3 所示的【备份设备】对话框。该对话框用于指定备份设备的逻辑名称和物理位置。

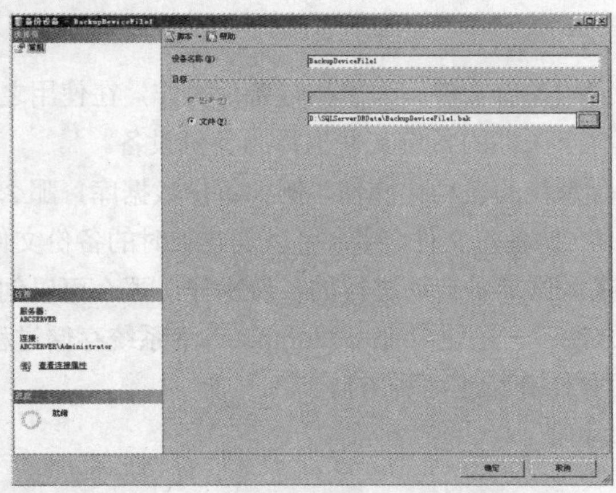
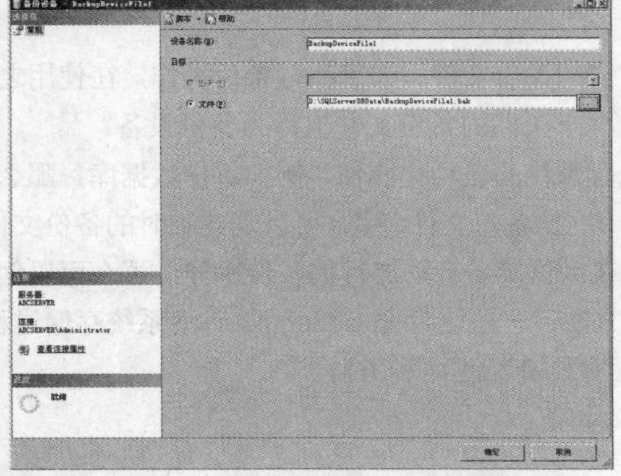

图 6-3 【备份设备】对话框

> **提示**
>
> 在【备份设备】对话框中，可以看到 3 个文本框和两个单选按钮。这些文本框和单选按钮与 sp_addumpdevice 存储过程中的 3 个基本参数对应。如果某个参数不能使用，则显示为灰色。

(3) 可以在【设备名称】文本框中输入备份设备的逻辑名称，备份设备的物理名称在【文件】单选按钮右端的文本框中输入，也可以单击该文本框右端的按钮来指定物理位置。当备份设备创建成功之后，可以从【备份对象】节点中看到所创建的备份设备。在如图 6-3 所示的对话框中，【磁带】单选按钮是灰色的，不能使用，这是因为本服务器上没有安装磁带驱动器。只有安装了磁带驱动器才可以使用该选项。

6.4.2　创建临时性的备份文件

除了创建永久性的备份文件或备份设置之外，还可以创建临时性的备份文件。在执行数据库备份过程中产生的备份文件称为临时性的备份文件。

如果不打算反复使用该备份文件，或者只使用一次，或者作为测试，那么可以创建临时性的备份文件。由于临时性的备份文件是在执行数据库的备份过程中产生的，因此需要使用 BACKUP 语句创建临时性的备份文件。在创建临时性的备份文件时，必须指定介质类型和完整的路径和文件名。

【例 6-3】创建临时性的备份文件。

(1) 启动【查询编辑器】。

(2) 在如图 6-4 所示的示例中，创建了一个磁盘类型的临时性备份文件，并把 master 系统数据库备份到了该临时性备份文件上。

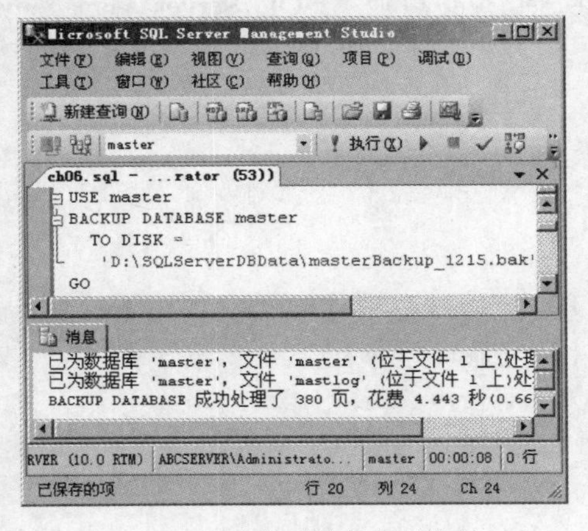

图 6-4　创建临时性的备份文件

提示

在【例 6-3】示例中，可以看到该备份文件是在执行备份操作过程中创建的，不是事先创建的。这是临时性备份文件和永久性备份文件之间的最大差别。临时性备份文件提供了一种备份策略。

6.4.3　使用多个备份文件存储备份

在执行数据库备份过程中，Microsoft SQL Server 系统可以同时向多个备份文件写备份内容。这时的备份称为并行备份。如果使用多个备份文件，数据库中的数据就分散在这些备份文件中。在执行一次备份过程中使用到的一个或多个备份文件称为备份集。

使用并行备份可以降低备份操作的时间。例如，如果完成某个备份操作需要耗费 12 个小时的时间，但是如果同时使用两个备份文件，则完成该备份操作只需要 6 个小时。如果使用 4 个备份文件，那么完成该备份操作只需要 3 个小时。

当使用多个备份文件来存储备份时，应该考虑下面一些因素：

- 在一次备份操作过程中，使用到的所有备份文件都必须是同一种介质类型(磁盘或磁带)。不能把磁盘文件和磁带文件在一次备份操作中混合使用。
- 在执行并行备份操作时，可以同时使用永久性的备份文件和临时性的备份文件。但是，从性能和保存介质的角度来看，不建议使用这种混合永久性的备份文件和临时性的备份文件的方法来执行备份。
- 在一个备份集中的文件，应该总是同时使用。
- 除非格式化备份文件，否则不能单独使用备份集中的某个备份文件。
- 如果格式化备份集中的某个文件，那么整个备份集中的备份文件都无法使用了。

6.4.4 BACKUP 语句

如果希望灵活地执行备份操作，可以使用 Transact-SQL 语言中的 BACKUP 语句。BACKUP 语句的部分语法形式如下：

```
BACKUP DATABASE { database_name | @database_name_var }
TO < backup_device > [ ,...n ]
[ WITH
[ BLOCKSIZE = { blocksize | @blocksize_variable } ]
[{ CHECKSUM | NO_CHECKSUM } ]
[{ STOP_ON_ERROR | CONTINUE_AFTER_ERROR } ]
[DESCRIPTION = { 'text' | @text_variable } ]
[DIFFERENTIAL ]
[EXPIREDATE = { date | @date_var } | RETAINDAYS = { days | @days_var } ]
[PASSWORD = { password | @password_variable } ]
[{ FORMAT | NOFORMAT } ]
[{ INIT | NOINIT } ]
[{ NOSKIP | SKIP } ]
[MEDIADESCRIPTION = { 'text' | @text_variable } ]
[MEDIANAME = { media_name | @media_name_variable } ]
[MEDIAPASSWORD = { mediapassword | @mediapassword_variable } ]
[NAME = { backup_set_name | @backup_set_name_var } ]
[{ NOREWIND | REWIND } ]
[{ NOUNLOAD | UNLOAD } ]
[STATS [ = percentage ] ]
]
```

下面对 BACKUP 语句中的一些常用选项进行说明。

CHECKSUM|NO_CHECKSUM 选项指定在将页上的数据写入备份介质之前是否执行校验和或页撕裂检查。默认情况下不检查。但是，无论是否执行校验和，BACKUP 语句都会在备份介质上生成校验和，以便还原数据库时使用。执行校验和会增加系统的负荷。

STOP_ON_ERROR|CONTINUE_AFTER_ERROR 选项用于指定发现校验和错误之后的行为，是停止备份还是继续备份。

DESCRIPTION 选项指定描述备份集的自由文本。这种信息只是用于备份集中。不能超过 255 个字符。

DIFFERENTIAL 选项用于指定执行增量备份，即只备份自从上一次数据库完全备份以后数据库中改变的数据。

EXPIREDATE 选项用于指定备份集失效和可以被覆盖的日期和时间。在使用备份集时，系统检查当前的日期和这里指定的日期。如果当前日期超过了备份集上指定的失效日期，那么可以覆盖该备份集中的内容。

RETAINDAYS 选项用于指定备份集可以被覆盖的周期(天)。该选项按照周期指定备份集是否失效。

PASSWORD 选项用于设置备份集的口令。如果在某个备份集上设置了口令，当使用该备份集执行数据库的还原操作时，必须提供正确的口令。该口令不能防止执行覆盖该备份集上内容的操作。

FORMAT|NOFORMAT 选项用于指定覆盖或不覆盖备份集的内容和备份介质的标题内容。使用 FORMAT 选项时一定要非常小心。否则，备份集上的所有内容都被覆盖了。

INIT|NOINIT 选项用于指定覆盖备份的内容或附加在备份内容之后。NOINIT 选项是默认设置。与 FORMAT 选项相比，INIT 选项包括备份介质的标题内容。

MEDIADESCRIPTION 选项用于指定备份集的自由格式的描述信息。文本中的字符数量不能超过 255 个。

MEDIANAME 选项用于指定用于整个备份集的备份介质名称，该名称不能超过 128 个字符。如果指定了备份集名称，那么在使用该备份集时必须提供正确的备份集名称。

MEDIAPASSWORD 选项用于指定备份集的口令。该选项与 PASSWORD 选项的。相同点是在执行还原操作时都需要提供相应的口令；不同点是设置 PASSWORD 选项可以通过覆盖文件的形式将该备份集覆盖，而设置 MEDIAPASSWORD 选项只能通过格式化的形式覆盖该备份集。

NAME 选项用于指定备份集的名称。该名称的最大长度不能超过 128 个字符。

NOSKIP|SKIP 选项用于指定系统是否读取备份集的名称和过期日期信息。默认值是 SKIP，表示不读取备份集的名称和过期日期信息。

NOREWIND|REWIND 选项用于指定备份操作完成之后，磁带介质是否自动倒带。该选项只能用于磁带备份操作，默认值是 NOREWIND。

NOUNLOAD|UNLOAD 选项用于指定备份操作完成之后是否自动退出磁带。该选项只能用

于磁带备份操作，默认值是 UNLOAD。

STATS 选项用于指示系统显示备份过程中的统计消息。用户可以使用这些消息监视备份操作的执行过程。

【例 6-4】使用 BACKUP DATABASE 语句执行数据库备份。

(1) 启动【查询编辑器】。

(2) 在如图 6-5 所示的示例中，首先使用 sp_addumpdevice 系统存储过程创建了一个 AdventureWorksBAC 备份设备，这是一个磁盘文件，其物理名称是 D:\SQLServerDBData\AWBAC.bak。

(3) 然后，使用 BACKUP DATABASE 语句执行数据库完全备份，将 AdventureWorks 数据库备份到该备份设备上。

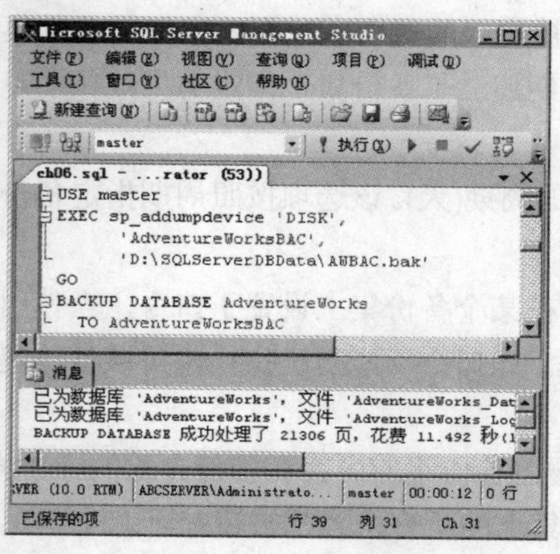

图 6-5　使用 BACKUP 语句执行备份

> **提示**
>
> 在【例 6-4】示例中，可以看到该备份设备是在执行备份操作之前创建的。这种备份方式便于对备份设备进行更多的管理，是数据库管理员执行备份操作的常用方式。

6.4.5　备份方法和备份策略

Microsoft SQL Server 2008 系统提供了 4 种基本的备份方法来满足企业和数据库活动的各种需要。这 4 种备份方法分别是完全数据库备份、增量数据库备份(也称为差异备份)、事务日志备份以及数据库文件和文件组备份。这些备份方法的不同组合就产生了不同的备份策略。对于文件或文件组备份而言，也可以进行增量备份。

需要说明的是，Microsoft SQL Server 2008 系统，引入了备份压缩功能。备份压缩是指对备份的数据进行压缩之后进行备份，这样可以减少备份设备所需的 I/O 操作，大大提高了备份速度。但是，备份压缩增加了 CPU 的使用率。目前只有 SQL Server 2008 的企业版系统支持此功能。

完全数据库备份就是备份数据库中的所有数据和结构。完全数据库备份应该是数据库的第一次备份，这种备份内容为其他备份方法提供了一个基线。可以使用 BACKUP DATABASE 语句执行完全数据库备份。当使用完全数据库备份时，Microsoft SQL Server 将备份发生在备份过程中的任何活动，备份事务日志中的所有内容，包括未提交的事务。

增量数据库备份是备份自从上一次完全数据库备份之后改变的数据。使用增量备份可以降

低数据库还原所需要的时间。由于中文翻译的缘故，增量备份也被称为差异备份。这种方法必须基于完全数据库备份，且用于频繁修改数据的数据库。可以使用带有 DIFFERENTIAL 选项的 BACKUP DATABASE 语句执行增量数据库备份。

【例 6-5】使用 BACKUP DATABASE 语句执行增量数据库备份。

(1) 启动【查询编辑器】。

(2) 如图 6-6 所示的示例执行了 AdventureWorks 数据库的增量备份，且把备份内容放置在一个临时性的备份文件中。这种备份的前提是前面已经执行了 AdventureWorks 数据库的完全备份。

图 6-6　执行增量数据库备份

提示

在【例 6-5】示例中，可以看到在 BACKUP DATABASE 语句中使用了 DIFFERENTIAL 关键字，该关键字表示增量备份。增量备份与完全备份关联，增量备份是备份策略的重要组成单元。

事务日志备份是备份数据库事务日志的变化过程。当执行完全数据库备份之后，可以执行事务日志备份。使用 BACKUP LOG 语句执行事务日志备份，当执行事务日志备份时，应该考虑下面一些因素：除非执行了完全数据库备份，否则不能执行事务日志备份；没有完全数据库的还原，不能执行事务日志的还原；如果数据库使用了简单恢复模式，那么不能使用事务日志备份；事务日志的备份内容是从上一次执行 BACKUP LOG 语句到当前的事务日志结束。

【例 6-6】使用 BACKUP LOG 语句执行数据库日志备份。

(1) 启动【查询编辑器】。

(2) 如图 6-7 所示的示例使用 BACKUP LOG 语句执行了 AdventureWorks 数据库的事务日志备份。首先创建一个永久性的备份文件，然后执行事务日志备份。

图 6-7　使用 BACKUP LOG 语句执行日志备份

提示

在【例 6-6】示例中可以看到，在 BACKUP LOG 语句指定的备份设备是新建的备份文件。这里没有使用 NORECOVERY 选项，如果使用该选项，则表示该数据库处于还原状态，不能正常使用。

在执行事务日志备份的过程中，可以使用 TRUNCATE_ONLY、NO_LOG 等选项。TRUNCATE_ONLY 选项只是清除事务日志，不执行事务日志的备份。当数据库的事务日志处于正常情况下时，可以使用该选项清除事务日志。对于 NO_LOG 选项，如果数据库的事务日志已经满了，不能执行正常的操作了，那么必须使用该选项清除事务日志。

对于海量数据库而言，由于数据量过于庞大，为了提高备份效率建议执行数据库文件或文件组备份。数据库文件或文件组备份只是备份数据库中的一个或多个文件或文件组。在这种备份方法中，可以备份指定的文件或文件组。需要注意的是，第一次备份时依然需要备份整个数据库。当执行文件或文件组备份时，应该指定逻辑文件名称或文件组名称，且数据库的文件或文件组应该周期地备份。

除了使用 BACKUP DATABASE 和 BACKUP LOG 语句之外，也可以使用 SQL Server Management Studio 工具备份数据库。

【例 6-7】使用 SQL Server Management Studio 工具执行数据库备份。

(1) 启动 SQL Server Management Studio 工具。

(2) 在 SQL Server Management Studio 主窗口中，打开指定的服务器实例，再展开【数据库】节点。右击 AdventureWorks 数据库，从弹出的快捷菜单中选择【任务】|【备份】命令，则打开如图 6-8 所示的【备份数据库】对话框。该对话框有两个选项卡，即【常规】选项卡和【选项】选项卡。

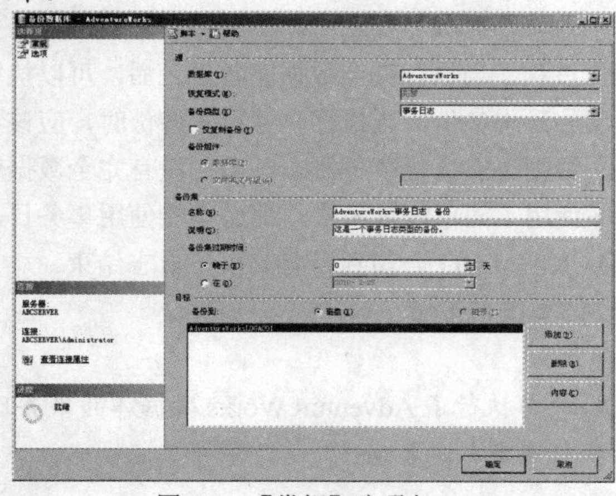

图 6-8 【常规】选项卡

提示

在【常规】选项卡对话框中，可以看到在 BACKUP LOG 语句中使用了许多选项。通过图形方式可以提高执行备份操作的效率。但是，使用图形工具往往会由于采用默认选项而忽略了对这些选项作用的理解。

(3) 在【常规】选项卡中，从上到下可以分为 3 个区域。第一区域是源区域，用于选择将要备份的数据库、备份类型和备份组件，并说明当前数据库的恢复模式。可以在【数据库】下拉列表框中选择将要备份的数据库名称，这里选择了 AdventureWorks 数据库。可以从【备份类型】下拉列表框中选择备份方法，这里选择了【事务日志】备份方法。用户既可以选择备份整个数据库，也可以选择备份事务日志或增量备份，还可以备份数据库中的文件和文件组。

第二个区域是备份集区域。【名称】文本框用于输入备份的名称，【说明】文本框中用于输入这次备份的描述性信息。可以使用两种方式指定本备份集的过期时间，要么指定多少天之后过期，要么指定明确的日期。

第三个区域是目标区域。在该区域内，可以指定将要使用的备份介质。在这里可以选择磁带或磁盘类型。使用【添加】按钮可以选择备份的设备或文件，【内容】按钮可以查看选中的备份设备或文件中的内容，【删除】按钮用于删除已经选定的备份设备或文件。

(4) 在如图 6-8 所示的对话框中，单击【添加】按钮，则打开如图 6-9 所示的【选择备份目标】对话框，可以在该对话框中选择将要存储备份内容的备份文件。如果选中【文件名】单选按钮，则表示使用临时性的备份文件存储 AdventureWorks 数据库的备份内容。这时可以在【文件名】单选按钮下面的文本框中输入备份文件的名称。如果选中【备份设备】单选按钮，则表示使用永久性的备份文件存储 AdventureWorks 数据库的备份内容。这时可以从该按钮下面的下拉列表中选择已经创建的备份设备名称。

(5) 【备份数据库】对话框的【选项】选项卡如图 6-10 所示。【选项】选项卡中的内容可以分为覆盖媒体、可靠性、事务日志、磁带机和压缩等 5 个区域。注意，在中文中，英文 media 有时翻译成媒体，有时翻译成介质。

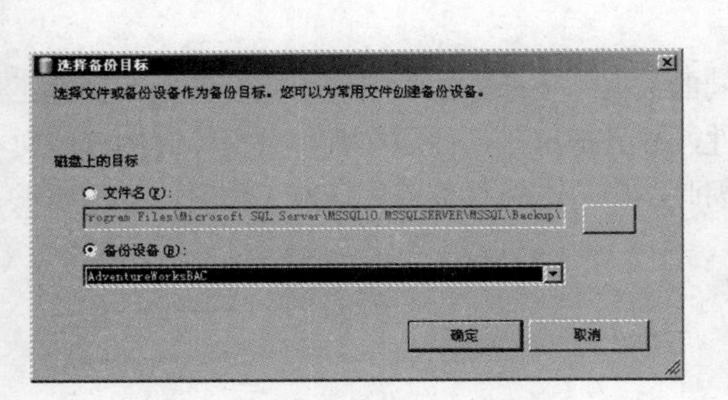

图 6-9　【选择备份目标】对话框

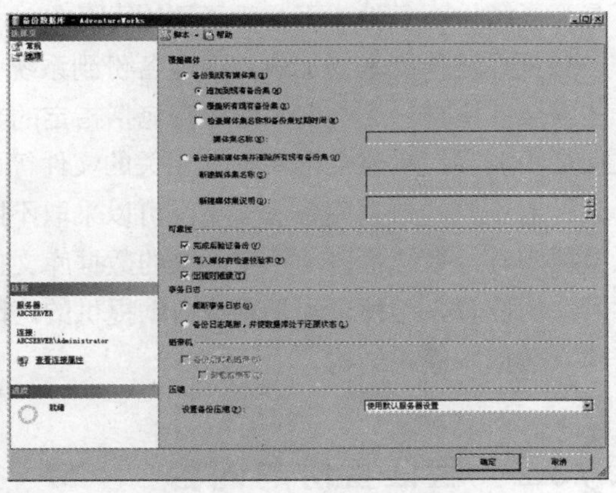

图 6-10　【选项】选项卡

第一个区域【覆盖媒体】区域，用于指定备份时涉及覆盖现有备份集的问题。选中【追加到现有备份集】单选按钮，表示这次备份附加在备份集上原有内容之后，即仍然保留原有的备份内容。选中【覆盖所有现有备份集】单选按钮，表示这次备份操作将覆盖备份介质上原有的内容，即不保留原有的内容。这里的两个选项分别与 BACKUP DATABASE 语句的 INIT 选项和 NOINIT 选项对应。通过选中【检查媒体集名称和备份集过期时间】复选框，可以指定是否对现有媒体集的过期时间进行检查。

第二个区域是【可靠性】区域，用于指定备份完成之后是否验证备份，在写入媒体前是否检查校验和以及出现错误时的行为。第三个区域是【事务日志】区域，用于指定备份时事务日志的操作行为。第四个区域只有当安装磁带机时才可以使用。第五个区域用于选择是否设置压缩备份选项。

6.5 还原

备份是一种灾害预防操作，还原则是一种消除灾害的操作。备份是还原的基础，没有备份就无法执行还原操作。还原是为了实现备份的目的而进行的操作。本节讲述还原数据库的基本概念和还原数据库的具体操作。

6.5.1 还原的特点

还原是与备份相对应的操作。备份和还原都是不可缺少的系统管理工作。备份是为了防止可能遇到的系统失败而采取的操作，而还原则是为了对付已经遇到的系统失败而采取的操作。因此，可以说备份是还原的基础，没有数据的备份就谈不上数据的还原。还原是备份的目的，不是为了备份而备份，而是为了还原而备份。

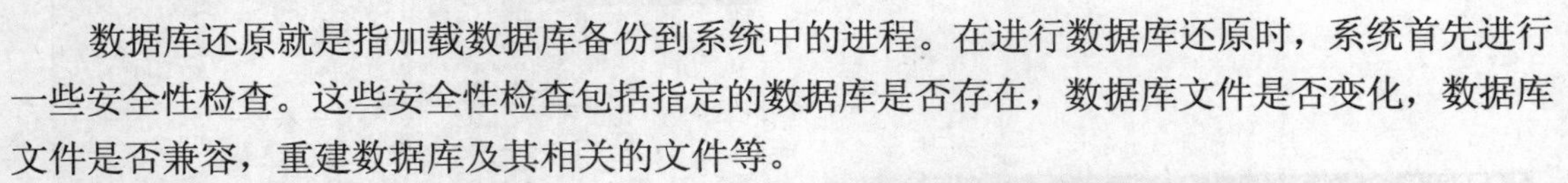

数据库还原就是指加载数据库备份到系统中的进程。在进行数据库还原时，系统首先进行一些安全性检查。这些安全性检查包括指定的数据库是否存在，数据库文件是否变化，数据库文件是否兼容，重建数据库及其相关的文件等。

针对不同的数据库备份类型，可以采取不同的数据库还原方法。当使用完全数据库备份还原数据库时，系统将自动重建原来的数据库文件，并且把这些文件放在备份数据库时的这些文件所在的位置。这种进程是系统自动提供的，因此，用户在执行数据库还原工作时，不需要重新建立数据库模式结构。

6.5.2 验证备份的内容

在还原数据库之前，应该验证使用的备份文件是否有效和查看备份文件中的内容是否自己所需要的内容。可以使用下面的 RESTORE 语句验证备份的内容：

- RESTORE HEADERONLY
- RESTORE FILELISTONLY
- RESTORE LABELONLY
- RESTORE VERIFYONLY

使用 RESTORE HEADERONLY 语句可以获取某个备份文件或备份集的标题信息。如果某个备份文件中包含了多个备份的内容，可以返回所有这些备份的标题信息。具体地说，可以返回的信息如下：

- 备份集或备份文件的名称和描述信息。
- 备份介质的类型，例如磁带或磁盘等。
- 使用的备份方法，例如完全数据库备份、增量数据库备份、事务日志备份、文件或文件组备份等。

◎ 执行备份的日期和时间。
◎ 备份的大小。
◎ 备份的序列号等。

【例 6-8】使用 RESTORE HEADERONLY 语句获取数据库备份文件的标题信息。

(1) 启动【查询编辑器】。

(2) 在如图 6-11 所示的对话框中，使用 RESTORE HEADERONLY 语句获取 Adventure WorksBAC 备份文件的标题信息，这些信息包括备份名称、备份描述信息、备份类型、失效日期、用户名、服务器名称、数据库名称等。

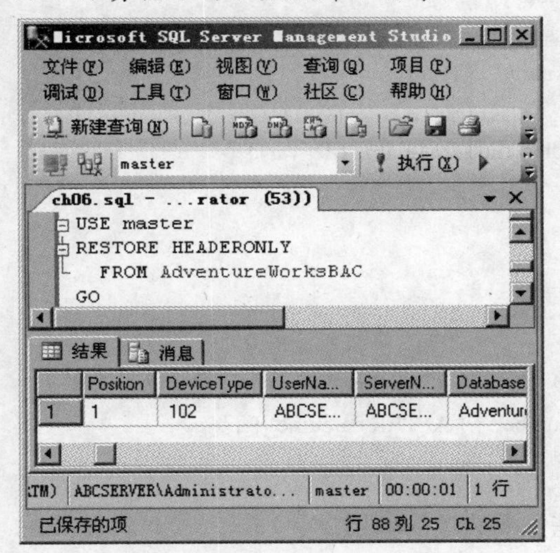

图 6-11 使用 RESTORE HEADERONLY 语句

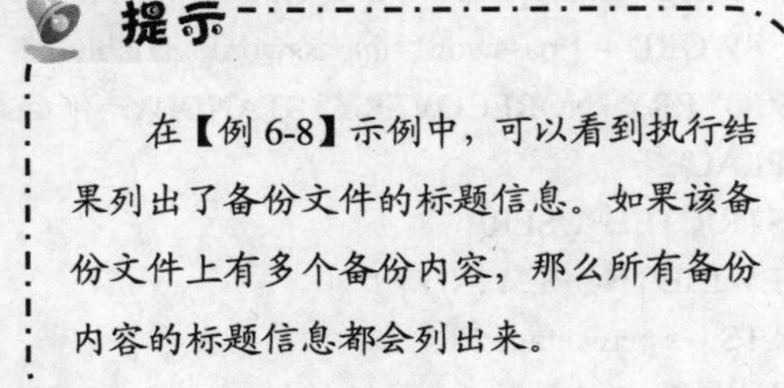

提示

在【例 6-8】示例中，可以看到执行结果列出了备份文件的标题信息。如果该备份文件上有多个备份内容，那么所有备份内容的标题信息都会列出来。

使用 RESTORE FILELISTONLY 语句可以返回原数据库或事务日志的文件信息。具体地说，使用该语句可以返回下面一些信息：

◎ 数据库和事务日志的逻辑文件名称。
◎ 数据库和事务日志的物理文件名称。
◎ 文件的类型，例如数据文件或事务日志文件。
◎ 文件组包含的文件成员。
◎ 备份集的大小(MB)。
◎ 该文件允许的最大值等。

使用 RESTORE LABELONLY 语句可以返回包含了备份文件的备份介质的信息，使用 RESTORE VERIFYONLY 语句可以验证该备份文件是否有效。

6.5.3 RESTORE 语句

可以使用 RESTORE DATABASE 语句执行数据库的还原操作，使用 RESTORE LOG 语句执行事务日志的还原操作。

RESTORE 语句的语法形式(部分)如下：

```
RESTORE DATABASE { database_name | @database_name_var }
[ FROM <backup_device> [ ,...n ] ]
[ WITH
[ { CHECKSUM | NO_CHECKSUM } ]
[ { CONTINUE_AFTER_ERROR | STOP_ON_ERROR } ]
[ FILE = { file_number | @file_number } ]
[ KEEP_REPLICATION ]
[ MEDIANAME = { media_name | @media_name_variable } ]
[ MEDIAPASSWORD = { mediapassword | @mediapassword_variable } ]
[ MOVE 'logical_file_name' TO 'operating_system_file_name' ] [ ,...n ]
[ PASSWORD = { password | @password_variable } ]
[{RECOVERY | NORECOVERY | STANDBY = {standby_file | @standby_file_var}} ]
[ REPLACE ]
[ RESTRICTED_USER ]
[ { REWIND | NOREWIND } ]
[ STATS [ = percentage ] ]
[ { STOPAT = { date_time | @date_time_var }
  | STOPATMARK = { 'mark_name' | 'lsn:lsn_number' } [ AFTER datetime ]
  | STOPBEFOREMARK = { 'mark_name' | 'lsn:lsn_number' } [ AFTER datetime ]} ]
[ { UNLOAD | NOUNLOAD } ] ]
```

下面解释 RESTORE DATABASE 语句中一些主要选项的作用。

FILE 选项指定将要还原的备份集中备份文件的标识序号。

KEEP_REPLICATION 选项的作用是，当还原某个配置为复制的数据库时，指定保留数据复制的设置。

MOVE TO 选项指定数据库的物理文件应该放置的路径。使用该选项，可以改变原来数据库文件的存放位置。

PASSWORD 选项提供备份集的口令。

MEDIANAME 选项指定备份集的名称。如果在备份操作过程中指定了备份集的名称，这时必须提供该名称，否则还原操作无法执行。

MEDIAPASSWORD 选项用于提供相对应的备份介质的口令。

RECOVERY 选项表示还原操作提交完成的事务，数据库可以正常使用，这时不能继续执行还原操作。NORECOVERY 选项表示还原操作不提交未完成的事务，这时数据库处于还原状态，用户不能使用该数据库，但是可以继续执行还原操作。

STANDBY 选项指定一个允许恢复撤销效果的备用文件，该选项可以用于脱机还原。备用文件用于为 RESTORE WITH STANDBY 的撤销过程中修改的页面保留一个“写入时副本”预映像。

REPLACE 选项指定系统重新创建指定的数据库和相关文件，目的是防止在还原过程中意

外地覆盖其他数据库。例如，如果备份的数据库是 human，现在希望还原成 sales 数据库，那么必须使用该选项。但是，如果备份和还原的数据库使用相同的名称，那么可以不使用该选项。

RESTRICTED_USER 选项限制只有 db_owner、dbcreator 和 sysadmin 角色的成员才可以访问新近还原的数据库。

REWIND | NOREWIND 选项指定磁带还原后是否自动倒带，该选项用于介质是磁带的还原操作。

STATS 选项指示系统显示还原的各项统计信息。

STOPAT 选项用于指定数据库还原到特定日期和时间的状态。STOPATMARK 选项用于指定还原到指定的标记，这时的还原内容包括包含了该标记的事务。STOPBEFOREMARK 选项指定还原到指定的标记，但是不包括包含了该标记的事务。该选项比 STOPATMARK 选项少还原一个事务日志的内容。

UNLOAD | NOUNLOAD 选项指定磁带还原之后，是否自动卸带。该选项用于介质是磁带的还原操作。

6.5.4 RECOVERY 和 NORECOVERY 选项

在执行还原数据库的操作时，常用的选项包括 RECOVERY 和 NORECOVERY。也就是说，在执行还原操作时，必须指定这两个选项中的一个。RECOVERY 选项是默认的选项。

在执行最后一次事务日志还原操作或完全数据库还原操作之后，可以使用 RECOVERY 选项，这时数据库还原到正常的状态：

- SQL Server 系统取消事务日志中所有未完成的事务，提交所有已经完成的事务。
- 数据库可以使用。

如果有多个备份内容需要还原时，那么需要使用 NORECOVERY 选项。当使用 NORECOVERY 选项时，应该考虑下面一些因素：

- 除了最后一个将要还原的备份，前面的所有还原操作都使用 NORECOVERY 选项。
- SQL Server 系统既不取消未完成的事务，也不提交已经完成的事务。
- 这时的数据库是不可使用的。

6.5.5 从不同的备份中还原数据库

如果数据库遭到了破坏，那么可以从完全数据库备份中来还原。这种还原也是所有还原操作的基础。如果只使用一个完全数据库的备份，那么可以在还原时使用 RECOVERY 选项；如果有多个将要还原的内容，那么在执行完全数据库还原时使用 NORECOVERY 选项。

【例 6-9】使用 RESTORE DATABASE 语句执行还原数据库操作。

(1) 启动【查询编辑器】。

(2) 在如图 6-12 所示的示例中，使用 RESTORE DATABASE 语句执行从完全数据库备份中还原数据库。这时，AdventureWorks 数据库完全由 AdventureWorksBAC 永久性备份文件中的备份替代了。

(3) 说明，由于在 RESTORE DATABASE 语句中使用了 RECOVERY 选项，表示还原操作执行之后，AdventureWorks 数据库处于可以使用的正常状态。

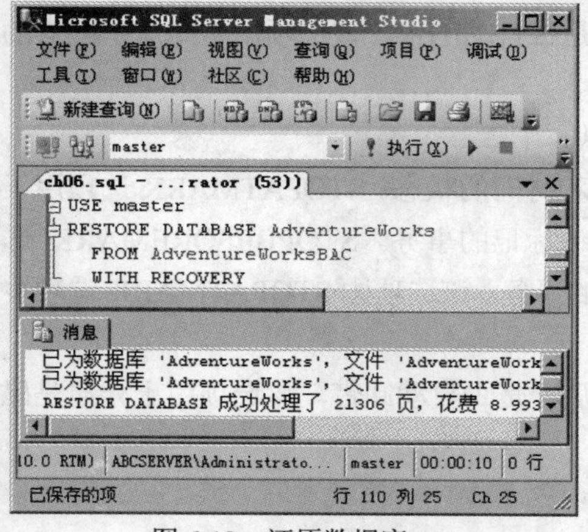

图 6-12　还原数据库

提示

在【例 6-9】示例中，可以看到使用了 RESTORE DATABASE 语句。该语句的 3 个主要参数是，指定将要还原的数据库名称，备份内容所在的备份文件以及还原后状态 RECOVERY 选项。

从增量数据库备份中还原数据库，使用的语句与从完全数据库备份中还原数据库的语句相同。如果是从增量数据库备份中还原数据库，那么 Microsoft SQL Server 将执行下面的操作：

- 只还原自从上一次完全备份之后变化的内容。
- 把数据库还原到与执行增量备份时完全一致的状态。
- 与还原事务日志相比，从增量备份中还原数据库的时间大大减少了。

如果执行的增量还原操作是最后一次，那么可以使用 RECOVERY 选项。如果执行了从增量数据库备份中还原数据库的操作之后，后面还有一系列的事务日志需要还原，那么应该使用 NORECOVERY 选项。

从事务日志备份中还原数据库，可以使用 RESTORE LOG 语句。执行还原事务日志操作的起点可以是完全数据库还原，增量数据库还原和上一次事务日志还原。

【例 6-10】使用 RESTORE DATABASE 语句执行多次还原数据库的操作。

(1) 假设 AdventureWorks 数据库的完全备份存储于某个备份文件上，两个事务日志的备份存储于另外一个备份文件上，这时执行 3 个还原操作把数据库还原到正常状态。执行的还原脚本如下：

```
USE master
GO
RESTORE DATABASE AdventureWorks FROM AWDB WITH NORECOVERY
GO
RESTORE LOG AdventureWorks FOM AWDBLog WITH FILE=1, STATS, NORECOVERY
GO
RESTORE LOG AdventureWorks FOM AWDBLog WITH FILE=2, RECOVERY
GO
```

(2) 第一步，首先执行从完全数据库备份中的还原操作，应用 NORECOVERY 选项。

(3) 第二步，执行从第一个事务日志备份中的还原操作，并且限制还原操作的进度。这时，数据库处于还原状态，不能使用。注意，FILE=1 表示使用该备份文件中的第一个备份内容。

(4) 最后，执行从第二个事务日志备份中的还原操作。这时，应用 RECOVERY 选项，则数据库处于正常状态。

在还原事务日志时，还可以使用 STOPAT 选项，指定将数据库中的数据还原到指定的某个精确的时间点。

【例 6-11】使用 STOPAT 选项将数据库中的数据还原到某个精确的时间点。

(1) AdventureWorks 数据库有一个完全数据库备份和两个事务日志备份。将该数据库还原到 2010 年 12 月 12 日凌晨 1 点之前发生的事务。注意，该时刻点前后的数据存在于第二个事务日志备份中。执行的还原脚本如下：

```
USE master
RESTORE DATABASE AdventureWorks FROM AWDB WITH NORECOVERY
GO
RESTORE LOG AdventureWorks FROM AWDBLog WITH FILE = 1，NORECOVERY
GO
RESTORE LOG AdventureWorks FROM AWDBLog
WITH FILE = 2，RECOVERY，STOPAT = 'December 12, 2010 1:00 AM'
GO
```

(2) 第一步从完全数据库备份 AWDB 中还原数据库 AdventureWorks，第二步从第一个事务日志备份 AWDBLog(FILE=1)中还原数据库，第三步从第二个事务日志备份 AWDBLog(FILE=2)中还原数据库，并且指定了还原的时间点为 2010 年 12 月 12 日凌晨 1 点。

还可以从文件或文件组备份中还原数据库。在执行从文件或文件组的备份中还原数据库时，为了使数据库还原到正常状态，执行完文件或文件组还原之后，应该执行一系列的事务日志的还原操作。

6.6 上机练习

本章上机练习的内容是使用 Transact-SQL 语句创建备份数据库和使用 SQL Server Management Studio 工具还原数据库。

(1) 使用如图 6-13 所示的命令创建 allBk 备份设备。因为这是在执行备份操作之前创建的备份文件，因此该备份设备是永久性备份文件。该备份设备的具体位置由第三个参数指定。

(2) 使用如图 6-14 所示的命令执行备份操作。首先使用 USE 命令置 master 数据库为当前数据库，然后使用 BACKUP DATABASE 语句指定 ElecTravelCom 数据库的备份操作，且将备份内容放在 allBk 备份设备上，接着使用 BACKUP LOG 语句执行备份日志的操作，即将该数据库的事务日志备份也备份到 allBk 备份设备上。这时，allBk 备份设备存储了多个备份内容。可以根据需要，继续使用该备份设备来备份其他数据库内容。

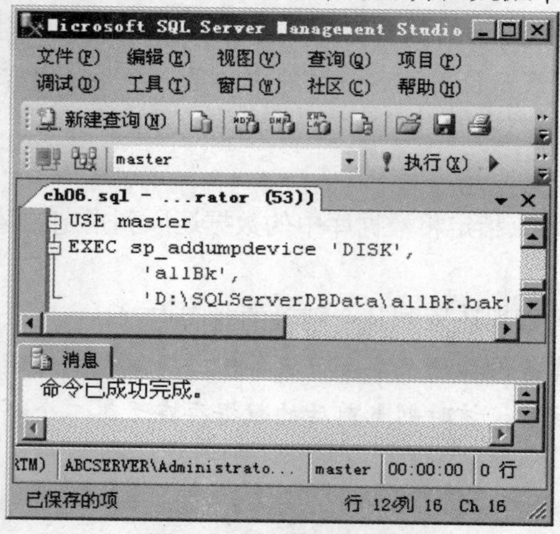

图 6-13　创建备份设备

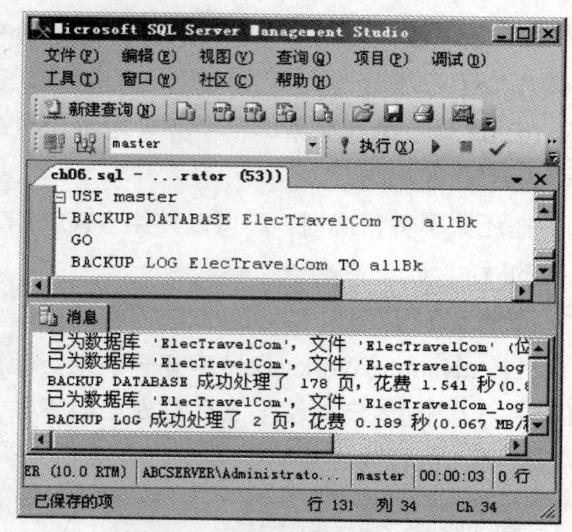

图 6-14　备份数据库和日志

(3) 从系统中删除 allBk 备份设备，将该备份设备的物理文件保存起来。使用如图 6-15 所示的命令重新创建备份设备。备份设备的逻辑名称可以重新命名，这里是 use_all_backup，其物理文件对应原先 allBk 对应的物理文件即可。注意，allBk 文件的物理位置发生了变化。单击【确定】按钮完成备份设备的创建操作。

(4) 在【对象资源管理器】中，打开服务器实例，右击【数据库】节点，从弹出的快捷菜单中选择【还原数据库】命令，则打开如图 6-16 所示的【还原数据库】对话框。在该对话框中，输入和选择相应的内容，单击【确定】按钮即可执行还原操作。

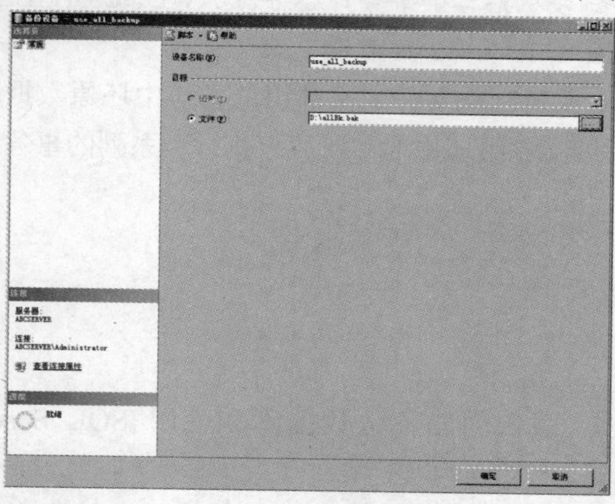

图 6-15　创建已经存在备份文件的备份设备

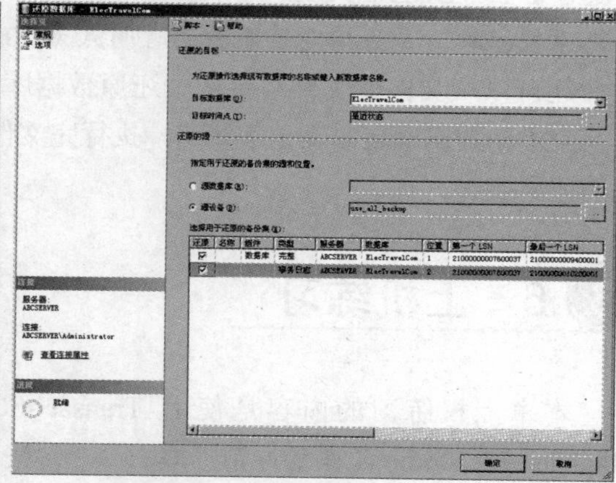

图 6-16　执行还原操作

6.7　习题

1. 分别备份 AdventureWorks 数据库的数据和日志内容。
2. 选择一个合适的时刻点，将 AdventureWorks 数据库还原到该指定的时刻点。

第7章 表

学习目标

表是数据库中最基本、最重要、最核心的对象，是组织数据的方式，是实际存储数据的地方。其他许多数据库对象，例如索引、视图等，都是依附于表对象存在的。从某种意义上可以这样说，管理数据库实际上就是管理数据库中的表。表结构的设计质量直接影响到数据库中数据的使用效率。本章全面讲述有关表的管理技术。

本章重点

- 设计因素
- 特点和类型
- 创建表
- 修改表
- 标识符列
- 已分区表

7.1 概述

设计数据库实际上就是设计数据库中的表。在设计数据库中的表时，目标是使用尽可能少的表数量，以及每个表中包含尽可能少的列数量来达到设计要求。合理的表结构，可以大大提高整个数据库的数据查询效率。

为了提高数据库的效率，设计出高质量的存储数据的表，在设计表时，应该从整体上考虑下面 7 个因素。

因素一，考虑表将要存储哪些数据对象，绘制出 ER 图。

ER 图是描述数据库中所有实体以及实体之间关系的图形，是辅助设计关系模型的工具。

实际上，表就是关系模型，也对应着模型中的实体，是存储数据的对象。在设计表时，应该综合考虑这些问题：数据库的目的是什么？数据库中将要包含哪些数据？数据库中应该包含多少表？每一个表将要包含哪些数据？表和表之间是否存在关系？如果存在关系，那么存在什么样的关系？对这个因素的深入思考，有助于创建合理、完整的表。

如图 7-1 所示的是一个简单的 ER 图。在该 ER 图中，有 7 个实体，实体之间有各种不同的关系形式，每一个实体都包含了数量不等的属性。依据该 ER 图，可以创建表和表之间的关系。

如图 7-2 所示的是一个复杂的数据库 ER 图的一部分。实际上，这是 AdventureWorks 数据库的 ER 图。该 ER 图详细描述了 AdventureWorks 数据库表、表中的列、表和表之间的关系。通过 ER 图，可以清晰地理解 AdventureWorks 数据库的结构。

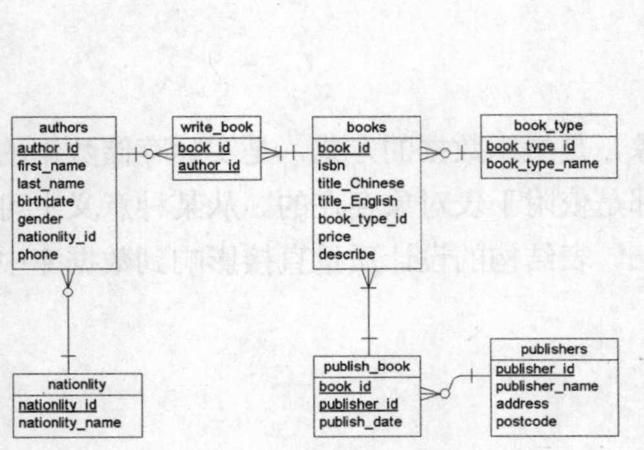

图 7-1　简单的 ER 图

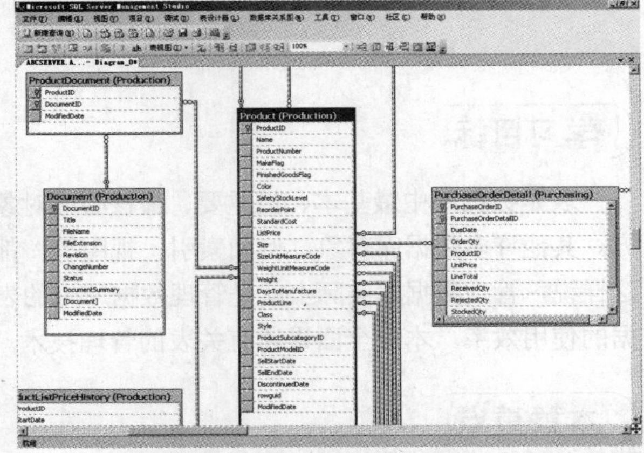

图 7-2　AdventureWorks 数据库的部分 ER 图

因素二，考虑表中将要包含的列，这些列的数据类型、精度等属性是什么？

确定了表之后，就应该确定表的内容。每一个表包含了多个列，每一个列都有一个数据类型，数字数据类型的列还需要确定列的精度和约度，这些都是设计表时必不可少的因素。数字列应该使用数字数据类型，字符列应该使用字符数据类型，日期列应该使用日期数据类型。对于数字列，需要认真考虑其精度和约度；对于字符列，应该考虑其是否使用定长字符列和字符长度。考虑这些因素的目标是使得表中的列的数量尽可能地少。如果列的数量过多，应该考虑将该表分解成两个表或多个表。

因素三，考虑列的属性，例如哪些列允许空值，哪些列不允许空值？

列允许空值，表示该列可以不包含任何的数据，空值既不是数字 0，也不是空字符，而是表示未知。如果允许列包含空值，那么表示可以不为该列输入具体的数据；如果不允许列包含空值，那么表示在输入数据时必须为该列提供数据。例如，在包含了订单的 orders 表中，订单代码、产品代码、客户代码等列不允许空值，但是订单描述列则可以包含空值。考虑这个因素时的目标是，尽量不使用允许空值的列，因为空值列有可能带来意想不到的查询效果。如果不得不允许某些列为空，那么应该使得这些列的数量最少。

因素四，考虑表是否使用主键，如果使用，是在何处使用主键？

主键是唯一确定每一行数据的方式，是一种数据完整性对象。主键往往是一个列，当然也

可能是多个列的组合。一个表中最多只能有一个主键。一般，应该为每一个表指定主键，借此可以确定行数据的唯一性。

因素五，考虑是否使用约束、默认值和规则，以及在何处使用这些对象？

约束、默认值和规则等都是数据完整性对象，都可以用来确保表中的数据质量。对表中数据的查询操作，只能在满足定义的约束、默认值和规则等条件下，才能执行成功。这些因素的考虑往往与表中数据的商业特性相关。

因素六，考虑是否使用外键，在何处使用外键？

在ER图中，需要绘制出实体之间的关系。在表的设计时，实体之间的关系需要借助主键-外键对来实现。因此，该因素也是确保ER图完整实施的一个重要内容。只有通过这种关系，才能确保表和表之间强制的商业性关系。

因素七，考虑是否使用索引，在何处使用索引，使用什么样的索引？

索引也是一种数据库对象，是加快对表中数据检索的手段，是提高数据库使用效率的一种重要方法。在哪些列上使用索引，在哪些列上不使用索引，是使用聚集索引，还是使用非聚集索引，是否使用全文索引等。对这些因素的认真考虑和实现，也是对表质量的更高的要求。

7.2 表的基本特点和类型

本节讲述两方面的内容，首先分析表的基本特点，然后讨论表的分类方式和表的主要类型。这些内容是有效创建和使用表的基础。

7.2.1 表的基本特点

表是关系模型中表示实体的方式，是用来组织和存储数据、具有行列结构的数据库对象。一般而言，表具有下面一些基本特点：代表实体，由行和列组成，行和列的顺序不重要等。下面详细讲述这些特点。

表代表实体，有唯一的名称，该名称用来确定实体。例如，在北京丽音家用电器制造公司的销售数据库中，有一个 orders 表，如表 7-1 所示。orders 表中的数据表示了该公司的订单实体，也就是说该公司的订单信息都存储在该表中，该公司的非订单信息或其他公司的订单信息都不会存储在该表中。例如，该公司的设备信息不能存储在 orders 表，北京吉普汽车制造公司的销售信息不能存储在该表中。

表 7-1　北京丽音家用电器制造公司的订单表 orders

订单代号	客户代号	产品代号	订单金额(元)	订单日期
2009030563	109804	CK2000-A	3500.0000	2009-03-05
2009030629	A19005	CK2010-C	2899.0000	2009-03-06
2009030630	375880	CKA109	4800.0000	2009-03-06

(续表)

订单代号	客户代号	产品代号	订单金额(元)	订单日期
2009050811	A19005	CKA109	4600.0000	2009-05-08
2009060822	289022	CKC100A	6050.0000	2009-06-08
2009061563	109804	CK2000-A	3500.0000	2009-06-15
2009070629	A19005	CK2010-C	2899.0000	2009-07-06

表是由行和列组成的，行有时也称为记录，列有时也称为字段或域。每一行都是这种实体的一个完整描述，例如，在表 7-1 中，订单代号为 2009030563 的这一行记录表示了该公司的一个完整的订单信息。一行数据就是该实体的一个实例。

表中的每一个字段都是对该实体的某种属性的描述，例如，客户代号列表示订单信息中的客户信息，订单日期列表示订单信息中的签约日期。

在表中，行的顺序可以是任意的，一般是按照数据插入的先后顺序存储的。在使用过程中，经常对表中的行或按照索引进行排序，或在检索时使用排序语句。

列的顺序也可以是任意的。对于每一个表，用户最多可以定义 1 024 个列。在一个表中，列名必须是唯一的，即不能有名称相同的两个或两个以上的列同时存在同一个表中。但是，在同一个数据库中的不同表中，可以使用相同的列名，这样两个名称相同的列可以没有任何关系。实际上，在定义表时，用户还必须为每一个列指定一种数据类型。

列名在一个表中的唯一性是由 Microsoft SQL Server 强制实现的。行在一个表中的唯一性一般是由用户通过增加列的主键来强制实现的，即在一个表中，为了满足实际应用的需要，应该没有相同的两行同时出现。例如，在 orders 表中，如果有两行数据完全一样，那么表示这两行数据都是描述了同一个订单信息，因此没有存在的必要。

在 Microsoft SQL Server 2008 系统的数据库中，对指定的架构来说，表名必须是唯一的，这是由系统强制性实现的。但是，如果为表指定了不同的架构，那么可以创建多个具有相同名称的表。例如，在一个数据库中，可以创建两个表 employees，其中一个 employees 表的架构所有者是 Peter，另外一个 employees 表的架构所有者是 Hillary。当引用这些表时，区分的方法是在表名前面加上架构所有者，即 Peter.employees 和 Hillary.employees。

7.2.2 表的类型

在 Microsoft SQL Server 2008 系统中，按照表的作用，可以把表分为 4 种类型，即普通表、已分区表、临时表和系统表。每一种类型的表都有自己的作用和特点。

普通表，又称标准表，就是通常提到的作为数据库中存储数据的表，是最经常使用的表的对象，也是最重要、最基本的表。普通表经常简称为表。其他类型的表都是有特殊用途的表，往往是在特殊应用环境下为了提高系统的使用效率派生出来的表。

已分区表是将数据水平划分成多个单元的表，这些单元可以分布到数据库中的多个文件组

中，实现对单元中数据的并行访问。如果表中的数据量非常庞大，并且这些数据经常被以不同的使用方式来访问，那么建立已分区表是一个有效的选择。已分区表的优点在于可以方便地管理大型表，提高对这些表中数据的使用效率。

临时表，顾名思义，是临时创建的、不能永久生存的表。临时表又可以分为本地临时表和全局临时表。临时表被创建之后，可以一直存储到 SQL Server 实例断开连接后。本地临时表只对创建者是可见的，全局临时表在创建之后对所有的用户和连接都是可见的。

系统表与普通表的主要区别在于，系统表存储了有关 SQL Server 服务器的配置、数据库设置、用户和表等对象的描述等系统信息，一般只能由数据库管理员使用该表。

7.3 创建和修改表

本节主要围绕创建和修改表展开讨论，内容包括创建表、增加和删除列、修改列的属性、设置标识符列、查看表的信息、删除表等。

7.3.1 创建表

在 Microsoft SQL Server 2008 系统中，既可以使用 CREATE TABLE 语句创建表，也可以使用可视化的 SQL Server Management Studio 图形工具。下面主要研究如何使用 CREATE TABLE 语句创建表。

CREATE TABLE 语句是一种经常使用的创建表的方法，也是一种最灵活、最强大的创建表的方式。

【例 7-1】使用 CREATE TABLE 语句创建 students 表。

(1) 启动【查询编辑器】。

(2) 如图 7-3 所示的脚本命令创建了一个 students 表。该表包含了有关学生的信息，这些信息包括学号、姓名、性别、出生日期、出生地、联系电话、住址和备注等。

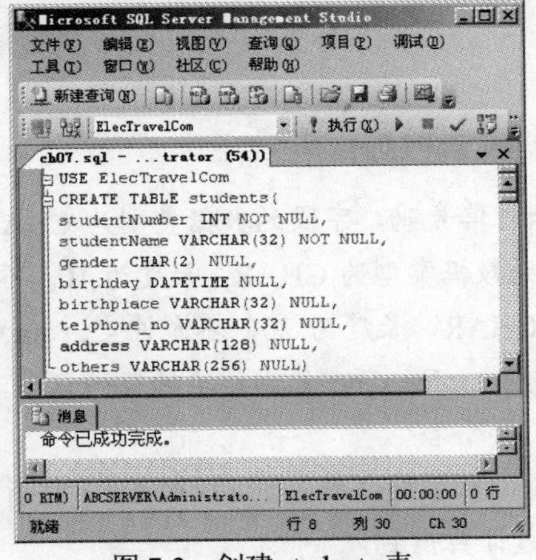

图 7-3 创建 students 表

> **提示**
>
> 在【例 7-1】示例中，可以看到 students 表包含了多个列，每一个列都至少有 3 个参数，即列名称、数据类型和是否允许空值。列名称应该是描述性名称，例如，birthplace 列表示存储出生地信息。

(3) 说明，在 students 表中有 8 个列，每一个列都由列名、数据类型和是否为 NULL 属性组成。studentNumber 表示学生代号，数据类型为 INT，不允许空；studentName 表示学生姓名，数据类型为 VARCHAR，长度为 32，不允许空；gender 表示学生的性别，数据类型为 CHAR，长度为 2，允许空；birthday 表示学生的出生日期，数据类型为 DATETIME，允许空；birthplace 表示学生的出生地，字段类型为 VARCHAR，长度为 32，允许空；telephone_no 表示学生的联系电话，字段类型为 VARCHAR，长度为 32，允许空；address 表示学生的住址，字段类型为 VARCHAR，长度为 128，允许空；others 表示学生的备注信息，字段类型为 VARCHAR，长度为 256，允许空。

虽然在 students 表中没有定义主键、外键、索引、约束等对象，但是这确实是一个完整的数据表，可以用来存储描述学生基本信息的数据。

【例 7-2】使用 CREATE TABLE 语句创建北京丽音家用电器制造公司的 orders 表。

(1) 启动【查询编辑器】。

(2) 在前面的表 7-1 中引用了一个北京丽音家用电器制造公司的 orders 表，该表存储了该公司的订单信息，即订单代号、客户代号、产品代号、订单金额和订单日期等。

(3) 使用 CREATE TABLE 语句创建该表，创建命令如图 7-4 所示。

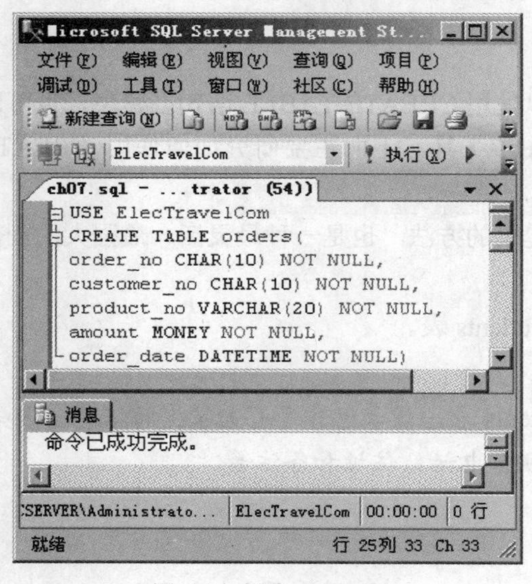

图 7-4　创建 orders 表

提示

在【例 7-2】示例中，可以看到 orders 表包含了 5 个列。在确定每一个列的数据类型时，一定要非常小心，应该根据客观需求来确定。例如，如果实际的订单编号的最长长度不会超过 10 个字符，那么可以为订单编号指定的数据类型是 CHAR(10)。

(4) 在该 orders 表中，有 5 个列。order_no 表示订单号码，字段的数据类型为 CHAR，长度为 10，不允许空；customer_no 表示客户代号，字段的数据类型为 CHAR，长度为 10，不允许空；product_no 表示产品代号，字段的数据类型为 VARCHAR，长度为 20，不允许空；amount 表示订单的金额，字段的数据类型为 MONEY，不允许空；order_date 表示订单的签约日期，字段的数据类型为 DATETIME，不允许空。

在创建表的过程中，除了在列中直接指定数据类型和属性之外，还可以对某些列进行计算。也就是说，某些列的值不必通过输入得到，而是通过计算得到。

【例 7-3】使用 CREATE TABLE 语句创建包含计算列的表。

(1) 启动【查询编辑器】。

(2) 在如图 7-5 所示的创建表的示例中，使用了一个计算列，amount 列。该列的值是由表示单价的 unitPrice 列和表示数量的 qty 列的乘积确定的。

(3) 说明，图 7-5 所示的脚本创建了一个 productSales 表，在该表中有 4 个列。productName 列的数据类型是 VARCHAR(32); unitPrice 列的数据类型为 DECIMAL(10, 2); qty 列的数据类型为 INT; amount 列没有指定数据类型，但是它的值是 unitPrice*qty，也就是说，该列的值是通过计算得到的。在 productSales 表中的第 4 个字段中，AS 是 Microsoft SQL Server 使用的关键字。需要注意的是，在这个计算列中，默认情况下，系统并不将 amount 列中的数据物理存储，该列仅仅是一个虚拟列，只能用于显示。

(4) 如果希望将计算列的数据物理化，以便在该列上创建索引，那么可以使用 PERSISTED 关键字。在如图 7-6 所示的脚本中，由于在 amount 计算列中使用了 PERSISTED 关键字，指定该列保存计算得到的数据，因此该列是一个物理列，当该列所依赖的其他列中的数据发生改变时，该列中的数据也会自动更新。

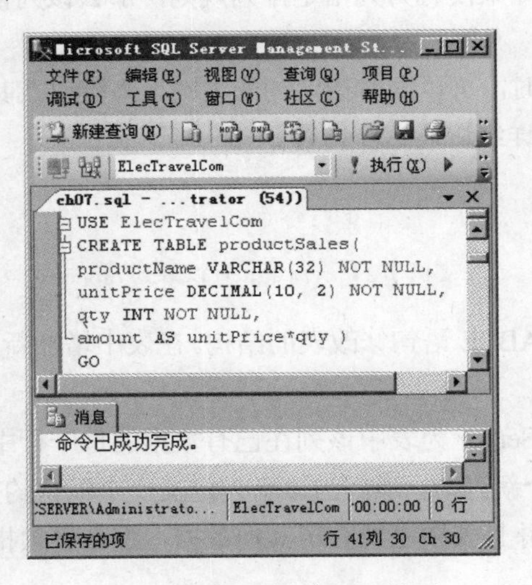

图 7-5　在创建表中使用计算列

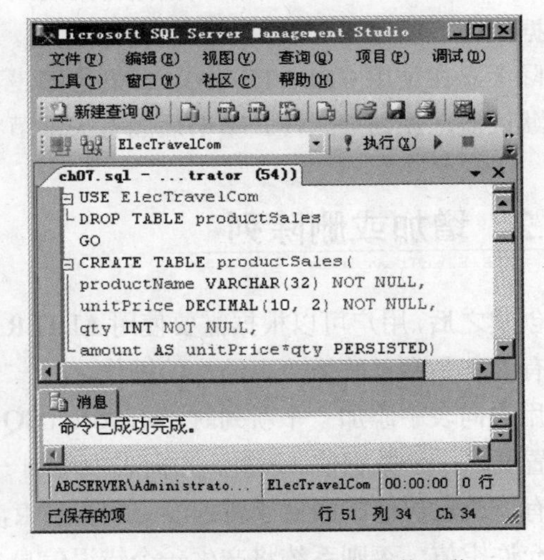

图 7-6　使计算列中的数据物理化

在表名称前面添加#或##符号可以创建临时表。当在表名称前面使用一个#符号时，表示创建的表是本地临时表，该表只能由创建者使用。如果表名称前使用了两个#符号，那么表示该表是全局临时表，在其生存期间可以由所有的用户使用。

【例 7-4】使用 CREATE TABLE 语句创建全局临时表。

(1) 启动【查询编辑器】。

(2) 如图 7-7 所示的示例使用 CREATE TABLE 语句创建了一个全局临时表，该表的名称是##studentsInfo。

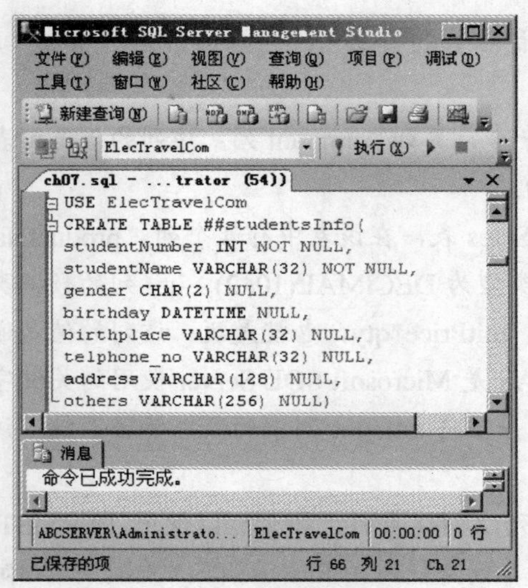

图 7-7　创建全局临时表

提示

在【例 7-4】示例中，可以看到临时表与普通表的差别，即临时表名称前面有一个或两个#号，且生命期的长短也不相同。全局临时表与本地临时表之间的差别是，前者可由所有用户使用，后者只能由创建者使用。

在创建表时，可以为表中的列指定排列规则。如果没有为列指定排列规则，那么该列使用当前数据库的默认排列规则。

实际上，在使用 CREATE TABLE 语句创建表时，可以同时指定列的主键、外键以及其他约束、默认值、规则等属性。本书后面有关章节将详细讲述这些内容。

7.3.2　增加或删除列

表创建之后，用户可以根据需要使用 ALTER TABLE 语句修改表的结构。在表中增加新列、删除已有的列是常见的修改表结构的操作。

当用户向表中添加一个新列时，Microsoft SQL Server 为表中该列在已有数据的每一行中的相应位置插入一个数据值。因此，当向表中增加一个新列时，最好为该新列定义一个默认约束，使该列有一个默认值。如果该新列没有默认约束，并且表中已经有了其他数据，那么必须指定该新列允许空值，否则系统将产生一个错误信息。

【例 7-5】使用 ALTER TABLE 语句增加表中的列。

(1) 启动【查询编辑器】。

(2) 在如图 7-8 所示的示例脚本中，首先创建一个 abc_table 表。

(3) 然后，使用 sp_help 系统存储过程查看该表的结构信息。

(4) 在如图 7-9 所示的脚本中，在 abc_table 表中增加一个 column_b 字段，该字段的数据类型是 VARCHAR，长度是 20，这个新字段没有默认值，允许空值。

(5) 然后，再使用 sp_help 系统存储过程查看修改过的该表的结构。

(6) 接着使用 DROP TABLE 语句删除 abc_table 表。重新创建 abc_table 表，然后向该表插入一行数据，如图 7-10 所示。

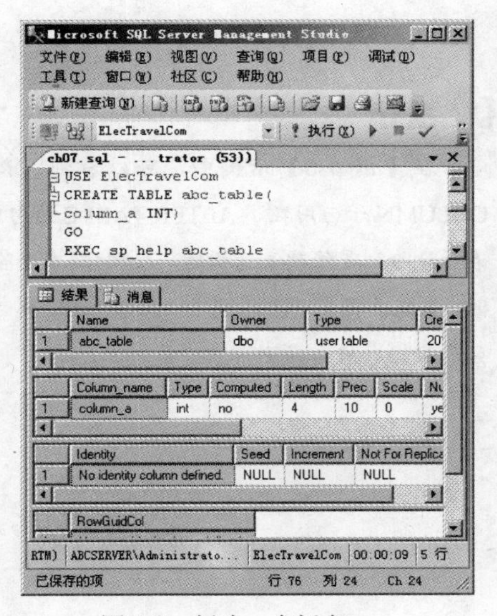

图 7-8　创建一个新表

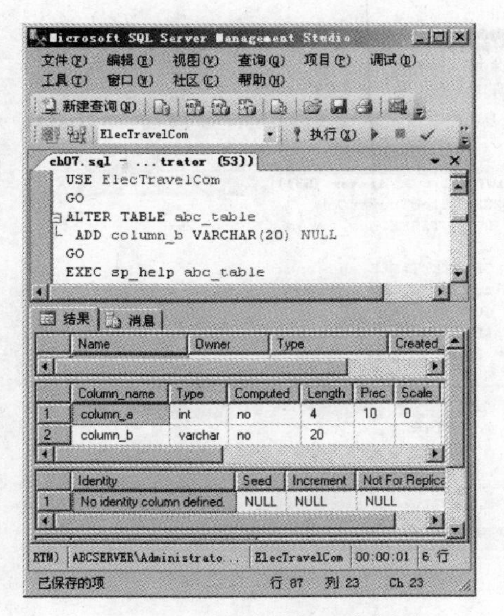

图 7-9　在表中增加一个新列

(7) 使用 ALTER TABLE 语句执行新增数据列的操作，并且为该列指定不允许空值，那么这时就会产生如图 7-11 所示的错误。

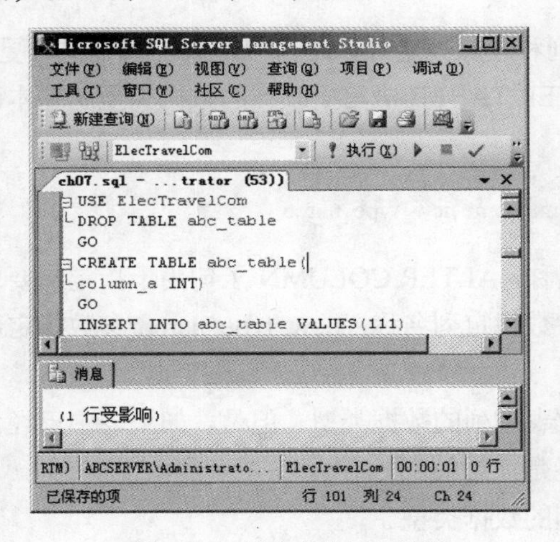

图 7-10　创建表且插入数据

图 7-11　在有数据的表中增加新列

就像增加新列一样，如果表中的某个列不再需要了，可以使用 ALTER DATABASE 语句删除该列。

【例 7-6】使用 ALTER TABLE 语句删除表中的列。

(1) 启动【查询编辑器】。

(2) 在如图 7-12 所示的示例中，先使用 DROP TABLE 语句删除 abc_table 表。

(3) 然后，使用 CREATE TABLE 语句重新创建 abc_table 新表，该表有两个列：column_a 和 column_b。

(4) 接下来，使用 ALTER TABLE 语句修改该表的定义，从表中删除其中的 column_b 列。

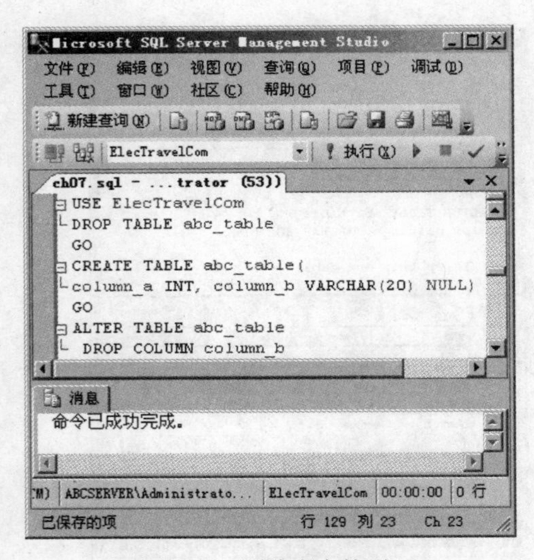

图 7-12 删除表中的列

提示

在【例 7-6】示例中，可以看到 DROP COLUMN 子句用在了 ALTER TABLE 语句中，表示删除列是修改表结构的一种操作。在删除列时，只需要指定列名称即可。注意，删除列时该列的数据也被自动删除。

7.3.3 更改列的数据类型

使用 ALTER TABLE 语句除了可以增加新列和删除列之外，还可以对列的属性进行更改。本节主要讲述如何更改列的数据类型。使用 ALTER TABLE 语句更改列的数据类型的基本语法形式如下：

```
ALTER TABLE table_name ALTER COLUMN column_name new_type_name
```

其中，table_name 参数指定将要更改的表名称，ALTER COLUMN 子句用于指定将要更改的列名称和新的数据类型名称，column_name 参数指定列名称，new_type_name 参数指定新的数据类型名称。

如果表中没有数据，那么可以根据需要更改表中列的数据类型。但是，如果表中已经包含了数据，那么对表中列的数据类型的更改则不能是任意的。

【例 7-7】使用 ALTER TABLE 语句更改列的数据类型。

(1) 启动【查询编辑器】。

(2) 在如图 7-13 所示的示例中，先使用 DROP TABLE 语句删除 abc_table 表。

(3) 然后，使用 CREATE TABLE 语句重新创建 abc_table 表，该表包括了两个列。

(4) 接下来，使用 ALTER TABLE 语句更改该列的数据类型。第一个 ALTER TABLE 语句更改第一个列的数据类型。第一个列 column_a 的原有数据类型是 INT，新数据类型是 VARCHAR(128)。

(5) 第二个 ALTER TABLE 语句更改第二个列的数据类型，第二个列 column_b 的原有数据类型是 VARCHAR(20)，更改后的新数据类型是 INT。

(6) 在如图 7-14 所示的示例中，由于 abc_table 表中已经包含了数据，column_b 列中的数据无法自动转换为更改后的新数据类型(INT)的数据。因此，这时对该列数据类型的更改操作失败。

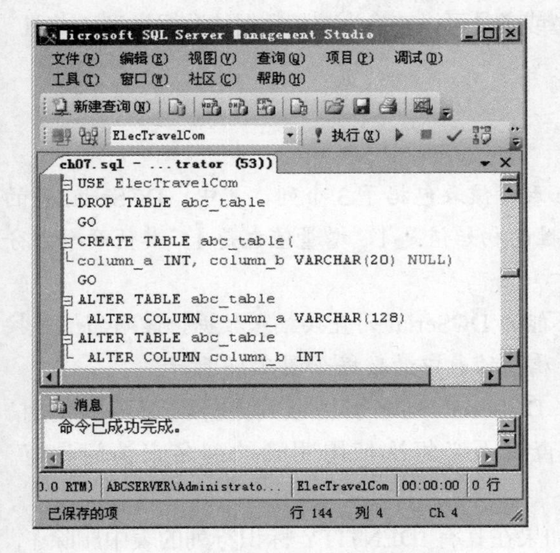

图 7-13 更改空表中的列的数据类型

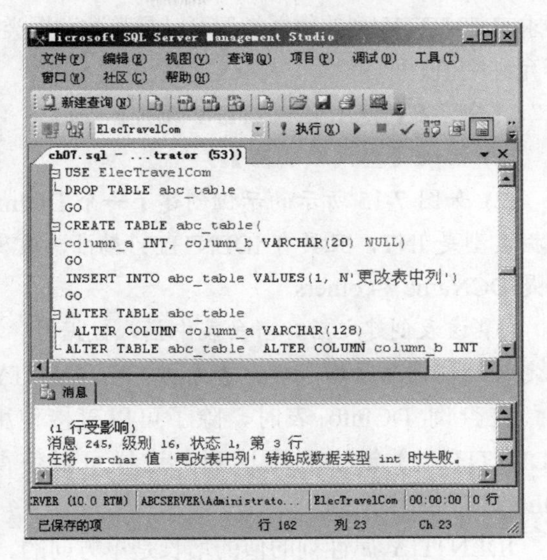

图 7-14 更改非空表中的列的数据类型

通过【例 7-7】可以看出，如果表中没有数据，那么对表中列的数据类型的更改可以是任意的。但是，如果表中已经包含了数据，对表中列的数据类型的更改涉及到这些列中的数据是否能够与新数据类型一致的问题。因此，这时要求更改后的列的数据类型应该是更改前的数据类型可以隐式转换的数据类型，否则这种对列的数据类型的更改操作不能成功。

7.3.4 使用标识符列

标识符列表示唯一地标识表中的每一行数据的符号。在 Microsoft SQL Server 2008 系统中，可以创建两种类型的标识符列，即 IDENTITY 列和 ROWGUIDCOL 列。下面详细介绍这两种标识符列的创建和修改方式。

1. IDENTITY 列

使用 IDENTITY 属性的列是 IDENTITY 列，每一个表中最多只能有一个 IDENTITY 列。定义 IDENTITY 属性时需要指定两个值：种子值和增量值。这样，表中第一行的 IDENTITY 列的值是种子值，其他行的 IDENTITY 列的值是在前一行值的基础上增加一个增量值得到的。

IDENTITY 属性的语法形式如下：

```
IDENTITY (seed, increment)
```

其中，seed 参数指定该列的种子值，increment 参数指定该列的增量值。这两个参数的默认值都是 1。

可以在 CREATE TABLE 语句或 ALTER TABLE 语句中使用 IDENTITY 属性。由于 IDENTITY

属性是作为列的属性在列上定义的，因此对 IDENTITY 列的数据类型有所限制，SQL Server 系统要求 IDENTITY 列的数据类型可以是整数数据类型或者是可以转换为整数数据的数据类型，并且不允许空值。

【例 7-8】使用 IDENTITY 属性。

(1) 启动【查询编辑器】。

(2) 如图 7-15 所示的示例创建了一个 DCInfo 表。该表包括了 3 个列，其中，DCSerial 列的数据类型是 INT，且具有 IDENTITY 属性，该属性的初始值是 1，增量值也是 1。其他两个列分别是 DCName 和 others。

(3) 该表创建之后，当向表中插入数据时，不能为 DCSerial 列直接插入数据，该列的值是按照定义的规则自动增长的。查看具有 IDENTITY 属性的表中的数据如图 7-16 所示。

在查询 DCInfo 表时，除了可以直接使用 DCSerial 列名引用该列之外，还可以使用 $IDENTITY 关键字引用该列。这样可以使得查询不必每次使用明确的列名来访问具有 IDENTITY 属性的列。

IDENTITY 属性列的值的增长是单方向的。如果在具有 IDENTITY 标识符列的表中删除了大量的数据，那么可能造成标识符序列短缺，已删除的标识符值是不能重用的。可以通过两种方式解决这种标识符值短缺的情况：第一，使用 SET IDENTITY_INSERT 语句将该表的 IDENTITY 属性设置为可以插入数据的状态，然后手工插入这些缺失的标识符；第二，在插入数据时，使用触发器判断标识符列是否短缺，如果确实短缺某些标识符列，那么触发器执行一些可以补充这些标识符的操作。

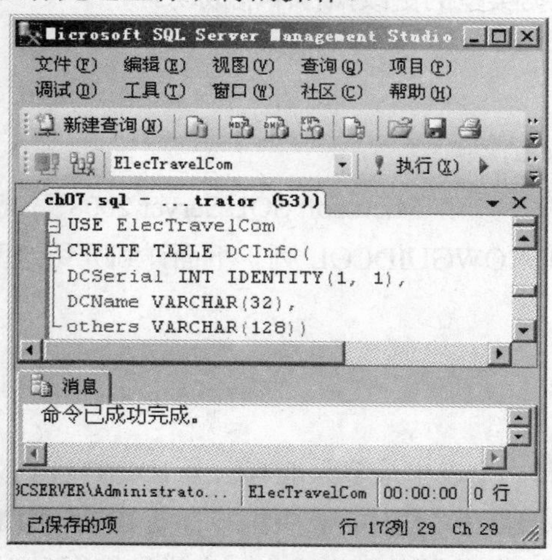

图 7-15　创建具有 IDENTITY 属性的表

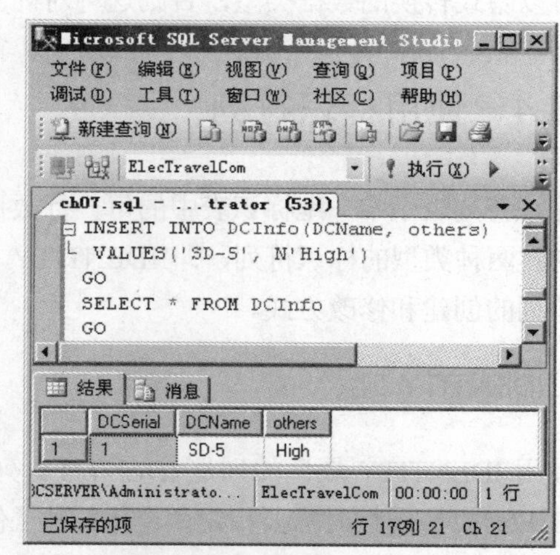

图 7-16　查看具有 IDENTITY 属性的表中数据

有一些系统函数与 IDENTITY 属性相关。@@IDENTITY 函数可以返回最后插入的标识符的值，该函数不受范围的限制。SCOPE_IDENTITY 函数返回当前作用域范围内的最后插入的标识符的值，例如，在一个模块、存储过程中等。IDENT_CURRENT 函数则返回指定表的最后插入的标识符值。这 3 个函数的差别在于其作用范围不同。

IDENT_SEED 函数返回指定表的 IDENTITY 属性列的初始值，IDENT_INCR 函数则返回

指定表的 IDENTITY 属性列的增量值。

2. ROWGUIDCOL 列

IDENTITY 属性的作用范围是表。也就是说，在一个指定的表中，IDENTITY 属性列的值不会有重复值。但是，不同的表之间是有可能存在 IDENTITY 属性列的值相同的现象的。在执行合并多个表的复制操作中，这种现象是必须避免的。Microsoft SQL Server 系统提供的用于标识符列的 ROWGUIDCOL 属性可以解决这种问题。

ROWGUIDCOL 列是全局唯一标识符列。每一个表中最多可以创建一个 ROWGUIDCOL 列。从理论上来看，分布在 Internet 上两台不同的计算机中的 ROWGUIDCOL 列的值出现相同的现象的概率是微乎其微的。在创建表时，可以使用 UNIQUEIDENTIFIER 数据类型定义 ROWGUIDCOL 列。需要注意的是，不像 IDENTITY 列可以自动生成数据那样，ROWGUIDCOL 列的值是不能自动生成的，一般使用 NEWID 函数来为该列提供数据。当然，也可以手工为该列输入值。

【例 7-9】使用 ROWGUIDCOL 列。

(1) 启动【查询编辑器】。

(2) 在如图 7-17 所示的脚本中，先删除 DCInfo 表。

(3) 然后使用 CREATE TABLE 语句重建 DCInfo 表。DCInfo 表中有 3 个列，即表示唯一号的 DCSerial 列，表示名称的 DCName 列和表示其他信息的 others 列。

(4) 说明，DCSerial 列是一个 ROWGUIDCOL 列，其数据类型是 UNIQUEIDENTIFIER，其默认值通过 NEWID 函数得到。

(5) 为了查看 ROWGUIDCOL 列中的数据，在如图 7-18 所示的脚本中，首先向 DCInfo 表中插入一行数据，然后使用 SELECT 语句查看该表中的数据。

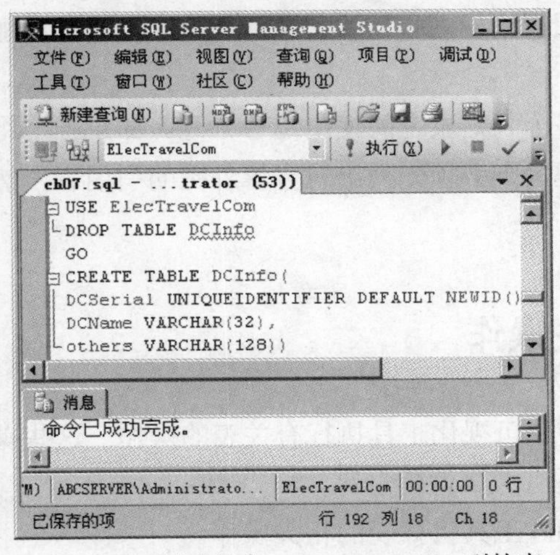

图 7-17 创建具有 ROWGUIDCOL 列的表

图 7-18 查看具有 ROWGUIDCOL 列的表中数据

如果希望获取有关 ROWGUIDCOL 列的信息，可以使用$ROWGUID、OBJECTPROPERTY 和 COLUMNPROPERTY 函数。$ROWGUID 函数可以返回当前表中 ROWGUIDCOL 列的值，OBJECTPROPERTY 函数可以用于判断指定的表是否包含了 ROWGUIDCOL 列，COLUMNPROPERTY 函数可以获取指定表中的 ROWGUIDCOL 列的名称。

7.3.5 查看表的信息

表创建之后，可以使用许多函数、存储过程查看有关表的各种信息。例如，COLUMNPROPERTY 函数可以用于查看有关表中的列的信息。这些信息包括是否为空，是否为计算得到的列，是否具有 IDENTITY 属性，是否为 ROWGUIDCOL 列等。sp_depends 存储过程用于查看指定表的依赖对象，这些依赖对象包括依赖于表的视图、存储过程等。

另外，使用 sp_help 存储过程可以查看有关表结构的信息。前面示例中已经使用过了该存储过程，这里不再重复。

7.3.6 删除表

删除表就是将表中数据和表的结构从数据库中永久性地去除。表被删除之后，就不能再恢复该表的定义。删除表可以使用 DROP TABLE 语句来完成，该语句的语法形式如下：

```
DROP TABLE table_name
```

不能使用 DROP TABLE 语句删除正在被其他表中的外键约束参考的表。当需要删除这种有外键约束参考的表时，必须首先删除外键约束，然后才能删除该表。表的所有者可以删除自己的表。当删除表时，绑定在该表上的规则和默认将失掉绑定。属于该表的约束或触发器则自动地被删除。如果重新创建表时，必须重新绑定相应的规则和默认、重新创建触发器和增加必要的约束。

可以使用 DROP TABLE 语句一次性地删除多个表，表之间使用逗号分开。如果一个将要删除的表引用了另外一个也将要被删除的表的主键，则必须先列出包含该外键的引用表，然后再列出包含要引用的主键的表。

7.3.7 使用图形工具执行表的相关操作

在 Microsoft SQL Server 2008 系统中，可以使用可视化工具执行有关表的操作。这些操作包括创建表，修改表的结构，查看依赖关系，查看有关属性信息等。

【例 7-10】使用 SQL Server Management Studio 工具执行表的相关操作。

(1) 启动 SQL Server Management Studio 工具。

(2) 打开 Microsoft SQL Server 2008 实例的指定数据库，展开 AdventureWorks 数据库的节点，

然后展开【表】节点，右击 Person.Contact 表，则弹出一个快捷菜单，如图 7-19 所示。该菜单中的命令包括新建表、修改、打开表、编写表脚本、查看依赖关系等。

(3) 如果需要得到 Person.Contact 表的 CREATE TABLE 脚本，可以选择【编写表脚本为】|【CREATE 到】以及新建的查询窗口或记事本或剪贴板等命令，可以得到如图 7-20 所示的脚本。用户可以把该脚本保存到指定的位置，以后可以根据需要使用该脚本来重建 Person.Contact 表。

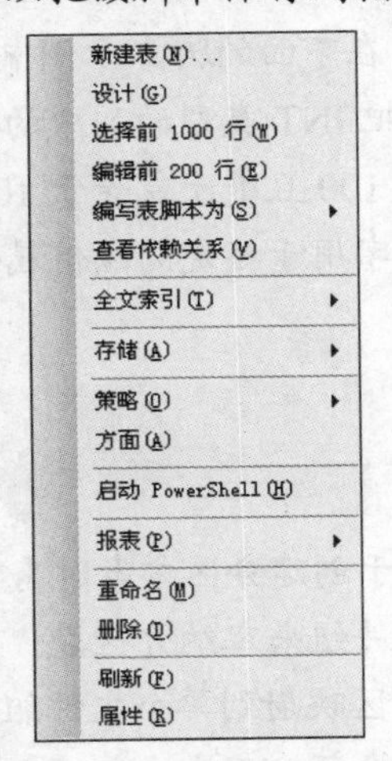

图 7-19　表的快捷菜单

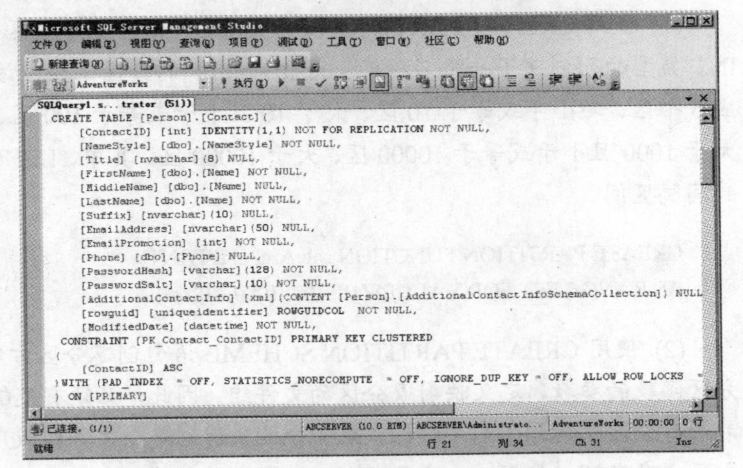

图 7-20　Person.Contact 表的 CREATE TABLE 脚本

7.4　已分区表

如果一个表中包含了大量的、以多种不同方式使用的数据，且一般查询不能按照预期的成本完成，那么应该考虑使用已分区表。已分区表是指按照数据水平方式分区，将数据分布于一个数据库的多个不同的文件组中。在对数据进行查询或更新时，这些已分区表将被视为独立的逻辑单元。

通过采用分区技术，对于数据子集执行的维护操作只是针对所需数据而不是整个表，因此可以高效率地管理和访问大型表的数据子集。例如，在某个公司的数据库中，有一个存放销售数据的 sales 表，该表中的数据量巨大。但是，不同的应用程序使用表中数据的方式是不同的。有些应用程序需要对当前月份中的数据执行 INSERT、UPDATE、DELETE 等操作，但是有些应用程序对以前月份中的数据执行 SELECT 操作。这时，如果按照月份对表进行分区，那么可以提高对 sales 表的管理效率。如果 sales 表没有分区，由于对该表的维护操作需要针对整个数据集，这样就会频繁消耗大量资源。

在对表进行分区之前，必须考虑如何创建分区函数和分区方案。分区函数定义如何根据某些列中的值将表中的数据行映射到一组分区，分区方案则将分区函数指定的分区映射到文件组中。

创建分区表的主要步骤如下：

(1) 创建分区函数，指定如何分区。

(2) 创建分区方案，指定分区函数的分区在文件组上的位置。

(3) 创建使用分区方案的表。

【例 7-11】 创建分区表。

(1) 使用 CREATE PARTITION FUNCTION 语句创建分区函数。在下面的脚本示例中，针对 INT 类型的列创建了一个名称为 saleAmountPF 的分区函数。该函数把 INT 类型的列中的数据分成 5 个区，即小于或等于 10 区、大于 10 且小于或等于 100 区、大于 100 且小于或等于 1000 区、大于 1000 且小于或等于 10000 区、大于 10000 区。其中，LEFT 关键字用于指定间隔值属于左侧的间隔区间。

```
CREATE PARTITION FUNCTION saleAmountPF(INT)
AS RANG LEFT FOR VALUES(10, 100, 1000, 10000)
```


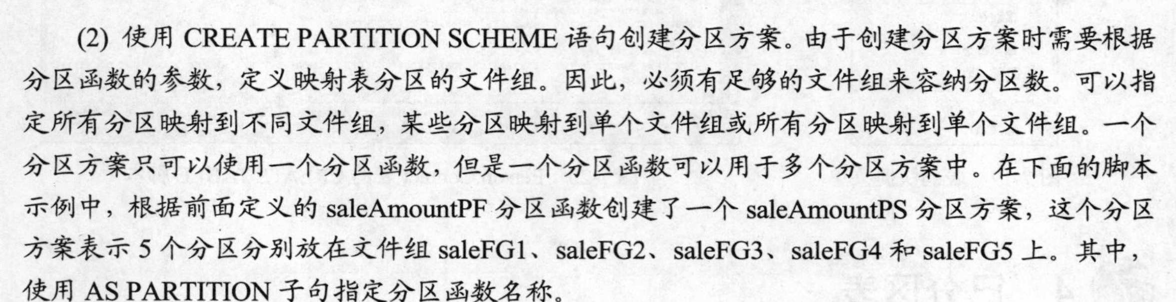

(2) 使用 CREATE PARTITION SCHEME 语句创建分区方案。由于创建分区方案时需要根据分区函数的参数，定义映射表分区的文件组。因此，必须有足够的文件组来容纳分区数。可以指定所有分区映射到不同文件组，某些分区映射到单个文件组或所有分区映射到单个文件组。一个分区方案只可以使用一个分区函数，但是一个分区函数可以用于多个分区方案中。在下面的脚本示例中，根据前面定义的 saleAmountPF 分区函数创建了一个 saleAmountPS 分区方案，这个分区方案表示 5 个分区分别放在文件组 saleFG1、saleFG2、saleFG3、saleFG4 和 saleFG5 上。其中，使用 AS PARTITION 子句指定分区函数名称。

```
CREATE PARTITION SCHEME saleAmountPS
AS PARTITION saleAmountPF
TO (saleFG1, saleFG2, saleFG3, saleFG4, saleFG5)
```

(3) 分区函数和分区方案创建之后，就可以创建分区表了。创建分区表依然使用 CREATE TABLE 语句，但是需要在该语句中使用 ON 关键字指定分区方案名称和分区列。在下面的示例中，创建一个已分区 salePT 表，该表中的 saleAmount 列是分区列。在该分区表中，销售数量不同的数据按照分区函数和分区方案确定的方式在不同的文件组上存储。

```
CREATE TABLE salePT (
serialID INT,
saleAmount INT,
saleDate DATETIME,
salePerson VARCHAR(32))
ON saleAmountPF (saleAmount)
```

需要强调的是，已分区表中的分区列在数据类型、长度、精度方面应该与分区方案中引用的分区函数中使用的数据类型、长度、精度等一致。

7.5 上机练习

本章上机练习的内容是使用 Transact-SQL 语句和 SQL Server Management Studio 工具创建和修改表的结构，以及使用 IDENTITY 属性。

7.5.1 练习创建和修改表

在这个练习中，练习创建和修改表的结构。

(1) 使用如图 7-21 所示的 CREATE TABLE 命令创建 Books 表，该表用于存储图书信息。该表有 5 个列，存储图书书号的 ISBN 列、存储书名的 Title 列、存储图书类型的 BookType 列、存储图书页数的 Page 列和存储图书价格的 Price 列。

(2) 使用如图 7-22 所示的 ALTER TABLE 命令修改 Books 表的结构，增加新列。第一个 ALTER TABLE 语句增加用于存储图书作者信息的 Authors 列，第二个 ALTER TABLE 语句增加了一个用于存储图书备注信息的 Others 列。

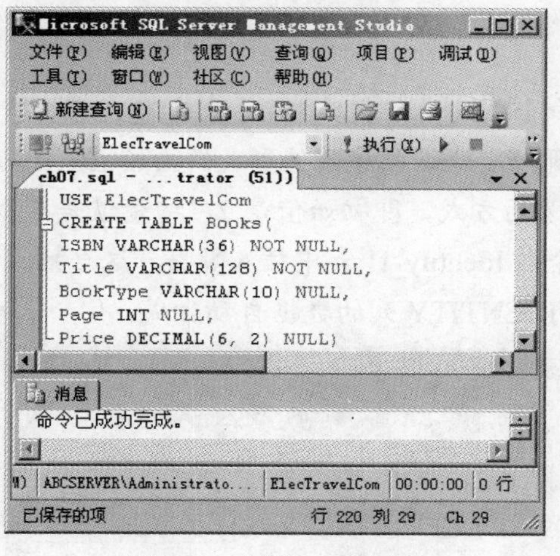

图 7-21 创建 Books 表

图 7-22 在 Books 表中增加列

(3) 使用如图 7-23 所示的 ALTER TABLE 命令继续修改 Books 表的结构，不过这一次不是增加新列，而是分别更改现有列的数据类型和删除列。第一个 ALTER TABLE 语句将 BookType 列的数据类型更改为 VARCHAR(20)，第二个 ALTER TABLE 语句删除了 Others 列。当然，这些修改的基础应该是实际需求。

(4) 也可以使用图形工具查看和修改 Books 表的结构。在 SQL Server Management Studio 工具的【对象资源管理器】中，依次展开【数据库】节点、 ElecTravelCom 数据库节点、【表】节点，右击 dbo.Books 表，从弹出的快捷菜单中选择【设计】命令，则打开如图 7-24 所示的 Books 图形化结构。可以在这里修改 Books 表的结构。

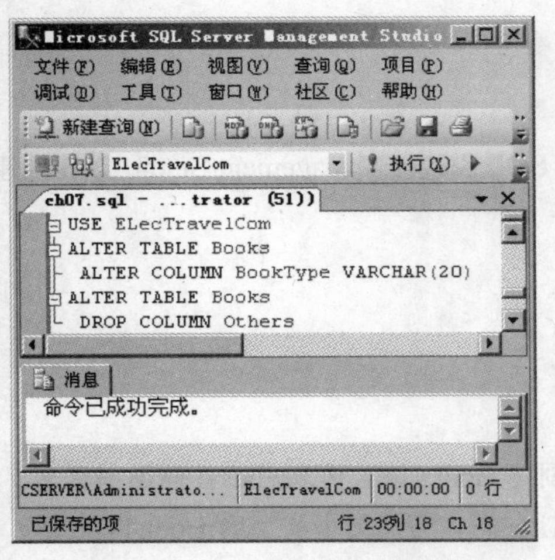

图 7-23　更改列的数据类型和删除列

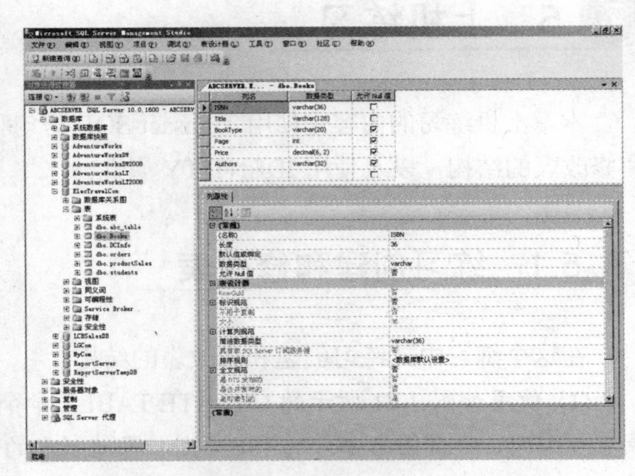

图 7-24　使用图形工具查看 Books 表结构

7.5.2　练习使用 IDENTITY 属性

下面练习在表中使用 IDENTITY 属性。

(1) 使用如图 7-25 所示的 CREATE TABLE 命令创建两个表，这两个表都有 IDENTITY 列。第一个表中的 IDENTITY 列采用了默认的序列值形式，默认的序列值形式的初始值是 1，增量也是 1；第二个表中的 IDENTITY 属性采用了自定义的方式，即初始值是 2，增量值是 5。

(2) 使用如图 7-26 所示的 INSERT INTO 命令向 Identity_t1 表中插入数据。这里插入了 3 行数据。注意，只是向非 IDENTITY 列插入数据，IDENTITY 列的数据自动生成。

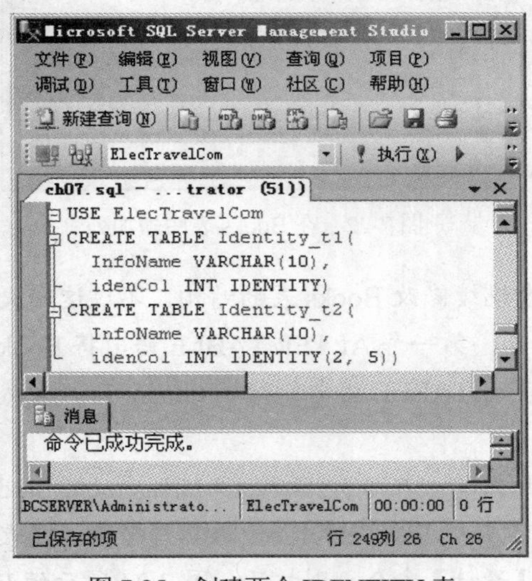

图 7-25　创建两个 IDENTITY 表

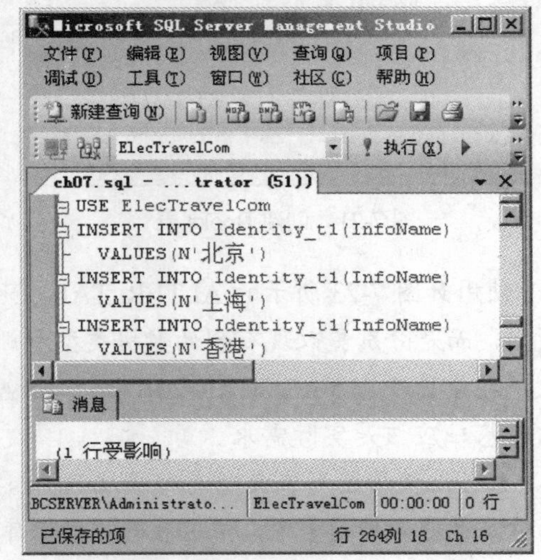

图 7-26　向第一个表中插入数据

(3) 在如图 7-27 所示的脚本中，使用 SELECT 语句查看 Identity_t1 表中的数据。从这里可以

看出，idenCol 列中的数据从 1 开始，按照增量为 1 的方式进行增长，这种方式符合 IDENTITY 属性的默认序列值形式。

(4) 同样，将图 7-26 中的 3 行数据插入到 Identity_t2 表中。然后，使用 SELECT 语句检索该表中的数据，检索结果如图 7-28 所示。从这里可以看出，idenCol 列的值分别是 2、7 和 12，符合初始值为 2、增量为 5 的序列值形式。

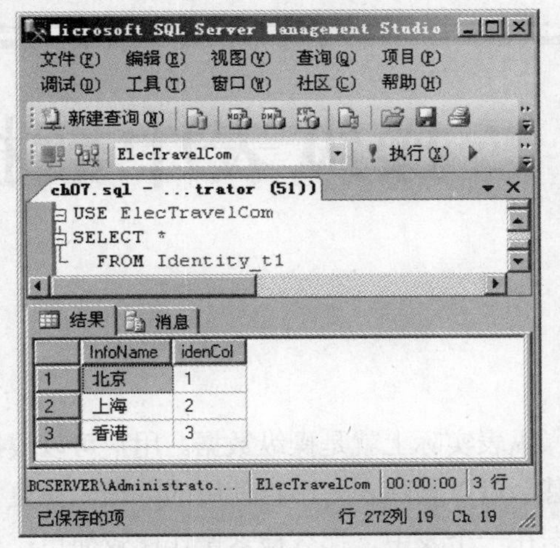

图 7-27　查看第一个表中的数据

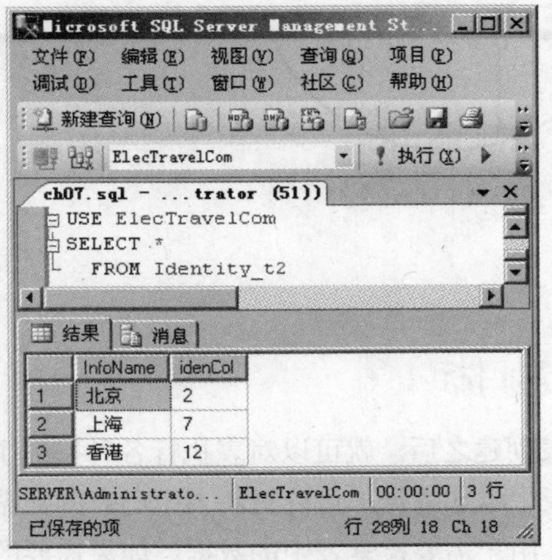

图 7-28　查看第二个表中的数据

7.6　习题

1. 利用系统提供的图形工具，生成 AdventureWorks 数据库中 HumanResources.Employee 表的 CREATE TABLE 脚本。

2. 创建一个有计算列的表，且该计算列中的数据是物理存在的。

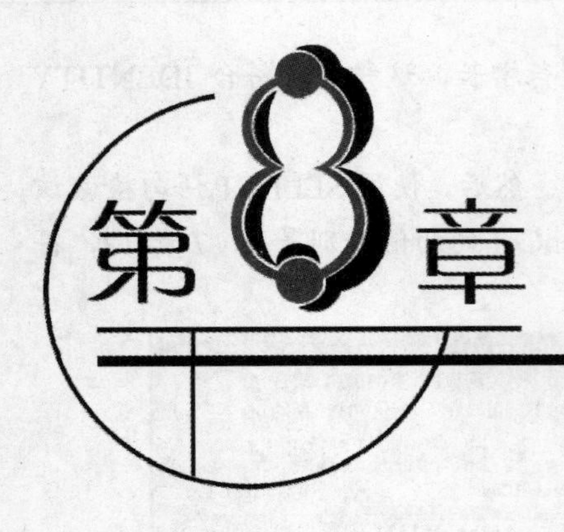

第8章 操纵表中数据

学习目标

表创建之后，就可以对表执行各种操纵了。操纵表实际上就是操纵数据。用户可以根据需要向表中添加数据，可以更新表中已有的数据，甚至可以删除表中不再使用的数据。在更多情况下，用户需要检索表中的数据。如果需要的数据在一个表中，那么检索操作比较简单；如果需要的数据分散在多个不同的表中，那么需要执行复杂的检索操作。本章全面研究操纵表中数据的内容。

本章重点

- 插入数据
- 更新数据
- 删除数据
- 检索数据
- 高级操纵
- 加密数据

8.1 概述

下面通过一个具体示例，研究表创建之后用户面临的操纵数据问题和解决这些操纵数据问题的思路。

【例 8-1】创建 books 表，研究数据操纵问题。

(1) 启动【查询编辑器】。

(2) 按照图 8-1 所示创建 books 表，该表用于存储有关图书的书号、书名、出版社名称、图书页数、图书价格以及出版日期等信息。

(3) 说明，在创建 books 表的脚本中，NOT NULL 表示该列不允许空值，NULL 表示该列允许空值。那么，如果没有明确指定 NOT NULL 或 NULL 关键字时，该列是否允许为空呢？这时需要根据在服务器和数据库上的有关空值选项的设置来确定。当 ANSI_NULL_DEFAULT 选项设置为 ON 时，默认值为 NULL；当该选项设置为 OFF 时，默认值为 NOT NULL。

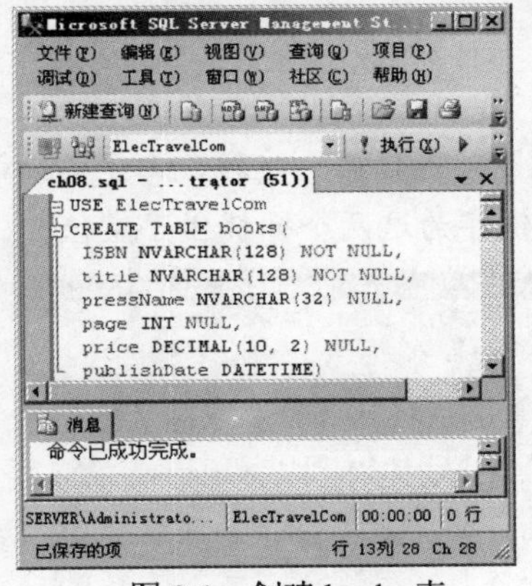

图 8-1 创建 books 表

提示

在【例 8-1】示例中，可以看到 publishDate 列没有明确指定 NULL 或 NOT NULL，该列的空值选项需要由系统来设置。表的目的是存储数据，新创建的表是空表，只有插入数据之后，才能执行其他操纵操作。

(4) 表刚创建之后只是一个空表。如何向表中添加数据呢？如果表中已有数据了，但是数据不合适或不正确，那么如何更新这些数据呢？如果表中的数据不再需要了，那么如何删除这些过时的数据呢？如何按照用户需要，将表中的数据检索出来呢？这些问题都是数据操纵问题。用户可以使用 INSERT、UPDATE、DELETE、SELECT 等语句来解决这些问题。

8.2 插入数据

表刚创建之后只是一个空表，因此向表中插入数据是在表结构创建之后首先需要执行的操作。向表中插入数据，应该使用 INSERT 语句。该语句包括了两个子句，即 INSERT 子句和 VALUES 子句。INSERT 子句指定要插入数据的表名或视图名称，它可以包含表或视图中列的列表。VALUES 子句指定将要插入的数据。

一般使用 INSERT 语句一次只能插入一行数据。INSERT 语句的基本语法形式如下：

```
INSERT INTO table_or_view_name (column_list)
VALUES (expression)
```

向表中插入数据时要注意，数字数据可以直接插入，但是字符数据和日期数据要使用引号引起来。如果是 Unicode 数据，应该在字符数据的引号前使用 N 字符。

【例 8-2】向 books 表中插入一行完整数据。

(1) 启动【查询编辑器】。

(2) 如图 8-2 所示的是一个向 books 表中插入一行完整数据的示例。

(3) 说明，字符数据都使用引号引起来了，数字数据可以直接插入。如果字符数据包含了特殊字符，例如“XML 编程技术大全”和“清华大学出版社”，为了保证这些数据的正确性，使

用了 N 符号。另外，VALUES 中的值可以写成一行，也可以写成多行。

在使用 INSERT 语句向表中插入数据时，有时某些列的数据是未知的，这时可以插入空值。当然，这时该列应该允许空值，否则就会出现错误。当为某些列插入空值时，可以使用 NULL 关键字，也可以使用 DEFAULT 关键字。

【例 8-3】向 books 表中插入空值。

(1) 启动【查询编辑器】。

(2) 在如图 8-3 所示的示例中，向 books 表中又插入了一行数据。这时，由于不知该书的出版社名称和出版日期，分别使用 NULL 和 DEFAULT 关键字为这两个列提供了空值。

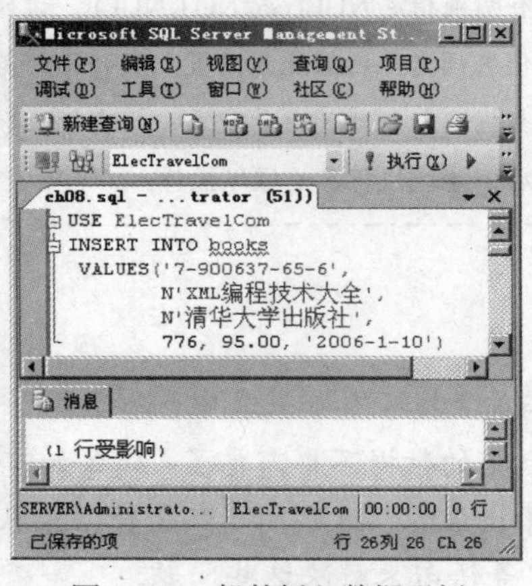

图 8-2　一般的插入数据示例

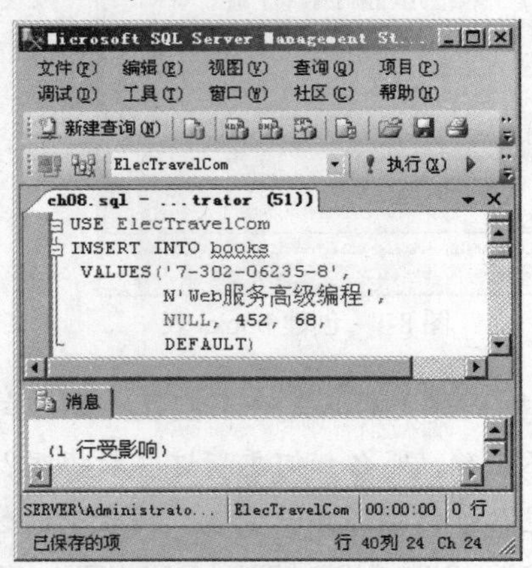

图 8-3　向表中插入空值

虽然 DEFAULT 和 NULL 都可以为某个列提供空值，但是这两个关键字的作用是不同的。NULL 关键字仅仅向允许为空的列提供空值，而 DEFAULT 关键字则为指定的列提供一个默认值。如果列上没有定义默认值或者其他可以自动获取数据的类型，这两个关键字的作用才是相同的。

【例 8-2】和【例 8-3】都是为 books 表中的所有列插入数据，这时，VALUES 子句中的数据顺序应该与定义 books 表中的列顺序相同。

实际上，使用 INSERT 语句可以向表中插入部分列的数据。也就是说，在一个 INSERT 语句中，可以为指定的列提供明确的数据，没有出现在 INSERT 语句中的列应该允许为空，或有默认值，或可以自动获取数据等。

在插入部分列数据时，应该注意下面两个问题：

- 在 INSERT 子句中，明确指定要插入数据的列名。
- 在 VALUES 子句中，列出与列名对应的数据。列名顺序和数据顺序应该完全对应。

【例 8-4】向 books 表中插入部分列数据。

(1) 启动【查询编辑器】。

(2) 在如图 8-4 所示的示例中，使用 INSESRT 语句向 books 表中插入部分列数据。这几个列名在 books 表名称后面列了出来，VALUES 子句中的数据的顺序与列出的列名顺序是对应的。虽然 INSERT 语句中列出的列名顺序与表中定义的列名顺序不同，但是对数据插入操作没有任何影响。

实际上，如果表中所有的列都允许为空或者定义有默认值，或者定义了其他可以获取数据的特征，那么可以使用 DEFAULT VALUES 子句向表中提供一行全部是默认值的数据。当然，如果表中存在不允许空值的列或者必须为列提供数据，那么使用这种子句就可能失败。

【例 8-5】使用 DEFAULT VALUES 子句向 books 表中插入数据。

(1) 启动【查询编辑器】。

(2) 在如图 8-5 所示的示例中，试图使用 DEFAULT VALUES 子句向表中插入一行数据，结果这种插入操作失败。这是因为 ISBN 列不允许空值。这种插入一行空值的操作只适用于所有列都允许空值的情况。

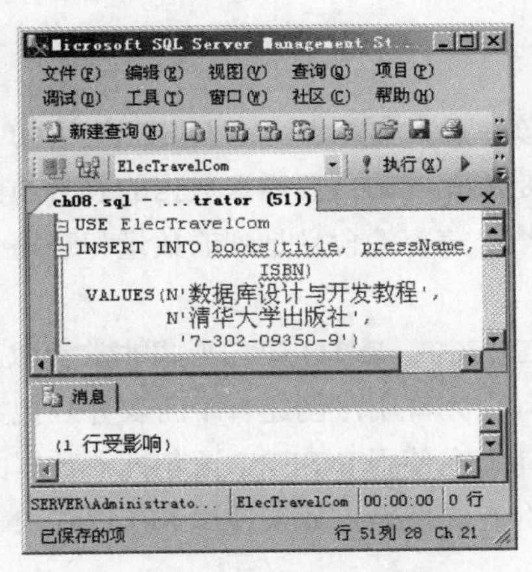

图 8-4　向表中插入部分列的数据

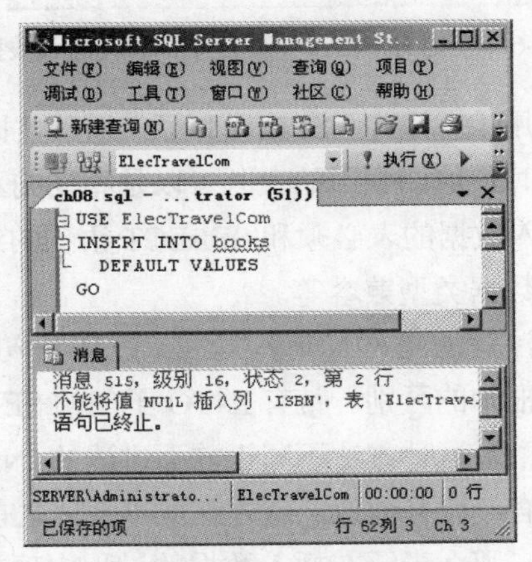

图 8-5　使用 DEFAULT VALUES 子句插入数据

虽然说使用 INSERT 语句一次只能插入一行数据，但是如果在 INSERT 语句中包含了 SELECT 语句，那么这时可以一次插入多行数据。这种使用 SELECT 语句插入数据的基本语法形式如下：

```
INSERT INTO table_or_view_name
select_statement
```

【例 8-6】使用 INSERT…SELECT 形式向 books 表中插入数据。

(1) 启动【查询编辑器】。

(2) 在如图 8-6 所示的示例中，使用 INSERT…SELECT 形式向 books 表中插入了从 AdventureWorks 数据库的 Production.Product 表中检索出来的数据。SELECT 子句指明数据的来源，INSERT 子句指定数据的去向。

(3) 说明，从业务角度来看，把有关产品的数据添加到图书表中是不合适的。但是，从技术的角度来看，这种操作是可以实现的。因此，在实际应用中，一定要选择合适的数据来应用这种技术。

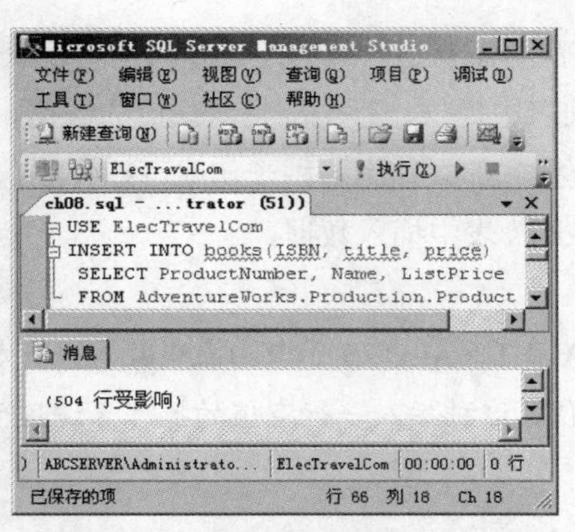

图 8-6 使用 INSERT…SELECT 形式插入数据

在使用 INSERT...SELECT 形式插入数据的应用过程中，需要明确 3 点：第一，这种插入的数据有实际意义；第二，数据源和数据目的地的列项数量相同、数据类型可以兼容；第三，表事先存在。

在使用 INSERT…SELECT 形式插入数据时，应该注意下面几点：在 INSERT 语句中使用 SELECT 时，他们引用的表既可以是相同的，也可以是不相同的；要插入数据的表必须已经存在；要插入数据的表必须和 SELECT 语句的结果集兼容。兼容的含义是列的数量和顺序必须相同、列的数据类型兼容等。

需要注意的是，INSERT…SELECT 语句形式与 SELECT…INTO 语句形式非常类似，但是两者又有根本的区别。带有 INTO 子句的 SELECT 语句，允许用户创建一个新表并且把数据插入到新表中，这种方法不同于前面讲述的 INSERT 语句。在使用 INSERT 语句插入数据的各种方法中，有一个共同点，就是在数据插入之前表已经存在。但是，如果使用 SELECT INTO 插入数据时，那么表示在插入数据的过程中建立新表。

【例 8-7】使用 SELECT…INTO 形式向新创建的表中插入数据。

(1) 启动【查询编辑器】。

(2) 图 8-7 是一个使用 SELECT…INTO 语句的示例。在该操作过程中，首先创建了一个名称为 new_table 的新表，该表的 3 个列分别是 ProductNumber、Name 和 ListPrice。然后向该表插入数据。

图 8-7 使用 SELECT…INTO 语句

提示

在使用 SELECT…INTO 语句插入数据的应用过程中，需要明确 3 点：第一，该执行过程创建了一个新表；第二，SELECT 语句检索到的数据插入到了新表中；第三，这种操作常用于复杂计算过程的中间环节。

可以使用 BULK INSERT 语句按照用户指定的格式把大量数据插入到数据库的表中，这是批量加载数据的一种方式。

【例 8-8】使用 BULK INSERT 语句向 books 表中插入数据。

(1) 如图 8-8 所示的是一个包含 9 行图书数据的文本文件，字段之间用逗号分开，该文件的物理位置是 D:\SQLServerDBData\bookdata.txt。注意，如果某个列的数据为空，可以空其位置，但是必须的逗号不能省略。

(2) 启动【查询编辑器】。

(3) 在如图 8-9 所示的示例中，使用 BULK INSERT 语句将这些数据批量加载到了 books 表中。注意，在 BULK INSERT 语句的 WITH 子句中，FIELDTERMINATOR 关键字用于指定字段之间的分隔符，ROWTERMINATOR 关键字用于指定行之间的分隔符。

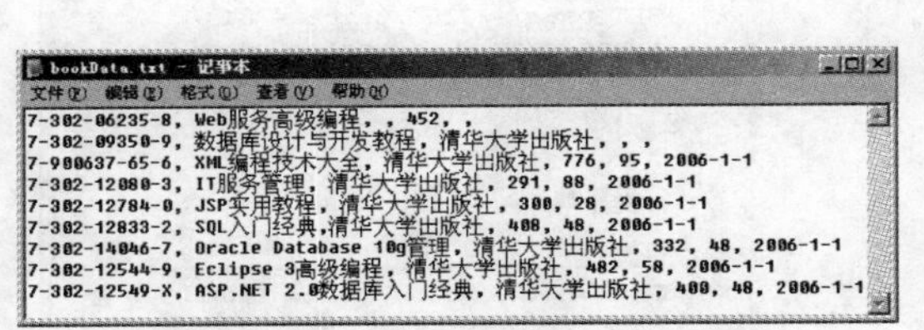

图 8-8　包含了图书数据的文本文件

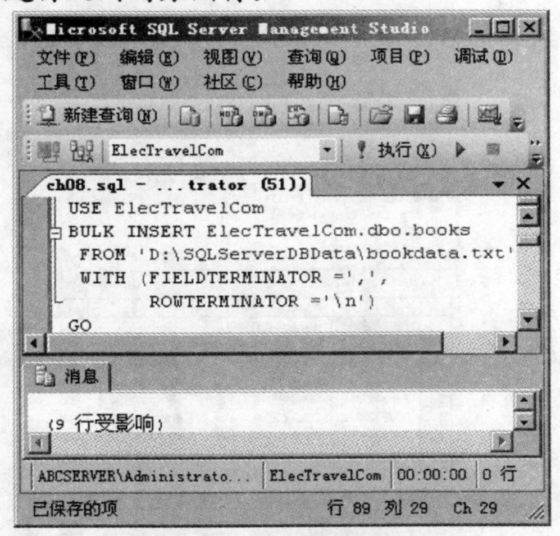

图 8-9　使用 BULK INSERT 语句插入数据

8.3　更新数据

可以使用 UPDATE 语句更新表中已经存在的数据。UPDATE 语句既可以一次更新一行数据，也可以一次更新许多行，甚至可以一次更新表中的全部数据行。

在 UPDATE 语句中，使用 WHERE 子句指定要更新的数据行必须满足的基本条件，使用 SET 子句给出新的数据。新数据既可以是常量，也可以是指定的表达式。

UPDATE 语句的基本语法形式如下：

```
UPDATE table_or_view_name
SET column_name = expression, …
WHERE search_condition
```

在使用 UPDATE 语句时，如果没有使用 WHERE 子句，那么将对表中所有的行进行更新。如果在使用 UPDATE 语句更新数据时，数据与数据类型等约束定义有冲突，那么更新将不会发

生，整个更新事务全部被取消。

【例 8-9】查看 books 表中的数据。

(1) 启动【查询编辑器】。

(2) 在如图 8-10 所示的示例中，可以看到 books 表中已经包含了 9 行数据。注意，如果某些数据不存在，则显示空值。如果这些数据存在不足或错误，可以使用 UPDATE 语句来更新。

现在，假设已经知道了《数据库设计与开发教程》图书的页数为 720 页、价格为 81 元，那么可以更新 books 表中的图书数据。

【例 8-10】更新 books 表中指定图书的页数和价格数据。

(1) 启动【查询编辑器】。

(2) 在如图 8-11 所示的示例中，使用 UPDATE 语句更新《数据库设计与开发教程》图书的页数和价格。该示例使用了 WHERE 子句，因此限定本操作只针对满足 WHERE 条件的数据。

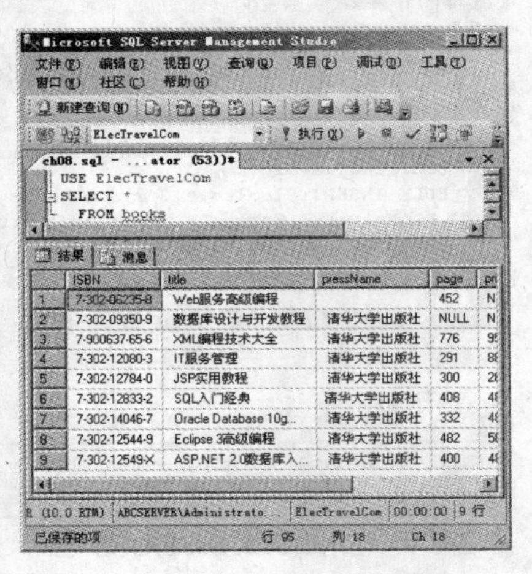

图 8-10　books 表中的 9 行数据

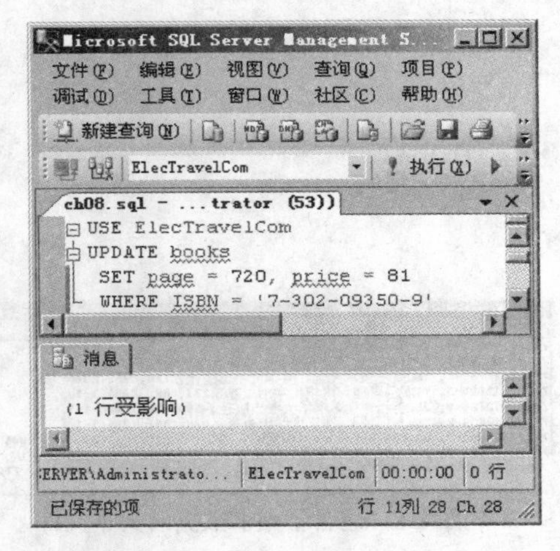

图 8-11　更新 books 表中指定行的数据

在更新数据时，也可以根据需要在一个更新语句中更新表中的所有数据，这时不需要在 UPDATE 语句中使用 WHERE 条件子句。

【例 8-11】更新 books 表中所有图书的价格数据。

(1) 启动【查询编辑器】。

(2) 如果出版社出于市场竞争的需要降低了 10%的图书价格，就需要更新 books 表中所有图书的价格数据，这时可以使用如图 8-12 所示的 UPDATE 命令。在这个 UPDATE 语句中，没有 WHERE 子句，表示更新表中所有的图书价格。

在 UPDATE 语句中，可以在 WHERE 子句中使用子查询来完成复杂条件的更新操作。另外，在 UPDATE 语句中还可以使用 FROM 子句。使用 FROM 子句可以提供有关其他表或视图的更新条件。

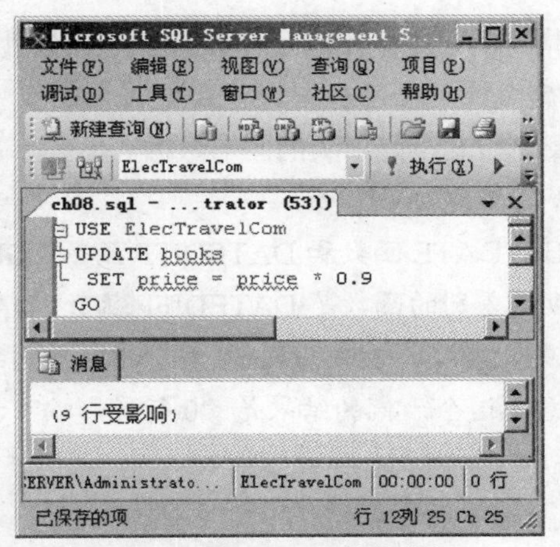

图 8-12　更新表中所有的图书价格数据

提示

在【例 8-11】示例的 UPDATE 语句中，UPDATE 关键字用于指定将要更新的对象，SET 关键字从纵向视角指向需要更新的数据。如果有 WHERE 关键字，则从横向视角指定将要更新的数据。

【例 8-12】在 UPDATE 语句中使用 FROM 子句。

(1) 启动【查询编辑器】。

(2) 在如图 8-13 所示的 UPDATE 示例中，使用 FROM 子句增加了附加的更新数据的条件。在 FROM 子句中又包含了一个子查询语句。

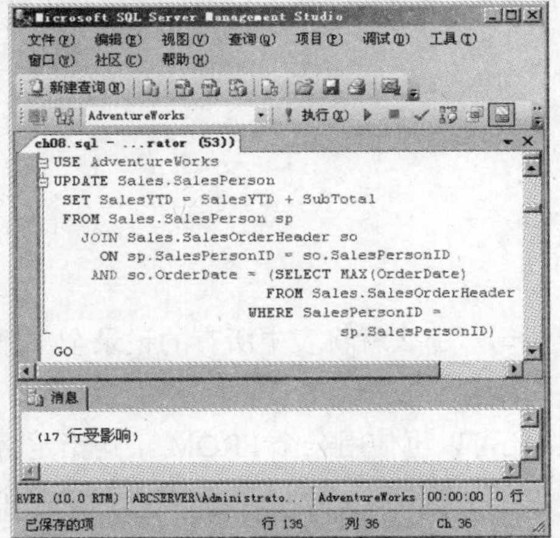

图 8-13　在 UPDATE 语句中使用 FROM 子句

提示

在【例 8-12】示例中，UPDATE 语句中的 FROM 子句用于指定复杂的更新条件，该更新条件往往涉及多个表中的多个数据列。一般更新条件涉及两个或更多表时使用该子句。

8.4　删除数据

当表中的数据不再需要时，可以将其删除。一般情况下，使用 DELETE 语句删除数据。DELETE 语句可以从一个表中删除一行或多行数据。

删除数据的 DELETE 语句的基本语法形式如下：

```
DELETE
FROM table_or_name
WHERE search_condition
```

其中，如果使用了 WHERE 子句，那么将从指定的表中删除满足 WHERE 子句条件的数据行；如果没有使用 WHERE 子句，那么将删除指定表中的全部数据。

【例 8-13】使用 DELETE 语句删除 books 表中的 5 年前出版的图书数据。

(1) 启动【查询编辑器】。

(2) 如图 8-14 所示的示例使用了两个函数，GETDATE 函数和 DATEDIFF 函数。GETDATE 函数返回当前系统的日期，用于计算两个指定日期的差别的函数是 DATEDIFF 函数。DATEDIFF 函数包含 3 个参数，第 1 个参数用于指定日期差别的类型，其中 YEAR 用于指定差别的年数；第 2 个参数和第 3 个参数分别指定两个日期。注意，这个示例的结果是“0 行受影响”，表明表中没有满足此条件的数据。

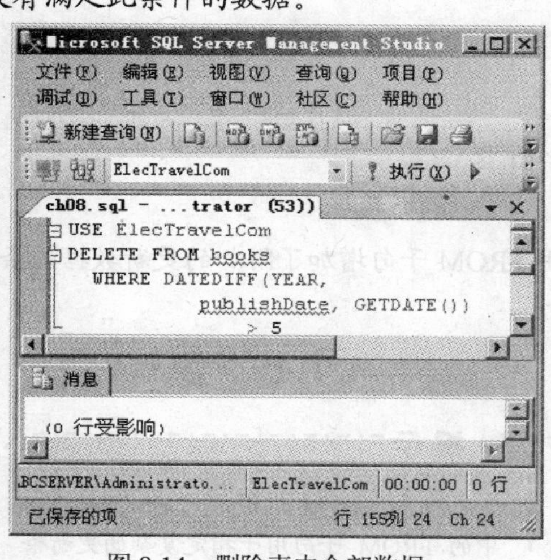

图 8-14　删除表中全部数据

提示

通过【例 8-13】示例可以知道，如果没有 WHERE 子句，则删除表中的全部数据；如果使用了 WHERE 条件子句，则表示只删除满足条件的数据。这里的条件使用了两个日期函数。

如果在 DELETE 语句中没有指定 WHERE 子句，那么就将表中所有的记录全部删除，即 DELETE books 语句将删除 books 表中的全部图书数据。

就像 UPDATE 语句一样，在 DELETE 语句中还可以再使用一个 FROM 子句指定将要删除的数据与其他表或视图之间的关系。也就是说，一个正常的DELETE语句中可以包含两个FROM子句，但是这两个 FROM 子句的作用是不同的。第一个 FROM 子句用于指定将要删除的数据所在的表或视图名称，第二个 FROM 子句用于指定将要删除的数据的其他复杂条件。

DELETE 语句只是删除表中的数据，表结构依然存在于数据库中。如果需要删除表结构，那么应该使用 DROP TABLE 语句。在删除表中的全部数据时，还可以使用 TRUNCATE TABLE 语句。TRUNCATE TABLE 语句和 DELETE 语句都可以将表中的全部数据删除，但是这两条语句又有不同的特点。一般情况下，当用户使用 DELETE 语句删除数据时，被删除的数据记录在日志中。当使用 TRUNCATE TABLE 语句删除表中的数据时，系统会立即释放表中数据和索引所占的空间，并不把这种数据的变化记录在日志中。因此，使用 TRUNCATE TABLE books 语句删除数据的速度快于使用 DELETE FROM books 语句删除表中数据的速度。

8.5 检索数据概述

如果需要检索表中数据，可以使用SELECT语句。在SELECT语句中，有3个基本的组成部分，即SELECT子句、FROM子句和WHERE子句。SELECT子句用于指定将要检索的列名称，FROM子句指定将要检索的对象，WHERE子句则用于指定数据应该满足的条件。

在一般的检索操作中，SELECT子句和FROM子句是必不可少的。只有当SELECT子句中仅包括常量、变量或算术表达式(没有列名)时，FROM子句才可以省略。WHERE子句是可选的。如果没有使用WHERE子句，表示检索所有的数据。

最基本的检索操作是这样的，SELECT * FROM table_or_view_name。其中，*表示检索表中所有的数据列，table_or_view_name指定将要检索的表对象，当然，也可以检索视图对象中的数据。

【例8-14】检索表中所有的数据。

(1) 启动【查询编辑器】。

(2) 在如图8-15所示的示例中，使用SELECT语句将Production.Product表中的所有数据都检索了出来。在这个示例中，SELECT子句后面的*表示所有列，FROM子句后面的表名称是检索对象。该SELECT语句没有使用WHERE子句，表示检索所有的数据。

(3) 在Microsoft SQL Server 2008系统中，SELECT语句的检索结果可以有两种显示方式，一种是网格形式，如图8-15所示；另外一种是文本格式，如图8-16所示。默认情况下是以网格形式显示检索结果。可以通过SQL Server Management Studio工具的【工具】|【选项】命令改变检索结果的显示方式(设置之后，需要重新连接数据库引擎服务器)。

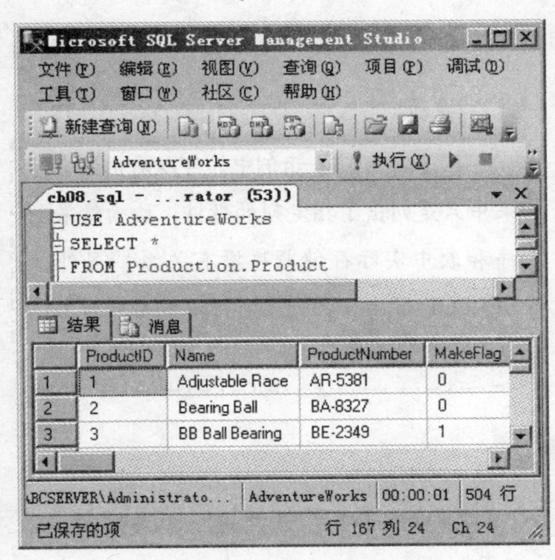

图8-15 最基本的检索语句(网格显示形式)

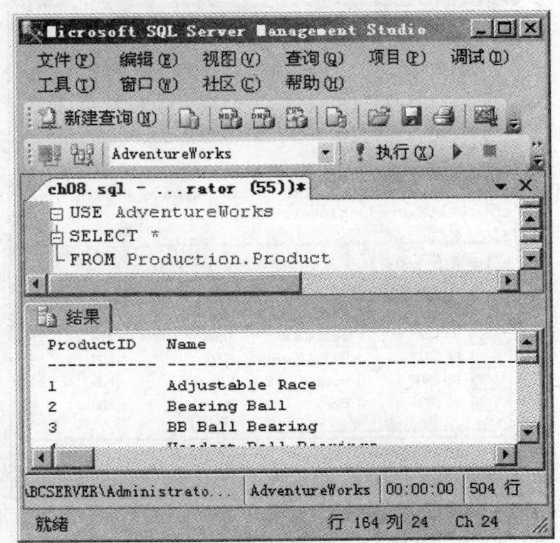

图8-16 最基本的检索语句(文本显示形式)

在实际应用中，常常是根据需要检索表中的数据。这些需要是通过选择表中的部分列名称和指定数据应该满足的条件来实现的。

8.6 使用 SELECT 子句检索数据

SELECT 子句是 SELECT 语句的一部分，指 SELECT 关键字后面的内容。在 SELECT 语句中，可以在 SELECT 子句中选择指定的数据列、使用文字串、改变列标题、执行数据运算、使用 ALL 关键字及使用 DISTINCT 关键字等。

8.6.1 选择指定的数据列

选择指定的数据列是指可以在 SELECT 子句中指定将要检索的列名称。选择指定的列名称要注意以下几点：第一，这些列名称应该与表中定义的列名称一致，否则就可能出错或者得到意想不到的结果；第二，列名称之间的顺序既可以与表中定义的列顺序相同，也可以不相同；第三，SELECT 语句的检索结果只是影响数据的显示，对表中数据的存储没有任何的影响。

【例 8-15】检索指定的数据列。

(1) 启动【查询编辑器】。

(2) 在如图 8-17 所示的示例中，使用 SELECT 语句检索了描述产品编码的 ProductNumber 列，描述产品名称的 Name 列，描述产品安全库存量的 SafeStockLevel 列，描述产品订货点的 ReorderPoint 列和描述该产品第一次销售日期的 SellStartDate 列。

(3) 在这个示例中，ProductNumber 列和 Name 列的显示顺序与定义顺序不同，但是对数据的存储没有丝毫的影响。

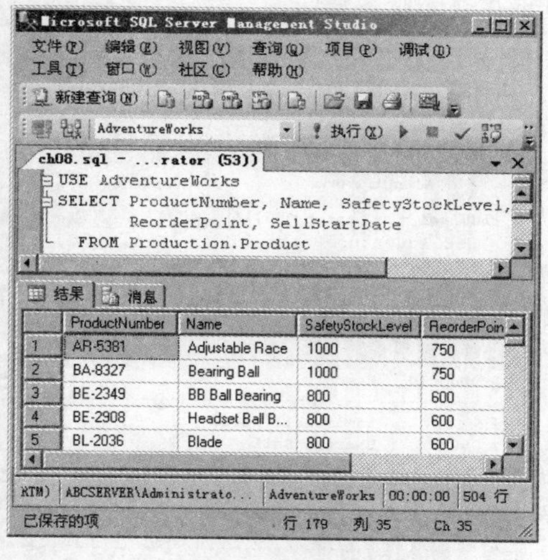

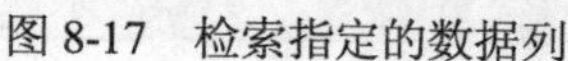
图 8-17 检索指定的数据列

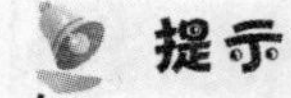
提示

在【例 8-15】示例中，可以看出检索结果中只是列出了指定列的数据。检索结果顺序和表中实际存储顺序没有关系。另外，SELECT 子句中的列名称可以放在一行上，也可以分散在多行上。

在实际的分布式应用中，为了减少网络中的数据传输量，提高检索效率，往往通过仅仅检索指定的数据列来满足实际的需要。在一个表中，不同的列往往满足不同的需要。

8.6.2 使用文字串

通常，直接阅读 SELECT 语句的检索结果是一件头疼的事情，因为显示出来的数据只是一些不连贯的、阅读性不强的信息。为了提高 SELECT 语句检索结果的可读性，可以在 SELECT 关键字后面增加文字串。通常情况下，使用单引号将文字串引起来。

【例 8-16】在检索结果中使用文字串。

(1) 启动【查询编辑器】。

(2) 如图 8-18 所示的是一个使用文字串的示例。在该示例中，The number of 和 product is 都是使用单引号引起来的文字串。通过使用文字串，可以将检索结果组成一个完整的句子。

如果文字串中包含了单引号，那么该怎么办呢？很简单，在文字串中出现单引号的地方使用两个单引号即可，也就是说，文字串中两个紧连的单引号表示一个单引号。

【例 8-17】在文字串中使用单引号和双引号。

(1) 启动【查询编辑器】。

(2) 在如图 8-19 所示的示例中，在 The number of 文字串中使用了单引号，在 product is 文字串中使用了双引号。可以看到，文字串中的两个单引号表示一个单引号，文字串中的双引号可以作为正常字符使用。

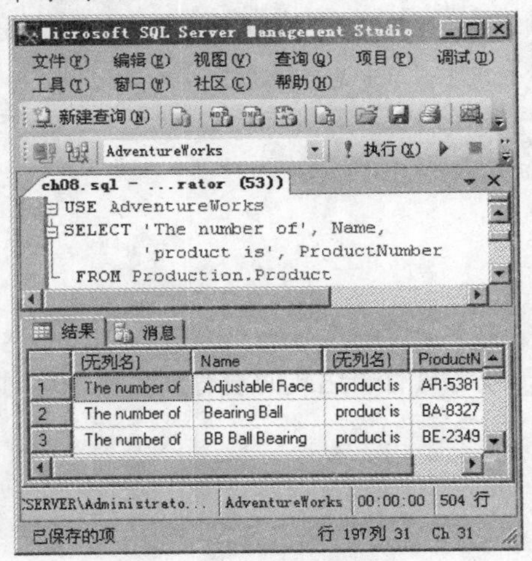

图 8-18 使用简单的文字串

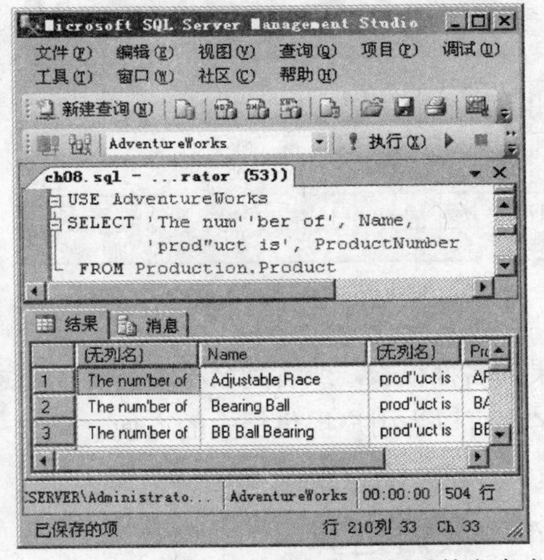

图 8-19 使用包含了单引号和双引号的文字串

8.6.3 改变列标题

在默认情况下，在数据检索结果中所显示出来的列标题就是在定义表时使用的列名称。但是，在检索过程中可以根据用户的需要改变显示的列标题。实际上，改变列标题就是为指定的列定义一个别名。改变列标题有两种方法：一种方法是使用等号(=)；另一种方法是使用 AS 关键字。

当使用=时，其语法形式是：新标题=列名。当使用 AS 关键字时，其形式是：列名 AS 新标题。由于 AS 关键字是可以省略的，因此改变列标题也可以写成这种形式：列名 新标题。注意，使用等号和使用 AS 关键字时，新标题和列名的位置是不同的。

【例 8-18】改变列标题。

(1) 启动【查询编辑器】。

(2) 在如图 8-20 所示的示例中，使用了改变列标题的 3 种方式。

(3) “'产品 编码'= ProductNumber” 方式使用了等号，由于新标题中有空格，因此使用了单引号。

(4) “Name AS 产品名称” 方式使用了 AS 关键字，这时新标题在 AS 关键字之后。

(5) 在 SafetyStockLevel SSL 方式中，由于省略了 AS 关键字，后面的 SSL 是新标题。

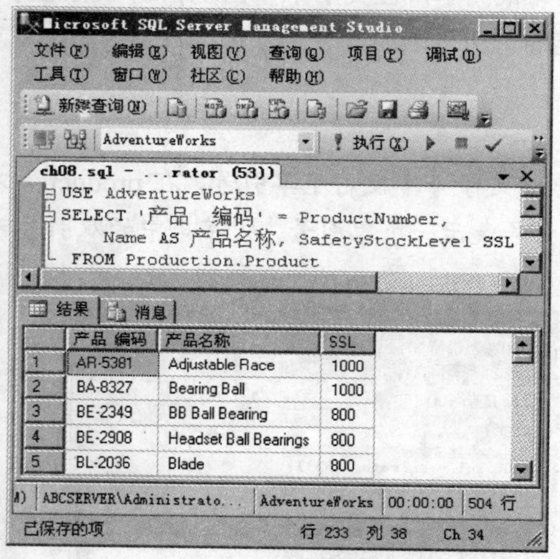

图 8-20 改变列标题

> **提示**
>
> 在【例 8-18】示例中，可以看到最容易引起误解的是 SafetyStockLevel SSL 方式。到底前面是新标题，还是后者呢？关键要对基本语法理解准确。在使用 AS 关键字且省略的情况下，后者是新标题。

如果列名称很长，或者列名称不具有描述意义，或者只有表达式而没有列名称，这时使用改变列名称可以为用户提供极大的方便。

8.6.4 数据运算

数据运算就是指对检索的数据进行各种运算。也就是说，可以在 SELECT 关键字后面列出的列项中使用各种运算符和函数。这些运算符和函数包括算术运算符、数学函数、字符串函数、日期和时间函数及系统函数等。

算术运算符可以用在各种数值列上，这些列的数据类型可以是 INT、SMALLINT、TINYINT、FLOAT、REAL、MONEY 或 SMALLMONEY。这些算术运算符包括+、–、*、/和%。

【例 8-19】使用算术运算符。

(1) 启动【查询编辑器】。

(2) 在如图 8-21 所示的示例中，使用了表示乘积的算术运算符*，根据当前安全库存量和给

定的比率，可以确定每一个产品的最低库存量(安全库存量的 75%)和最高库存量(安全库存量的 135%)。

数学函数常常用在需要执行数学运算的数据上。

【例 8-20】使用数学函数。

(1) 启动【查询编辑器】。

(2) 如图 8-22 所示的检索语句使用了求圆周率的 PI 函数，求正弦值的 SIN 函数，求余弦值的 COS 函，求正切值的 TAN 函数。从结果中可以看到，使用 PI 函数求圆周率时，只能得到小数点后 14 位的值。

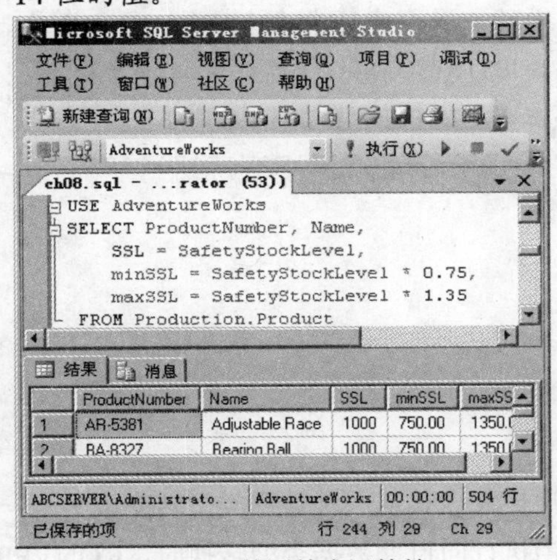

图 8-21 使用算术运算符

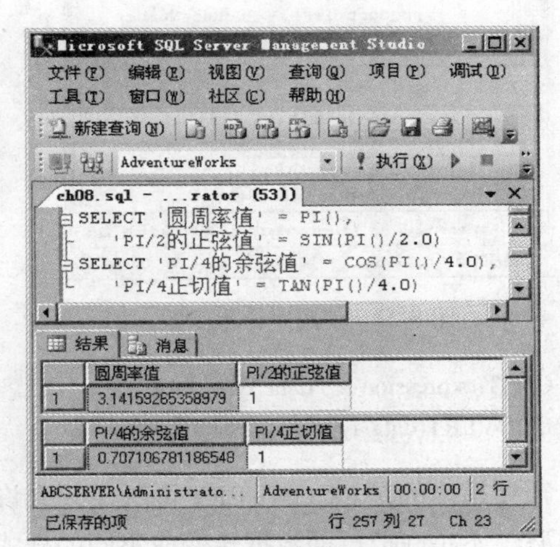

图 8-22 使用数学函数

有一点需要补充说明，在 Microsoft SQL Server 2000 系统中，TAN(PI()/4.0)的结果是一个近似值，即 0.99999999999999989，但是在 Microsoft SQL Server 2008 系统中，TAN(PI()/4.0)的结果是一个准确值 1。从这一点可以看出，Microsoft SQL Server 2008 系统的科学计算的精确度比 Microsoft SQL Server 2000 系统有了很大的提高。

字符串数据由字母、数字、符号等组成。大多数字符串函数只能用于 CHAR 和 VARCHAR 数据类型，以及明确转换成 CHAR 和 VARCHAR 的数据类型。

【例 8-21】使用字符串函数。

(1) 启动【查询编辑器】。

(2) 在如图 8-23 所示的示例中，使用“+”运算符将一系列字符数据串连起来，使用 UPPER 函数把 Name 列中的所有产品名称都转换为大写字母，并且使用了新标题。

在数据运算过程中，经常需要把某种表达式从一种数据类型转换为另一种数据类型。Microsoft SQL Server 2008 系统提供了可以完成这种转换功能的函数：CAST 函数和 CONVERT 函数。这两个函数的使用方式不同，但是可以完成非常类似的功能。使用转换函数转换数据类型的方式称为显式转换。

不是所有数据类型都可以执行显式转换。例如，可以把特定格式的字符数据转换为时间日期数据类型，但是不能把大值数据类型转换为 sql_variant 数据类型。

CAST函数和CONVERT函数的基本语法形式如下，其中，expression参数用于指定将要转换的表达式对象，data_type参数用于指定目标数据类型。

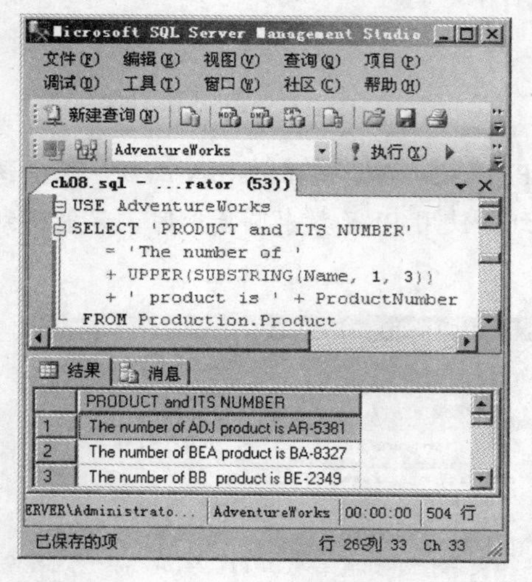

图8-23　使用字符串函数

> **提示**
>
> 在【例8-21】示例中，可以看到这里使用了3个字符串函数：第一个是连字符“+”，负责把多个字符串连接起来；第二个是SUBSTRING函数，负责计算Name子串；第三个是UPPER，负责转换大写字母。


```
CAST(expression AS data_type)
CONVERT(data_type, expression)
```

需要指出的是，CONVERT函数不仅允许用户把表达式从一种数据类型转变成另外一种数据类型，还允许把日期数据转变成不同的样式。当执行向日期数据类型转换时，CONVERT函数的语法形式如下：

```
CONVERT(data_type, expression, style)
```

其中，style参数用于指定将要显示的日期样式，该参数的常用取值如表8-1所示。

表8-1　常用的日期样式表

无世纪(yy)	有世纪(yyyy)	描　述	输出的日期格式
-	0或100	默认	mon dd yyyy hh:mi AM(PM)
1	101	美国	mm/dd/yyyy
2	102	ANSI	yy.mm.dd
3	103	英国、法国	dd/mm/yy
4	104	德国	dd.mm.yy
5	105	意大利	dd-mm-yy
6	106	-	dd mon yy
7	107	-	mon dd, yy
8	108	-	hh:mi:ss
-	9或109	默认+毫秒	mon dd, yyyy hh:mi:ss:ms AM(PM)
10	110	美国	mm-dd-yy
11	111	日本	yy/mm/dd

(续表)

无世纪(yy)	有世纪(yyyy)	描　述	输出的日期格式
12	112	ISO	yymmdd
-	13 或 113	欧洲+毫秒	dd mon yyyy hh:mi:ss:ms AM(PM)
14	114	-	hh:mi:ss:ms(24h)
-	126	ISO8601	yyyy-mm-ddThh:mm:ss.mmm

8.6.5 使用 ALL 和 DISTINCT 关键字

在 SELECT 语句中，可以在 SELECT 子句中通过使用 ALL 或 DISTINCT 关键字控制查询结果集的显示样式。ALL 关键字表示检索所有的数据，包括重复的数据行。DISTINCT 关键字表示仅仅显示那些不重复的数据行，重复的数据行只是显示一次。由于 ALL 关键字是默认值，所以当没有显式使用 ALL 或 DISTINCT 关键字时，隐含着使用 ALL 关键字。

需要明确的是，数据行是否重复，由 SELECT 子句中 ALL 或 DISTINCT 关键字后面的所有表达式项的组合决定。

【例 8-22】使用 ALL 或 DISTINCT 关键字。

(1) 启动【查询编辑器】。

(2) 在如图 8-24 所示的示例中，由于在 SELECT 语句中使用了 ALL 关键字，所以包括重复数据行的所有数据都被显示了出来。

(3) 在如图 8-25 所示的示例中，在 SELECT 语句中使用了 DISTINCT 关键字，所以结果集中仅仅显示非重复的数据行，也就是说，结果集中没有重复的数据行。

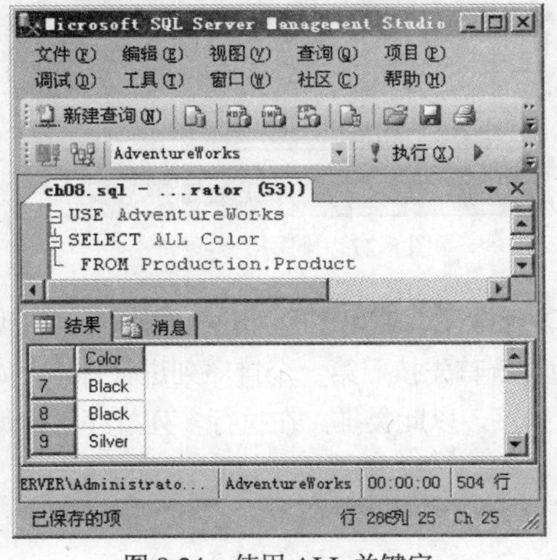

图 8-24　使用 ALL 关键字

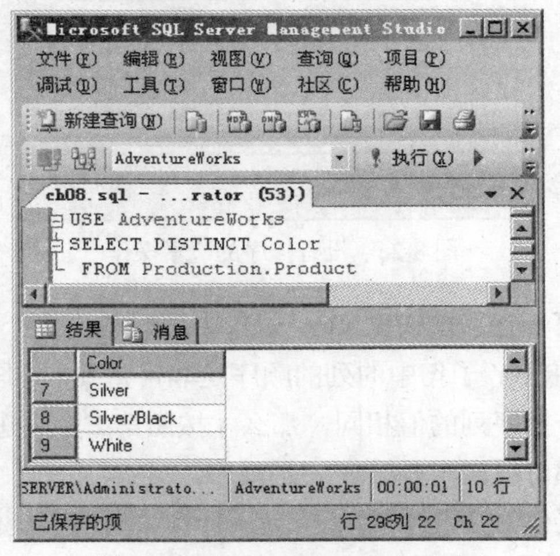

图 8-25　使用 DISTINCT 关键字

在应用程序中，如果强调结果集中不能包含重复的数据，那么在 SELECT 语句中使用 DISTINCT 关键字是一种简便有效的手段。

8.7 排序

在使用 SELECT 语句时，排序是一种常见的操作。排序是指按照指定的列或其他表达式对结果集进行排列顺序的方式。SELECT 语句中的 ORDER BY 子句负责完成排序操作。在排序时既可以按照升序排列，也可以按照降序排列。关键字 ASC 表示升序，DESC 表示降序，默认情况下是升序。

【例 8-23】使用排序子句。

(1) 启动【查询编辑器】。

(2) 在如图 8-26 所示的 SELECT 语句中，由于没有使用排序子句，所以结果集中的安全库存量、订货点、标准成本等数据的排列是紊乱的。

(3) 为了在结果集中排序，可以在 SELECT 语句中使用排序子句。在如图 8-27 所示的示例中，使用 ORDER BY 子句按照 SafetyStockLevel 列中的数据排序。由于没有明确指定是升序或降序，因此默认是升序。

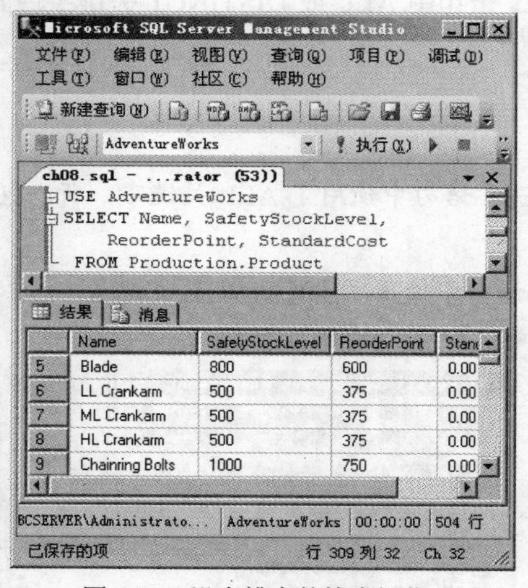

图 8-26　没有排序的检索操作

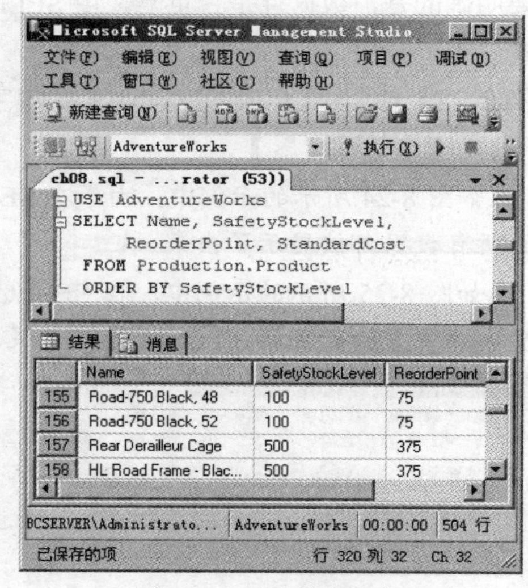

图 8-27　排序检索操作

可以在 ORDER BY 子句中同时使用多个列进行排序。使用多个列进行排序时，出现在 ORDER BY 子句中的列的顺序是非常重要的。因为系统首先按照第一个排序列进行排序，如果第一个排序列的值相同，那么才按照第二个列进行排序，以此类推。在执行多列排序时，每一个列都可以指定是升序还是降序。

【例 8-24】使用多个列进行排序的检索操作。

(1) 启动【查询编辑器】。

(2) 在如图 8-28 所示的示例中，结果集中的数据按照 3 个列进行排序：第一个排序列是 StandardCost，关键字 DESC 表示降序排列；第二个排序列是 SafetyStockLevel，默认为升序排序；第三个排序列是 ReorderPoint，默认为升序排列。

当在 SELECT 语句中使用 ORDER BY 子句时，经常在 SELECT 子句中同时使用 TOP 关键字。TOP 关键字表示仅仅在结果集中从前向后列出指定数量的数据行。如果在使用 TOP 关键字的 SELECT 语句中没有使用排序子句，将只随机返回指定数量的数据行。

如果仅仅是返回指定数量的数据行，那么可以按照下列的方式使用 TOP 子句，其中，n 表示将要返回的数据行：

```
TOP (n)
```

如果希望按照百分比列出指定数量的数据行，那么可以在 TOP 子句中使用 PERCENT 关键字，形式如下：

```
TOP (n) PERCENT
```

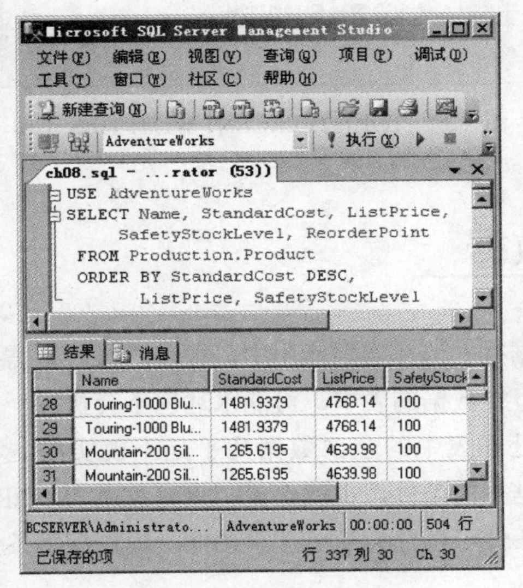

图 8-28　使用 3 个列进行排序

提示

在【例 8-24】示例中，可以看到排序列的顺序非常重要。首先，按照第一个列进行排序，第一个列的顺序相同时，才参考第二个列进行排序，以此类推。DESC 表示降序，默认值是升序。

【例 8-25】使用 TOP 关键字。

(1) 启动【查询编辑器】。

(2) 在如图 8-29 所示的示例中，在 SELECT 语句中使用了 TOP (1) PERCENT 子句，表示仅在结果集中列出 1%的数据行。由于 Production.Product 表中共有 504 行数据，1%则是 5.04，取整后为 6。因此，结果集中列出了 6 行数据。

(3) 在按照指定数量列出排列在前面的数据时，有时会碰到这种情况：希望列出 6 行数据，但是第 7 行或者更多行的数据与第 6 行相同，那么这些行的数据是否被显示呢？如果在结果集中不显示这些数据，那么可能会丢失一些重要的信息。可以使用 WITH TIES 子句解决该问题。在如图 8-30 所示的示例中，由于使用了 TOP (1) PERCENT WITH TIES 子句，因此结果集中包括了 9 行数据，其中多出来的 3 行数据与第 6 行 StandardCost 数据有相同之处。

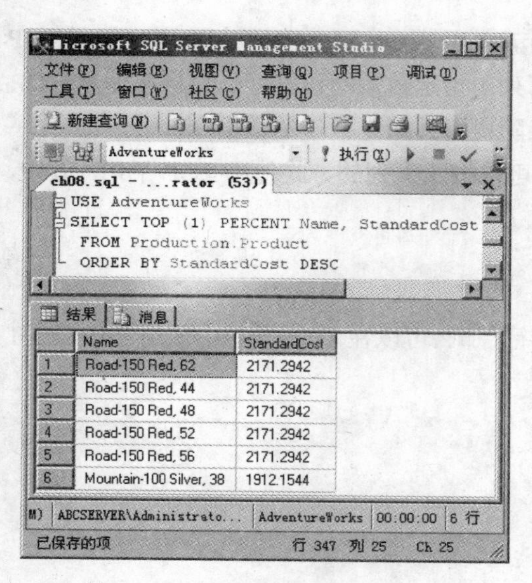

图 8-29　TOP (1) PERCENT 子句

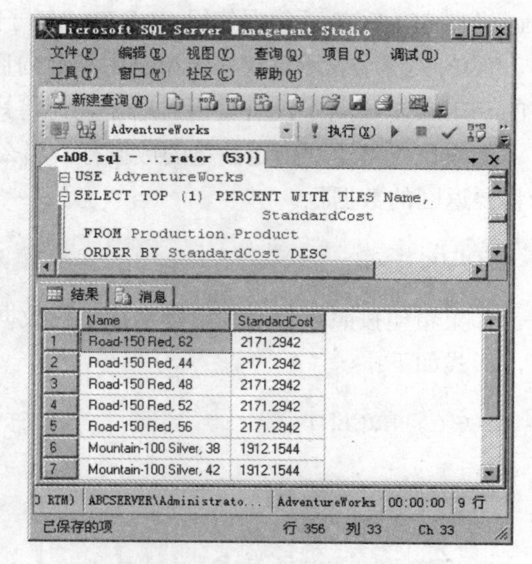

图 8-30　TOP (1) PERCENT WITH TIES 子句

8.8　使用 WHERE 子句选择数据

在上一节的示例中，检索的都是表中的全部数据行。但在实际应用中，很多时候，只需要表中的一部分数据。例如，在包含有数百万、数千万行数据的表中，可能永远也不会执行一个检索表中全部数据的语句，因为在一次查询中，处理表中的全部数据几乎是不现实的。在 SELECT 语句中，WHERE 子句指定将要搜索的数据行的条件，也就是说，只有满足 WHERE 子句条件的数据行才会出现在结果集中。这些搜索条件可以分为简单搜索条件、模糊搜索条件和复合搜索条件。

8.8.1　简单搜索条件

在 WHERE 子句中，简单搜索条件是指使用比较运算符、范围、列表、合并以及取反等运算方式形成的搜索条件。

比较运算符是搜索条件中最常使用到的。WHERE 子句的语法允许在列名称和列值之间使用比较运算符。例如，比较运算符>(大于)可以用来检索那些大于在 WHERE 子句中指定的列值的行。

【例 8-26】使用简单搜索条件。

(1) 启动【查询编辑器】。

(2) 在如图 8-31 所示的示例中，从 Production.Product 表中检索出标准成本高于 2000 的产品名称、编码、标准成本及价格数据。

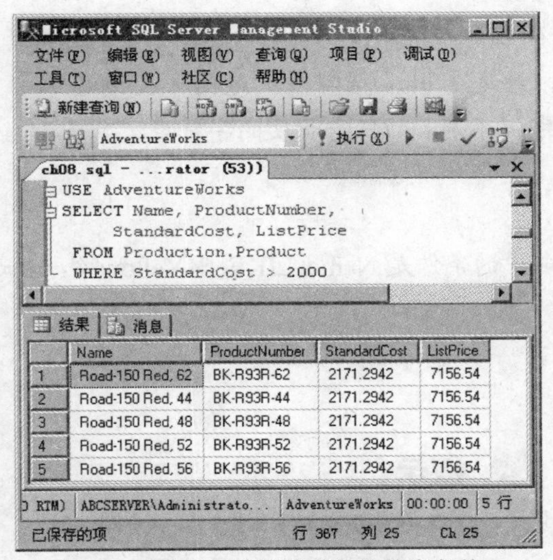

图 8-31 使用比较运算符作为搜索条件

提示

在【例 8-26】示例中，可以看到这是一个非常简单的搜索条件，要求标准成本高于 2000 元。无论是简单还是复杂的搜索条件，都主要从横向限定检索到的数据。

8.8.2 模糊搜索条件

在检索字符数据时，通常提供的检索条件是不十分准确的，例如，这种搜索条件仅仅是包含类似某种样式的字符。在 WHERE 子句中，可以使用 LIKE 关键字实现这种灵活的模糊搜索条件。

LIKE 关键字用于检索与特定字符串匹配的字符数据。LIKE 关键字后面可以跟一个列值的一部分而不是一个完整的列值，从而形成 LIKE 子句。LIKE 子句的语法形式如下：

```
match_expression [NOT] LIKE pattern [ESCAPE escape_character]
```

其中，方括号的内容是可选的，例如，[NOT]表示既可以在 LIKE 关键字前面加 NOT，也可以不加。如果 LIKE 关键字前面有 NOT 关键字，那么表示该条件取反。ESCAPE 子句用于指定转义符。

在使用 LIKE 关键字的模糊匹配中，可以使用 4 种通配符：%、_、[]和[^]。其中，%代表零个、1 个或多个任意字符；_代表一个任意字符；[]指定范围或集合中的任意单个字符；[^]代表不在指定范围或集合中的任意单个字符。

需要强调的是，带有通配符的字符串必须使用引号引起来。

【例 8-27】通配符示例。

(1) LIKE 'AB%' 返回以 AB 开始的任意字符串。

(2) LIKE 'Ab%' 返回以 Ab 开始的任意字符串。

(3) LIKE '%abc' 返回以 abc 结束的任意字符串。

(4) LIKE '%abc%' 返回包含 abc 的任意字符串。

(5) LIKE '_ab' 返回以 ab 结束的 3 个字符的字符串。

(6) LIKE ' [ACK]% ' 返回以 A、C 或 K 开始的任意字符串。

(7) LIKE ' [A-T]ing' 返回 4 个字符的字符串，结尾是 ing，首字符的范围从 A 到 T。

(8) LIKE 'M[^c]% ' 返回以 M 开始且第二个字符不是 c 的任意长度的字符串。

【例 8-28】使用模糊搜索条件。

(1) 启动【查询编辑器】。

(2) 在如图 8-32 所示的示例中，WHERE 子句中的条件是 Name LIKE '%Yellow%'，表示产品名称中包含 Yellow 字符的任何产品。

图 8-32 使用 LIKE 子句

提示

在【例 8-28】示例中，可以看到这时的搜索条件更加灵活了。在使用 LIKE 子句时，要注意一些特殊字符的特殊用法。在许多实际搜索应用中，都使用了 LIKE 关键字。

需要指出的是，当指定搜索条件时，有可能出现搜索字符中包含了与通配符一样的特殊字符。例如，在如图 8-32 所示的示例中，如果希望搜索产品名称中包含 Red%字符的产品信息，那么需要明确指出该字符串中的%是字符，而不是通配符。用户可以使用 ESCAPE 子句解决这个问题。通过在 ESCAPE 子句中指定转义符，或在搜索条件下使用转义符指定某个通配符是正常字符，可以搜索产品名称中包含 Red%字符的产品信息。该条件可以写成下面的形式：

```
WHERE Name LIKE '%Red!%%' ESCAPE '!'
```

其中，ESCAPE 指定符号!是转义符，'%Red!%%'中的!转义符表示其后面的一个%是正常的字符，而不是通配符。

8.8.3 复合搜索条件

在 WHERE 子句中，可以使用逻辑运算符把若干搜索条件合并起来，组成复杂的复合搜索条件。这些逻辑运算符包括 AND、OR 和 NOT。

AND 运算符表示只有在所有条件都为真时，才返回真。OR 运算符表示只要有一个条件为真时，就可以返回真。NOT 运算符取相反。当在一个 WHERE 子句中同时包含多个逻辑运算符时，其优先级从高到低依次是 NOT、AND、OR。

【例 8-29】使用复合搜索条件。

(1) 启动【查询编辑器】。

(2) 在如图 8-33 所示的示例中，使用了一个复合条件 Name LIKE '%Ball%' OR StandardCost>2000。该条件由 Name LIKE '%Ball%'条件和 StandardCost>2000 条件通过逻辑运算符 OR 连接而成，表示检索产品名称中包含 Ball 字符串或标准成本高于 2000 的产品信息。

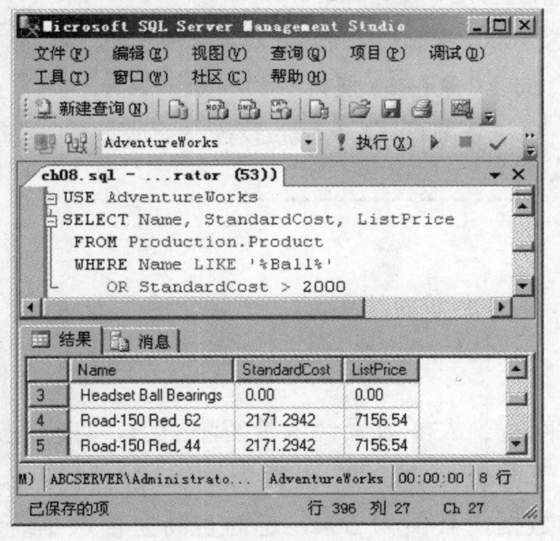

图 8-33　使用复合搜索条件

提示

在【例 8-29】示例中，可以看到复合条件中至少包括两个简单搜索条件。在包括多个简单条件时，通过逻辑运算符连接起来。不同的逻辑运算符有不同的特性。一定要注意逻辑运算符的顺序。

8.9　聚合技术

聚合技术是指对一组数据进行聚合运算得到聚合值的过程。在聚合运算中主要是使用聚合函数。在 Microsoft SQL Server 2008 系统中，一般情况下可以在 3 个地方使用聚合函数，即 SELECT 子句、COMPUTE 子句和 HAVING 子句。本节主要讲述如何在 SELECT 子句和 COMPUTE 子句中使用聚合函数。有关在 HAVING 子句中使用聚合函数的内容在下一节介绍。

8.9.1　SELECT 子句中的聚合

在 SELECT 子句中，可以使用聚合函数进行运算，运算结果作为新列出现在结果集中。在聚合运算的表达式中，可以包括列名、常量以及由算术运算符连接起来的函数。

【例 8-30】在 SELECT 子句中使用聚合函数。

(1) 启动【查询编辑器】。

(2) 在如图 8-34 所示的示例中，在 SELECT 子句中使用了聚合函数计算 Production.Product 表中的数据量以及有关标准成本的最大值、最小值、平均值、标准偏差和方差。应注意 COUNT 函数的特点。

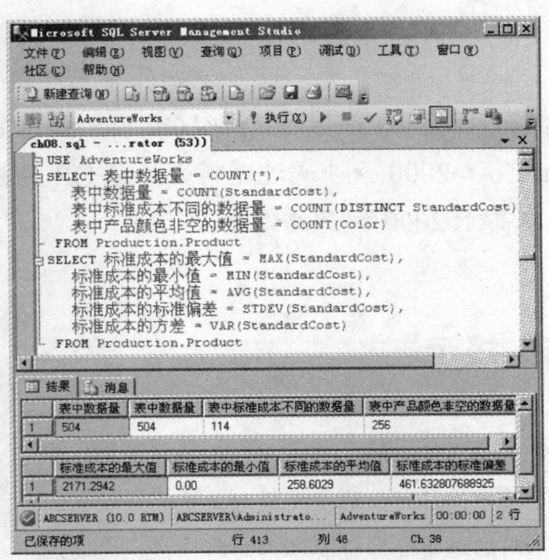

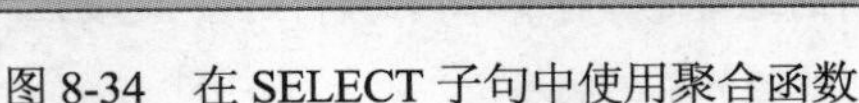

图 8-34　在 SELECT 子句中使用聚合函数

提示

在【例 8-30】示例中，可以看到只有数值或数值列才可以用在聚合函数中。实际上，聚合函数提供了常用的统计函数，可以大大简化对表中数据进行统计的场合。

在使用聚合函数时，需要注意空值和重复值的问题。大多数聚合函数忽略空值，如果使用了 DISTINCT 关键字，仅表示统计哪些唯一值。下面以 COUNT 函数为例讲述这种特点。COUNT(*)函数的参数为*时，表示统计表中所有的数据，其值为 504，这时也将空值数据统计在内。COUNT(StandardCost)函数的参数为 StandardCost，表示统计那些 StandardCost 列不为空的数据，其值为 504，因此可以说，StandardCost 列中的所有数据都不为空。COUNT(DISTINCT StandardCost)函数的参数为 DISTINCT StandardCost，表示统计那些 StandardCost 列值不同的数据，其值为 114，说明该列中只有 114 个不同的标准成本数据。COUNT(Color)函数的参数为 Color，表示统计那些 Color 列不为空的数据，其值为 256，因此可以说，Color 列中只有 256 个数据不为空，其他 248 个产品的颜色数据都为空。

8.9.2　COMPUTE 子句中的聚合

需要指出的是，当在 SELECT 子句中使用聚合函数时，结果集中的数据全是聚合值，没有明细值，这是使用 SELECT 子句计算聚合值的缺点。能否解决这种问题呢？答案是肯定的，解决该问题的方法就是使用 COMPUTE 子句。

COMPUTE 子句使用聚合函数来计算聚合值，并且可以依然保持原有的明细值，新的聚合值作为特殊的列出现。COMPUTE 子句有两种形式，一种形式是不带 BY 子句，另一种形式是带 BY 子句。COMPUTE 子句中如果没有包含 BY 子句，那么表示对所有的明细值计算聚合值；如果包含了 BY 子句，那么表示按照 BY 子句的要求对明细值分组，然后给出每一组的聚合值。

【例 8-31】在 COMPUTE 子句中使用聚合函数。

(1) 启动【查询编辑器】。

(2) 在如图 8-35 所示的示例中，使用 COMPUTE 子句计算 SubTotal 和 TotalDue 两个汇总值。可以看到，结果集中既包含了明细值，又包含了汇总值，且汇总值是作为单独的列出现在结果集

中的。在这个示例中，由于没有使用 BY 子句，因此这两个汇总值是针对整个数据的。

(3) 在如图 8-36 所示的示例中使用了 COMPUTE BY 子句。结果集中不仅包含了明细值和汇总值，而且该汇总值是按照 BY SalesPersonID 分组汇总的。需要强调的是，这时必须使用 ORDER BY 子句对结果集中的数据进行排序，否则无法使用 COMPUTE BY 子句执行这种分组聚合操作。

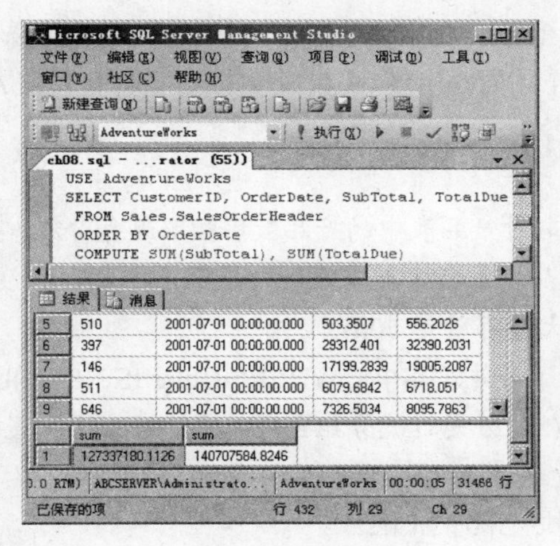

图 8-35　无 BY 子句的 COMPUTE 子句

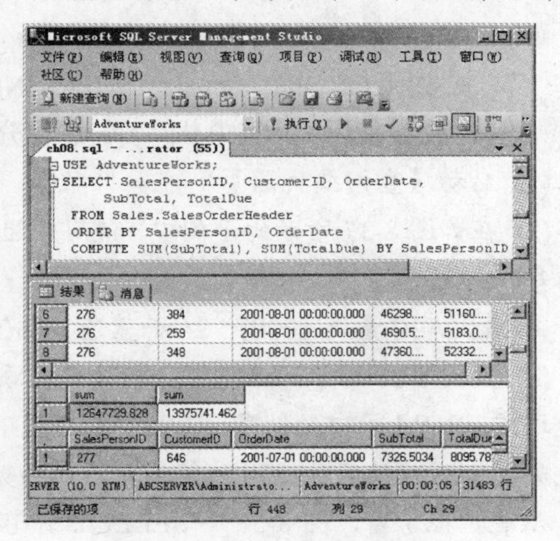

图 8-36　有 BY 子句的 COMPUTE 子句

ORDER BY 子句和 COMPUTE BY 子句存在着一定的关系，COMPUTE BY 子句后面的多个排序列的顺序一定是 ORDER BY 子句后面多个排序列顺序的真子集。例如，如果 ORDER BY 子句后面的 3 个列的顺序是 a、b、 c，那么 COMPUTE BY 子句的排序列的顺序只能是下面 3 种情况之一：COMPUTE BY a；或 COMPUTE BY a, b；或 COMPUTE BY a, b, c。

8.10　分组技术

聚合函数只能产生一个单一的汇总数据，使用 GROUP BY 子句，则可以生成分组的汇总数据。GROUP BY 子句把数据组织起来分成组。一般情况下，可以根据表中的某一列进行分组，通过使用聚合函数对每一个组可以产生聚合值。如果希望过滤某些分组，可以使用 HAVING 子句。分组技术是指使用 GROUP BY 子句完成分组操作的技术。如果在 GROUP BY 子句中没有使用 CUBE 或 ROLLUP 关键字，那么表示这种分组技术是普通分组技术。

8.10.1　普通分组技术

GROUP BY 子句、HAVING 子句和聚合函数一起完成对每一个组生成一行和一个汇总值。在使用 GROUP BY 子句和 HAVING 子句的过程中，要求考虑下列一些条件：

- 在 SELECT 子句中的非合计列必须出现在 GROUP BY 子句中。这是因为这些非合计列必须作为组出现，否则不能满足一组只能有一行汇总值的条件。

- 在 HAVING 子句中的列只返回一个值。
- 因为 HAVING 子句是作为 GROUP BY 子句的条件出现的，所以 HAVING 子句必须与 GROUP BY 子句同时出现，并且必须在 GROUP BY 子句之后出现。
- GROUP BY 子句可以包括表达式。
- GROUP BY ALL 显示出所有的组，甚至那些不满足 WHERE 子句条件的组也显示出来。如果 GROUP BY ALL 和 HAVING 子句同时出现，那么 HAVING 条件将覆盖 ALL。

【例 8-32】使用 GROUP BY 子句进行分组。

(1) 启动【查询编辑器】。

(2) 在如图 8-37 所示的示例中，使用分组子句对产品表中的产品数据按照颜色分组，并且计算出每一种颜色的产品数量和最大安全库存量。从结果集中可以看到，产品表中包含了 93 种黑色产品(最大库存量是 1000)，26 种蓝色产品(最大库存量是 500)。

(3) 如图 8-38 所示的示例在分组计算中添加了条件。其中，WHERE Color IS NOT NULL 条件是过滤 FROM 子句的结果，HAVING COUNT(*)>25 是过滤分组条件。该示例的结果集中的数据是那些有明确的颜色且同种颜色中的产品数量超过 25 个。

从逻辑上来看，图 8-38 中 SELECT 语句的执行顺序如下：

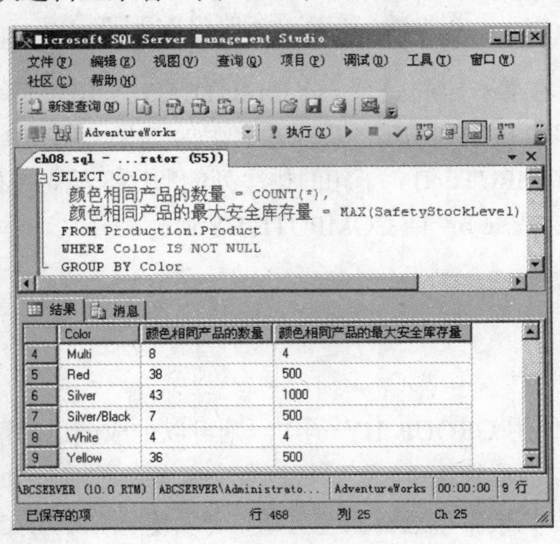

	Color	颜色相同产品的数量	颜色相同产品的最大安全库存量
4	Multi	8	4
5	Red	38	500
6	Silver	43	1000
7	Silver/Black	7	500
8	White	4	4
9	Yellow	36	500

图 8-37　无分组条件的分组语句

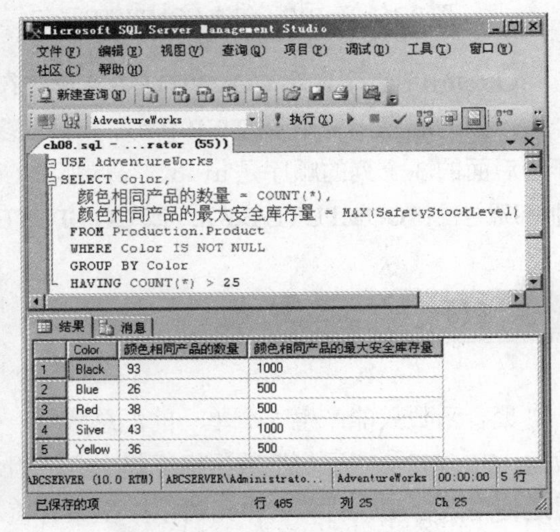

	Color	颜色相同产品的数量	颜色相同产品的最大安全库存量
1	Black	93	1000
2	Blue	26	500
3	Red	38	500
4	Silver	43	1000
5	Yellow	36	500

图 8-38　有分组条件的分组语句

第一步，执行 FROM Production.Product 子句，把 Production.Product 表中的数据全部检索出来。

第二步，执行 WHERE Color IS NOT NULL 子句，对第一步中得到的数据进行过滤。过滤后的数据只包括那些有明确颜色值的产品数据。

第三步，执行 GROUP BY Color 子句，对第二步中的数据进行分组，计算每一组的统计数据和最大安全库存。

第四步，执行 HAVING COUNT(*)>35 子句，对第三步中的分组数据进行过滤，只有产品数量超过 35 个的数据才能出现在最终的结果集中。

第五步，按照 SELECT 子句指定的样式显示结果集。

8.10.2 ROLLUP 和 CUBE 关键字

在 GROUP BY 子句中，可以使用 ROLLUP 或 CUBE 关键字获得附加的分组数据，这些附加的分组数据是通过各组之间的组合得到的。实际上，使用 CUBE 关键字可以生成多维数据。下面通过一个示例讲述这两个关键字的特点。

【例 8-33】使用 ROLLUP 或 CUBE 关键字。

(1) 启动【查询编辑器】。

(2) 如图 8-39 所示的示例对 Inventory 表中的数据按照商品名称和颜色进行了简单的分组。这时，结果集中共有 5 组数据。如果 Inventory 表不存在，可以仿照图 8-39 的结果数据创建一个包含了这些汇总数据的 Inventory 表。

(3) 如图 8-40 所示的示例使用了 ROLLUP 关键字，这时结果集中共有 9 行数据，比前面多出了 4 行数据。这 4 行数据是什么呢？“摩托车, NULL, 232”表示所有颜色的摩托车总数是 232，“汽车, NULL, 69”表示所有颜色的汽车总数是 69，“自行车, NULL, 185”表示所有颜色的自行车总数是 185 辆，“NULL, NULL, 486”表示车辆总数是 485。其中，NULL 表示所有的意思。

(4) 如图 8-41 所示的示例在分组子句中使用了 CUBE 关键字，这时得到了 12 行数据，比使用 ROLLUP 关键字时多了 3 行数据。这 3 行数据的含义是，“NULL, 白色, 69”表示白色车辆共计 69 辆，“NULL, 红色, 162”表示红色车辆共计 162 辆，“NULL, 黑色, 255”表示黑色车辆共计 255 辆。也就是说，CUBE 关键字不仅得到按照车辆类型进行的组合，而且还得到了按照颜色进行的各种组合的数据。

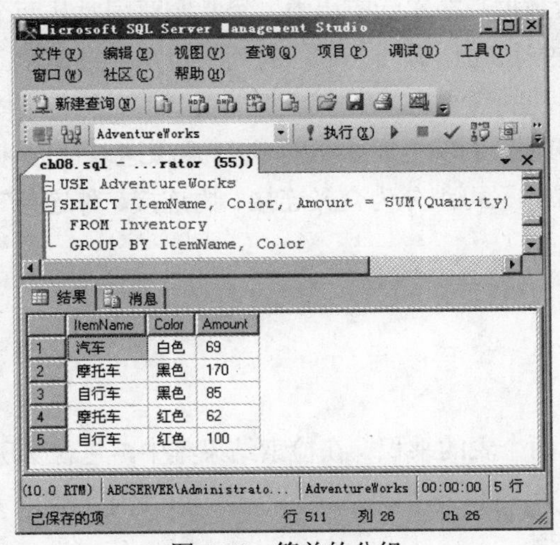

图 8-39 简单的分组

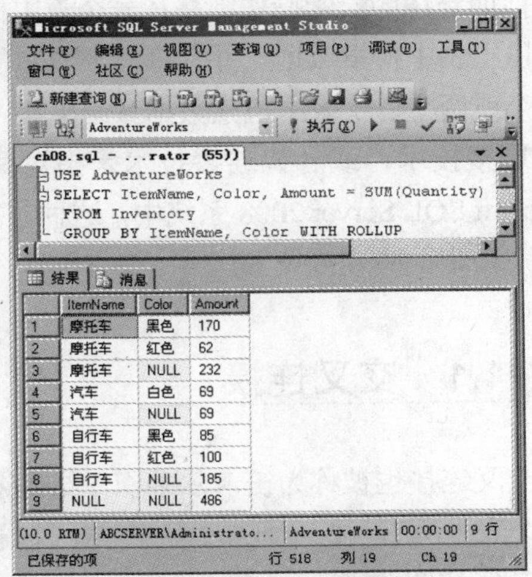

图 8-40 使用 ROLLUP 关键字的分组

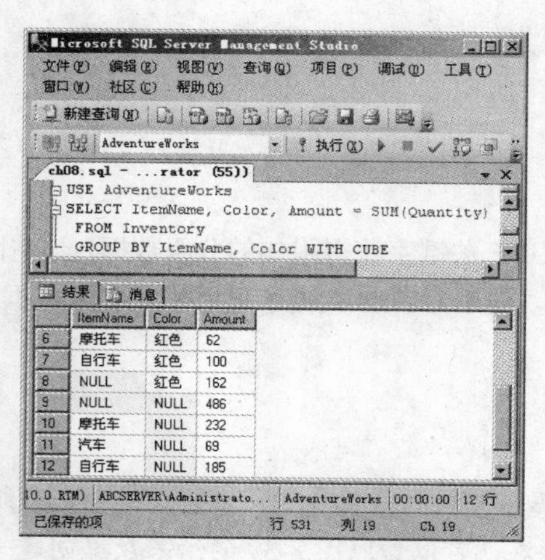

图 8-41 使用 CUBE 关键字的分组

提示

在【例 8-33】示例中，可以看到 CUBE 关键字可以增加分组的数量。但是，增加的分组数量是否有意义，需要在实际应用过程中注意。这里只是演示了二维分组，对于多维分组情况则会更复杂。

在使用 ROLLUP 或 CUBE 关键字进行分组时，结果集中的 NULL 表示所有的含义。这种表示方式与通常的空值 NULL 是不同的。实际上，在这种分组组合情况下，使用 NULL 表示所有的组合是不妥当的，如果在结果集中使用 ALL 表示所有的组合可能效果会更好。微软采取了一种补救的方式，那就是使用 GROUPING 函数的值来区分某一行中的 NULL 是由于使用 ROLLUP 或 CUBE 关键字分组组合得到的，还是由于空值得到的。

8.11 连接技术

前面介绍的检索操作都是从一个表中检索数据。在实际应用中，经常需要同时从两个表或两个以上表中检索数据，并且每一个表中的数据往往作为一个单独的列出现在结果集中。实现从两个或两个以上表中检索数据且结果集中出现的列来自于两个或两个以上表中的检索操作被称为连接技术，或者说连接技术是指对两个或两个以上表中数据执行乘积运算的技术。在 Microsoft SQL Server 2008 系统中，这种连接操作又可细分为交叉连接、内连接、外连接等。下面分别介绍这些连接技术。

8.11.1 交叉连接

交叉连接也被称为笛卡尔乘积，结果返回两个表的乘积。在检索结果集中，包含了所连接的两个表中所有行的全部组合。例如，如果对 A 表和 B 表执行交叉连接，A 表中有 5 行数据，B 表中有 12 行数据，那么结果集中有 60 行数据。

交叉连接使用 CROSS JOIN 关键字来创建。实际上，交叉连接的使用是比较少的，但是交叉连接是理解外连接和内连接的基础。

【例 8-34】交叉连接检索。

(1) 启动【查询编辑器】。

(2) 在如图 8-42 所示的示例中，对 Production.Product 表和 Production.ProductInventory 表等两个表执行了交叉连接检索。由于 Production.Product 表有 504 行数据，Production.ProductInventory 表有 1069 行数据，因此交叉连接的结果集中包含了 504×1069=538776 行数据。

需要注意的是，在图 8-42 的示例中使用了表的别名。Production.Product 表的别名是 PP，Production.ProductInventory 表的别名是 PPI，并且在 SELECT 子句中使用 PP 别名对 ProductID 列进行了限定。由于 ProductID 列在两个表中都出现，如果不对其进行限定，则系统将会报错。

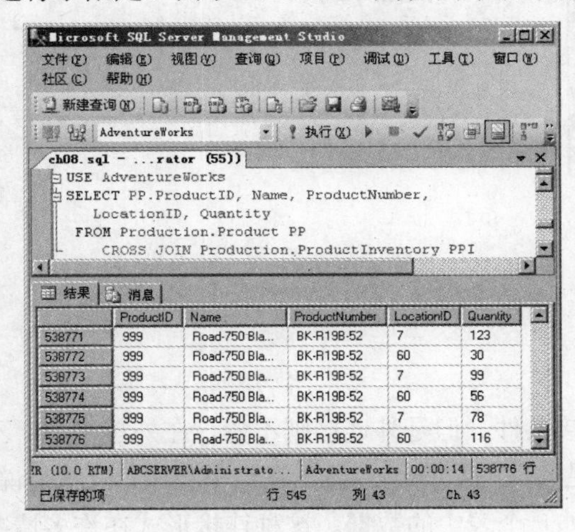

图 8-42 交叉连接

> **提示**
>
> 在【例 8-34】示例中，可以看到检索的结果量是非常巨大的，参与连接的表中的所有数据都进行了连接。从实际应用来看，这种连接没有什么实际意义。但是，这种交叉连接是其他连接运算的基础。

8.11.2 内连接

内连接把两个表中的数据连接生成第三个表，在这个表中仅包含那些满足连接条件的数据行。在内连接中，使用 INNER JOIN 连接运算符，并且使用 ON 关键字指定连接条件。内连接是一种常用的连接方式，如果在 JOIN 关键字前面没有明确指定连接类型，则默认的连接类型是内连接。

【例 8-35】内连接检索。

(1) 启动【查询编辑器】。

(2) 如图 8-43 所示的示例使用了内连接检索技术。在这个示例中，结果集中的数据分别来自 Production.Product 表和 Production.ProductInventory 表。其中，ProductID、Name、ProductNumber 及 SafetyStockLevel 等 4 个列的数据来自 Production.Product 表，LocationID 和 Quantity 列中的数据来自 Production.ProductInventory 表。连接条件是这两个表中的 ProductID 值相等。

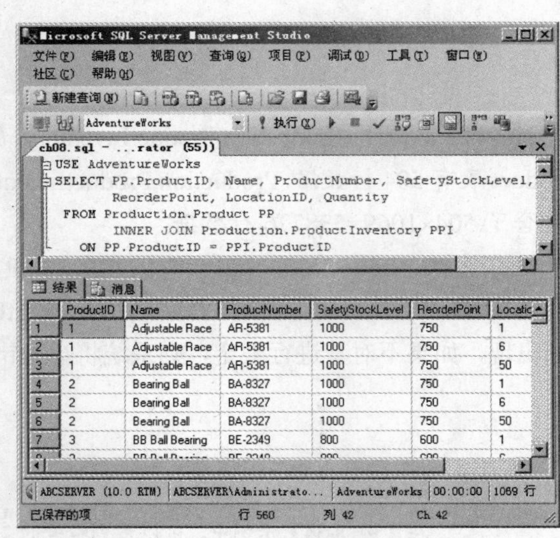

图 8-43　内连接

> **提示**
>
> 在【例 8-35】示例中，可以看到内连接是建立在交叉连接基础上的。对于交叉连接来说，满足内连接指定条件的连接结果则是内连接的结果。内连接是实际应用中使用得最多的连接方式。

8.11.3　外连接

内连接是保证两个表中所有的行都要满足连接条件，但是外连接则不然。在外连接中，不仅包括那些满足条件的数据，而且某些表中不满足条件的数据也会显示在结果集中。也就是说，外连接只限制其中一个表的数据行，而不限制另外一个表中的数据。这种连接形式在许多情况下是非常有用的，例如，在连锁超市统计报表时，不仅要统计那些有销售量的超市和商品，而且还要统计那些没有销售量的超市和商品。需要注意的是，外连接只能用于两个表中。

在 Microsoft SQL Server 2008 系统中，可以使用的 3 种外连接关键字是 LEFT OUTER JOIN、RIGHT OUTER JOIN 和 FULL OUTER JOIN。

LEFT OUTER JOIN 包括了左表中全部不满足条件的数据(左表指 FROM 子句中的第一个表)，对应另外一个表中的数据为 NULL。

【例 8-36】外连接检索。

(1) 启动【查询编辑器】。

(2) 如图 8-44 所示的示例使用了左外连接的检索语句。在这个 SELECT 语句中，因为 Production.Product 表在连接运算符的左边，所以是左表；Sales.SalesOrderDetail 表在连接运算符的右边，因此是右表。PP.Name 表示这是来自 Production.Product 表中的产品名称数据，SOD.SalesOrderID 表示这是来自 Sales.SalesOrderDetail 表中的销售订单编码数据。因为使用了左外连接，所以，在这个示例中，左表中的全部产品名称数据都显示了出来。如果在右表中有对应的销售订单，那么显示该产品对应的销售订单，否则显示 NULL 空值。从图 8-44 中可以看到，Adjustable Race 产品没有对应的订单编码，实际上表示没有客户订购这种产品。

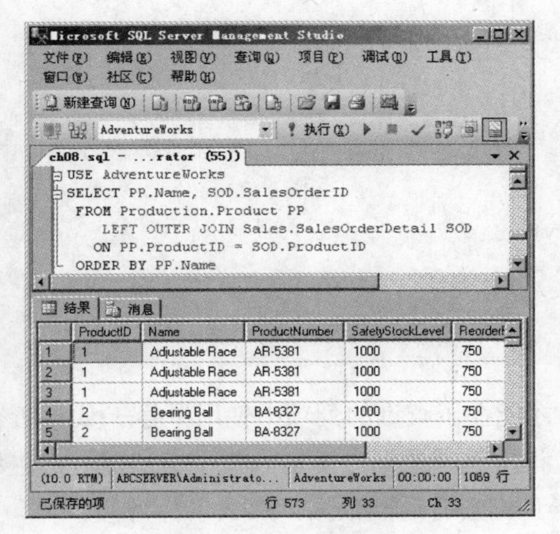

图 8-44　左外连接

提示

在【例 8-36】示例中，可以看到左外连接的结果大于内连接的结果，但是小于交叉连接的结果。外连接中的“外”表示某些不满足条件的数据也可以显示，“左”表示位于 JOIN 运算符左端。

RIGHT OUTER JOIN 包括了右表中的全部不满足条件的数据(右表指 FROM 子句中的第二个表)，对应另外一个表中的数据为 NULL。实际上，右外连接是与左外连接对应的，只是表在 FROM 子句中的先后顺序不同。

FULL OUTER JOIN 包括了左表和右表中所有不满足条件的数据，这些数据在另外一个表中的对应值是 NULL。实际上，全外连接综合了左外连接和右外连接的特点，可以把左右两个表中不满足连接条件的数据集中起来出现在结果集中，这样为查看和研究特殊数据提供了极大的便利。

8.12　子查询技术

SELECT 语句可以嵌套在其他许多语句中，这些语句包括 SELECT、INSERT、UPDATE 及 DELETE 等，这些嵌套的 SELECT 语句被称为子查询。当一个查询依赖于另外一个查询结果时，则可以使用子查询。在某些查询中，查询语句比较复杂，不容易理解，因此，为了把这些复杂的查询语句分解成多个较简单的查询语句形式时，常使用子查询方式。使用子查询方式完成查询操作的技术是子查询技术。

在很多情况下，子查询可以写成连接的形式，那么子查询和连接相比，哪一种方法更有效呢？一般地说，由于子查询的执行需要增加一些附加的操作，例如排序，而连接不需要执行附加的操作。从这个意义上来讲，应该优先使用连接。如果使用连接时语句过于复杂，那么可以考虑使用子查询。

在子查询语句中，可以使用 WHERE、GROUP BY、HAVING 等子句，但是不能包含 COMPUTE 子句。如果子查询语句中包含了 TOP 子句，那么子查询语句必须使用 ORDER BY 子句。

任何使用表达式的地方都可以使用子查询。子查询必须使用圆括号括起来。除了在表达式中使用之外，包含子查询的语句主要按照下列一些方式使用：

```
WHERE expression IN (subquery)
WHERE expression NOT IN (subquery)
WHERE expression comparison_operator (subquery)
WHERE expression comparison_operator ANY (subquery)
WHERE expression comparison_operator ALL (subquery)
WHERE EXISTS (subquery)
WHERE NOT EXISTS (subquery)
```

需要指出的是，只有使用了关键字 EXISTS，才能在子查询的列项中使用星号(*)代替所有的列名。这是因为当使用关键字 EXISTS 时，子查询不返回数据，而是判断子查询是否存在数据。如果子查询返回数据，那么条件为真；如果子查询没有返回数据，那么条件为假。

【例 8-37】使用了子查询技术的外连接检索。

(1) 启动【查询编辑器】。

(2) 在如图 8-45 所示的示例中，有两个地方使用了子查询，第一个是在 SELECT 子句中，第二个是在 WHERE 子句中。

(3) 位于 SELECT 子句中的第一个子查询，SELECT COUNT(*) FROM Sales.SalesOrderDetail SSOD WHERE SSOD.SalesOrderID = SSOH.SalesOrderID，计算 Sales.SalesOrderDetail 表中当前订单上的产品数量。

(4) 第二个子查询位于 WHERE 子句中，用于检索 Sales.SalesOrderDetail 表中订单上产品数量位于前 3 位的订单编码。整个查询语句的执行结果是检索所有的订单信息，将订单上产品数量位于前 3 位的订单编码、订购日期、交货日期以及该订单上的产品数量放在最后的结果集中。

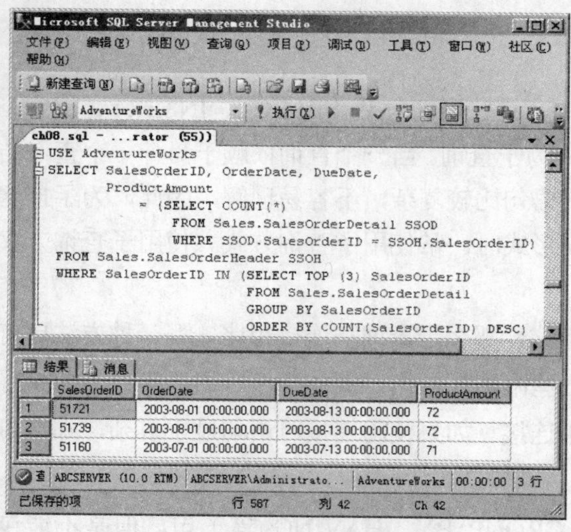

图 8-45 在 WHERE 子句中使用子查询

提示

在【例 8-37】示例中，可以看到子查询的应用。实际上，子查询也可以通过连接运算来实现。从效率来讲，连接运算高于子查询；但是，从易读性来看，子查询形式更容易理解。

8.13　集合运算技术

查询语句的结果集往往是一个包含了多行数据的集合。集合之间可以进行并、差、交等运算。在 Microsoft SQL Server 2008 系统中，两个查询语句之间也可以进行集合运算。其中，UNION 运算符表示并集运算，EXCEPT 运算符表示从左查询中返回右查询中没有找到的重复值，INTERSECT 运算符则表示返回左右两个查询语句都包含的所有非重复值。需要注意的是，在集合运算时，所有查询语句中的列的数量和顺序必须相同，且数据类型必须兼容。

集合运算与连接运算是不同的。在集合运算的结果集中，结果集中的列的数量不发生变化，只是行的数据量可能发生变化。但是，在连接运算的结果集中，结果集中的列数据经常会发生变化，并且行的数量也有可能发生变化。

【例 8-38】执行集合运算。

(1) 启动【查询编辑器】。

(2) 从如图 8-46 所示的结果中可以看到，T1 表中的 3 行数据分别是 1、2 和 3，T2 表中的两行数据分别是 2 和 5。这两个表都只有一个整数类型列，可以执行集合运算。如果没有 T1 表和 T2 表，可以自行创建这两个表。

(3) 如图 8-47 所示的示例使用了 EXCEPT 运算符对查询语句执行集合差运算。在这个示例中，对 T1 表的查询操作是左查询，对 T2 表的操作是右查询。左查询的结果集是 1、2、3，右查询的结果集是 2、5，这里 2 出现在两个查询中。从左查询中减去 2，则得到最终的结果集是 1 和 3。

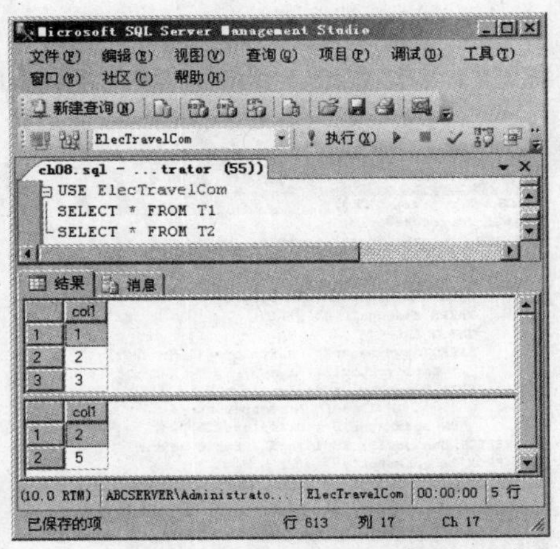

图 8-46　T1 表和 T2 表

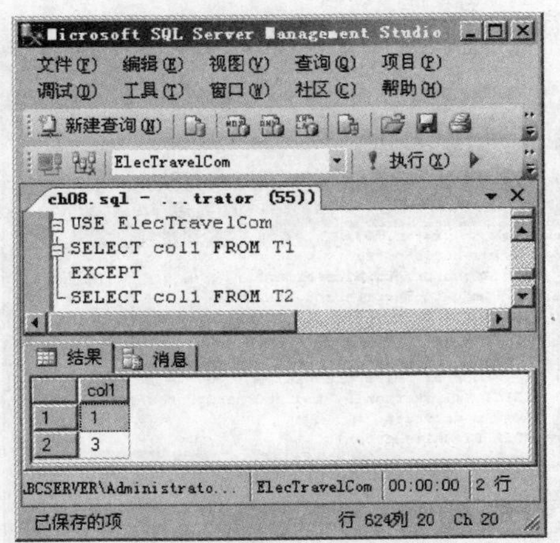

图 8-47　使用 EXCEPT 运算符

8.14　公用表表达式

在 Microsoft SQL Server 2008 系统中，可以使用公用表表达式(Common Table Expression，CTE)。CTE 是定义在 SELECT、INSERT、UPDATE 或 DELETE 语句中的临时命名的结果集，

CTE 也可以用在视图的定义中。在 CTE 中可以包括对自身的引用，因此这种表达式也被称为递归 CTE。

在 SELECT 语句中，可以使用 WITH 子句定义 CTE。CTE 的基本语法形式如下：

```
WITH expression_name (column_name, ⋯)
AS
(CTE_query_definition)
```

CTE 的主要作用是实现递归。使用递归可以完成一些复杂的查询操作，CTE 正是可以完成递归操作的一种手段。

【例 8-39】定义和使用 CTE。

(1) 启动【查询编辑器】。

(2) 在如图 8-48 所示的示例中，使用 WITH 子句定义了一个名称为 AmountOrder 的 CTE。该 CTE 有 3 个参数，这些参数分别是 SalesPersonID、AmountOrderOfPerson 和 MaxDate，可以返回每一个销售人员签订的订单数量和最新的签订合同的日期。该 CTE 可以在随后的 SELECT 语句中使用，并且可以多次使用。

(3) 在如图 8-48 所示的示例中，有两个 SELECT 语句：第一个 SELECT 语句涉及的表是 Sales.SalesOrderHeader 表，用于指定 CTE 的数据来源；第二个 SELECT 语句用于展示 CTE 的应用，其数据来源于本 CTE 中定义的 AmountOrder。

(4) 在如图 8-49 所示的示例中，使用 CTE 实现了递归操作。在该示例中，在第一个用于指定数据来源的 SELECT 语句中 CTE 引用了自身。该查询的结果集中包含了经理编码和向经理汇报的雇员编码及该雇员所处的汇报层次。

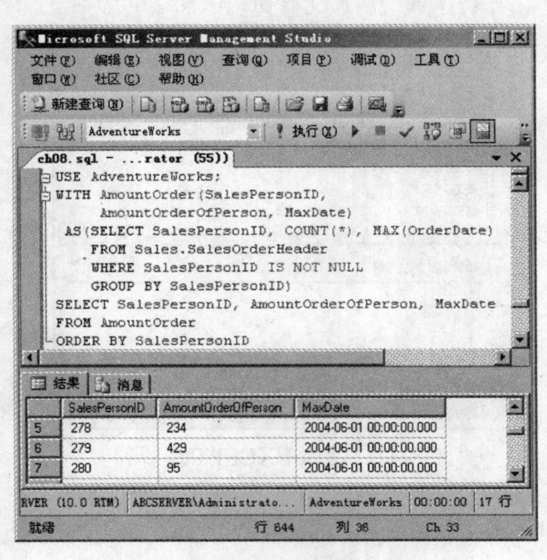

图 8-48　使用简单的 CTE

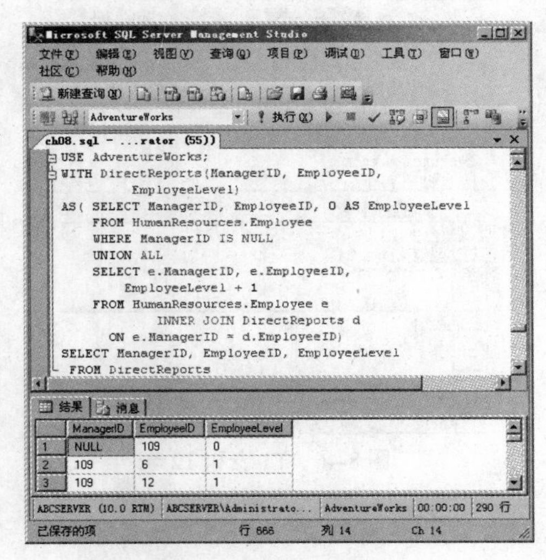

图 8-49　使用递归的 CTE

8.15　PIVOT 和 UNPIVOT

PIVOT 和 UNPIVOT 都是 Microsoft SQL Server 2008 系统的关系运算符，提供了一种把列数据转换为行数据的方式。PIVOT 运算符把表达式中某一列中的唯一数据转换为输出中的多个列，UNPIVOT 运算符则相反。

【例 8-40】定义和使用 CTE。

(1) 启动【查询编辑器】。

(2) 在如图 8-50 所示的示例中，同时使用 PIVOT 运算符与 SELECT 语句创建了一个新的结果集。COUNT (PurchaseOrderID)合计了每个轴转值的订单数，FOR 关键字指定了要轴转的列是 EmployeeID，IN 关键字列表中确定的值是轴转列中被用作列标题的值。

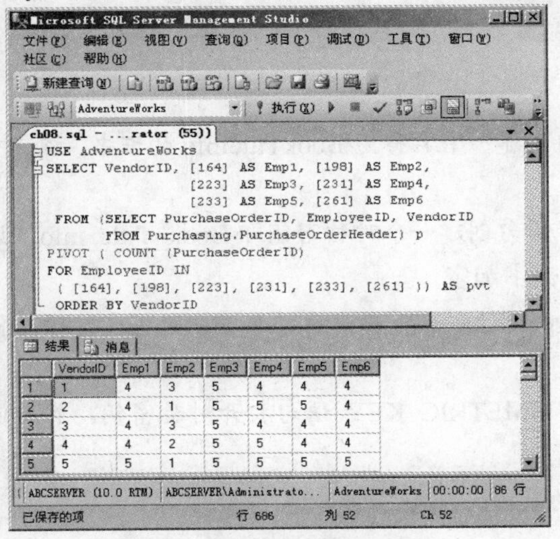

图 8-50　使用 PIVOT 运算符

提示

在【例 8-40】示例中，可以看到一个供应商 VendorID 有多个销售人员 EmployeeID 与其关联，关联的内容是销售订单 Pruchase OrderID 的数量。在这里，使用 PIVOT 运算符把纵向数据转换为横向数据。

8.16　加密表中数据

下面通过一个示例来讲述如何加密表中的数据。

【例 8-41】加密表中数据。

(1) 启动【查询编辑器】。

(2) 该示例的加密过程如图 8-51 所示。首先，使用 CREATE MASTER KEY 语句在当前数据中创建一个数据库主密钥。

图 8-51　加密表中的数据

提示

在【例 8-41】示例中，可以看到加密前和加密后的数据。这种加密方式主要适用于应用程序。对于数据库而言，如果能够直接访问数据库，那么总是可以得到数据库中加密前的数据。

(3) 然后使用 CREATE CERTIFICATE 语句创建一个名称为 BookTitleInfo 的证书，该证书用来加密对称密钥。

(4) 接着使用 CREATE SYMMETRIC KEY 语句创建一个对称密钥即 Book_Title_info。该对称密钥的算法是 AES_256，采用 BookTitleInfo 证书加密。

(5) 修改 Books 表的结构，增加一个 EncryptedTitle 列，用来存放加密的数据。这项工作由 ALTER TABLE 语句完成。

(6) 然后执行加密操作。先使用 OPEN SYMMETRIC KEY 语句打开对称密钥，然后使用 EncryptByKey 函数加密数据。

(7) 最后使用 SELECT 语句查看加密之后的数据。

8.17　上机练习

本章上机练习的内容是使用 Transact-SQL 语句操纵表中的数据。

(1) Books 表中包含了图书的书号、书名、页数等信息。现在希望从 Books 表中检索那些比较厚的图书，即图书页数比平均页数高的图书。可以使用如图 8-52 所示的命令完成这种操作，可以看到这里使用了一个子查询语句。从结果可以看出，有 3 本图书比较厚。

(2) 现在希望从 Books 表中检索次厚的图书，即图书页数在所有图书中居第二位的图书信息。这时可以使用如图 8-53 所示的命令完成这种操作，可以看到，在这些命令中使用了嵌套的两个子查询语句。从结果可以看出，次厚页数是 720 页。

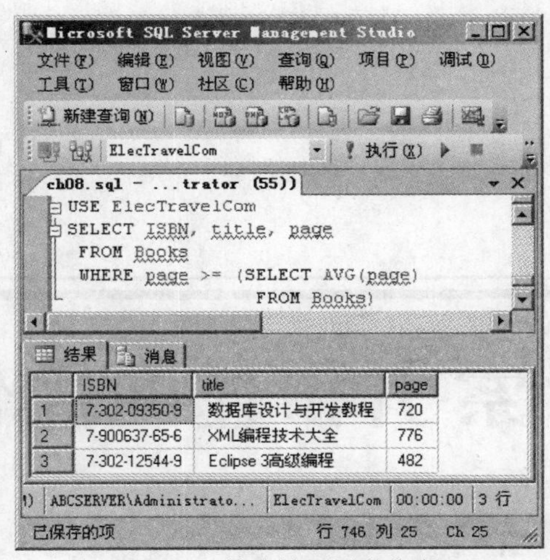

图 8-52　检索较厚图书信息

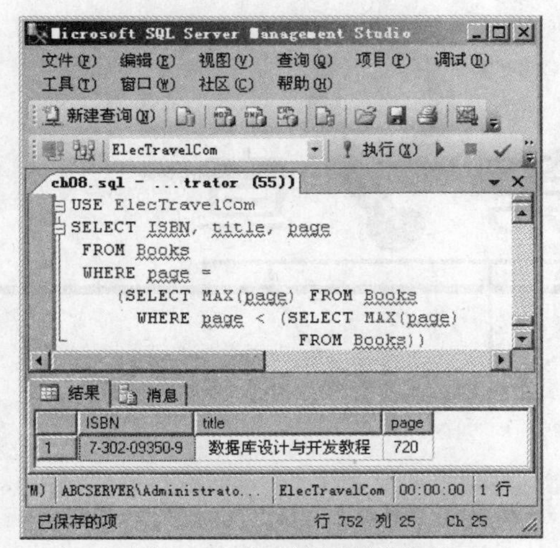

图 8-53　检索次厚图书信息

(3) 现在希望将 Books 表中图书的出版日期以不同的形式显示出来，即分别按照意大利的日期形式和日本的日期形式。这时可以使用如图 8-54 所示的命令完成这种操作，这里使用了 CONVERT 函数，其中 105 参数表示意大利日期形式，111 参数表示日本日期形式。

(4) 现在希望从 Books 表中检索数据库图书，即书名包含“数据库”的图书，可以使用如图 8-55 所示的命令完成这种操作，这里使用了 LIKE 运算符。

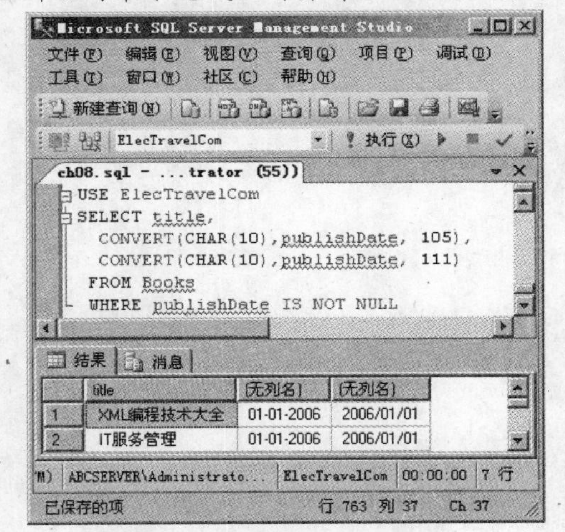

图 8-54　按要求显示出版日期

图 8-55　检索数据库图书

8.18　习题

1. 将系统的当前日期分别按照美式、英式、日式日期形式显示出来。
2. 在 Books 表中检索那些价格比最高价格低、比最低价格高的图书信息。

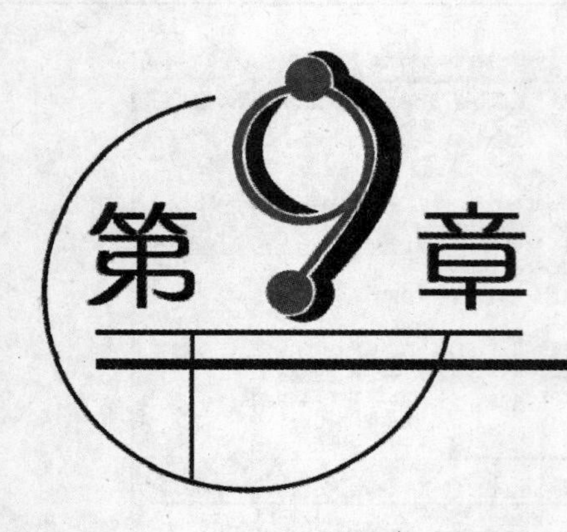

索引和查询优化

学习目标

数据库管理系统通常使用索引技术加快对表中数据的检索。索引类似于图书的目录，目录允许用户不必翻阅整本图书就能根据页数迅速找到所需的内容。在数据库中，索引也允许数据库应用程序迅速找到表中特定的数据，而不必扫描整个数据库。在图书中，目录是内容和相应页码的列表清单。在数据库中，索引是表中数据和相应存储位置的列表。本章将详细研究有关索引和查询优化的内容。

本章重点

- 索引的特点
- 索引的类型
- 创建索引
- 索引信息
- 优化索引
- 优化查询

9.1 概述

在 Microsoft SQL Server 系统中，可管理的最小空间是页。一个页是 8KB 字节的物理空间。插入数据的时候，数据就按照插入的时间顺序被放置在数据页上。一般放置数据的顺序与数据本身的逻辑关系之间没有任何联系，因此，从数据之间的逻辑关系方面来讲，数据是乱七八糟地堆放在一起的。数据的这种堆放方式称为堆。当一个数据页上的数据堆放满之后，数据就得堆放到另外一个数据页上，这时就称为页分解。

索引是一种与表或视图关联的物理结构，可以用来加快从表或视图中检索数据行的速度。

为什么要创建索引呢？这是因为创建索引可以大大提高系统的性能：第一，通过创建唯一性索引，可以保证每一行数据的唯一性；第二，可以大大加快数据的检索速度，这也是创建索引的最主要的原因；第三，可以加速表和表之间的连接，特别是在实现数据的参考完整性方面特别有意义；第四，在使用 ORDER BY 和 GROUP BY 子句进行数据检索时，同样可以显著减少查询中分组和排序的时间；第五，通过使用索引，可以在查询的过程中使用优化隐藏器，提高系统的性能。正是因为上述这些原因，所以应该对表增加索引。

也许有人要问增加索引有如此多的优点，为什么不对表中的每一个列创建一个索引呢？虽然索引有许多优点，但是为表中的每一个列都增加索引是非常不明智的做法，这是因为增加索引也有其不利的一面：第一，创建索引和维护索引要耗费时间；第二，索引需要占物理空间，除了数据表占数据空间之外，每一个索引还要占一定的物理空间，如果要建立聚集索引，那么需要的空间就会更大；第三，当对表中的数据进行增加、删除和修改的时候，索引也要动态地维护，这样就降低了数据的维护速度。

索引建立在列的上面，因此，在创建索引的时候应该考虑这些指导原则：在经常需要搜索的列上创建索引；在主键上创建索引；在经常用于连接的列上创建索引，也就是在外键上创建索引；在经常需要根据范围进行搜索的列上创建索引(因为索引已经排序，其指定的范围是连续的)；在经常需要排序的列上创建索引(因为索引已经排序，这样查询可以利用索引的排序，加快排序查询时间)；在 WHERE 子句中经常用到的列上创建索引。

同样，也有一些列不应该创建索引。这时候，应该考虑如下指导原则：对于那些在查询中很少使用和参考的列不应该创建索引，这是因为既然这些列很少使用到，所以有无索引并不能提高查询速度，相反由于增加了索引，反而降低了系统的维护速度和增大了空间需求；对于那些只有很少值的列也不应该增加索引，这是因为由于这些列的取值很少，例如人事表的性别列，在查询的结果中，结果集的数据行占了表中数据行的很大比例，即需要在表中搜索的数据行的比例很大，增加索引并不能明显加快检索速度；当 UPDATE、INSERT、DELETE 等性能远远大于 SELECT 性能时，不应该创建索引，这是因为 UPDATE、INSERT、DELETE 的性能和 SELECT 的性能是互相矛盾的。当增加索引时，会提高 SELECT 的性能，但是会降低 UPDATE、INSERT、DELETE 性能。当减少索引时，会提高 UPDATE、INSERT、DELETE 性能，降低 SELECT 性能。因此，当 UPDATE、INSERT、DELETE 性能远远大于 SELECT 性能时，不应该创建索引。

9.2　索引的类型和特点

在 Microsoft SQL Server 2008 系统中，有两种基本的索引类型：聚集索引和非聚集索引。除此之外，还有唯一性索引、包含性列索引、索引视图、全文索引及 XML 索引等。在这些索引类型中，聚集索引和非聚集索引是数据库引擎中索引的基本类型，是理解唯一性索引、包含性列索引、索引视图的基础，本节主要研究这两种索引类型。另外，为了更好地理解索引结构，有必要对堆结构有所了解。最后，简单介绍一下系统访问数据的方式。

9.2.1 堆

堆是不含聚集索引的表，表中的数据没有任何的顺序。堆的信息记录在 sys.partitions 目录视图中。每一个堆都可能有多个不同的分区，每一个分区都有一个堆结构，每一个分区在 sys.partitions 目录视图中都有一行，且 index_id=0。也就是说，每一个堆都可能有多个堆结构。

sys.system_internals_allocation_units 系统视图中的 first_iam_page 列指向堆结构中的一系列 IAM(Index Allocation Map，索引分配图)页的第一页。数据堆是通过使用索引分配图(Index Allocation Map，IAM)页来维护的。IAM 页包含了数据堆所在区域的存储信息。系统使用 IAM 页在数据堆中浏览和寻找可以插入新的记录行的空间。这些数据页及其中的记录没有任何特定的顺序并且也没有链接在一起。在这些数据页之间的唯一连接是 IAM 中记录的顺序。堆的结构如图 9-1 所示。

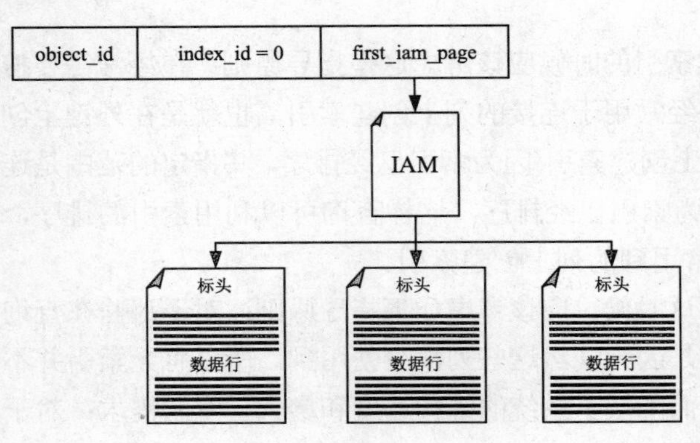

图 9-1 堆的结构

> **提示**
>
> 在图 9-1 中，可以看到数据行之间没有特定的关系，用来维护整个结构的信息的工具是 IAM。这种方式与书店管理类似，只有一个图书清单，图书清单有每一本图书的书架位置，图书之间无关系。

9.2.2 聚集索引

聚集索引是一种数据表的物理顺序与索引顺序相同的索引，非聚集索引则是一种数据表的物理顺序与索引顺序不相同的索引。

聚集索引的叶级和非叶级构成了一个特殊类型的 B 树结构。B 树结构中的每一页称为一个索引节点。索引的最低级节点是叶级节点。在一个聚集索引中，某个表的数据页是叶级，在叶级之上的索引页是非叶级。在聚集索引中，页的顺序是有序的。应该在表中经常搜索的列或按照顺序访问的列上创建聚集索引。其中，用于指定聚集索引第一页地址信息的 root_page 来自 sys.system_internal_allocation_units 系统视图中。聚集索引的结构如图 9-2 所示。

当创建聚集索引时，应该考虑这些因素：每一个表最多只能有一个聚集索引；表中行的物理顺序和索引中行的物理顺序是相同的；在创建任何非聚集索引之前创建聚集索引，是因为聚集索引改变了表中行的物理顺序；数据行按照一定的顺序排列，并且自动维护这个顺序；索引键值的唯一性要么使用 UNIQUE 关键字明确维护，要么由一个内部的唯一标识符明确维护，这

些唯一性标识符是系统自己使用的，用户不能访问；聚集索引的平均大小大约是数据表的百分之五，但是实际的聚集索引的大小常常根据索引列的大小不同而变化，对于频繁更改的列不适合创建聚集索引，否则，由于列中数据的频繁更改，将引起大量数据行的排序移动。

在索引的创建过程中，Microsoft SQL Server 临时使用当前数据库的磁盘空间。当创建聚集索引时，往往需要额外的 1.2 倍的表空间大小，因此，一定要保证有足够的空间来创建聚集索引。

9.2.3 非聚集索引

非聚集索引与聚集索引具有相同的 B 树结构，但是在非聚集索引中，基础表的数据行不是按照非聚集键的顺序排序和存储的，且非聚集索引的叶级是由索引页而不是由数据页组成。

非聚集索引既可以定义在表或视图的聚集索引上，也可以定义在表或视图的堆上。非聚集索引中的每一个索引行都是由非聚集键值和行定位符组成，该行定位符指向聚集索引或堆中包含该键值的数据行。如果表或视图中没有聚集索引(堆)，则行定位符是指向行的指针 RID，而 RID 由文件标识符 ID、页码和页上的行数生成。如果表或视图上有聚集索引，则行定位符是行的聚集索引键。非聚集索引的结构如图 9-3 所示。

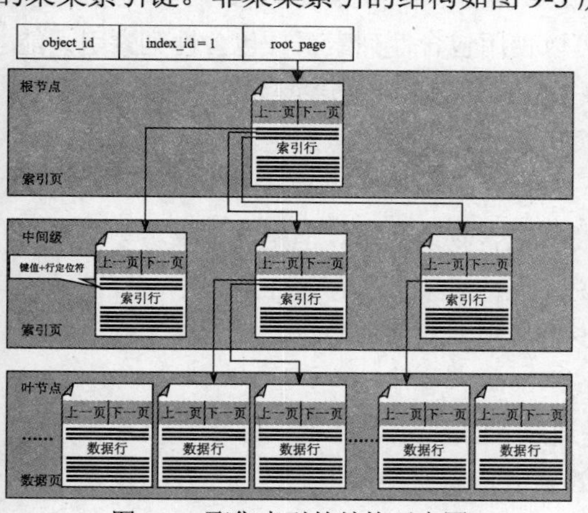

图 9-2 聚集索引的结构示意图

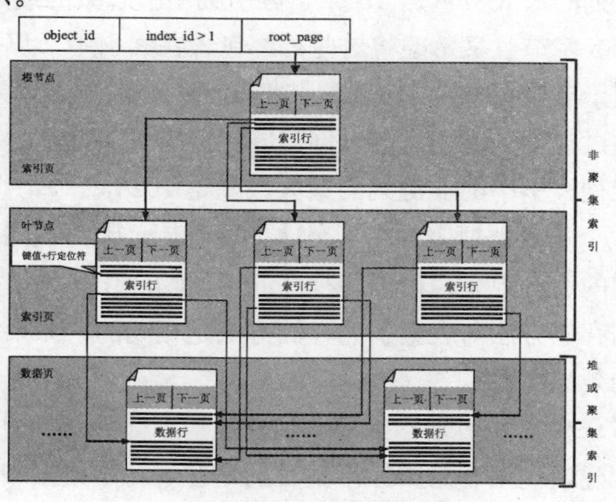

图 9-3 非聚集索引的结构示意图

根据非聚集索引中数据类型的不同，每一个非聚集索引结构都会有一个或多个分配单元，在其中存储和管理特定分区的数据。对于索引使用的每一个分区，非聚集索引在 sys.partitions 表中都有对应的一行，且 index_id>1。在默认情况下，一个非聚集索引只有一个分区。如果一个非聚集索引有多个分区，那么每一个分区都有一个包含该特定分区的索引行的 B 树结构。

非聚集索引表示行的逻辑顺序。当需要以多种方式检索数据时，非聚集索引是非常有用的。例如，某个读者非常喜欢园艺，经常搜索有关园艺的书籍，并且希望能够按照植物的学名和俗名来检索，那么，这时就可以为学名创建一个聚集索引，为俗名创建一个非聚集索引。

当创建非聚集索引时应考虑这些情况：在默认情况下，所创建的索引是非聚集索引。在每一个表上可以创建 249 个非聚集索引。索引页的叶级只包含索引的关键字信息，不包含实际的

数据。

当需要以多种方式检索数据时，非聚集索引是非常有用的。当创建非聚集索引时应考虑下列情况：在默认情况下，所创建的索引是非聚集索引；在每一个表上，最多可以创建 249 个非聚集索引，而聚集索引最多只能有一个。

9.2.4 其他类型的索引

除了聚集索引和非聚集索引之外，Microsoft SQL Server 2008 系统还提供了一些其他类型的索引或索引表现形式，这些内容包括唯一性索引、包含性列索引、索引视图、全文索引和 XML 索引。

在创建聚集索引或非聚集索引时，索引键可以都不相同，也可以包含重复值。如果希望索引键都各不相同，那么必须创建唯一性索引。当然，在创建聚集索引或非聚集索引时，都可以指定该索引具有唯一性的特点。这种唯一性与前面讲过的主键约束是关联的，某种程度上可以说，主键约束等于唯一性的聚集索引。

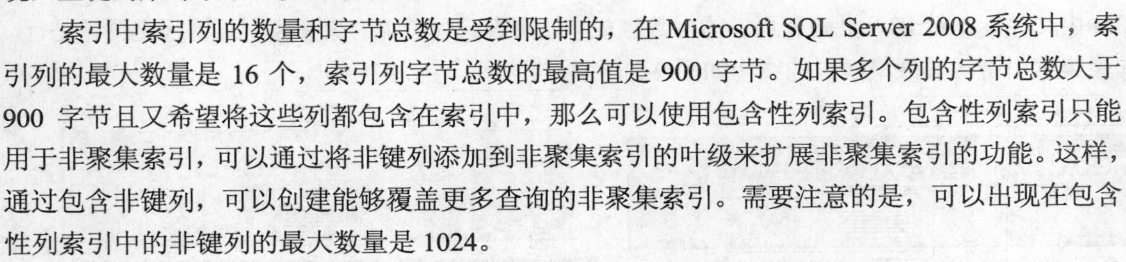

索引中索引列的数量和字节总数是受到限制的，在 Microsoft SQL Server 2008 系统中，索引列的最大数量是 16 个，索引列字节总数的最高值是 900 字节。如果多个列的字节总数大于 900 字节且又希望将这些列都包含在索引中，那么可以使用包含性列索引。包含性列索引只能用于非聚集索引，可以通过将非键列添加到非聚集索引的叶级来扩展非聚集索引的功能。这样，通过包含非键列，可以创建能够覆盖更多查询的非聚集索引。需要注意的是，可以出现在包含性列索引中的非键列的最大数量是 1024。

一般把视图当作一个虚拟表看待，因为视图中没有包含物理数据。但是，如果希望提高视图的查询效率，可以将视图的索引物理化，也就是说，将结果集永久存储在索引中。视图索引的存储方法与表索引的存储方法是相同的。如果很少更新视图的基表数据，那么使用视图索引的效果更好。

全文索引是一种特殊类型的基于标记的索引，是通过 Microsoft SQL Server 的全文引擎服务创建、使用和维护的，其目的是在字符串数据中高效率地搜索复杂的词语。

XML 索引是与 XML 数据关联的索引形式，是 XML 二进制 BLOB 的已拆分持久表示形式。XML 索引又可以分为主索引和辅助索引。

9.2.5 访问数据的方式

一般访问数据库中的数据时，可以采用两种方法，即表扫描和索引查找。

第一种方法是表扫描，就是指系统将指针放在该表的表头数据所在的数据页上，然后按照数据页的排列顺序，逐页从前向后扫描该表数据所占有的全部数据页，直至扫描完表中的全部记录。在扫描时，如果找到符合查询条件的记录，那么就将这条记录挑选出来。最后，将全部符合查询语句条件的记录显示出来。

第二种方法是使用索引查找。索引是一种树状结构，其中存储了关键字和指向包含关键字所在记录的数据页的指针。当使用索引查找时，系统将沿着索引的树状结构，根据索引中关键字和指针找到符合查询条件的记录，最后将查找到的符合查询语句条件的全部记录显示出来。当系统沿着索引值查找时，使用搜索值与索引值进行比较判断。这种比较判断一直进行下去，直到满足下面两个条件为止：

- 搜索值不大于或等于索引值。
- 搜索值大于或等于索引页上的最后一个值。

在 Microsoft SQL Server 系统中，当访问数据库中的数据时，由系统确定该表中是否有索引存在。如果没有索引，那么系统使用表扫描的方法访问数据库中的数据。查询处理器根据分布的统计信息生成该查询语句的优化执行规划，以提高访问数据的效率为目标，确定是使用表扫描还是使用索引。

9.3 创建索引

在 Microsoft SQL Server 2008 系统中，既可以直接创建索引，也可以间接创建索引。当直接创建索引时，可以使用 CREATE INDEX 语句，也可以使用图形工具。

9.3.1 直接方法和间接方法

可以把创建索引的方式分为直接方法和间接方法。直接创建索引的方法就是使用命令和工具直接创建索引。间接创建索引就是通过创建其他对象而附加创建了索引，例如，在表中定义主键约束或唯一性约束的同时也创建了索引。虽然，这两种方法都可以创建索引，但是它们创建索引的具体内容是有区别的。

使用 CREATE INDEX 语句或使用创建索引向导来创建索引，这是最基本的索引创建方式，并且这种方法最具有柔性，可以定制创建出符合自己需要的索引。在使用这种方式创建索引时可以使用许多选项，例如，指定数据页的充满度、进行排序、整理统计信息等，这样可以优化索引。使用这种方法，可以指定索引的类型、唯一性、包含性和复合性。也就是说，既可以创建聚集索引，也可以创建非聚集索引，既可以在一个列上创建索引，也可以在两个或两个以上的列上创建索引。

通过定义主键约束或唯一性约束，也可以间接创建索引。主键约束是一种保持数据完整性的逻辑，它限制表中的记录有相同的主键记录存在。在创建主键约束时，系统自动创建了一个唯一性的聚集索引。虽然在逻辑上主键约束是一种重要的结构，但是在物理结构上与主键约束相对应的结构是唯一性的聚集索引。换句话说，在物理实现上不存在主键约束，只存在唯一性的聚集索引。同样，在创建唯一性约束时，也同时创建了索引，这种索引则是唯一性的非聚集索引。因此，当使用约束创建索引时，索引的类型和特征基本上都已经确定了，由用户定制的余地比较小。

当在表上定义主键或唯一性约束时，如果表中已经有了使用 CREATE INDEX 语句创建的标准索引时，那么主键约束或唯一性约束创建的索引覆盖以前创建的标准索引。也就是说，主键约束或唯一性约束创建的索引的优先级高于使用 CREATE INDEX 语句创建的索引。

9.3.2 使用 CREATE INDEX 语句

在 Microsoft SQL Server 2008 系统中，使用 CREATE INDEX 语句可以在关系表上创建索引，其基本的语法形式如下：

```
CREATE [ UNIQUE ] [ CLUSTERED | NONCLUSTERED ] INDEX index_name
ON table_or_view_name ( column [ ASC | DESC ] [ ,...n ] )
[INCLUDE (column_name[, …n])]
[ WITH
(      PAD_INDEX = {ON | OFF}
   |  FILLFACTOR = fillfactor
   |  SORT_IN_TEMPDB = {ON | OFF}
   |  IGNORE_DUP_KEY = {ON | OFF}
   |  STATISTICS_NORECOMPUTE = {ON | OFF}
   |  DROP_EXISTING = {ON | OFF}
   |  ONLINE = {ON | OFF}
   |  ALLOW_ROW_LOCKS = {ON | OFF}
   |  ALLOW_PAGE_LOCKS = {ON | OFF}
   |  MAXDOP = max_degree_of_parallelism)
   |  DATA_COMPRESSION = {NONE | ROW | PAGE }[, …n]]
ON {partition_schema_name (column_name) | filegroup_name | default}
```

下面来简要讲述 CREATE INDEX 语句中主要选项的作用。

UNIOUE 选项表示创建唯一性索引，这时在索引列中不能有相同的两个列值存在。CLUSTERED 选项表示创建聚集索引。NONCLUSTERED 选项表示创建非聚集索引，非聚集索引是 CREATE INDEX 语句的默认值。

第一个 ON 关键字表示索引所属的表或视图，这里用于指定表或视图的名称和相应的列名称。列名称后面可以使用 ASC 或 DESC 关键字，指定升序排列或降序排列，其默认值是 ASC。第二个 ON 关键字用于指定该索引所在的分区方案或文件组名称。

INCLUDE 子句用于指定将要包含到非聚集索引的页级中的非键列。

PAD_INDEX 选项用于指定索引的中间页级，也就是说，为非叶级索引页指定填充度。这时的填充度由 FILLFACTOR 选项指定。FILLFACTOR 选项用于指定叶级索引页的填充度。

SORT_IN_TEMPDB 选项为 ON 时，用于指定创建索引时产生的中间结果，在 tempdb 数据库中进行排序。该选项为 OFF 时，在当前数据库中排序。

IGNORE_DUP_KEY 选项用于指定唯一性索引键冗余数据的系统行为。当为 ON 时，系统

发出警告信息，只有违反唯一性行的数据插入失败。该选项为 OFF 时，取消整个 INSERT 语句并且发出错误信息。

STATISTICS_NORECOMPUTE 选项用于指定是否重新计算分发统计信息。为 ON 时，不自动计算过期的索引统计信息；为 OFF 时，启动自动计算功能。

DROP_EXISTING 选项决定是否可以删除指定的索引并且重建该索引。为 ON 时，可以删除并且重建已有的索引；为 OFF 时，不能删除重建。

ONLINE 选项用于指定索引操作期间基础表和关联索引是否可用于查询。为 ON 时，不持有表锁，允许用于查询；为 OFF 时，持有表锁，索引操作期间不能执行查询。

ALLOW_ROW_LOCKS 选项用于指定是否使用行锁，如果为 ON，表示使用行锁。ALLOW_PAGE_LOCKS 选项用于指定是否使用页锁，如果为 ON，表示使用页锁。

MAXDOP 选项用于指定索引操作期间覆盖最大并行度的配置选项，主要目的是限制执行并行计划过程中使用的处理器数量。

DATA_COMPRESSION 选项用于为指定的索引、分区号或分区范围指定数据压缩选项。NONE 表示不压缩索引或指定的区域；ROW 表示使用行压缩来压缩索引或指定的区域；PAGE 表示使用页压缩方式。

【例 9-1】使用 CREATE INDEX 语句创建唯一性的聚集索引。

(1) 启动【查询编辑器】。

(2) 在如图 9-4 所示的示例中，使用 CREATE INDEX 语句在 books 表中的 ISBN 列上创建一个唯一性的聚集索引，该索引的名称是 ind_books_ISBN。这样，ISBN 列中不能有重复值出现，这种限制符合实际情况。这是最常见的创建索引的方式。

除了在 ISBN 列上创建索引之外，如果用户还希望在 title 列上创建索引，那么这时只能创建非聚集索引(读者可以思考一下，可以在 title 列上创建聚集索引吗)。

【例 9-2】使用 CREATE INDEX 语句创建唯一性的非聚集索引。

(1) 启动【查询编辑器】。

(2) 在如图 9-5 所示的示例中，在 books 表中的 title 列上创建一个唯一性的非聚集索引。从这个示例可以看出，虽然在一个表上聚集索引最多只能有一个，但是唯一性的索引可以有多个。

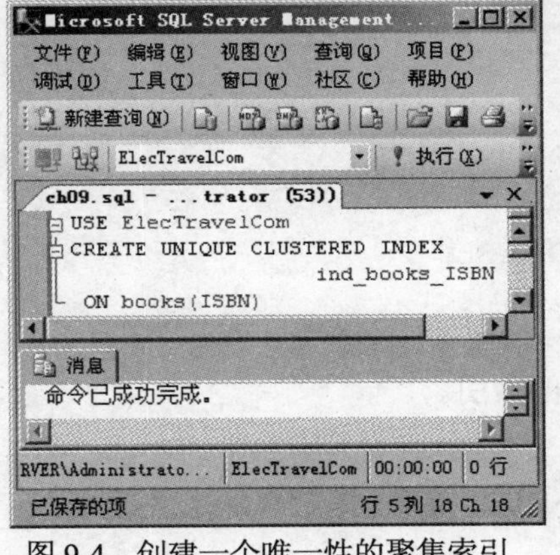

图 9-4　创建一个唯一性的聚集索引

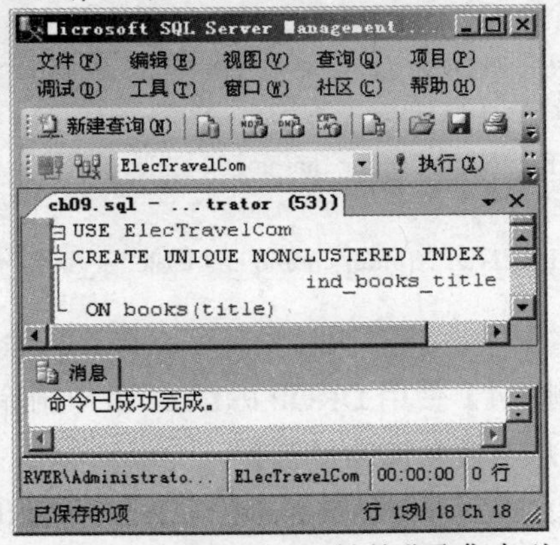

图 9-5　创建一个唯一性的非聚集索引

【例 9-3】使用 CREATE INDEX 语句创建包含性列索引。

(1) 启动【查询编辑器】。

(2) 在如图 9-6 所示的示例中，使用 CREATE INDEX 语句创建了一个包含性列索引。在这个索引中，索引键列是 title 列，非键列是 pressName 列。这时，pressName 列的数据包含在 ind_books_title 非聚集索引的页级中。

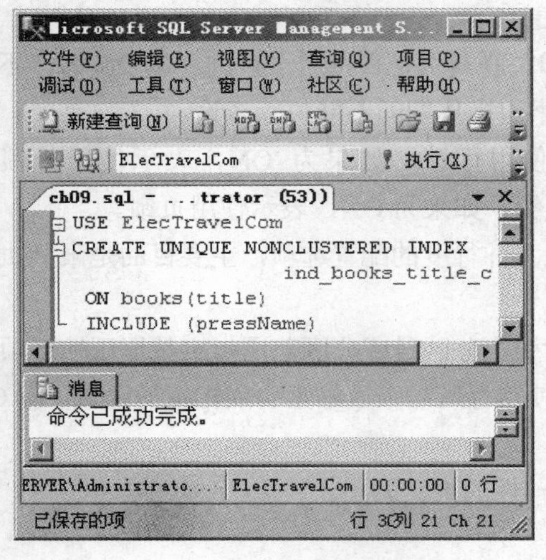

图 9-6　创建包含性列索引

提示

在【例 9-3】示例中，可以看到这种包含性列索引与其他索引的最大区别在于，通过关键字把其他列包含了进去。如果希望在一个索引中包含多个列，且这些列的字节数较大，那么可以考虑采用这种方式。

如果在空表上创建索引，那么使用 FILLFACTOR 选项和 PAD_INDEX 选项是否都是一样的呢？由于这种指定索引填充度的行为只在创建索引和重新生成索引时起作用，从这种意义上来看，这两个选项都是静态选项。

使用 ALTER INDEX 语句可以重新生成索引、重新组织索引或者禁止索引。重新生成索引表示删除索引并且重新生成，这样可以根据指定的填充度压缩页来删除碎片、回收磁盘空间、重新排序索引。重新组织索引对索引碎片的整理程度则低于重新生成索引选项。禁止索引则表示禁止用户访问索引。ALTER INDEX 语句的基本语法形式如下：

```
-- 重新生成索引
ALTER INDEX index_name ON table_or_view_name REBUILD
-- 重新组织索引
ALTER INDEX index_name ON table_or_view_name REORGANIZE
-- 禁用索引
ALTER INDEX index_name ON table_or_view_name DISABLE
```

当索引不再需要的时候，可以将其删除。删除索引使用 DROP INDEX 语句。

【例 9-4】使用 DROP INDEX 语句删除指定的索引。

(1) 启动【查询编辑器】。

(2) 在如图 9-7 所示的示例中，使用 DROP INDEX 语句删除了 books 表上的 ind_books_title 索引。

图 9-7　删除索引

提示

在【例 9-4】示例中，可以看到 DROP INDEX 是一个独立的 Transact-SQL 语句。虽然索引与表是紧密关联的，但是其管理却是独立的。不像表中的列，列的管理是通过 ALTER TABLE 语句进行的。

在删除索引时要注意：当执行 DROP INDEX 语句时，SQL Server 释放被该索引所占的磁盘空间。不能使用 DROP INDEX 语句删除由主键约束或唯一性约束创建的索引。要想删除这些索引，必须删除这些约束。当删除表时，该表的全部索引也被删除。当删除一个聚集索引时，该表的全部非聚集索引重新自动创建。不能在系统表上使用 DROP INDEX 语句。

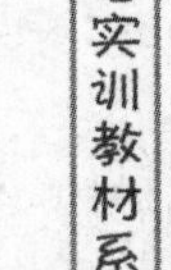

9.3.3　数据库引擎优化顾问

使用 Microsoft SQL Server 2008 的数据库引擎优化顾问，用户可以方便地选择和创建索引、索引视图和分区的最佳集合。数据库引擎优化顾问分析一个或多个数据库的工作负荷和实现，其中工作负荷是对要优化的一个或多个数据库执行的一组 Transact-SQL 语句。数据库引擎优化顾问的输入是由 SQL Server Profiler 生成的跟踪文件、指定的跟踪表或工作负荷。数据库引擎优化顾问的输出是修改数据库的物理设计结构的建议，其中，物理设计结构包括聚集索引、非聚集索引、索引视图、分区等。

具体地说，数据库引擎优化顾问的功能如下：

- 通过使用查询优化器分析工作负荷中的查询，并且推荐数据库的最佳索引组合。
- 为工作负荷中引用的数据库推荐分区。
- 推荐工作负荷中引用的数据库的索引视图。
- 分析所建议的更改将会产生的影响，包括索引的使用、查询在表之间的分布及查询在工作负荷中的性能。
- 推荐为执行一个小型的问题查询集而对数据库进行优化的方法。
- 允许通过指定磁盘空间约束等高级选项对推荐进行自定义。
- 提供对所给工作负荷的建议执行效果的汇总报告。

【例 9-5】使用数据库引擎优化顾问。

(1) 启动 Microsoft SQL Server Management Studio。

(2) 在 Microsoft SQL Server Management Studio 中，从【工具】|【数据库引擎优化顾问】中启动数据库引擎优化顾问工具，如图 9-8 所示。注意，由于中文版本的翻译问题，数据库引擎优化顾问工具有时又使用 Database Engine Tuning Advisor 名称。

(3) 在如图 9-8 所示的【常规】选项卡中，可以指定本次将要优化的会话名称，设置工作负荷，设置将要优化的数据库和表。工作负荷可以是包含了查询语句的文件，也可以是由 SQL Server Profiler 工具生成的保存在表中的跟踪。如果单击【工作负荷】区域内的望远镜图标，就可以设置相应的工作负荷文件或工作负荷表(根据选中的【文件】单选按钮或【表】单选按钮确定)。

(4) 选择工作负荷之后，可以在如图 9-9 所示的【优化选项】选项卡中设置有关优化时间、物理设计结构、分区策略等优化选项。例如，如果希望优化整个索引和索引视图，那么可以选中【索引和索引视图】单选按钮；如果仅仅优化非聚集索引，那么可选中【非聚集索引】单选按钮。

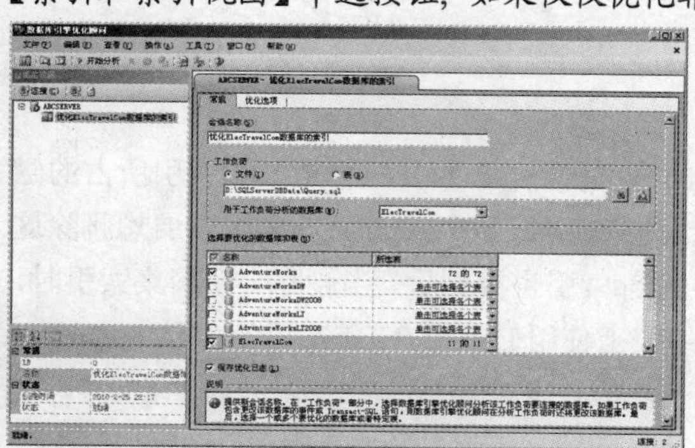

图 9-8　【常规】选项卡

图 9-9　【优化选项】选项卡

(5) 在如图 9-8 所示的工具栏上，单击【开始分析】按钮，则开始执行索引优化分析，并且提供索引优化分析建议。

9.3.4 查看索引信息

在 Microsoft SQL Server 2008 系统中，可以使用一些目录视图和系统函数查看有关索引的信息。这些目录视图和系统函数的描述说明如表 9-1 所示。

表 9-1　用于查看索引信息的目录视图和系统函数

目录视图和系统函数	描　述
sys.indexes	用于查看有关索引类型、文件组、分区方案、索引选项等信息
sys.index_columns	用于查看列 ID、索引内的位置、类型、排列顺序等信息
sys.stats	用于查看与索引关联的统计信息
sys.stats_columns	用于查看与统计信息关联的列 ID
sys.xml_indexes	用于查看 XML 索引信息，包括索引类型、说明等
sys.dm_db_index_physical_stats	用于查看索引大小、碎片统计信息等
sys.dm_db_index_operational_stats	用于查看当前索引和表 I/O 统计信息等
sys.dm_db_index_usage_stats	用于查看按查询类型排列的索引使用情况统计信息

(续表)

目录视图和系统函数	描　述
INDEXKEY_PROPERTY	用于查看索引内的索引列的位置及列的排列顺序
INDEXPERPERTY	用于查看元数据中存储的索引类型、级别数量和索引选项的当前设置等信息
INDEX_COL	用于查看索引的键列名称

【例 9-6】查看索引信息。

(1) 启动【查询编辑器】。

(2) 在如图 9-10 所示的示例中，使用 sys.dm_db_index_operational_stats 系统函数查看当前数据库引擎服务器中所有数据库中的全部索引统计信息，具体内容包括 I/O、锁定及访问方式等信息。注意，这些列出的信息形式主要是标识符。

(3) 在如图 9-11 所示的示例中，使用 sp_helpindex 系统存储过程查看了 Books 表的索引信息。从这里看到，Books 表中包括了两个索引，具体信息包括索引名称、索引描述、索引列等。

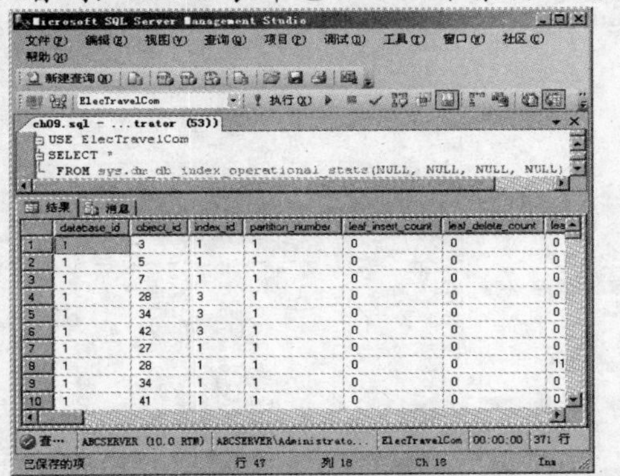

图 9-10　使用 sys.dm_db_index_operational_stats 系统函数

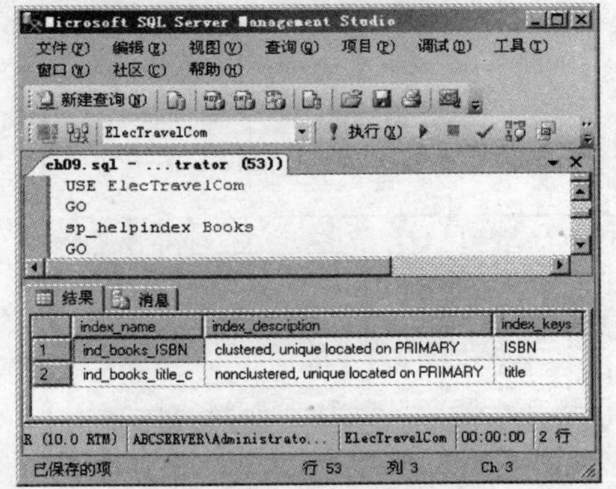

图 9-11　使用 sp_helpindex

9.4 索引维护

索引在创建之后，由于数据的增加、删除、更新等操作使得索引页发生碎块，为了提高系统的性能，必须对索引进行维护。这些维护包括查看碎块信息，维护统计信息，分析索引性能及删除重建索引等。

9.4.1 查看索引统计信息

索引统计信息是查询优化器用来分析和评估查询、确定最优查询计划的基础数据。一般情况下，用户可以通过常用的两种方式访问指定索引的统计信息：一种方式是使用 DBCC SHOW_STATISTICS 命令；另一种是使用图形化工具。

DBCC SHOW_STATISTICS 命令可以用来返回指定表或视图的特定对象的统计信息，这些特定对象可以是索引、列等。

【例 9-7】查看索引统计信息。

(1) 启动【查询编辑器】。

(2) 在如图 9-12 所示的示例中，使用 DBCC SHOW_STATISTICS 命令查看 Production.Product 表中的 AK_Product_Name 索引的统计信息。这些统计信息包括 3 部分，即统计标题信息、统计密度信息和统计直方图信息。统计标题信息主要包括表中的行数、统计的抽样行数、所有索引列的平均长度等。统计密度信息主要包括索引列前缀集的选择性、平均长度等信息。统计直方图信息则指定显示直方图时的信息。

(3) 使用图形化工具查看统计信息。在对象资源管理器中，连接到指定的 Microsoft SQL Server 2008 数据库引擎实例，展开该实例，展开 AdventureWorks|【表】|Production.Product|【统计信息】节点，右击其中的 AK_Product_Name 对象，从弹出的快捷菜单中选择【属性】命令，打开如图 9-13 所示的统计信息属性窗口。

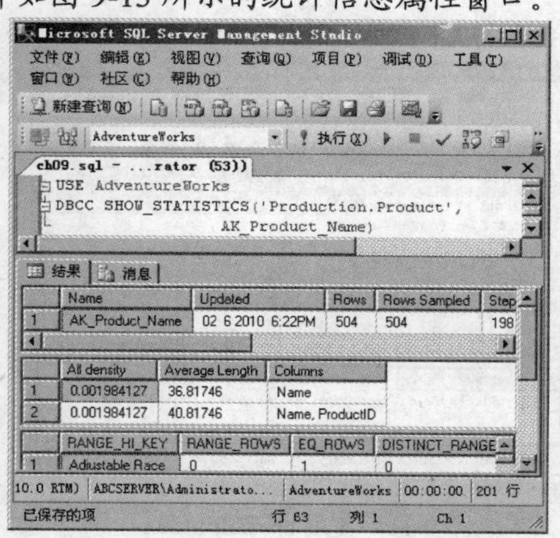

图 9-12　使用 DBCC SHOW_STATISTICS 命令

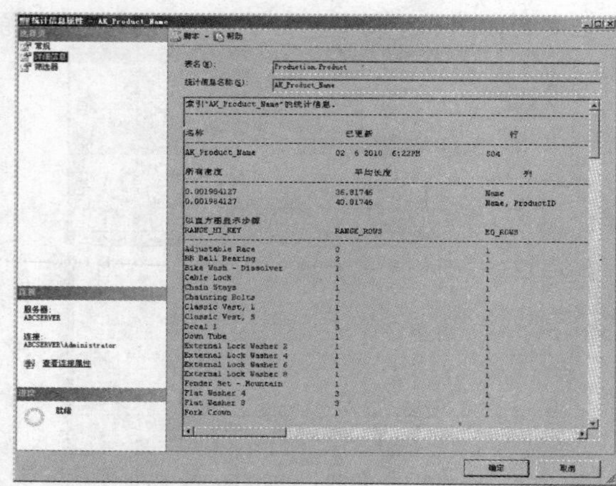

图 9-13　统计信息属性窗口

9.4.2　查看索引碎片信息

可以使用两种方式查看有关索引的碎片信息，即使用 sys.dm_db_index_physical_stats 系统函数和使用图形化工具。注意，sys.dm_db_index_physical_stats 系统函数替代了以前版本中的 DBCC SHOWCONTIG 命令。

【例 9-8】查看索引碎片信息。

(1) 启动【查询编辑器】。

(2) 在如图 9-14 所示的示例中，使用 sys.dm_db_index_physical_stats 系统函数查看 AdventureWorks 数据库的 Production.Product 表中所有索引的碎片信息。

(3) 使用图形化工具查看索引的碎片信息。在对象资源管理器中，连接到指定的 SQL Server 2008 数据库引擎实例，展开该实例，展开 AdventureWorks|【表】节点|Production.Product|【索引】

节点，右击其中的 AK_Product_Name 对象，从弹出的快捷菜单中选择【属性】命令，这时打开如图 9-15 所示的【索引属性】对话框的【碎片】选项卡，在此可以分析当前索引的碎片状况。

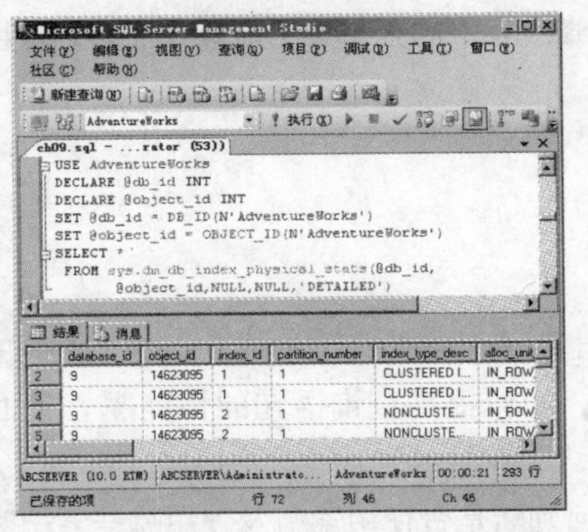

图 9-14　使用 sys.dm_db_index_physical_stats 系统函数　　图 9-15　【索引属性】对话框的【碎片】选项卡

9.4.3　维护索引统计信息

统计信息是存储在 Microsoft SQL Server 中的列数据的样本。这些数据一般用于索引列，但是还可以为非索引列创建统计。Microsoft SQL Server 维护某一个索引关键值的分布统计信息，并且使用这些统计信息来确定在查询进程中哪一个索引是有用的。查询的优化依赖于这些统计信息的分布准确度。查询优化器使用这些数据样本来决定使用表扫描或使用索引。

【例 9-9】使用 UPDATE STATISTICS 语句维护索引统计信息。

(1) 启动【查询编辑器】。

(2) 在如图 9-16 所示的示例中，使用 UPDATE STATISTICS 语句修改了 Production.Product 表中全部索引的统计信息。

当表中数据发生变化时，Microsoft SQL Server 周期性地自动修改统计信息。索引统计被自动修改，索引中的关键值显著变化。统计信息修改的频率由索引中的数据量和数据改变量确定。例如，如果表中有 10000 行数据，1000 行数据修改了，那么统计信息可能需要修改。然而，如果只有 50 行记录修改了，那么仍然保持当前的统计信息。

图 9-16　使用 UPDATE STATISTICS 语句

提示

在【例 9-9】示例中，可以看到使用 UPDATE STATISTICS 语句对 Production.Product 表的所有索引进行了整理，重新更新了索引的统计信息，这样有利于系统准确地选择索引。

索引统计信息既可以自动创建，也可以使用 CREATE STATISTICS 语句创建。同样，除了系统自动修改索引统计信息之外，用户还可以通过执行 UPDATE STATISTICS 语句来手工修改统计信息。使用 UPDATE STATISTICS 语句既可以修改表中的全部索引统计信息，也可以修改指定的索引统计信息。

9.5 查询优化

在很多情况下，为了达到同样的结果，可以写出多个不同的查询形式。但是，不同的查询形式往往消耗的时间不相同，因此有不同的性能。如何提高查询语句的性能呢？下面介绍 Microsoft SQL Server 查询优化器和优化隐藏的特点。

在查询语句中，Microsoft SQL Server 系统是如何判断是否使用索引及使用哪些索引呢？一般系统是根据索引的选择性和索引类型。如果索引列的选择性很高，也就是说，索引列中的只有很少几行数据将被选中，那么应该使用索引。系统如何得到选择性呢？这就需要系统的统计信息来确定。下面通过一个示例讲述系统是如何选择索引执行查询操作的。

【例 9-10】查询优化。

(1) 下面是一个 SELECT 查询示例。在这个示例中，WHERE 子句中有一个复合条件，涉及 title 列和 publishDate 列。假设 books 表中的每一个列都有一个索引，那么系统首先使用 title 列上的索引好呢，还是首先使用 publishDate 列上的索引好？

```
USE ElecTravelCom
SELECT *
FROM books
WHERE title = 'SQL Server 简明教程' AND publishDate = '2007-01-01'
```

(2) 假设系统有下面的统计信息：

```
表中的行数：100000
估计的行数(对于 books.title 列)：30000
估计的行数(对于 books.publishDate 列)：200
```

(3) 按照上面的统计信息，Microsoft SQL Server 查询优化器计算得到：title 列的选择性是 0.2%，publishDate 列的选择性是 30%。title 列的选择性远远高于 publishDate 列的选择性，因此，查询优化器选择基于 title 列的索引生成执行计划。

现在讨论一下优化隐藏的特点。查询中的连接是特别耗时的，因此，Microsoft SQL Server 系统提供了 3 种连接技术，即 LOOP 连接、MERGE 连接和 HASH 连接。

在 LOOP 连接中，对于外表中的每一行，都与内表中的所有行进行比较。这种连接的效率是非常低的。对于外表中的每一行，内表都执行扫描一遍。只有当内表中的连接列上有索引时，这种连接技术才有效。LOOP 连接算法的思路如下：

```
For 外表中每一行
  把该行读进临时表 A 中
  For 内表中的每一行
    把该行读进临时表 B 中
    If A.join_column = B.join_column
      该行满足条件，将其放入结果集中
    End if
  End for
End for
```

当连接中的内表和外表的数据是按照连接列进行物理存储时，那么使用 MERGE 连接技术是一个好的选择，这时查询优化器不需要索引。如果两个表中的数据都没有排序，那么不要使用这种连接方式。MERGE 连接算法的思路如下：

```
使用连接列按照升序排列外表数据
使用连接列按照升序排列内表数据
For 外表中每一行
  把该行读进临时表 A 中
  For 内表中那些值小于或等于连接列的每一行
    把该行读进临时表 B 中
    If A.join_column = B.join_column
      该行满足条件，将其放入结果集中
    End if
  End for
End for
```

如果连接中的两个表中的数据没有任何顺序且都没有索引，那么可以考虑使用 HASH 连接技术。在这种连接方式中，系统使用散列函数对连接列进行计算得到散列值，然后按照散列值进行连接查询。

9.6 上机练习

本章上机练习的内容是创建索引、查看索引信息以及优化索引。

(1) 启动【查询编辑器】。

(2) 使用 CREATE TABLE 语句创建 testTable 表，该表由 4 个列组成，1 个整数类型列和 3 个变长字符类型列，字符类型列的长度比较长，创建过程如图 9-17 所示，该表用于测试创建索引和查看索引碎片信息。

(3) 使用 INSERT INTO 语句向 testTable 表中插入数据，如图 9-18 所示。为了插入多行数据，插入脚本使用了一个循环语句。首先声明了一个循环变量@i；然后为该循环变量赋初值 1；接下来使用 WHILE 关键字定义循环语句，循环条件是 1000 次，在每一次循环中，都使用了两个

INSERT INTO 语句执行插入操作，因此，循环结束之后，共向 testTable 表中插入了 2000 行数据。

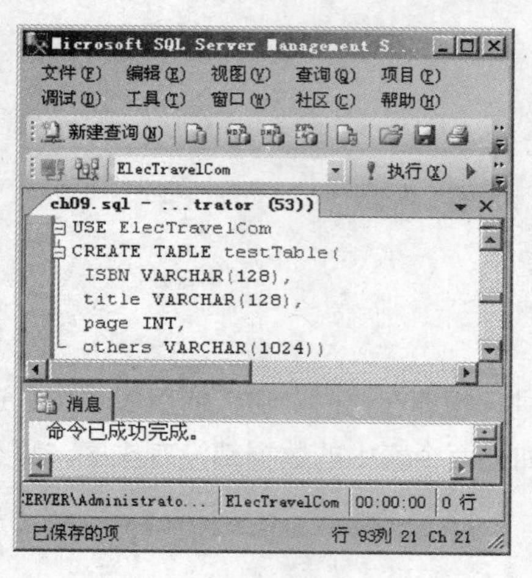

图 9-17　创建 testTable

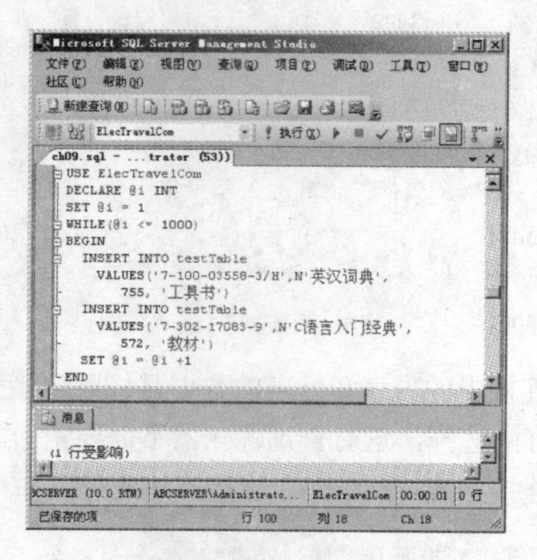

图 9-18　插入 2000 行数据

(4) 这时，使用 CREATE INDEX 语句在 testTable 表上创建索引，索引名称是 in_test_ISBN，索引表和索引列分别是 testTable 表和 ISBN 列，创建过程如图 9-19 所示。在该语句中使用了 CLUSTERED 关键字，表示创建了一个聚集索引。

(5) 使用 INSERT INTO 语句再次向 testTable 表中插入数据，插入过程如图 9-20 所示。插入方式类似图 9-18 所示的形式，每次插入两行数据，循环 20000 次，共插入了 40000 行数据。可以说，插入完成之后，表中的数据量比较大。

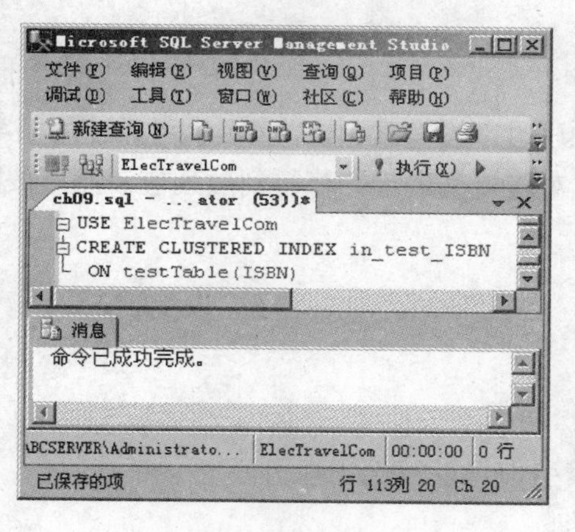

图 9-19　创建索引

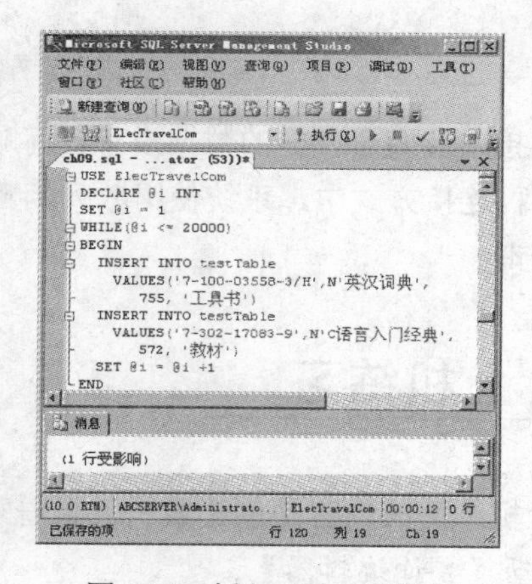

图 9-20　插入 40000 行数据

(6) 使用 UPDATE 语句更新 testTable 表中的数据，更新过程如图 9-21 所示。在这个更新语句中，按照指定的更新条件更新了 ISBN 列和 others 列中的数据。更新数据之后，由于每一行的数据量发生了变化，有可能引起存储空间的变化，从而产生了碎片现象。

(7) 使用 sys.dm_db_index_phisical_stats 系统视图查看 testTable 表的碎片信息，查看过程如图 9-22 所示。从结果中可以看到，表示逻辑碎片信息的 avg_fragmentation_in_percent 值高达 57.63%

和 60%，因此该索引碎片现象严重。

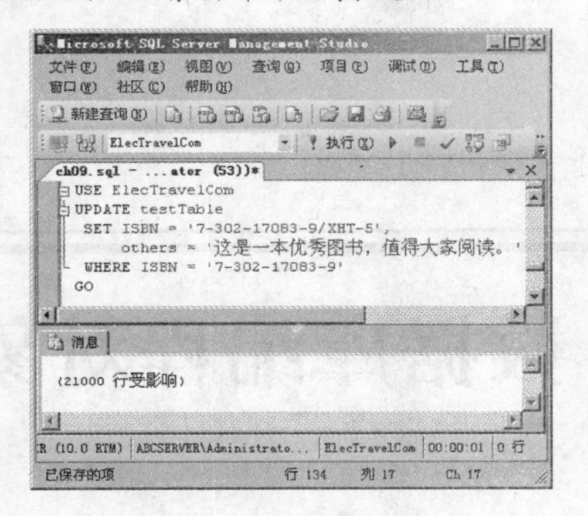

图 9-21　更新表中数据

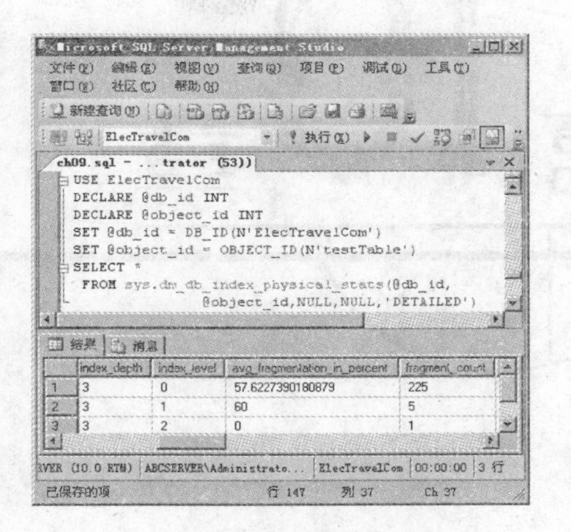

图 9-22　查看碎片信息

(8) 删除索引，然后重新创建索引，该过程如图 9-23 所示。删除和重建索引的目的，是使得系统重新按照现有的数据合理地分配存储空间，这样可以减少碎片现象。

(9) 再次使用 sys.dm_db_index_phisical_stats 系统视图查看 testTable 表的碎片信息，查看过程如图 9-24 所示。从这次查看结果可以看出，avg_fragmentation_in_percent 值为 0.2597%和 66.66%，碎片现象有所消除。

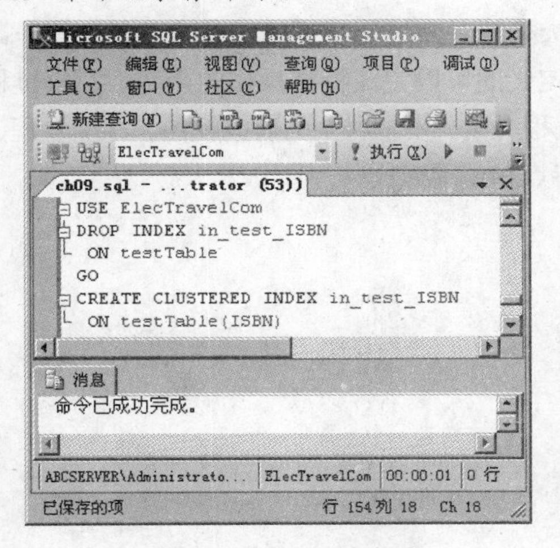

图 9-23　删除和重建索引

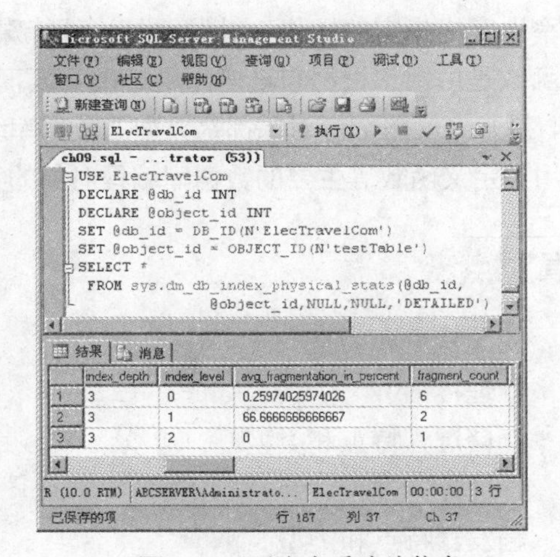

图 9-24　再次查看碎片信息

9.7　习题

1. 创建包含性列索引，比较包含性列索引和普通索引的特点。
2. 查看索引统计信息和碎片信息，分析如何消除索引碎片。

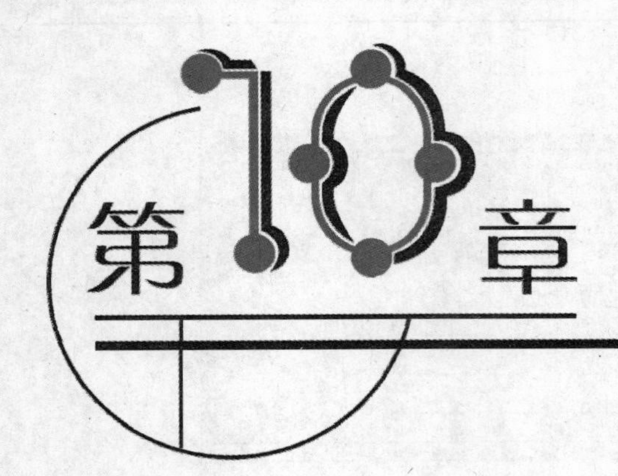

数据库编程对象

学习目标

从业务数据角度来看，同一种业务数据有可能分散在不同的表中，如何从一个数据库对象中查看这些分散存储的数据呢？从安全角度来看，不同的操作人员或许只能看到表中不同部分的数据。从数据的应用角度来看，一个报表中的数据往往来自于多个不同的表，如何提高报表的设计效率呢？视图是解决这些问题的一种有效手段。存储过程是一个可重用的代码模块，可以高效率地完成指定的操作。触发器是一种特殊类型的存储过程，可以实现自动化的操作。用户定义函数是由用户根据自己应用程序的需要而定义的可以完成特定操作的函数。存储过程、触发器、用户定义函数等对象都是典型的数据库编程对象。本章将全面研究视图、存储过程、触发器、用户定义函数等主要的数据库编程对象的特点和使用方式。

本章重点

- 视图特点和类型
- 管理视图
- 存储过程特点和类型
- 管理存储过程
- 触发器特点和类型
- 管理触发器
- 用户定义函数

10.1 视图

本节全面研究与视图有关的内容。首先分析视图的作用和存在意义，其次研究视图的类型和特点，接下来探讨创建视图技术，然后讨论如何通过视图修改表中数据，最后浏览如何通过

图形化工具来创建和维护视图。

10.1.1　概述

数据是存储在表中的，所以对数据的操纵主要是通过表来进行的。但是，仅仅通过表操纵数据会带来一系列的性能、安全、效率等问题。下面对这些问题进行分析。

从业务数据角度来看，由于数据库设计时考虑到数据异常等问题，同一种业务数据有可能被分散在不同的表中，但是对这种业务数据的使用经常是同时使用的。前面讲过的连接、子查询、联合等技术就是解决这种问题的一种手段。但是，对于多个表来说，这些操作都是比较复杂的，能不能只通过一个数据库对象就可以同时看到这些分散存储的业务数据呢？如果能够，将大大简化查询语句的复杂程度。

从数据安全角度来看，由于工作性质和需求不同，不同的操作人员只是需要查看表中的部分数据，不能查看表中的所有数据。例如，人事表中存储了员工的代码、姓名、出生日期、薪酬等信息。一般情况下，员工的代码和姓名是所有操作人员都可以查看的数据，但是薪酬等信息则只能由人事部门管理人员查看，如何有效地解决这种不同操作人员查看表中不同数据的问题呢？

从数据的应用角度来看，在设计报表时，需要明确地指定数据的来源途径和方式。能不能采取有效手段，提高报表的设计效率呢？

解决上述问题的一种有效手段就是视图。视图可以把表中分散存储的数据集成起来，让操作人员通过视图而不是通过表来访问数据，进而提高报表的设计效率等。

10.1.2　视图的概念、特点和类型

视图是查看数据库表中数据的一种方式。视图提供了存储预定义的查询语句作为数据库中的对象，以备以后使用。视图是一种逻辑对象，是一种虚拟表。除非是索引视图，否则视图不占物理存储空间。在视图中被查询的表称为视图的基表。大多数 SELECT 语句都可以用在视图的创建中。

一般视图的内容包括如下：

- 基表的列的子集或行的子集，也就是说，视图可以是基表的其中一部分。
- 两个或多个基表的联合，也就是说，视图是对多个基表进行联合运算检索的 SELECT 语句。
- 两个或多个基表的连接，也就是说，视图是通过对若干个基表的连接生成的。
- 基表的统计汇总，也就是说，视图不仅是基表的投影，还可以是经过对基表的各种复杂运算的结果。
- 另外一个视图的子集，也就是说，视图既可以基于表，也可以基于另外一个视图。
- 来自于函数或同义词中的数据。

◉ 视图和基表的混合，在视图的定义中，视图和基表可以起到同样的作用。

从技术上讲，视图是 SELECT 语句的存储定义。最多可以在视图中定义来自一个或多个表的 1 024 列，所能定义的行数是没有限制的。

使用视图有许多优点，例如，集中用户使用的数据，掩码数据的复杂性，简化权限管理，以及为向其他应用程序输出而重新组织数据等。

集中用户使用的数据。视图创建了一种可以控制的环境，即表中的一部分数据允许访问，而另外一部分数据则不允许访问。那些没有必要的、敏感的或不适合的数据都从视图中排除掉了。用户可以操纵视图中显示的数据，就像操纵表中的数据那样。另外，如果具有一定的权限和了解一些限制，那么可以修改视图中显示出来的数据。

掩码数据库的复杂性。视图把数据库设计的复杂性与用户的使用方式屏蔽开了，这样就为数据库开发人员提供了一种改变数据库的设计而不影响用户使用的能力。另外，在数据库设计时，使用的名称经常是难以理解的，而在视图中可以把这些列的名称替换为友好的容易理解的名称，从而为用户的使用提供了很大的便利。复杂的查询，甚至包括分布查询异构数据，也可以通过视图掩码。这样，用户只需查询视图就可以得到所需的数据，而不用编写复杂的查询语句或执行脚本。

简化用户权限的管理。数据库所有者可以把视图的权限授予需要查询的用户，而不必将基表中某些列的查询权限授予用户。这样就能保护修改基表的设计，而用户可以连续查询视图而不被影响。

为向其他应用程序输出而重新组织数据。可以创建一个基于连接两个或多个表的复杂查询的视图，然后把视图中的数据引出到另外一个应用程序，以便对这些数据进行进一步的分析和使用。

在 Microsoft SQL Server 2008 系统中，可以把视图分成 3 种类型，即标准视图、索引视图和分区视图。一般情况下的视图都是标准视图，它是一个虚拟表并不占物理存储空间。如果希望提高聚合多行数据的视图性能，那么可以创建索引视图。索引视图是被物理化的视图，它包含有经过计算的物理数据。通过使用分区视图，可以连接一台或多台服务器中成员表中的分区数据，使得这些数据看起来就像来自一个表中一样。

10.1.3 创建视图

在 Microsoft SQL Server 2008 系统中，主要使用 CREATE VIEW 语句创建视图。只能在当前数据库中创建视图。当创建视图时，Microsoft SQL Server 首先验证视图定义中所引用的对象是否存在。

视图的名称应该符合命名规则。是否指定视图的架构则是可选的。视图的外表和表的外表是一样的，因此，为了区别表和视图，建议采用一种命名机制，使人容易分辨出视图和表，例如，可以在视图名称之前使用 vw_作为前缀。

使用 CREATE VIEW 语句创建视图的基本语法形式如下：

```
CREATE VIEW view_name
AS
select_statement
```

视图的内容就是 SELECT 语句指定的内容。根据 SELECT 语句的不同，视图的定义既可以非常简单，也可以非常复杂。在以下特殊情况下，必须在定义视图时明确指定列的名称：由算术表达式、系统内置函数或常量得到的列；共享同一个表名连接得到的列；希望视图中的列名与表中的列名不同的时候。

需要注意的是，在视图的定义中，SELECT 子句中不能包含如下内容：COMPUTE 或 COMPUTE BY 子句；ORDER BY 子句，除非 SELECT 语句中的选择列表中有 TOP 子句；INTO 关键字；OPTION 子句；引用临时表或表变量等。

【例 10-1】使用 CREATE VIEW 语句创建简单的视图。

(1) 启动【查询编辑器】。

(2) 在如图 10-1 所示的示例中，首先使用 CREATE VIEW 语句创建一个 vw_EmpHireDate 视图。在这个视图中，EmployeeName 由 Person.Contact 表中的 FirstName 列和 LastName 列连接而成。EmployeeID 列的数据来自 HumanResources.Employee 表。

(3) 然后使用 SELECT 语句对 vw_EmpHireDate 视图进行检索，可以很方便地得到雇员名称、雇员代号、雇佣日期等信息。

如果要查看有关 vw_EmpHireDate 视图的定义文本，可以使用 sp_helptext 系统存储过程或者查看 sys.sql_modules 目录视图的 definition 列。

【例 10-2】使用 sp_helptext 系统存储过程查看视图信息。

(1) 启动【查询编辑器】。

(2) 在如图 10-2 所示的示例中，使用了 sp_helptext 系统存储过程查看 vw_EmpHireDate 视图的定义文本。

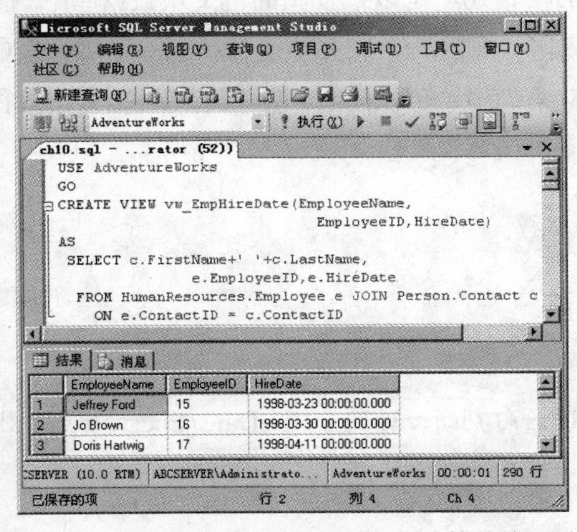

图 10-1　使用 CREATE VIEW 语句创建简单的视图

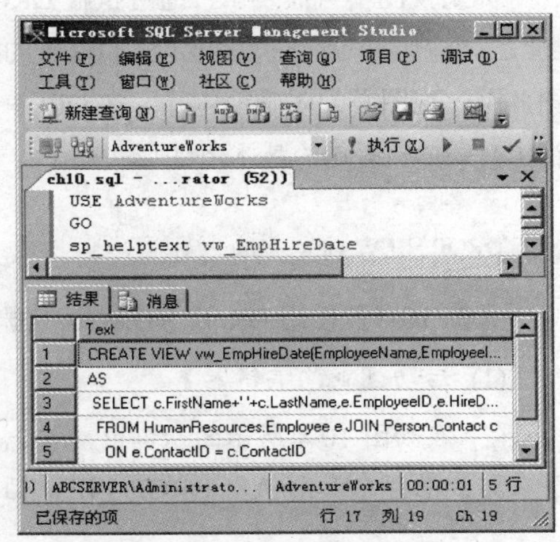

图 10-2　使用 sp_helptext 系统存储过程

视图的定义文本信息存储在 sys.sql_modules 目录视图的 definition 列中。如果不希望其他人员使用 sp_helptext 存储过程查看视图的定义文本，可以考虑对其进行加密。如果希望加密定义文本，可以在定义视图时使用 WITH ENCRYPTION 子句。

【例 10-3】使用 WITH ENCRYPTION 子句加密视图定义文本信息。

(1) 启动【查询编辑器】。

(2) 在如图 10-3 所示的示例中，在使用 CREATE VIEW 语句创建视图时，使用了 WITH ENCRYPTION 子句。这时，该视图的定义文本已经被加密了，不能使用 sp_helptext 系统存储过程查看该对象的定义文本，这在某种程度上起到了保护作用。

使用 ALTER VIEW 语句可以修改视图的定义。如果删除一个视图，然后又重新创建该视图，那么必须重新指定该视图的权限。但是，当使用 ALTER VIEW 语句修改视图时，视图原有的权限不会发生变化。

如果使用诸如 SELECT * 语句创建了一个视图，然后又修改了基表的结构，那么这个新列不会自动出现在该视图中。为了能在该视图中看到这个新列，必须修改该视图。只有对该视图进行修改之后，新增加的列才能反映到视图中。

在指定的基表基础上定义了视图之后，如果不希望更改视图的基表，那么可以在定义新视图时使用 WITH SCHEMABINDING 子句。这时创建的视图是索引视图。如果需要修改基表，那么必须首先删除视图。这种情况适用于基表和视图必须紧密一致的场合。这时，定义视图的基本语法形式如下：

```
CREATE VIEW schema_name.view_name
WITH SCHEMABINDING
AS
select_statement
```

如果视图不再需要了，通过执行 DROP VIEW 语句，可以把视图的定义从数据库中删除。删除一个视图，就是删除其定义和赋予的全部权限。删除一个表并不能自动删除引用该表的视图，因此视图必须明确地删除。在 DROP VIEW 语句中，可以同时删除多个不再需要的视图。DROP VIEW 语句的基本语法形式如下：

```
DROP VIEW view_name
```

【例 10-4】使用 DROP VIEW 语句删除视图。

(1) 启动【查询编辑器】。

(2) 在如图 10-4 所示的示例中，首先使用 If 语句判断 vw_EmpHireDate_Encrypted 视图是否存在，如果存在，则使用 DROP VIEW 语句将该视图删除。

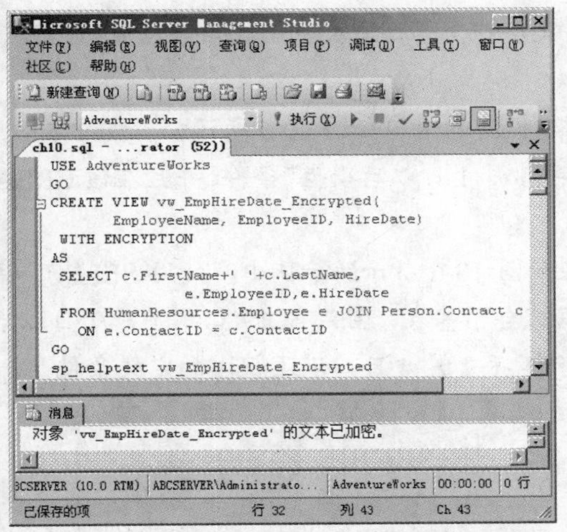

图 10-3　使用 WITH ENCRYPTION 子句创建视图

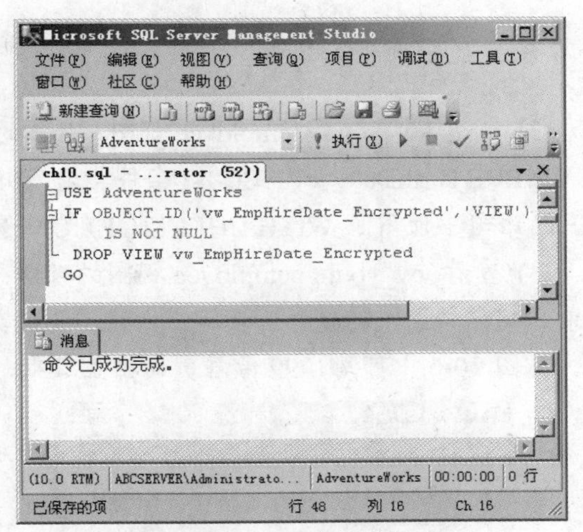

图 10-4　删除视图

10.1.4　通过视图修改数据

无论在什么时候修改视图的数据，实际上都是在修改视图的基表中的数据。在满足一定的限制条件下，可以通过视图自由地插入、删除和更新基表中的数据。

在修改视图时，要注意下列一些条件：

- 不能同时影响两个或两个以上的基表。可以修改由两个或两个以上的基表得到的视图，但是每一次修改的数据只能影响一个基表。
- 某些列不能修改。这些不能修改的列包括通过计算得到值的列、有内置函数的列或有合计函数的列等。
- 如果影响到表中那些没有默认值的列，那么可能引起错误。例如，如果使用 INSERT 语句向视图中插入数据，且该视图的基表有一个没有默认值的列或有一个不允许空的列，且该列没有出现在视图的定义中，那么就会产生一个错误消息。
- 如果在视图定义中指定了 WITH CHECK OPTION 选项，那么系统验证所修改的数据。WITH CHECK OPTION 选项强制对视图的所有修改语句必须满足定义视图使用的 SELECT 语句的标准。如果这种修改超出了视图定义的范围，系统将拒绝这种修改。

【例 10-5】通过视图修改数据。

(1) 启动【查询编辑器】。

(2) 示例背景，AdventureWorks 数据库中有一个 HumanResources.Employee 表，该表存储了公司所有员工的数据。现在，基于该表创建一个 vw_young_employees 视图，该视图存储了公司中 1980 年 1 月 1 日以后出生的青年员工信息。如果使用 WITH CHECK OPTION 子句创建该视图，那么通过视图更新 HumanResources.Employees 表中数据时，所有的数据必须满足“1980 年 1 月 1 日以后出生”的视图定义条件，否则更新操作失败。但是，如果在创建 vw_young_employees 视图时，没有使用 WITH CHECK OPTION 选项，那么，通过视图更新基表数据时，即使更新后的数据不满足1980年1月1日以后出生的视图定义条件，那么这次更新操作依然成功。该过程的详细步骤如下。

(3) 创建vw_young_employee视图，具体的创建视图的语句如图10-5所示。在该语句中，使用WHERE BirthDate >= '1980-1-1'条件指定“1980年1月1日以后出生”条件，并且在该CREATE VIEW语句中使用了WITH CHECK OPTION子句。

(4) 查看vw_young_employee视图的数据。在如图10-6所示的示例中，使用SELECT语句查看新建的视图中的数据。实际上，视图中的数据来自于基表，且满足1980年1月1日以后出生。从图10-6中可知，99号雇员的出生日期是1981年2月4日，满足视图的定义条件。

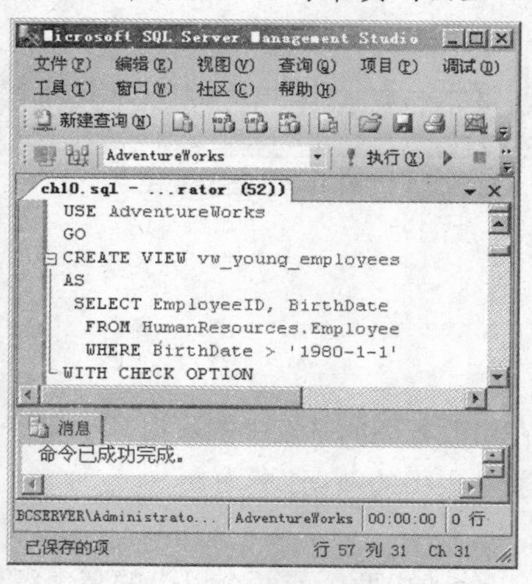

图10-5 创建视图

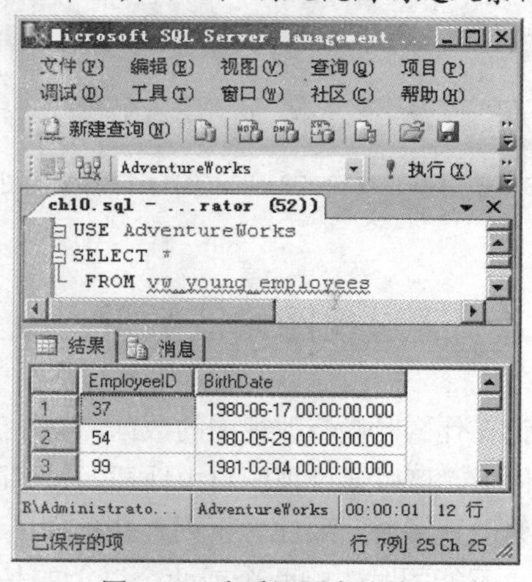

图10-6 查看视图中的数据

(5) 在视图条件范围内更新数据。在图10-7所示的示例中，使用UPDATE语句通过视图更新表中的数据。这里将99号雇员的出生日期更改为1985年1月1日，由于更改后的日期仍然在视图定义的条件中，因此这时的更新操作成功。

(6) 在视图条件范围外更新数据。在如图10-8所示的示例中，依然使用UPDATE语句通过视图更新表中的数据。但是，这时将99号雇员的出生日期更改为1970年1月1日，由于更改后的日期不满足视图定义的条件，因此这时的更新操作失败。

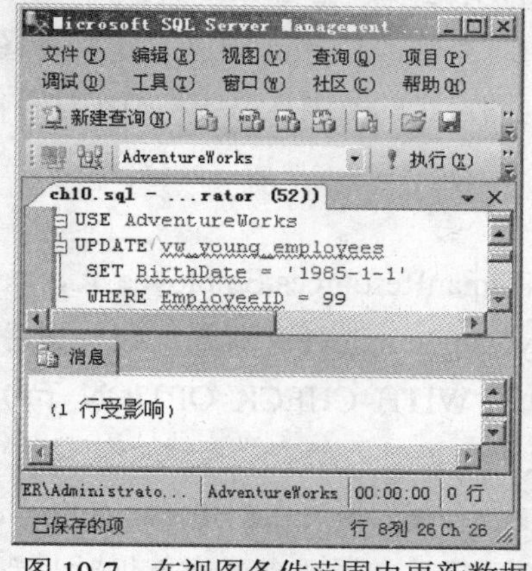

图10-7 在视图条件范围内更新数据

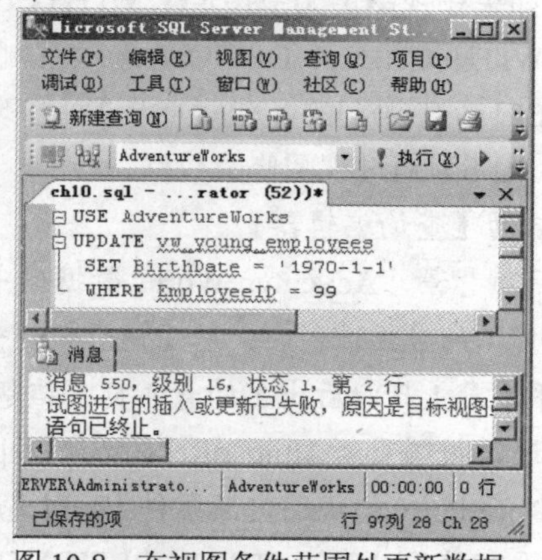

图10-8 在视图条件范围外更新数据

10.1.5 使用图形化工具定义视图

除了可以使用 CREATE VIEW 语句定义视图之外，也可以使用 SQL Server Management Studio 图形化工具定义视图。

【例 10-6】使用图形化工具定义视图。

(1) 启动 SQL Server Management Studio。

(2) 在 SQL Server Management Studio 环境的【对象资源管理器】中打开指定的服务器实例，展开【数据库】|AdventureWorks|【视图】节点，右击【视图】节点，从弹出的快捷菜单中选择【新建视图】命令，打开如图 10-9 所示的【添加表】对话框。

(3) 可以从该对话框中选择将要定义的视图的基表。从该对话框可以看到，视图的基表可以是表，也可以是视图、函数、同义词。一个视图可以有多个基表。基表选择结束之后，将打开如图 10-10 所示的对话框，可以在该对话框中完成视图的定义操作。

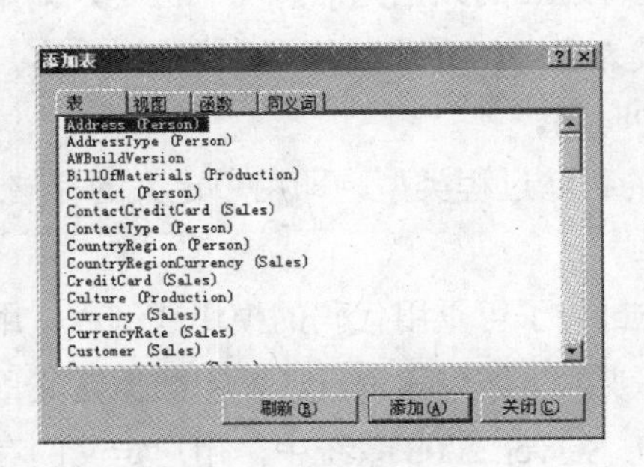

图 10-9　“添加表”对话框

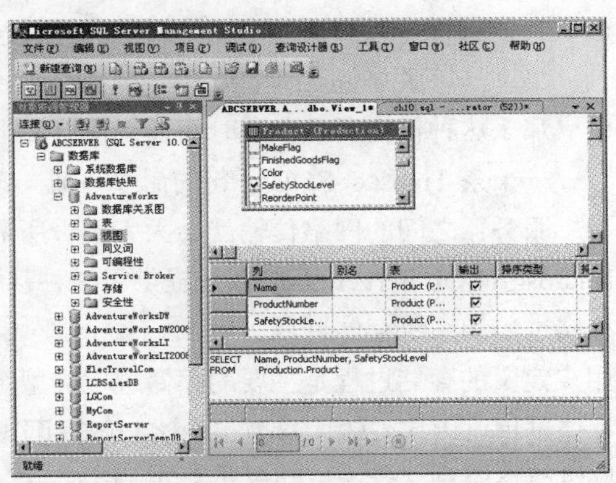

图 10-10　定义视图的对话框

10.2 存储过程

存储过程可以提高应用程序的设计效率和增强系统的安全性。本节全面介绍存储过程的特点、类型、创建及执行等内容。

10.2.1 存储过程的特点和类型

存储过程是一个可重用的代码模块，可以高效率地完成指定的操作。在 Microsoft SQL Server 2008 系统中，既可以使用 Transact-SQL 语言编写存储过程，也可以使用 CLR 方式编写存储过程。使用 CLR 编写存储过程是 Microsoft SQL Server 2008 系统与.NET 框架紧密集成的一种表现形式。

使用 Transact-SQL 语言编写存储过程，而不是使用存储在客户端计算机上的 Transact-SQL 语言，主要有以下优点：

- 存储过程已经在服务器上注册，这样可以提高 Transact-SQL 语言执行效率。
- 存储过程具有安全特性和所有权链接，可以执行所有的权限管理。用户可以被授予执行存储过程的权限，而不必拥有直接对存储过程中引用对象的执行权限。
- 存储过程可以强制应用程序的安全性，可以防止 SQL 嵌入式攻击。如果仅仅使用 Transact-SQL 语句，将不能有效地防止 SQL 嵌入式攻击。
- 存储过程允许用户模块化程序设计，大大提高程序的设计效率。例如，存储过程创建之后，可以在程序中任意调用。这样会带来许多好处，如提高程序的设计效率，提高应用程序的可维护性，允许应用程序按照统一的方式访问数据库。
- 存储过程是一组命名代码，允许延迟绑定。也就是说，可以在存储过程中引用当前不存在的对象。当然，这些对象在存储过程执行时应该存在。
- 存储过程可以大大减少网络通信流量。这是一条非常重要的使用存储过程的原因。如果有一千条 Transact-SQL 语句的命令，逐条地通过网络在客户机和服务器之间传送，那么这种传输所耗费的时间长得使世界上最有耐心的人也无法忍受。但是，如果把这一千条 Transact-SQL 语句的命令写成一条较为复杂的存储过程命令，这时在客户机和服务器之间的网络传输就会大大减少所需的时间。

Microsoft SQL Server 2008 系统提供了 3 种基本的存储过程类型，即用户定义的存储过程、扩展存储过程和系统存储过程。

用户定义的存储过程是主要的存储过程类型，是封装了可重用代码的模块或例程。用户定义的存储过程可以接受输入参数、向客户端返回表格或标量结果和消息、调用数据定义语言、数据操纵语言语句，然后返回参数。在 Microsoft SQL Server 2008 系统中，用户定义的存储过程又可以分为 Transact-SQL 类型的存储过程和 CLR 类型的存储过程。Transact-SQL 存储过程是指保存的 Transact-SQL 语句的集合，可以接受和返回用户提供的参数。CLR 存储过程是指对 Microsoft .NET Framework 公共语言运行时方法(CLR)的引用，可以接受和返回用户提供的参数。

扩展存储过程是指使用某种编程语言如 C 语言创建的外部例程，是可以在 Microsoft SQL Server 实例中动态加载和运行的 DLL。但是，微软公司宣布从 Microsoft SQL Server 2008 版本开始，将逐步删除扩展存储过程类型，这是因为使用 CLR 存储过程可以可靠和安全地替代扩展存储过程的功能。

系统存储过程是指用来完成 Microsoft SQL Server 2008 中许多管理活动的特殊存储过程。从物理上来看，系统存储过程存储在 Resource 系统数据库中，并且带有 sp_前缀。从逻辑上来看，系统存储过程出现在每个系统数据库和用户数据库的 sys 架构中。在 Microsoft SQL Server 2008 系统中，主要的系统存储过程类型及其功能如表 10-1 所示。

表 10-1　系统存储过程类型和功能

类　型	描　述
活动目录存储过程	用于在 Windows 的活动目录中注册 SQL Server 实例和 SQL Server 数据库
目录存储过程	用于实现 ODBC 数据字典功能并隔离 ODBC 应用程序，使之不受基础系统表更改的影响
游标存储过程	用于实现游标变量功能
数据库引擎存储过程	用于 SQL Server 数据库引擎的常规维护
数据库邮件和 SQL Mail 存储过程	用于从 SQL Server 实例内执行电子邮件操作
数据库维护计划存储过程	用于设置管理数据库性能所需的核心维护任务
分布式查询存储过程	用于实现和管理分布式查询
全文搜索存储过程	用于实现和查询全文索引
日志传送存储过程	用于配置、修改和监视日志传送配置
自动化存储过程	用于在 Transact-SQL 批处理中使用 OLE 自动化对象
通知服务存储过程	用于管理 Microsoft SQL Server 2008 系统的通知服务
复制存储过程	用于管理复制操作
安全性存储过程	用于管理安全性
Profiler 存储过程	在 SQL Server Profiler 中用于监视性能和活动
代理存储过程	由 SQL Server 代理用于管理计划的活动和事件驱动活动
Web 任务存储过程	用于创建网页
XML 存储过程	用于 XML 文本管理

10.2.2　创建存储过程的规则

在设计和创建存储过程中，应该满足一定的约束和规则。只有满足了这些约束和规则，才可以创建有效的存储过程。

虽然说在 CREATE PROCEDURE 语句中可以包括任意数量和类型的 Transact-SQL 语句，但是，某些特殊的语句是不能包含在存储过程定义中的。这些不能包括在 CREATE PROCEDURE 语句中的特殊语句如下：

- CREATE AGGREGATE
- CREATE DEFAULT
- CREATE FUNCTION
- CREATE PROCEDURE
- CREATE RULE
- CREATE SCHEMA
- CREATE TRIGGER
- CREATE VIEW
- SET PARSEONLY

- SET SHOWPLAN_TEXT
- SET SHOWPLAN_ALL
- SET SHOWPLAN_XML
- USE database_name

除了上面列出的 CREATE 语句之外，其他数据库对象都可以在存储过程中创建。只要引用时该对象已经创建即可，也可以在存储过程中引用临时表。如果在存储过程中创建了本地临时表，那么该临时表只是存在于该存储过程内。退出该存储过程之后，相应的临时表也就消失了。如果正在执行的存储过程调用了另外一个存储过程，那么该被调用的存储过程可以访问由第一个存储过程创建的所有对象，包括临时表在内。存储过程可以带有参数，但是参数的最大数量不超过 2100。

10.2.3 使用 CREATE PROCEDURE 创建存储过程

在 Microsoft SQL Server 2008 系统中，可以使用 CREATE PROCEDURE 语句创建存储过程。需要强调的是，必须具有 CREATE PROCEDURE 权限才能创建存储过程，存储过程是架构作用域中的对象，只能在本地数据库中创建存储过程。

在创建存储过程时，应该指定所有的输入参数；执行数据库操作的编程语句；返回至调用过程或批处理表明成功或失败的状态值；捕捉和处理潜在错误的错误处理语句。CREATE PROCEDURE 语句的基本语法形式如下：

```
CREATE PROCEDURE procedure_name
parameter_name data_type, …
WITH procedure_option
AS
sql_statement
```

其中，procedure_name 参数用于指定新建存储过程的名称，parameter_name 参数和 data_type 参数分别用于指定该存储过程的参数名称和所属的数据类型。一个存储过程既可以包括多个参数，也可以没有参数。WITH procedure_option 子句用于指定存储过程的特殊行为，如 WITH ENCRYPTION 子句表示加密该存储过程的定义文本，WITH RECOMPILE 子句表示每一次执行该存储过程时都重新进行编译。sql_statement 子句表示该存储过程定义中的编程语句。

【例 10-7】使用 CREATE PROCEDURE 语句创建存储过程。

(1) 启动【查询编辑器】。

(2) 在如图 10-11 所示的示例中，创建了一个名称为 HumanResources.GetEmployeeFullName 的简单的存储过程，该存储过程用于从 HumanResources.vEmployeeDepartment 表中检索员工的姓名和所属部门。

(3) 在如图 10-12 所示的示例中，创建了一个名称为 HumanResources.GetEmployeeInfo 的带参数的存储过程，该存储过程用于从 HumanResources.vEmployeeDepartment 表中检索指定员工姓

名的员工职务和所属部门等信息。第一个参数是@LastName，用于指定员工的姓，第二个参数是@FirstName，用于指定员工的名。

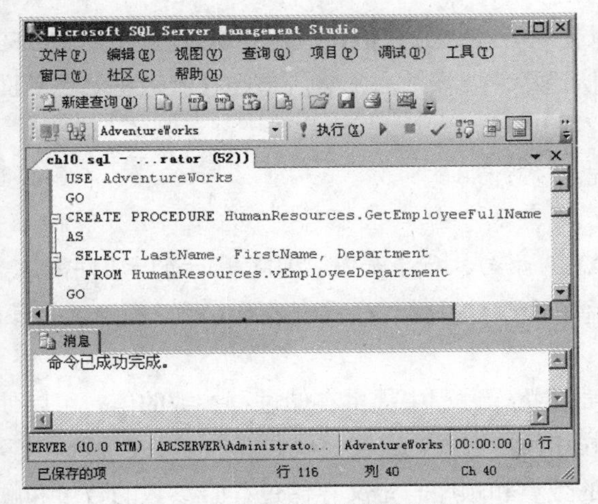

图 10-11　创建一个简单的存储过程

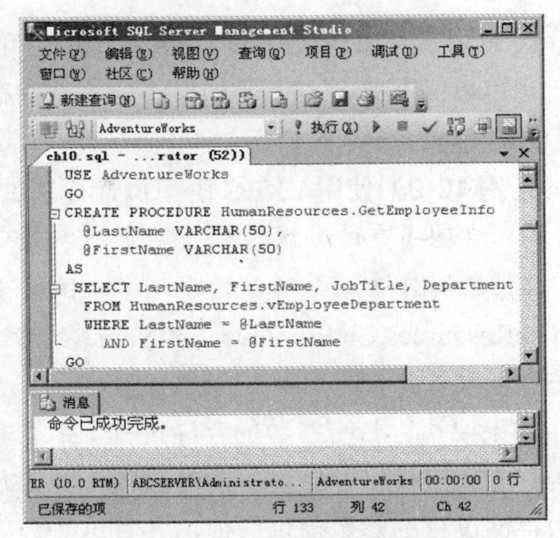

图 10-12　创建一个带参数的存储过程

在存储过程中使用参数时，对于那些有返回值的参数，应该在定义时使用 OUTPUT 关键字明确指定。

【例 10-8】使用 OUTPUT 关键字创建存储过程。

(1) 启动【查询编辑器】。

(2) 在如图 10-13 所示的示例中，创建了一个名称为 dbo.ComputePlus 的存储过程，其作用是计算两个数值之和。该存储过程包括了 3 个参数：第一个参数@FirstPara 用于指定第一个加数；第二个参数@SecondPara 用于指定第二个加数；第三个参数@PlusResult 用于指定数值之和的结果，是 OUTPUT 类型的参数。

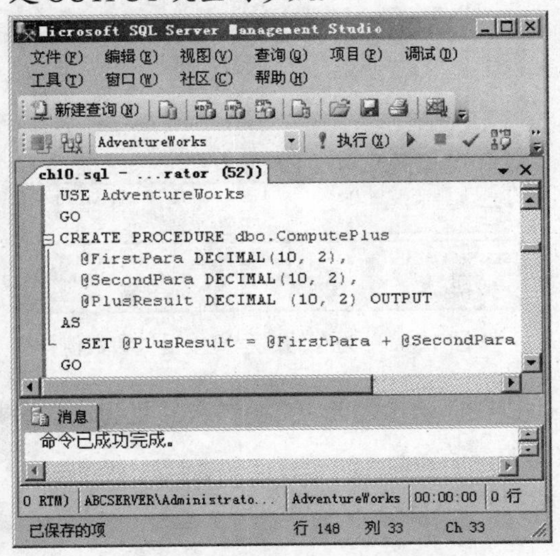

图 10-13　创建带有 OUTPUT 参数的存储过程

提示

在【例 10-8】示例中，可以看到本存储过程中定义了 3 个参数，前两个参数用于接收输入数据，最后一个参数用于向外界提供输出。OUTPUT 关键字用于指定输出参数类型。

10.2.4 执行存储过程

在 Microsoft SQL Server 2008 系统中，可以使用 EXECUTE 语句执行存储过程。EXECUTE 语句也可以简写为 EXEC。如果将要执行的存储过程需要参数，那么应该在存储过程名称后面带上参数值。

【例 10-9】使用 EXEC 语句执行存储过程。

(1) 启动【查询编辑器】。

(2) 在如图 10-14 所示的示例中，使用 EXEC 语句执行了如图 10-11 所示的示例中创建的 HumanResources.GetEmployeeFullName 存储过程。由于该存储过程没有参数，所以可以直接使用 EXEC 语句来执行。

如果要执行带有参数的存储过程，那么需要在执行过程中提供存储过程参数的值。可以使用两种方式来提供存储过程的参数值：直接方式和间接方式。直接方式是指在 EXEC 语句中直接为存储过程的参数提供数值，并且这些数值的数量和顺序与定义存储过程时参数的数量和顺序相同。如果参数是字符类型或日期类型，那么应该将这些参数值使用引号引起来。

【例 10-10】执行带有参数的存储过程。

(1) 启动【查询编辑器】。

(2) 在如图 10-15 所示的示例中，为 HumanResources.GetEmployeeInfo 存储过程提供了两个字符数据类型的参数值。

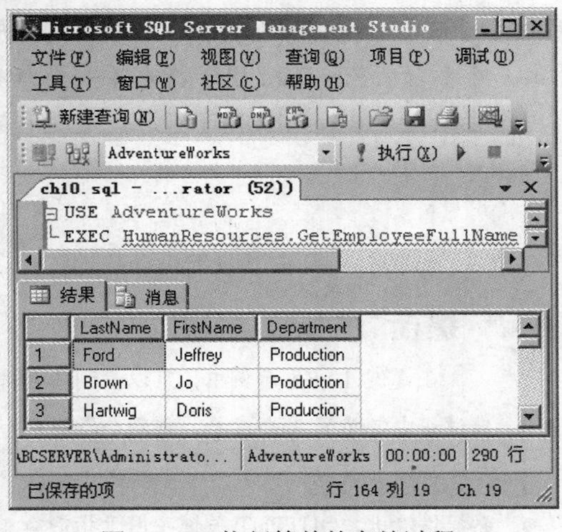

图 10-14　执行简单的存储过程

图 10-15　为存储过程直接提供参数值

为存储过程提供参数值的间接方式是指在执行 EXEC 语句之前，声明参数并且为这些参数赋值，然后在 EXEC 语句中引用这些已经获取数值的参数名称。

【例 10-11】在执行 EXEC 语句时引用参数和使用 OUTPUT 关键字。

(1) 启动【查询编辑器】。

(2) 在如图 10-16 所示的示例中，在 EXEC 语句执行之前，使用 DECLARE 语句声明了两个变量，然后使用 SET 语句为已声明的变量进行了赋值，最后在 EXEC 语句中引用了这些变量的

名称作为存储过程的参数值。

(3) 在如图 10-17 所示的示例中，在执行 dbo.ComputePlus 存储过程期间使用了 OUTPUT 参数。在这种情况下，需要使用 OUTPUT 关键字指定接收运算结果的变量，并且事先声明该变量。需要注意的是，存储过程执行之后，@result 参数可以用于批处理的其他命令中。

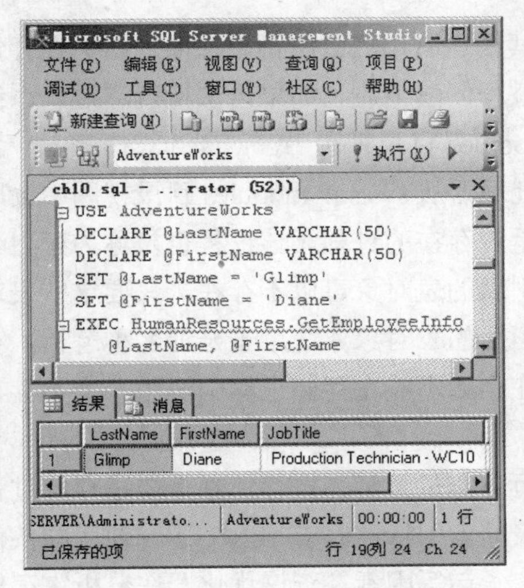

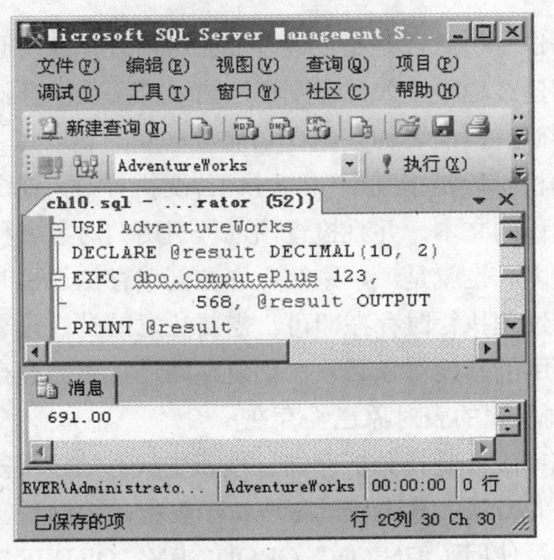

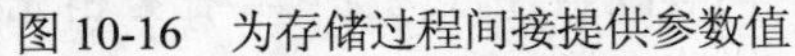

图 10-16　为存储过程间接提供参数值　　　　图 10-17　使用 OUTPUT 参数执行存储过程

无论是直接提供参数值的直接方式，还是间接提供参数值的间接方式，都需要严格按照存储过程中定义的参数顺序提供数值。如果在 EXEC 语句中明确使用@parameter_name = value 语句提供参数值，那么可以不考虑存储过程的参数顺序。

如果希望 Microsoft SQL Server 2008 系统启动之后，自动启动指定的存储过程，并且该存储过程在所有时间都处于运行状态，那么可以将 nbnnn 存储过程设置为自动执行方式。一般情况下，需要定期执行的操作，或者作为后台运行的存储过程，可以设置为自动执行方式。可以使用 sp_procoption 存储过程设置指定的存储过程为自动执行方式。

10.2.5　修改和删除存储过程

在 Microsoft SQL Server 2008 系统中，可以使用 ALTER PROCEDURE 语句修改已经存在的存储过程。修改存储过程不同于删除和重建存储过程，其目的是保持存储过程的权限不发生变化。

例如，如果修改 HumanResources.GetEmployeeInfo 存储过程，那么与该存储过程对象相关的权限将不会发生任何变化。但是，如果删除 HumanResources.GetEmployeeInfo 存储过程并且重新创建同名的存储过程，那么该存储过程对象相关的权限都需要重新定义。

如果数据库中某个存储过程不再需要了，可以使用 DROP PROCEDURE 语句删除该存储过程。这种删除是永久性的，不能恢复。

10.2.6 存储过程的执行过程

存储过程创建之后，在第一次执行时需要经过语法分析阶段、解析阶段、编译阶段和执行阶段。

语法分析阶段是指创建存储过程时，系统检查其创建语句的语法正确性的过程。在存储过程的创建过程中，如果碰到语法错误，那么该存储过程创建失败。如果语法检查通过，系统则将该存储过程的名称存储在当前数据库的 sys.sql_modules 目录视图中。

解析阶段是指某个存储过程首次执行时，查询处理器从 sys.sql_modules 目录视图中读取该存储过程的文本，并且检查该过程引用的对象名称是否存在的过程。该过程也被称为延迟名称解析阶段。也就是说，系统允许在创建存储过程时引用的表对象可以不存在，只要这些表对象在存储过程执行时存在即可。需要注意的是，只有引用的表对象才适用于延迟名称解析，存储过程引用的其他对象必须在创建存储过程时已经存在，如不能在存储过程中引用一个不存在的列(该列所属的表对象已经存在)。

编译阶段是指分析存储过程和生成存储过程执行计划的过程。执行计划是描述存储过程执行最快的方法，其生成过程取决于表中的数据量、表的索引特性、WHERE 子句使用的条件，以及是否使用了 UNION、GROUP BY、ORDER BY 子句等因素。查询优化器在分析完存储过程的这些因素之后，将生成的执行计划置于内存(过程高速缓冲存储区)中。过程高速缓冲存储区是一块内存缓冲区，这块缓冲区是 SQL Server 用来存储已经编译的查询规划以便执行存储过程的地方。

执行阶段是指执行驻留在过程高速缓冲存储区中的存储过程的执行计划的过程。

在以后的执行过程中，如果现有的执行计划依然驻留在过程高速缓冲存储区中，那么 SQL Server 将重用现有的执行计划。如果执行计划不再位于过程高速缓冲存储区中，那么创建新的执行计划。

当存储过程引用的基础表发生了结构变化时，该存储过程的执行计划将会自动优化。但是，当在表中添加了索引或更改了索引列中的数据之后，该执行计划不会自动优化，应该重新编译存储过程，以便更新原有的执行计划。在 Microsoft SQL Server 2008 系统中，可以使用 3 种方式重新编译存储过程：使用 sp_recompile 系统存储过程；在 CREATE PROCEDURE 语句中使用 WITH RECOMPILE 子句；在 EXECUTE 语句中使用 WITH RECOMPILE 子句。

10.2.7 查看存储过程的信息

在 Microsoft SQL Server 2008 系统中，可以使用系统存储过程和目录视图查看有关存储过程的信息。

如果要查看存储过程的定义信息，可以使用 sys.sql_modules 目录视图、OBJECT_DEFINITION 元数据函数、sp_helptext 系统存储过程等。

【例 10-12】查看存储过程信息。

(1) 启动【查询编辑器】。

(2) 在如图 10-18 所示的示例中，使用 OBJECT_DEFINITION 元数据函数查看了 dbo. Compute Plus 存储过程的定义文本信息。注意，SELECT 语句中使用了 AS 关键字，用于改变结果区域中的列标题，目的是使得检索结果可读性更强。

(3) 说明，这里按照文本格式显示了 SELECT 语句的执行结果，这样显示的结果更加清晰。

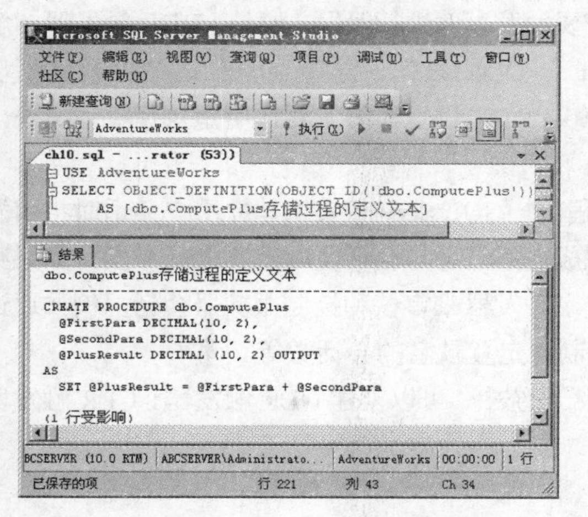

图 10-18　使用 OBJECT_DEFINITION 函数查看信息

提示

在【例 10-12】示例中，可以看到 SELECT 语句中使用了两个函数和一个关键字。OBJECT_ID 用于返回数据库对象的标识符，OBJECT_DEFINITION 函数的参数是对象标识符。AS 关键字用于改变列标题。

如果希望隐藏存储过程定义文本的信息，那么在定义存储过程时使用 WITH ENCRYPTION 子句即可。除此之外，使用 sp.sql_dependencies、sp_depends 等系统存储过程可以查看存储过程的依赖信息。使用 sys.objects、sps.procedures、sys.parameters、sys.numbered_procedures 等目录视图可以查看有关存储过程的名称、参数等信息。

10.3　触发器

Microsoft SQL Server 2008 系统提供了两种强制业务逻辑和数据完整性的机制，即约束技术和触发器技术。前面已经讲过了约束技术，本节讲述触发器技术。

10.3.1　触发器的特点和类型

一般认为，触发器是一种特殊类型的存储过程，它包括了大量的 Transact-SQL 语句。但是，触发器又与存储过程不同，例如，存储过程可以由用户直接调用执行，但是触发器不能被直接调用执行，它只能自动执行。

按照触发事件的不同，可以把 Microsoft SQL Server 2008 系统提供的触发器分成三大类型，DML 触发器、DDL 触发器和登录触发器。

当数据库中发生数据操纵语言(Data Manipulation Language，DML)事件时将调用 DML 触发器。DML 事件包括在指定表或视图中修改数据的 INSERT 语句、UPDATE 语句或 DELETE 语句。在 DML 触发器中，可以执行查询其他表的操作，也可以包含更加复杂的 Transact-SQL 语句。DML 触发器将触发器本身和触发事件的语句作为可以在触发器内回滚的单个事务对待。也就是说，当在执行触发器操作过程中，如果检测到错误发生，则整个触发事件语句和触发器操作的事务自动回滚。

DDL 触发器与 DML 触发器相同的是，都需要触发事件进行触发。但是，DDL 触发器的触发事件是数据定义语言(Data Definition Language，DDL)语句。这些 DDL 语句主要包括以 CREATE、ALTER 及 DROP 等关键字开头的语句。DDL 触发器的主要作用是执行管理操作，如审核系统、控制数据库的操作等。

登录触发器为响应登录 事件而激发存储过程，与 SQL Server 实例建立用户会话时将引发此事件。登录触发器将在登录的身份验证阶段完成之后且用户会话实际建立之前激发。如果身份验证失败，将不激发登录触发器。可以使用登录触发器来审核和控制服务器会话，例如通过跟踪登录活动、限制 SQL Server 的登录名或限制特定登录名的会话数等。

需要说明的是，在 Microsoft SQL Server 2008 系统中，可以创建 CLR 触发器。CLR 触发器既可以是 DML 触发器，也可以是 DDL 触发器。

10.3.2 DML 触发器的类型

按照触发器事件类型的不同，可以把 Microsoft SQL Server 2008 系统 DML 触发器分成 3 种类型，即 INSERT 类型、UPDATE 类型和 DELETE 类型。这也是 DML 触发器的基本类型。

当向某一个表中插入数据时，如果该表有 INSERT 类型的 DML 触发器，那么该 INSERT 类型的 DML 触发器就触发执行。同样的道理，如果该表有 UPDATE 类型的 DML 触发器，那么当对该触发器表中的数据执行更新操作时，该触发器就执行。如果该表有 DELETE 类型的 DML 触发器，那么当对该触发器表中的数据执行删除操作时，该触发器就执行。

按照触发器和触发事件的操作时间划分，可以把 DML 触发器分为 AFTER 触发器和 INSTEAD OF 触发器。当 INSERT、UPDATE、DELETE 语句执行之后才执行 DML 触发器的操作时，这时的触发器类型是 AFTER 触发器。AFTER 触发器只能用于在表上定义。如果希望使用触发器操作替代触发事件的操作，那么可以使用 INSTEAD OF 类型的触发器。也就是说，INSTEAD OF 触发器可以替代 INSERT、UPDATE 和 DELETE 触发事件的操作。INSTEAD OF 触发器既可以建在表上，也可以建在视图上。通过在视图上建立触发器，可以大大增强通过视图修改表中数据的功能。

虽然 DML 触发器只有 3 种基本类型，但是对于一个表来说，可以有多个不同的触发器。也就是说，同一种类型的触发器可以有多个。因为往往多个同一类型的触发器可以完成不同的操作。例如，student 表上可以有 5 个 INSERT 类型的触发器，有 3 个 DELETE 类型的触发器，以及有两个 UPDATE 类型的触发器。可以使用 sp_settriggerorder 系统存储过程为拥有多个触发

器的表设置第一个触发的 First 触发器和最后一个触发的 Last 触发器。

DML 触发器最大的用途是维护行级数据完整性，而不是返回结果。之所以使用触发器，是因为触发器中可以包含非常复杂的过程逻辑。

DML 触发器可以一连串地更新数据库中相关表中的数据。例如，在 library 数据库中，title 表上有一个 DELETE 类型的触发器，该触发器可以删除其他表中与该表中被删除记录的 title_no 相匹配的记录。在该触发器中，通过使用 title_no，在 loan、item 和 bopy 表中定位匹配的行来执行级联删除操作。

DML 触发器可以比约束强制更加复杂的数据完整性。与约束不同，触发器可以参考其他表中的列。例如，当一个学生从图书馆中借走一本书的时候，一行记录就插入到了 loan 表中。该 loan 表的 INSERT 触发器可以通过检查 item 表中的 loanable 列的值，决定该书是否可借阅。如果该值是 N，那么该触发器就修改这本书为不可以借阅状态，并且通知图书管理人员。

可以使用触发器，通过下列方法确保复杂的数据参考完整性。

执行操作或级联操作。参考完整性可以在 CREATE TABLE 语句中通过使用外键约束进行定义。当级联删除或必须进行修改时，触发器确保相应的操作。如果在触发器表上有约束，则约束的检查优于触发器的执行。如果操作与约束相冲突，那么触发器不会执行。

创建多行触发器。当插入、删除、修改多个记录行时，必须使用能够处理多行记录的触发器。

定义定制的错误消息。有时候需要定制错误消息来表示操作的状态。通过使用触发器，可以调用预先定义的或动态的定制错误消息，当满足一定的条件时执行触发器。约束、规则和默认值只能通过标准的系统错误消息传递错误信息。如果应用程序要求定制的错误消息和更加复杂的错误处理，那么必须使用触发器。

可以比较数据修改前和修改后的状态。通过 INSERT、UPDATE 和 INSERT 语句，触发器可以提供参考数据变化的能力。这样就允许参考由触发器中修改语句影响到的记录。

维护非范式数据。可以使用触发器维护非范式数据库环境中的行级数据完整性。维护非范式数据不同于维护主键和外键值。例如，要求从一个表中删除数据行时还需要删除另外一个表中的相关数据，这时可以使用触发器来维护这种操作。

在使用 DML 触发器时，应该考虑下列一些规则和因素：

约束优先于触发器检查。如果在触发器表上有约束，那么这些约束在触发器执行之前进行检查。如果操作与约束有冲突，那么不执行触发器。

表可以有用于任意操作的多个触发器。在 SQL Server 系统中，允许在一个表中嵌套若干个触发器。一个表可以有多个触发器，某一个触发器可以定义于一种操作或多种操作。

表的所有者必须有执行全部在触发器定义中的语句的许可。只有表的所有者可以创建和删除该表的触发器，但这些许可不能传递。另外，表的所有者必须具有执行触发器所涉及表的全部语句的许可。如果在触发器中，某些 Transact-SQL 语句的许可被否定了，那么整个触发器事务全部取消。

触发器不应该返回结果集。就像存储过程一样，触发器包含了一组 Transact-SQL 语句。同

样，同存储过程一样，触发器也可以包含返回结果集的语句，例如 SELECT 语句。然而，不建议在触发器中包含返回数据值的语句，这是因为当用户执行 INSERT、UPDATE、DELETE 语句时，不希望看到任何结果集。

10.3.3 创建 DML 触发器

DML 触发器是一种特殊类型的存储过程，所以，DML 触发器的创建和存储过程的创建方式有很多相似的地方。可以使用 CREATE TRIGGER 语句创建 DML 触发器。在 CREATE TRIGGER 语句中指定了定义触发器的基表或视图、触发事件的类型和触发的时间、触发器的所有指令等内容。

创建 DML 触发器的 CREATE TRIGGER 语句的基本语法形式如下：

```
CREATE TRIGGER trigger_name
ON table_name_or_view_name
WITH ENCRYPTION
{ FOR | AFTER | INSTEAD OF } {[DELETE] [ , ] [ INSERT ] [ , ] [ UPDATE ] }
AS sql_statement
```

其中，trigger_name 参数用于指定触发器的名称，table_name_or_view_name 参数用于指定 DML 触发器的基表或基视图。WITH ENCRYPTION 子句用于加密触发器的定义文本信息。FOR、AFTER、INSTEAD OF 用于指定触发事件的触发时间，3 个关键字任选一个，其中 FOR 和 ALTER 关键字的作用是相同的，指定触发操作发生在触发事件操作之后，INSTEAD OF 关键字用于指定触发器的操作替代触发事件的操作。触发事件由 DELETE、INSERT 和 UPDATE 关键字指定，既可以一次指定一种事件，也可以在一个触发器中同时指定多个触发事件类型。

虽然在触发器中可以包括许多 Transact-SQL 语句，但是某些语句不能用在触发器中。在 Microsoft SQL Server 系统中，不能在 DML 触发器中出现的语句或操作包括：CREATE DATABASE、ALTER DATABASE、DROP DATABASE、RESTORE DATABASE、RESTORE LOG 等语句；不允许对基表执行修改、删除等操作；CREATE INDEX、ALTER INDEX、DROP INDEX 等语句；RECONFIGURE 语句。

当创建触发器时，有关触发器的信息记录在 sys.triggers 对象目录视图、sys.trigger_events 对象目录视图以及 sys.sql_modules 目录视图中，并且可以使用 sp_helptext 系统存储过程查看触发器的定义信息。

【例 10-13】查看触发器信息。

(1) 启动【查询编辑器】。

(2) 如图 10-19 所示的示例使用 sys.triggers 对象目录视图查看了 AdventureWorks 数据库中的所有触发器的名称、类型、创建日期等信息。

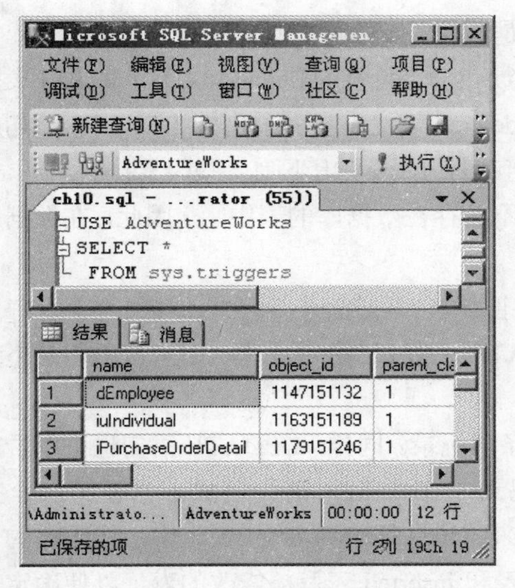

图 10-19 使用 sys.triggers 视图查看触发器信息

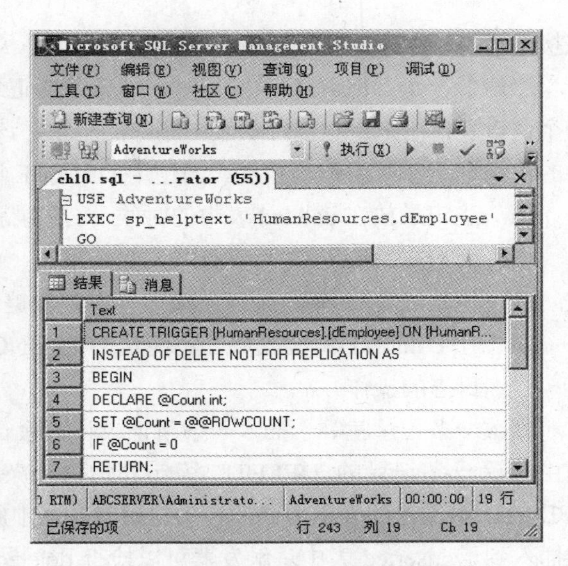

图 10-20 使用 sp_helptext 查看触发器信息

(3) 如图 10-20 所示的示例使用 sp_helptext 系统存储过程查看了 AdventureWorks 数据库中 HumanResources.Employee 表上的 dEmployee 触发器。从结果可以看到，dEmployee 触发器的类型是 INSTEAD OF DELETE。当有 DELETE 操作影响 HumanResources.Employee 表时，该触发器就被触发执行。

为了隐藏触发器的定义文本，建议在创建或修改触发器的 Transact-SQL 语句中使用 WITH ENCRYPTION 选项。

DML 触发器是可以修改的。如果必须改变某一个触发器的定义，那么可以修改它，而不必删除重建。修改以后，使用触发器的新定义取代了触发器的旧定义。修改 DML 触发器可以使用 ALTER TRIGGER 语句。

DML 触发器也可以被删除。当与触发器相关的表或视图被删除时，触发器被自动删除。另外，也可以执行 DROP TRIGGER 语句删除 DML 触发器。DROP TRIGGER 语句的语法形式如下：

```
DROP TRIGGER trigger_name
```

10.3.4 DML 触发器的工作原理

前面介绍了 DML 触发器的基本概念、类型、特点、创建、修改、删除等内容，现在来看看触发器是如何工作的。通过了解触发器的工作原理，可以更好地使用触发器，写出效率更高的触发器。下面主要介绍 INSERT、DELETE 和 UPDATE 类型触发器的工作原理。

当向表中插入数据时，INSERT 触发器触发执行。当 INSERT 触发器触发时，新的记录增加到触发器表中和 inserted 表中。该 inserted 表是一个逻辑表，保存了所插入记录的拷贝，允许用户参考 INSERT 语句中数据。触发器可以通过检查 inserted 表来确定该触发器的操作是否应

该执行和如何执行。在 inserted 表中的那些记录，总是触发器表中一行或多行记录的冗余。

当触发一个 DELETE 触发器时，被删除的记录放在一个特殊的 deleted 表中。deleted 表是一个逻辑表，用来保存已经从表中删除的记录。该 deleted 表允许参考原来的 DELETE 语句删除的已经记录在日志中的数据。当使用 DELETE 语句时，应该考虑下列一些因素：

- 当记录放在 deleted 表中的时候，该记录就不会存在数据库的表中了。因此，在数据库表和 deleted 表之间没有共同的记录。
- 逻辑表 deleted 总是存放在内存中，以提供性能。
- 在 DELETE 触发器中，不能包括 TRUNCATE TABLE 语句，这是因为该语句是不记日志的操作。

修改一条记录就等于插入一条新记录和删除一条旧记录。同样，UPDATE 语句也可以看成是由删除一条记录的 DELETE 语句和增加一条记录的 INSERT 语句组成。当在某一个有 UPDATE 触发器的表上面修改一条记录时，表中原来的记录移动到 deleted 表中，修改过的记录插入到了 inserted 表中。触发器可以检查 deleted 表和 inserted 表及被修改的表，以便确定是否修改了多个行和应该如何执行触发器的操作。

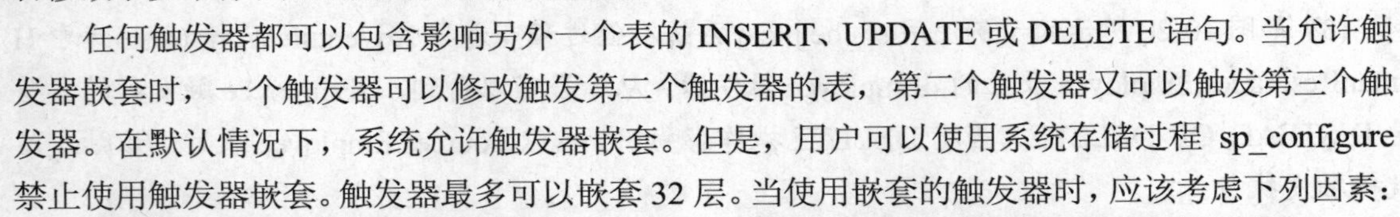

任何触发器都可以包含影响另外一个表的 INSERT、UPDATE 或 DELETE 语句。当允许触发器嵌套时，一个触发器可以修改触发第二个触发器的表，第二个触发器又可以触发第三个触发器。在默认情况下，系统允许触发器嵌套。但是，用户可以使用系统存储过程 sp_configure 禁止使用触发器嵌套。触发器最多可以嵌套 32 层。当使用嵌套的触发器时，应该考虑下列因素：

- 在默认情况下，触发器不允许叠代调用。也就是说，触发器不能自己调用自己。例如，如果一个 UPDATE 触发器修改某一个表中的一列，并且引起对该表另外一列的修改，那么该 UPDATE 触发器仅执行一次，而不是反复执行。
- 一个触发器是一个事务，在嵌套的触发器中，如果任意一点失败，那么整个事务和数据修改全部被取消。因此，当测试触发器的时候，为了确定失败的位置，应该在触发器中增加打印信息的语句。

10.3.5 一个 DML 触发器示例

为了更加全面地掌握开发触发器的步骤和技术，本节通过一个具体的示例，全面讲述使用 Transact-SQL 语言开发和创建触发器的技术。一般开发触发器的过程包括用户需求分析、确定触发器的逻辑结构、编写触发器代码和测试触发器。

【例 10-14】设计和实现 DML 触发器。

(1) 首先进行需求分析。在这里，假设在某个公司的数据库中有两个表：accountData 表和 auditAccountData 表。accountData 表记录了该公司重要的资金信息，且只能由公司指定的财务人员使用，财务人员可以根据业务需要修改该表中的数据。为了加强公司的财务管理，监督财务人员对资金的各种业务操作，需要系统自动记录财务人员操作资金数据的日志信息。auditAccountData 表是一个记录对 accountData 表进行各种操作的工具。通过对 auditAccountData 表的检索和分析，

就可以监督和审计各个财务人员的所有操作。

(2) 通过调研和分析得知，需要在 auditAccountData 表中记录财务人员本身的信息和财务人员的各种操作信息。财务人员本身的信息包括财务人员的登录账户名称、数据库用户名称等，财务人员的各种操作信息包括操作类型、操作时间、操作金额等。

(3) 经过上面的分析和确认，需要建立两个表 accountData 和 auditAccountData。accountData 表包含了 3 个列，其结构如表 10-2 所示。在该表中，第一个列的列名是 accountID，用于记录银行账户的流水线号，整数类型，不允许空且是主键列。第二个列的列名是 accountType，长度为 128 的字符类型，不允许空，主要是记录业务操作的类型，例如存款、取款、转账等。第三个列的列名是 accountAmount，主要是记录业务操作涉及的资金额度，其数据类型是 MONEY，不允许空。创建 accountData 表的 Transact-SQL 脚本如图 10-21 所示。

表 10-2　accountData 表的结构

列名	数 据 类 型	是否允许空	描述
accountID	INT	否	账户的流水号，主键
accountType	CHAR(128)	否	业务操作的类型
accountAmount	MONEY	否	业务操作涉及的资金额度

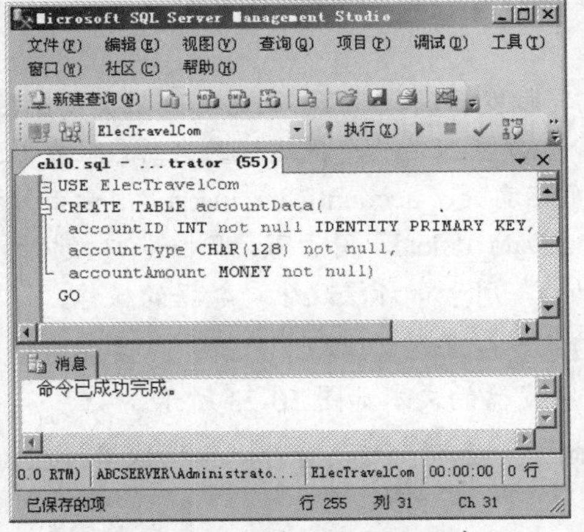

图 10-21　创建 accountData 表

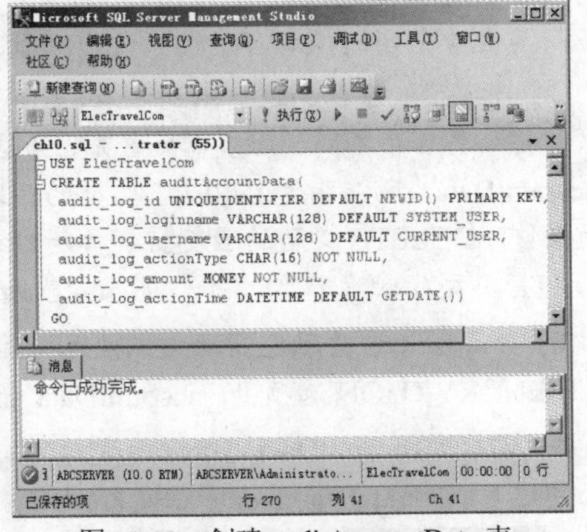

图 10-22　创建 auditAccountData 表

(4) auditAccountData 表包含了 6 个列，其结构如表 10-3 所示。在 auditAccountData 表中，第一列用于存放系统自动提供的序列号，其列名是 audit_log_id，数据类型是 uniqueidentifier，不允许空，是主键列。第二列用于记录财务人员的登录账户名称，其列名是 audit_log_loginname，数据类型是变长 128 的字符。第三列记录的是操作银行账户的财务人员在该数据库中的用户名称，其列名是 audit_log_username，数据类型是字符类型。第四列记录了财务人员对银行账户的操作类型，如插入数据、删除数据、更新数据等，其列名是 audit_log_actionType，数据类型是字符型。第五列用于记录操作的金额，其列名是 audit_log_amount，数据类型是 MONEY。最后一个列用于记录财务人员操作业务的时间，其列名是 audit_log_actionTime 数据类型是 DATETIME。创建 auditAccountData 表的脚本如图 10-22 所示。

表 10-3　auditAccountData 表的结构

列名	数据类型	是否允许空	默认值	描述
audit_log_id	UNIQUEIDENTIFIER	否	NEWID	序列号，主键
audit_log_loginname	VARCHAR(128)	否	SYSTEM_USER	登录账户名
audit_log_username	VARCHAR(128)	否	CURRENT_USER	数据库用户名
audit_log_actionType	CHAR(16)	否		业务操作类型
audit_log_amount	MONEY	否		
audit_log_actionTime	DATETIME	否	GETDATE	业务操作时间

(5) 触发器由时间条件、触发事件和动作组成。确定触发器的逻辑结构，就是确定触发器的时间条件、触发事件和动作以及触发器的选项。由于这是一个审计触发器，那么只有在财务人员执行操作之后，才对这些操作进行记录。因此，可以确定该触发器的时间条件为 AFTER。确定了条件之后，开始研究触发器的事件类型，因为审计的对象是财务人员对账户的所有操作，这些操作包括插入数据、删除数据和更新数据，所以可以确定该触发器的触发事件是 INSERT、DELETE 和 UPDATE。所以，可以为该表分别创建 3 个 INSERT、DELETE 和 UPDATE 类型的触发器。

(6) 触发器的条件和事件确定之后，就需要确定触发器本身的动作。这些将要确定的动作就是编写 Transact-SQL 语句来执行审计的记录工作。虽然在 auditAccountData 表中包含了 6 个列，但是只有 audit_log_actionType 列和 audit_log_amount 列需要插入财务人员执行操作的类型值和金额，而其他 4 个列的值都可以由系统自动插入。

(7) 确定了触发器的逻辑结构之后，就可以编写触发器的代码了。因为有 3 种类型的触发器，所以需要编写 3 个不同的触发器。首先，为这 3 个触发器指定一个描述性的名称。触发器的基表是 accountData，所以指定 INSERT 类型的触发器的名称是 t_accountData_insert，用于审计插入数据的操作；DELETE 类型的触发器名称是 t_accountData_delete，用于审计删除账户数据的操作；UPDATE 类型的触发器名称是 t_accountData_update，用于审计修改账户数据的操作。

(8) 为了防止这些触发器的文本被无关用户随意查看，在创建触发器时，应该使用触发器的 WITH ENCRYPTION 选项。t_accountData_insert 触发器的文本如图 10-23 所示。

(9) 创建 t_accountData_delete 触发器的文本如图 10-24 所示。读者可以根据这里讲述的方法，自己创建 t_accountData_update 触发器。

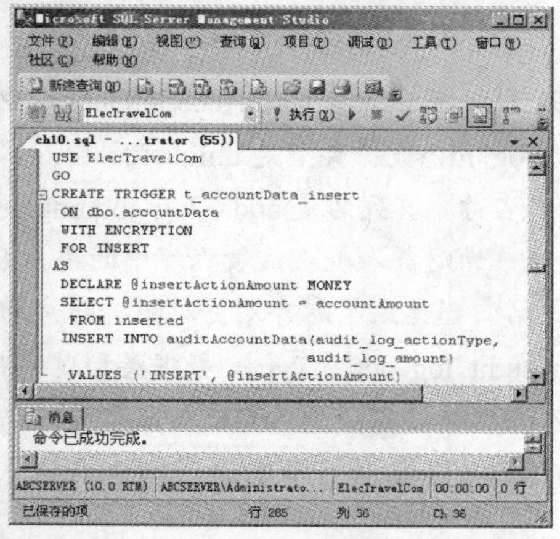

图 10-23　创建 t_accountData_insert 触发器

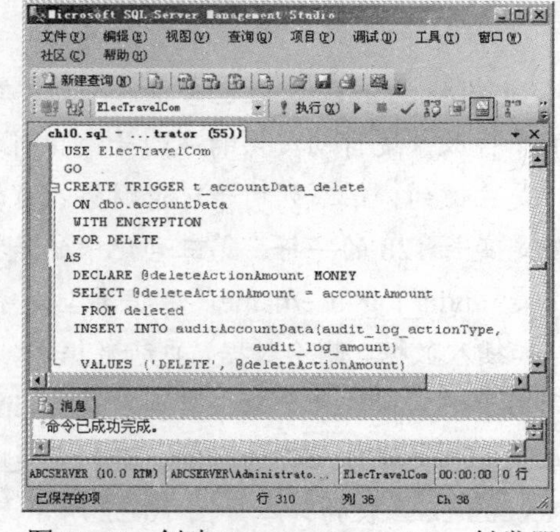

图 10-24　创建 t_accountData_delete 触发器

(10) 触发器创建之后，在正式使用之前，应该对触发器进行测试。测试的目的是保证建立了正确的触发器，并且能够正常工作。首先测试插入数据的操作。如图 10-25 所示的是一组插入数据的示例，需要把这些数据插入到 accountData 表中。这些数据插入之后，会触发 t_accountData_insert 触发器的执行。

(11) 然后查看 auditAccountData 审计表中的记录，如图 10-26 所示。可以看到，触发器的操作是正确的。

(12) 测试删除数据的操作。如图 10-27 所示的是一组删除数据的操作。这些删除操作完成之后，应该在 auditAccountData 审计表中记录下来。

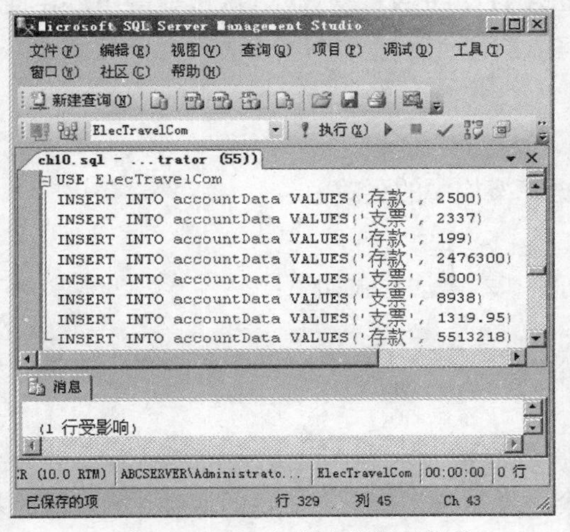

图 10-25　一组插入数据的操作

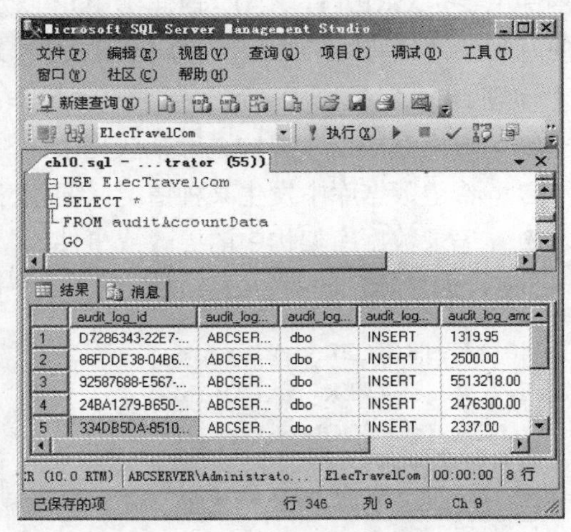

图 10-26　审计到的插入数据的操作

(13) 在如图 10-28 所示的数据中，可以看到 auditAccountData 表中的结果，这些结果都是正确的，表示 DELETE 类型的触发器是正确的。

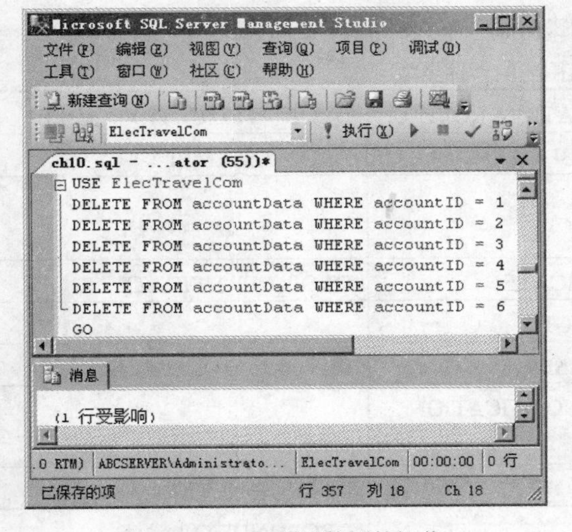

图 10-27　一组删除数据的操作

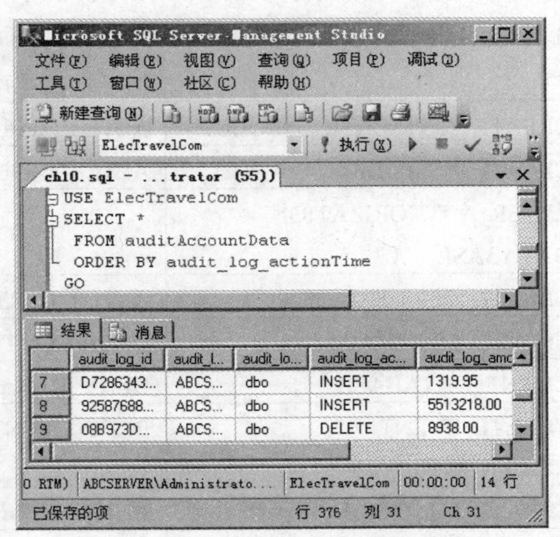

图 10-28　审计到的删除数据的操作

通过这个实例可以看出，由于触发器可以自动触发完成规定的操作，因此，借助触发器技术可以实现系统中某些操作的自动化控制。

10.3.6 DDL 触发器

DDL 触发器与 DML 触发器有许多类似的地方，例如，可以自动触发完成规定的操作，都可以使用 CREATE TRIGGER 语句创建等；但是也有一些不同的地方，例如，DDL 触发器的触发事件主要是 CREATE、ALTER、DROP 以及 GRANT、DENY 及 REVOKE 等语句，并且触发的时间条件只有 AFTER，没有 INSTEAD OF。

一般 DDL 触发器主要用于下面一些操作：

- ⊙ 防止对数据库架构进行某些更改。
- ⊙ 希望数据库中发生某种情况以便相应数据库架构中的更改。
- ⊙ 记录数据库架构中的更改或事件。

创建 DDL 触发器的 CREATE TRIGGER 语句的基本语法形式如下：

```
CREATE TRIGGER trigger_name
ON { ALL SERVER | DATABASE }
WITH ENCRYPTION
{ FOR | AFTER } {event_type}
AS sql_statement
```

其中，需要特别指出的是，ALL SERVER 关键字表示该 DDL 触发器的作用域是整个服务器，DATABASE 关键字表示该 DDL 触发器的作用域是整个数据库。event_type 参数用于指定触发 DDL 触发器的事件。数据库范围内的事件类型如表 10-4 所示，服务器范围内的事件类型如表 10-5 所示。除了事件之外，还可以在 DDL 触发器的定义中使用事件组。

表 10-4　数据库范围内的事件类型

CREATE_APPLICATION_ROLE	ALTER_APPLICATION_ROLE	DROP_APPLICATION_ROLE
CREATE_ASSEMBLY	ALTER_ASSEMBLY	DROP_ASSEMBLY
ALTER_AUTHORIZATION_DATABASE		
CREATE_CERTIFICATE	ALTER_CERTIFICATE	DROP_CERTIFICATE
CREATE_CONTRACT	DROP_CONTRACT	
GRANT_DATABASE	DENY_DATABASE	REVOKE_DATABASE
CREATE_EVENT_NOTIFICATION	DROP_EVENT_NOTIFICATION	
CREATE_FUNCTION	ALTER_FUNCTION	DROP_FUNCTION
CREATE_INDEX	ALTER_INDEX	DROP_INDEX
CREATE_MESSAGE_TYPE	ALTER_MESSAGE_TYPE	DROP_MESSAGE_TYPE
CREATE_PARTITION_FUNCTION	ALTER_PARTITION_FUNCTION	DROP_PARTITION_FUNCTION

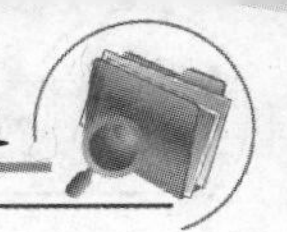

(续表)

CREATE_PARTITION_SCHEME	ALTER_PARTITION_SCHEME	DROP_PARTITION_SCHEME
CREATE_PROCEDURE	ALTER_PROCEDURE	DROP_PROCEDURE
CREATE_QUEUE	ALTER_QUEUE	DROP_QUEUE
CREATE_REMOTE_SERVICE_BINDING	ALTER_REMOTE_SERVICE_BINDING	DROP_REMOTE_SERVICE_BINDING
CREATE_ROLE	ALTER_ROLE	DROP_ROLE
CREATE_ROUTE	ALTER_ROUTE	DROP_ROUTE
CREATE_SCHEMA	ALTER_SCHEMA	DROP_SCHEMA
CREATE_SERVICE	ALTER_SERVICE	DROP_SERVICE
CREATE_STATISTICS	UPDATE_STATISTICS	DROP_STATISTICS
CREATE_SYNONYM		DROP_SYNONYM
CREATE_TABLE	ALTER_TABLE	DROP_TABLE
CREATE_TRIGGER	ALTER_TRIGGER	DROP_TRIGGER
CREATE_TYPE		DROP_TYPE
CREATE_USER	ALTER_USER	DROP_USER
CREATE_VIEW	ALTER_VIEW	DROP_VIEW
CREATE_XML_SCHEMA_COLLECTION	ALTER_XML_SCHEMA_COLLECTION	DROP_XML_SCHEMA_COLLECTION

表 10-5　服务器范围内的事件类型

ALTER_AUTHORIZATION_SERVER		
CREATE_DATABASE	ALTER_DATABASE	DROP_DATABASE
CREATE_ENDPOINT		DROP_ENDPOINT
CREATE_LOGIN	ALTER_LOGIN	DROP_LOGIN
GRANT_SERVER	DENY_SERVER	REVOKE_SERVER

【例 10-15】使用 DDL 触发器。

(1) 启动【查询编辑器】。

(2) 为了防止删除或修改数据库中的表对象，可以在该数据库中针对修改表和删除表的操作事件定义一个 DDL 触发器。如图 10-29 所示的就是一个保护 ElecTravelCom 数据库中的表不被删除和修改的 DDL 触发器示例。

(3) 如果在数据库中不小心执行了删除表的操作，那么该 safetyAction 触发器就会发生作用，取消删除表的操作。例如，在如图 10-30 所示的示例中，企图使用 DROP TABLE auditAccountData 语句删除 auditAccountData 表，由于 safetyAction 触发器发挥了作用，该删除操作被取消了。

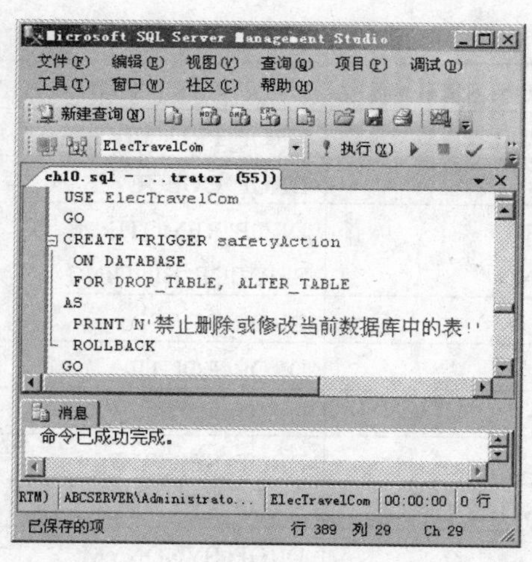

图 10-29　定义一个 DDL 触发器

图 10-30　删除表的操作失败

10.3.7　登录触发器

登录触发器将为响应 LOGON 事件而激发存储过程。LOGON 事件对应于 AUDIT_LOGIN SQL Trace 事件，该事件可在事件通知中使用。触发器与事件通知不同，其主要区别在于触发器随事件同步引发，而事件通知是异步的。例如，如果要停止某个用户建立会话，则必须使用登录触发器。在 Microsoft SQL Server 2008 系统中，登录触发器是作为服务器对象存在的。下面通过一个示例讲述如何使用登录触发器。

【例 10-16】使用登录触发器。

(1) 启动【查询编辑器】。

(2) 在如图 10-31 所示的示例中，首先设置 master 数据库为当前数据，然后使用 GO 语句，表示下面的 CREATE TRIGGER 语句是批次语句的第一条语句。然后使用 CREATE TRIGGER 语句创建一个登录触发器，该登录触发器限制 Peter 登录用户只能创建 5 次连接。

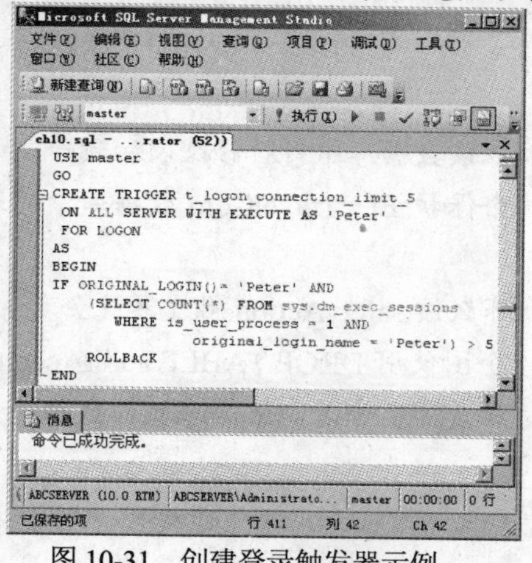

图 10-31　创建登录触发器示例

提示

在【例 10-16】示例中，可以看到使用 CREATE TRIGGER 语句创建登录触发器，其触发事件是 LOGON，并且是针对 Peter 用户的登录。该触发器的动作是判断 Peter 用户是否合法用户和连接次数，如果连接次数超过 5 次，则取消本次登录操作，以达到限制目的。

10.4　用户定义函数

在 Microsoft SQL Server 2008 系统中，用户定义函数是接受参数、执行操作并且将运算结果以值的形式返回的例程。这种返回值既可以是单个标量值，也可以是一个结果集。在 Microsoft SQL Server 2008 系统中，用户定义函数既可以使用 Transact-SQL 语言编写，也可以使用任何.NET 编程语言来编写。

10.4.1　用户定义函数的特点

在 Microsoft SQL Server 系统中，使用用户定义函数可以带来许多好处，这些好处包括允许模块化设计，只需创建一次函数并且将其存储在数据库中，以后便可以在程序中调用任意次。用户定义函数可以独立于程序源代码进行修改。执行速度更快，就像存储过程一样，使用 Transact-SQL 编写的用户定义函数通过缓存计划并在重复执行时重用它来降低 Transact-SQL 代码的编译开销。也就是说，每次使用用户定义函数时均无需重新解析和重新优化，从而大大缩短了执行时间。减少网络流量，基于某种无法用单一标量的表达式表示的复杂约束来过滤数据的操作，可以表示为函数。该函数可以在 WHERE 子句中调用，以减少发送至客户端的数字或行数。

在 Microsoft SQL Server 2008 系统中，所有的用户定义函数都是由相同的两部分组成的结构：标题和正文。

标题可以定义这些内容：具有可选架构/所有者名称的函数名称；输入参数名称和数据类型；可以用于输入参数的选项；返回参数数据类型和可选名称；可以用于返回参数的选项等。

正文定义了函数将要执行的操作，这些操作既可以是一个或多个 Transact-SQL 语句，也可以是.NET 程序集的引用。

在 Microsoft SQL Server 2008 系统中，用户定义函数又可以分为两大类，即用户定义标量函数和用户定义表值函数。用户定义标量函数返回在 RETURNS 子句中定义的类型的单个数据值。对于多语句标量函数，定义在 BEGIN END 块中的函数体包含一系列返回单个值的 Transact-SQL 语句。返回类型可以是除 text、ntext、image、cursor、timestamp 以外的任何数据类型。用户定义表值函数返回 table 数据类型。实际上，在表值函数中，表是单个 SELECT 语句的结果集。

10.4.2　创建用户定义函数时的考虑

在 Microsoft SQL Server 2008 系统中，可以分别使用 CREATE FUNCTION、ALTER FUNCTION、DROP FUNCTION 语句来实现用户定义函数的创建、修改和删除。在创建用户定义函数时，每个完全限定用户函数的名称(schema_name.function_name)必须唯一。

函数的 BEGIN END 块中的语句不能有任何副作用。函数副作用是指对具有函数外作用域(例如修改数据库表)的资源状态的任何永久性更改。函数中的语句唯一能做的更改是对函数上的局部对象(如局部游标或局部变量)的更改。不能在函数中执行的操作包括对数据库表的修改，对不在函数上的局部游标进行操作，发送电子邮件，尝试修改目录，以及生成返回至用户的结果集。

在函数中，可以包括的语句类型如下：

- DECLARE 语句，该语句可用于定义函数局部的数据变量和游标。
- 为函数局部对象赋值，例如，使用 SET 语句为标量和表局部变量赋值。
- 游标操作，该操作引用在函数中声明、打开、关闭和释放的局部游标。不允许使用 FETCH 语句将数据返回到客户端，仅允许使用 FETCH 语句通过 INTO 子句给局部变量赋值。
- 除 TRY CATCH 语句之外的控制流语句。
- SELECT 语句，该语句包含具有为函数的局部变量赋值的表达式的选择列表。
- INSERT、UPDATE 和 DELETE 语句，这些语句修改函数的局部表变量。
- EXECUTE 语句，该语句调用扩展存储过程。

在 Microsoft SQL Server 2008 系统中，确定性内置函数可以在用户定义函数中使用，大多数的不确定性内置函数也可以在用户定义函数中使用。这些不确定性内置函数包括 GETDATE、CURRENT_TIMESTAMP 和@@MAX_CONNECTIONS，但是像 NEWID 等不确定性内置函数不能在用户定义函数中使用。

10.4.3 使用 CREATE FUNCTION 语句

在 Microsoft SQL Server 2008 系统中，使用 CREATE FUNCTION 语句可以创建标量函数、内联表值函数、多语句表值函数。需要说明的是，如果 RETURNS 子句指定了一种标量数据类型，则该函数为标量值。如果 RETURNS 子句指定了 TABLE，则该函数为表值函数。根据函数主体的定义方式，表值函数可以分为内联函数或多语句函数。内联函数可以用于获得参数化视图的功能。

使用 CREATE FUNCTION 语句创建标量函数的基本语法形式如下：

```
CREATE FUNCTION function_name
( @parameter_name_list)
RETURNS return_data_type
AS
BEGIN
 function_body
RETURN scalar_expression
EDN
```

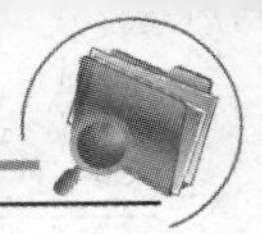

其中，function_name 参数用于指定函数的名称；@parameter_name_list 参数用于指定该函数的输入参数，输入参数的内容包括参数名称、参数数据类型、是否有默认值等；RETURNS 是关键字，return_data_type 参数用于指定该函数将要返回值的数据类型；BEGIN END 块中是函数体，function_body 用于表示该函数体，RETURN 关键字使用 scalar_expression 参数指定将要返回的值。注意，用于指定返回值数据类型时使用了 RETURNS 关键字，而用于指定返回值时使用了 RETURN 关键字。

【例 10-17】使用 CREATE FUNCTION 语句创建标量函数。

(1) 启动【查询编辑器】。

(2) 如图 10-32 所示的示例创建了一个名称是 dbo.ISOweek 的函数，其功能是将指定的日期数据换算成标准的周序号。其中，@DATE 是一个输入参数，RETURNS 关键字指定了该函数的返回值类型是 INT，表示整数类型。BEGIN END 之间是函数体，用于将指定日期转换为周序号，最后使用 RETURN (@ISOweek)语句返回最后的结果。

(3) 如果希望验证如图 10-31 所示的示例中创建的标量函数，可以按照图 10-32 中所示的方式测试。在如图 10-33 所示的示例中，使用 dbo.ISOweek 标量函数将指定的日期 2008 年 8 月 8 日换算成标准的周序号，换算结果是 32 周。

使用 CREATE FUNCTION 语句创建内联表值函数的基本语法形式如下：

```
CREATE FUNCTION function_name
( @parameter_name_list)
RETURNS TABLE
AS
 RETURN (select_statement)
```

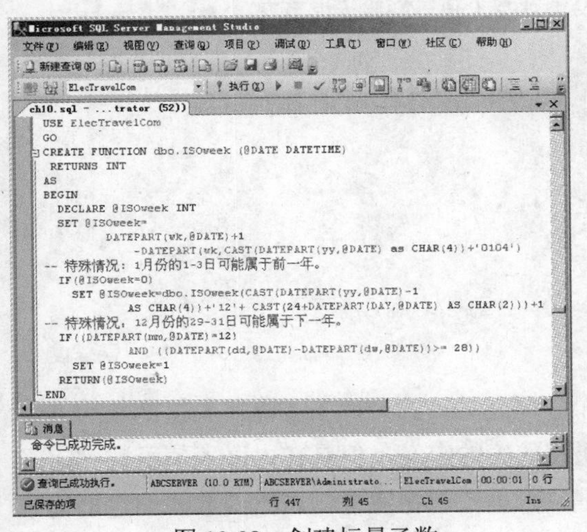

图 10-32　创建标量函数

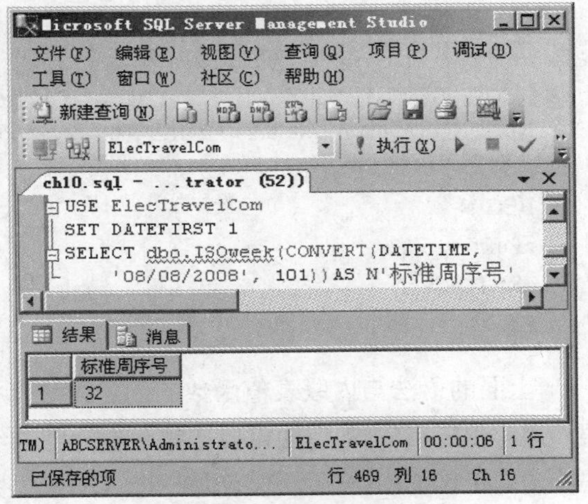

图 10-33　使用标量函数

其中，RETURNS TABLE 表示该函数是一个表值函数，由于函数体只有一个 RETURN 语句，且该 RETURN 关键字后面是一个 SELECT 语句，因此这是一个内联表值函数。内联表值函数往往用作视图，但是它比视图更加灵活，因为该函数可以在 WHERE 子句中使用变量。

【例 10-18】使用 CREATE FUNCTION 语句创建内联表值函数。

(1) 启动【查询编辑器】。

(2) 如图 10-34 所示的示例创建了一个内联表值函数，该函数可以返回指定商店销售的产品代号、产品名称和年销售总额。注意，RETURNS 关键字后面是 TABLE 关键字，且函数体中 RETURN 关键字后面有一个复杂的 SELECT 语句。之所以通过函数来定义视图而不是通过视图来定义视图，是因为这里定义的视图可以在 WHERE 子句中使用参数。

(3) 如图 10-35 所示的示例使用了新创建的 Sales.fn_SalesByStore 函数，返回 491 号商店销售的产品的代号、名称以及年销售总额。

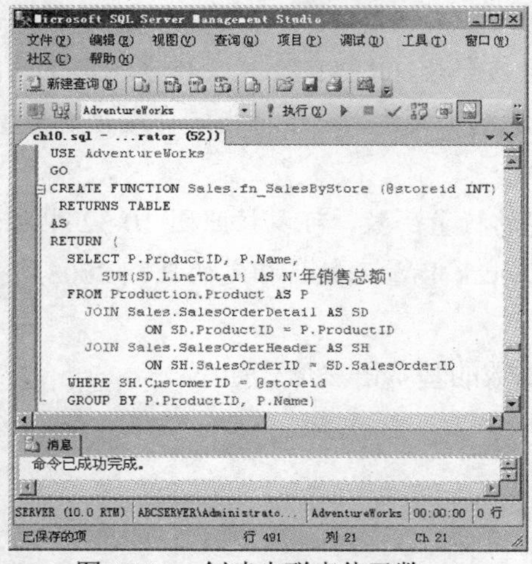

图 10-34 创建内联表值函数

图 10-35 使用内联表值函数

使用 CREATE FUNCTION 语句创建多语句表值函数的基本语法形式如下：

```
CREATE FUNCTION function_name
( @parameter_name_list)
RETURNS @return_variable TABLE (table_type_definition)
AS
BEGIN
 function_body
 RETURN
END
```

上面的语法与内联表值函数的创建语法有 4 个不同之处：第一，在多语句表值函数的创建语句中，RETURNS 后面可以接收将要返回的结果集的表的定义，但是在内联表值函数的定义语句中，RETURNS 后面仅仅是一个 TABLE 关键字；第二，在多语句表值函数的创建语句中使用了 BEGIN END 块，但是内联表值函数的定义中没有该 BEGIN END 块；第三，在多语句表值函数中，有单独的 function_body 表示的函数体，但是内联表值函数中没有该单独表示的函数体；第四，在多语句表值函数的创建语句中，RETURN 关键字后面是空的，但是在内联表值函数的定义中 RETURN 关键字后面是一个 SELECT 语句。

【例 10-19】使用 CREATE FUNCTION 语句创建多语句表值函数。

(1) 启动【查询编辑器】。

(2) 如图 10-36 所示的示例使用 CREATE FUNCTION 语句创建了一个多语句表值函数，该函数的名称是 dbo.fn_FindReports，其返回值是有多行数据的表类型。在该函数体中，有两个主要语句：第一个主要语句是使用 WITH 定义了一个公用表表达式，第二个主要语句是使用 INSERT 语句。该函数的功能是获取指定员工代号的工作汇报路径清单。

(3) 如图 10-37 所示的是一个使用多语句表值函数的示例。在该示例中，获取了 109 号员工以及直接向其汇报或间接向其汇报的员工清单。

可以使用 ALTER FUNCTION 语句修改已经存在的用户定义函数，这种修改不影响该函数的权限。需要注意的是，不能使用 ALTER FUNCTION 语句将标量函数修改为表值函数，也不能将表值函数修改为标量函数。同样，既不能使用 ALTER FUNCTION 语句将内联函数修改为多语句函数，也不能将多语句函数修改为内联函数。当然，Transact-SQL 函数和 CLR 函数之间更不能通过 ALTER FUNCTION 语句的修改进行转换。

如果用户定义函数不再需要了，可以将其删除。使用 DROP FUNCTION 语句即可删除指定的用户定义函数。

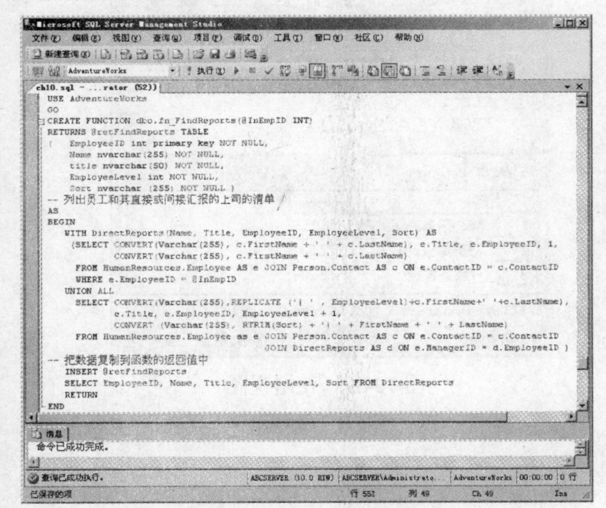

图 10-36　创建多语句表值函数

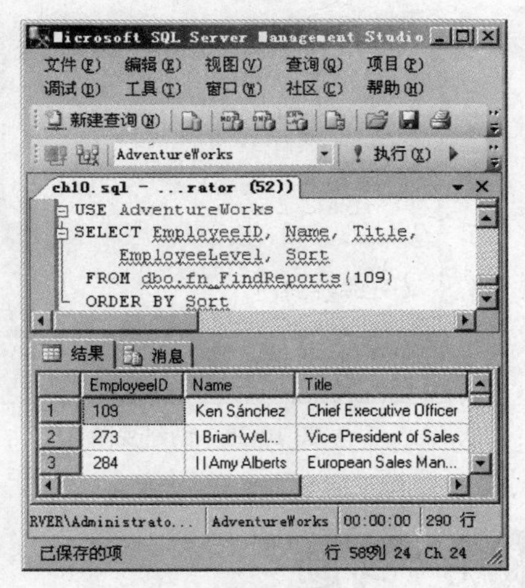

图 10-37　使用多语句表值函数

10.4.4　查看用户定义函数的信息

Microsoft SQL Server 2008 系统提供了几个可以用于查看用户定义函数的信息的系统存储过程和目录视图。使用这些工具，可以查看用户定义函数的定义、获取函数的架构和创建时间、列出指定函数所使用的对象等信息。

使用 sys.sql_modules、OBJECT_DEFINITION、sp_helptext 等工具可以查看用户定义函数的定义，使用 sys.objects、sys.parameters、sp_help 等工具可以查看有关用户定义函数的信息，

使用 sys.sql_dependencies、sp_depends 等工具可以查看用户定义函数的依赖关系。如果希望加密用户定义函数的文本，可以在创建用户定义函数时使用 WITH ENCRYPTION 选项。

10.5 上机练习

本章上机练习的内容是使用 Transact-SQL 语句创建视图和使用视图。

(1) 如图 10-38 所示的脚本使用 CREATE VIEW 语句创建了一个视图，该视图从 Books 表中仅检索书名和价格信息，并且使用 WITH ENCRYPTION 子句加密该视图的定义文本，这样其他用户无法从 sp_helptext 存储过程中查看该视图的定义信息。

(2) 在如图 10-39 所示的命令中，使用 SELECT 语句从 vw_books_titlePrice 视图中检索信息，检索结果中只有书名和价格信息。数据表面上来自对视图的检索，实际上这些数据都来自该视图的基表 dbo.Books。

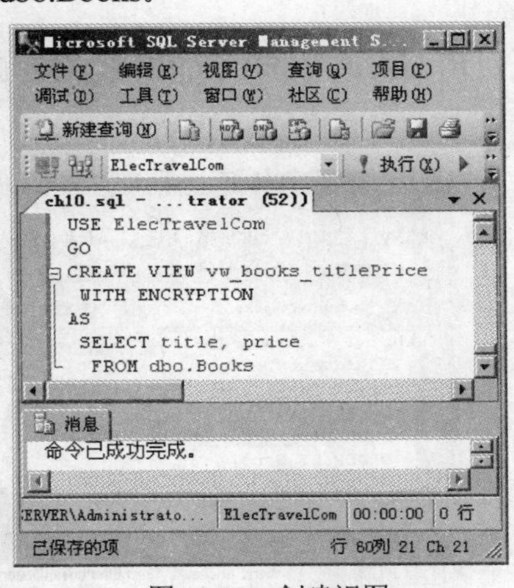

图 10-38 创建视图

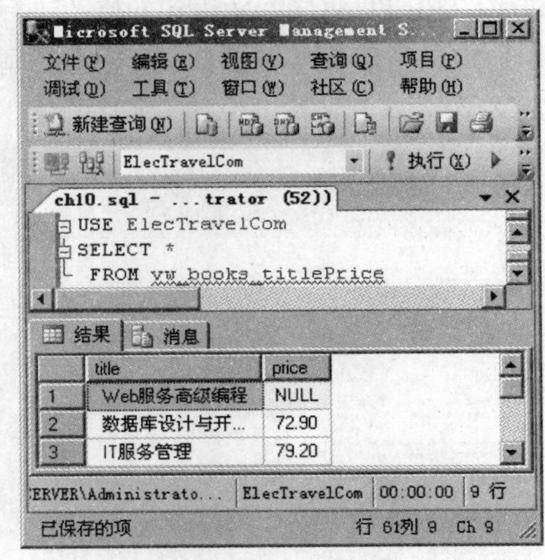

图 10-39 使用视图

10.6 习题

1. 创建可以用于计算两个数值乘积的存储过程。
2. 创建 10.3.5 节中提到的 t_accountData_update 触发器。

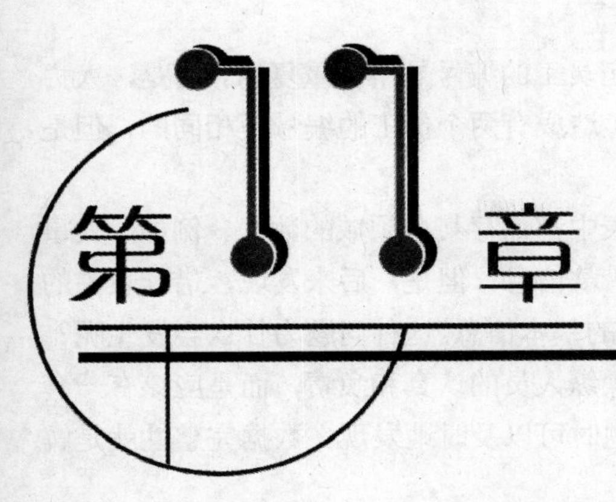

第11章 数据完整性

学习目标

无论是产品，还是信息，质量都是非常重要的。信息的质量是指信息的准确性、完整性、一致性等。在许多数据库应用系统中，数据质量的高低往往是导致系统成功与否的重要因素。数据完整性是保证数据质量的一种重要方法，是现代数据库系统的一个重要特征。Microsoft SQL Server 系统提供了一系列的数据完整性方法和机制，例如约束、触发器等。其中，约束技术是应用最为广泛的数据完整性方法。本章详细讨论有关数据完整性的技术和方法。

本章重点

- 约束概念和类型
- DEFAULT 约束
- CHECK 约束
- 主键约束
- UNIQUE 约束
- 外键约束

11.1 概述

本节讨论两个方面的内容。首先分析操纵数据时经常遇到的问题，其次提出解决这些问题的方法。

当操纵表中的数据时，由于种种原因，经常会遇到一些问题。下面来分析这些问题的表现形式和特征。

当向表中的某个列插入数据时，插入了不合适的数据，当时却没有被发现，例如，员工进入公司的日期早于该员工的出生日期。

一般某个公司中员工的姓名有可能是重复的，但是员工的编号是不会重复的。可是，人力资源部门的工作人员不小心，某个员工的编号出错了，造成有两个员工的编号是相同的，但是当时并没有发现这种问题。

在许多公司的数据库中，往往有很多表，每一个表中都保存某个领域的数据。例如，人事表中存储了员工的基本信息，借款表中记录了员工的借款信息。但是，后来发现，借款表中的某个员工不是本公司的员工，因为人事表中没有该员工的基本信息。这种问题为什么会发生呢？

诸如此类的问题，不能仅仅依靠数据录入人员和操纵人员的认真和负责，而是应该有一套保障机制：要么防止这些问题发生，要么发生这些问题时可以及时地发现。数据完整性就是解决这些问题的机制。

数据完整性是指存储在数据库中的数据的一致性和准确性。在评价数据库的设计时，数据完整性的设计是数据库设计好坏的一项重要指标。在 Microsoft SQL Server 2008 系统中，有 3 种数据完整性类型，即域完整性、实体完整性和引用完整性。

域完整性，也可以称为列完整性，指定一个数据集对某一个列是否有效和确定是否允许空值。域完整性通常是经过使用有效性检查来实现的，还可以通过限制数据类型、格式或者可能的取值范围来实现。例如，设置员工进入公司的日期大于员工的出生日期，在“性别”列中，限制其取值范围为“男”和“女”，这样就不能在该列输入其他一些无效的值。最简单的域完整性方法是数据类型，例如，在出生日期列中定义该列的数据类型是 DATETIME，则该列就不会出现其他一些不符合日期格式的数据。

实体完整性，也可以称为行完整性，要求表中的所有行有一个唯一的标识符，这种标识符一般称为主键值。例如，对于所有的中国公民来说，居民身份证号码是唯一的，使用居民身份证号码可以唯一确定某一个人，因此可以把公民的居民身份证号码作为主键。主键值是否能够被修改或表中的全部数据是否能够被全部删除都要依赖于主键表和其他表之间要求的完整性。对于一个公司来说，可以设置员工编号为主键，避免重复数据出现。

引用完整性保证在主键(在被参考表中)和外键之间的关系总是得到维护。如果被参考表中的一行被一个外键所参考，那么这一行数据便不能直接被删除，用户也不能直接修改主键值。例如，在一个数据库中有两个表，即人事表和财务表。人事表中记录了本单位的所有员工的基本信息，财务表记录了本单位员工的借款信息。一般情况下，如果某个公司员工有借款，那么他就不能从人事表中直接删除。当然，这种引用完整性的限制是有条件的，可以通过设置 ON DELETE CASCADE 和 ON UPDATE CASCADE 来改变这种限制。

在 Microsoft SQL Server 2008 系统中，可以使用两种方式实现数据完整性，即声明数据完整性和过程数据完整性。

声明数据完整性就是通过在对象定义中定义的数据标准来实现数据完整性，是由系统本身自动强制实现的。声明数据完整性的方式包括使用各种约束、默认值和规则。例如，在某个表中定义了主键约束，那么这种定义就由系统自动强制实现。

过程数据完整性是通过在脚本语言中定义的数据完整性标准来实现的。在执行这些脚本的过程中，由脚本中定义的强制完整性来实现。过程数据完整性的方式包括使用触发器和存储过程等。

11.2　约束的概念和类型

约束是通过限制列中数据、行中数据和表之间数据来保证数据完整性的非常有效的方法。约束可以确保把有效的数据输入到列中和维护表和表之间的特定关系。Microsoft SQL Server 2008 系统提供了 5 种约束类型，即 PRIMARY KEY(主键)、FOREIGN KEY(外键)、UNIQUE、CHECK 和 DEFAULT 约束。

每一种数据完整性类型，例如，域完整性、实体完整性和引用完整性，都由不同的约束类型来保障。如表 11-1 所示描述了不同类型的约束和完整性之间的关系。

表 11-1　约束和完整性之间的关系

完整性类型	约 束 类 型	描　述
域完整性	DEFAULT	在使用 INSERT 语句插入数据时，如果某个列的值没有明确提供，则将定义的默认值插入到该列中
	CHECK	指定某一个列中的可保存值的范围
实体完整性	主键	每一行的唯一标识符，确保用户不能输入冗余值和确保创建索引，提高性能，不允许空值
	UNIQUE	防止出现冗余值，并且确保创建索引，提高性能，允许空值
引用完整性	外键	定义一列或者几列，其值与本表或者另外一个表的主键值匹配

定义约束表示从无到有地创建约束，这种操作可以使用 CREATE TABLE 语句或 ALTER TABLE 语句完成。使用 CREATE TABLE 语句表示在创建表的同时定义约束，使用 ALTER TABLE 语句表示在已有的表中添加约束。即使表中已经有了数据，也可以在表中增加约束。

定义约束时，既可以把约束放在一个列上，也可以把约束放在多个列上。如果把约束放在一个列上，该约束称为列级约束，因为它只能由约束所在的列引用；如果把约束放在多个列上，该约束称为表级约束，这时可以由多个列来引用该约束。

当定义约束或修改约束的定义时，应该考虑下列因素：

- 不必删除表，就可以直接创建、修改和删除约束的定义。
- 应该在应用程序中增加错误检查机制，测试数据是否与约束相冲突。
- 当在表上增加约束时，SQL Server 系统将检查表中的数据是否与约束冲突。

当创建约束时，可以指定约束的名称，否则，Microsoft SQL Server 系统将提供一个复杂的、系统自动生成的名称。对于一个数据库来说，约束名称必须是唯一的。一般来说，约束的名称应该按照这种格式：约束类型简称_表名_列名_代号。

可以使用目录视图查看有关约束的信息，这些目录视图包括 sys.key_constraints、sys.check_constraints 和 sys.default_constraints。sys.key_constraints 目录视图用于查看有关主键和 UNIQUE 约束的信息；sys.check_constraints 目录视图用于查看有关 CHECK 约束的信息；在 sys.default_constraints 目录视图中可以查看有关 DEFAULT 约束的信息。

【例 11-1】查看约束信息。

(1) 启动【查询编辑器】。

(2) 在如图 11-1 所示的示例中，使用 sys.key_constraints 目录视图查看 AdventureWorks 数据库中的有关主键约束和 UNIQUE 约束的信息。

图 11-1 使用 sys.key_constraints 目录视图

> **提示**
>
> 在【例 11-1】示例中，可以查看有关主键、UNIQUE 约束等信息。约束的基本信息包括约束名称、标识符、架构名称、父对象标识符、约束类型、创建日期、最新修改日期等。

11.3 管理约束

本节详细介绍各种 DEFAULT、CHECK、主键、UNIQUE、外键等约束的特点、适用范围、创建方法、修改方式等内容。

11.3.1 DEFAULT 约束

当使用 INSERT 语句插入数据时，如果没有为某一个列指定数据，那么 DEFAULT 约束就在该列中输入一个值。

例如，在记录了人事信息的 person 表的“性别”列中定义了一个 DEFAULT 约束为“男”。当向该表中输入数据时，如果没有为“性别”列提供数据，那么 DEFAULT 约束把默认值“男”自动插入到该列中。因此，DEFAULT 约束可以实现域完整性。

定义 DEFAULT 约束的基本语法在 CREATE TABLE 语句中和在 ALTER TABLE 语句中的形式不完全相同。下面列出了两种不同的语法形式：

```
-- 在 CREATE TABLE 语句的列的属性中
CONSTRAINT constraint_name DEFAULT constant_expression
DEFAULT constant_expression
-- 在 ALTER TABLE 语句的 ADD 子句中
CONSTRAINT constraint_name DEFAULT constant_expression FOR column_name
DEFAULT constant_expression FOR column_name
```

其中，CONSTRAINT constraint_name 部分是可以省略的，但是 DEFAULT constant_expression 是必需的。

【例 11-2】定义 DEFAULT 约束。

(1) 启动【查询编辑器】。

(2) 在如图 11-2 所示的示例中，使用 CREATE TABLE 语句创建了一个 students 表，该表用于存储学生的学号、姓名、性别、出生日期、身份证号等。其中，为 gender 列定义了一个默认值，该值为 M。也就是说，在向 students 表中插入一行数据时，如果没有为 gender 列指定明确的数据，那么为该列提供 M 值。

(3) 在如图 11-3 所示的示例中，使用 ALTER TABLE 语句为 students 表中的 birthdate 列新增了一个 DEFAULT 约束。由于 birthdate 列已经存在了，所以在 ALTER TABLE 语句中使用 FOR 子句指定将要新增约束的列名称。

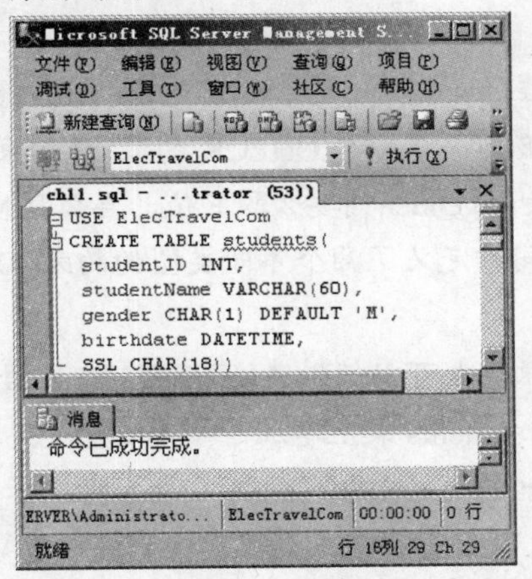

图 11-2　使用 CREATE TABLE 语句

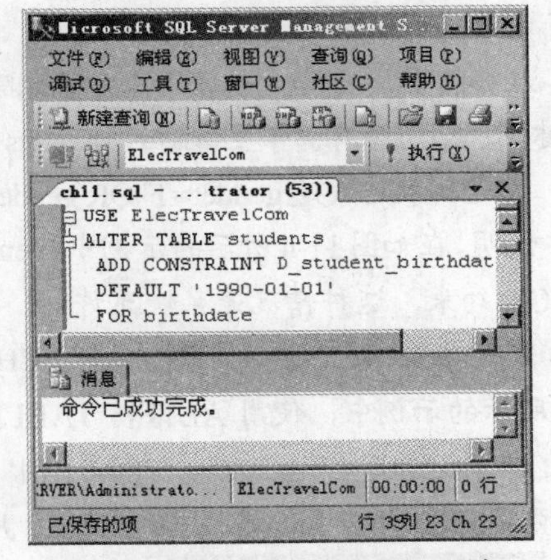

图 11-3　使用 ALTER TABLE 语句

需要注意的是，如果在已经存在的表中定义 DEFAULT 约束，可以使用 WITH VALUES 子句，表示将新定义的常量值添加到表中已有数据中。

当使用 DEFAULT 约束时，需要考虑下列因素：

- 定义的常量值必须与该列的数据类型和精度是一致的。
- DEFAULT 约束只能应用于 INSERT 语句。
- 每一个列只能定义一个 DEFAULT 约束。这是很显然的，如果能定义多个约束，那么系统将无法确定使用哪一个约束。
- DEFAULT 约束不能放在有 IDENTITY 属性的列上或者数据类型为 timestamp 的列上。因为这两种列都会由系统自动提供数据。实际上，即使在这些列上定义了 DEFAULT 约束，那么该 DEFAULT 约束也是没有意义的。

◉ DEFAULT 约束允许指定一些由系统函数提供的值，这些系统函数包括 SYSTEM_USER、GETDATE、CURRENT_USER 等。

11.3.2 CHECK 约束

CHECK 约束用来限制用户输入某一个列的数据，即在该列中只能输入指定范围的数据。CHECK 约束的作用非常类似于外键约束，两者都是限制某个列的取值范围，但是外键是通过其他表来限制列的取值范围，CHECK 约束是通过指定的逻辑表达式来限制列的取值范围。

例如，在描述学生性别的 gender 列中可以创建一个 CHECK 约束，指定其取值范围是“男”或“女”。这样，当向 gender 列输入数据时，要么输入数据“男”，要么输入数据“女”，而不能输入其他不相关的数据。

CHECK 约束的两种基本语法形式如下：

```
CONSTRAINT constraint_name CHECK (logical_expression)
CHECK (logical_expression)
```

【例 11-3】定义 CHECK 约束。

(1) 启动【查询编辑器】。

(2) 在如图 11-4 所示的示例中，首先删除已经存在的 students 表，然后使用 CREATE TABLE 语句创建了一个用于存储学生信息的 students 表。该示例定义了一个 CHECK 约束，该约束与 gender 列关联，其逻辑表达式是 gender='F' OR gender='M'，表示 gender 列要么取 F 值，要么取 M 值。

(3) 说明，在如图 11-4 所示的示例中，gender 列上同时定义了两个不同类型的约束，DEFAULT 和 CHECK 约束。这种情况是系统允许的。

(4) 如果希望在已经存在的表中添加 CHECK 约束，也可以使用 ALTER TABLE 语句。在如图 11-5 所示的示例中，使用 ALTER TABLE 语句在 students 表上增加了一个 CHECK 约束，该约束的逻辑表达式是 birthdate>='1980-01-01' AND birthdate<='1990-12-31'，表示限定学生的出生日期必须在 1980 年 1 月 1 日至 1990 年 12 月 31 日之间。

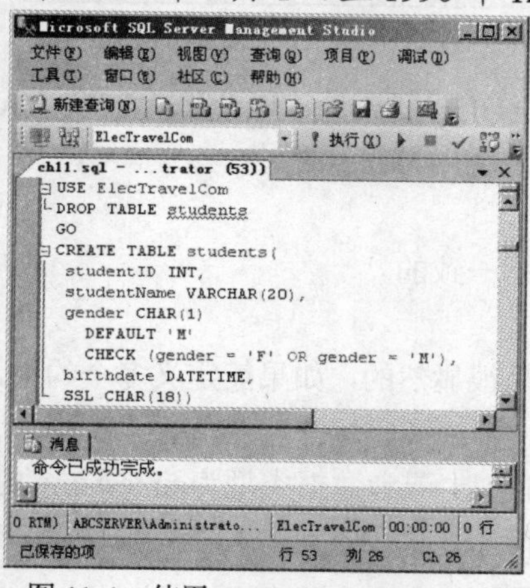

图 11-4 使用 CREATE TABLE 语句

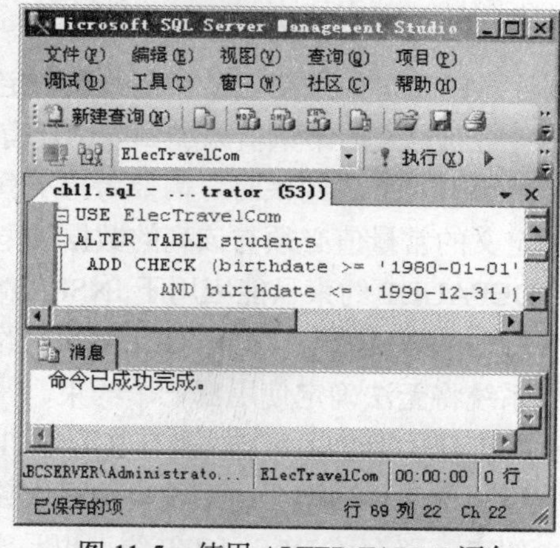

图 11-5 使用 ALTER TABLE 语句

当使用检查约束时，需要考虑下列一些因素：

- 一个列上可以定义多个 CHECK 约束。
- 当执行 INSERT 语句或者 UPDATE 语句时，该约束验证相应的数据是否满足 CHECK 约束的条件。但是，执行 DELETE 语句时不检查 CHECK 约束。
- CHECK 约束可以参考本表中的其他列。例如，在 employee 表中包含了出生日期(birthdate)列和雇佣日期(hiredate)列，birthdate 列可以引用 hiredate 列，使得 birthdate 列的数据小于 hiredate 列的数据。
- CHECK 约束不能放在有 IDENTITY 属性的列上或者数据类型为 timestamp 的列上，因为这两种类型的列都会自动插入数据。
- CHECK 约束不能包含子查询语句。

11.3.3　主键约束

主键约束在表中定义一个主键值，这是唯一确定表中每一行数据的标识符。在所有的约束类型中，主键约束是最重要的一种约束类型，也是使用最广泛的约束类型。该约束强制实体完整性。一个表中最多只能有一个主键，且主键列不允许空值。

例如，在 students 表中，一般将描述学生学号的 studentID 列作为主键值，因为 studentID 列中的值是唯一的。主键经常定义在一个列上，但是也可以定义在多个列上。当主键定义在多个列上时，虽然某一个列中的数据可能重复，但是这些列的组合值不能重复。

定义主键约束的 4 种基本语法形式如下：

```
CONSTRAINT constraint_name PRIMARY KEY
PRIMARY KEY
CONSTRAINT constraint_name PRIMARY KEY (column_list)
PRIMARY KEY (column_list)
```

其中，前面两种形式可以直接作为属性出现在列名称后面，后面两种形式不是作为列的属性而是作为表的组成部分出现的。需要再次强调的是，CONSTRAINT constraint_name 子句是可以省略的。

在定义主键约束时，同时定义了聚集索引或非聚集索引。默认的主键约束是唯一性的聚集索引。

常用的主键约束应该创建在这些列上：居民的身份证号码、学生的学生代号、产品的产品代号、图书的国际标准书号、护照号码等。

【例 11-4】定义主键约束。

(1) 启动【查询编辑器】。

(2) 在如图 11-6 所示的示例中，首先删除当前数据库中已有的 students 表，然后使用 CREATE TABLE 语句创建 students 表。在创建该表的脚本中，在 studentID 列上定义了一个主键约束，这样就不能向 students 表中插入学号相同的两个或更多个学生信息，确保了每一个学生的信息都是

唯一的。注意，studentID 列不能为空。

(3) 也可以在表创建之后，根据需要使用 ALTER TABLE 语句在表中增加主键约束。在定义主键约束时，还可以把约束放在两个或两个以上的列。例如，在如图 11-7 所示的示例中，定义了一个包含两个列的主键约束。由于 nationalStudents 表用于存储多个大学的学生的学生信息，这时，仅根据某个学校自己编写的学号惟一地标识学生是不行的，因为不同的大学里面有可能有相同学号的学生。在这种情况下，应该将学校编号和学号的组合作为主键约束列。

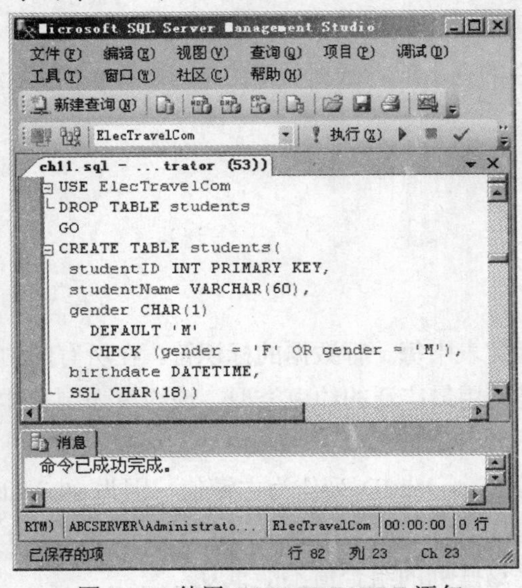

图 11-6 使用 CREATE TABLE 语句

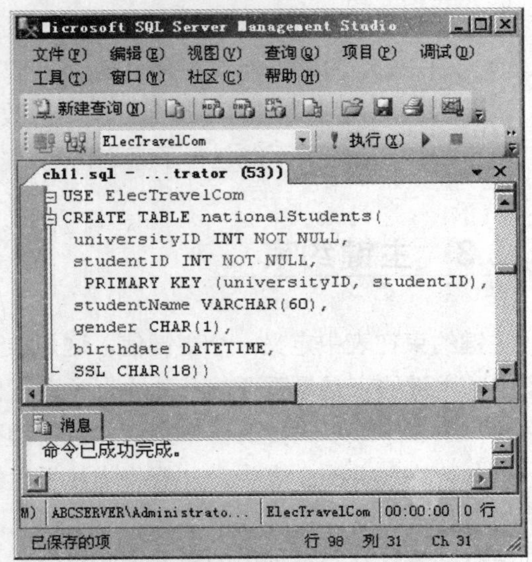

图 11-7 定义包含两个列的主键约束

当使用主键约束时，应该考虑下列一些因素：

- 每一个表最多只能定义一个主键约束。
- 主键列所输入的值必须是唯一的。如果主键约束由两个或两个以上的列组成，那么这些列的组合必须是唯一的。
- 主键列不允许空值。
- 主键约束在指定的列上创建了一个唯一性索引。该唯一性索引既可以是聚集索引，也可以是非聚集索引，默认情况下是聚集索引。如果表中已经有聚集索引，那么在创建主键约束之前，要么把已有的聚集索引删除，要么指定所创建的索引是非聚集索引。
- 可以在定义主键约束时添加级联操作选项。

11.3.4 UNIQUE 约束

UNIQUE 约束指定表中某一个列或多个列不能有相同的两行或两行以上的数据存在。这种约束通过实现唯一性索引来强制实体完整性。当表中已经有了一个主键约束时，如果需要在其他列上实现实体完整性，又因为表中不能有两个或两个以上的主键约束，所以只能通过创建 UNIQUE 约束来实现。一般把 UNIQUE 约束称为候选的主键约束。

例如，在 students 表中，主键约束创建在 studentID 列上，如果这时还需要保证该表中的存储身份证号的 SSL 列的数据是唯一的，那么可以使用 UNIQUE 约束。

UNIQUE 约束的 4 种基本语法形式如下：

```
CONSTRAINT constraint_name UNIQUE
UNIQUE
CONSTRAINT constraint_name UNIQUE (column_list)
UNIQUE (column_list)
```

【例 11-5】定义 UNIQUE 约束。

(1) 启动【查询编辑器】。

(2) 在如图 11-8 所示的示例中，使用 ALTER TABLE 语句在 students 表中的 SSL 列上定义一个 UNIQUE 约束。SSL 列允许为空，而且每一位学生的身份证号码也不相同。

图 11-8　使用 ALTER TABLE 语句定义 UNIQUE 约束

提示

在【例 11-5】示例中，可以看到 UNIQUE 约束与主键约束的定义方式非常类似。不同之外在于，主键约束只能有一个，而 UNIQUE 约束可以有多个，这样可以创建多个 UNIQUE 约束。

在创建 UNIQUE 约束时，需要考虑下列因素：

- UNIQUE 约束所在的列允许空值，但是主键约束所在的列不允许空值。
- 一个表中可以有多个 UNIQUE 约束。
- 可以把 UNIQUE 约束放在一个或者多个列上，这些列或列的组合必须有唯一的值，但是，UNIQUE 约束所在的列并不是表的主键列。
- UNIQUE 约束强制在指定的列上创建一个唯一性索引，在默认情况下，是创建唯一性的非聚集索引。但是，在定义 UNIQUE 约束时也可以指定所创建的索引是聚集索引。

11.3.5　外键约束

外键约束强制引用完整性。外键约束定义一个或多个列，这些列可以引用同一个表或另外一个表中的主键约束列或 UNIQUE 约束列。实际上，通过创建外键约束可以实现表和表之间的依赖关系。一般情况下，在 Microsoft SQL Server 关系型数据库管理系统中，表和表之间经常存在着大量的关系，这些关系都是通过定义主键约束和外键约束实现的。

【例 11-6】ER 图中的外键约束。

(1) 启动【查询编辑器】。

(2) 在如图 11-9 所示的关系图中，可以看到 Production.Product 表中的 ProductSubcategoryID 列是外键，引用了 Production.ProductSubcategory 表中的主键列，即 ProductSubcategoryID 列。Production.ProductInventory 表中的 ProductID 列和 Purchasing. PurchaseOrderDetail 表中的 Product ID 列都是外键列，都引用了 Production.Product 表中的主键列 ProductID。这也表明，Production. Product 表中没有的产品信息不能出现在其他外键表中。

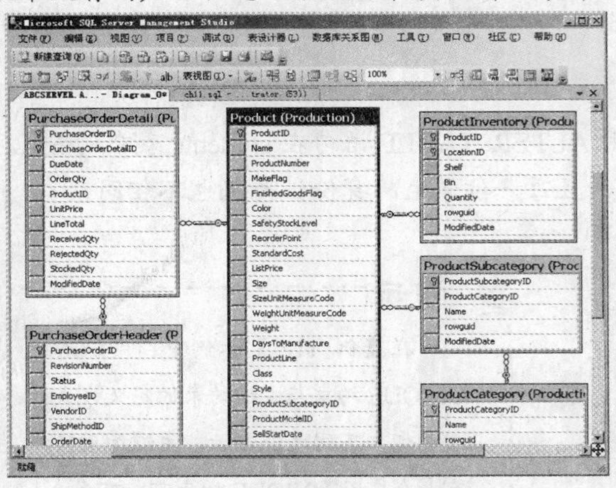

图 11-9　包含多个关系的关系图

> **提示**
>
> 在【例 11-6】示例中，可以看到一个实体关系图，或 ER 图。ER 图的三个图元包括实体、属性和关系。本示例中，实体用方框表示，属性用方框中的单元格表示，主外键关系用方框之间的连接线表示。

外键约束的基本语法形式如下：

```
-- 在 CREATE TABLE 语句中定义只有一个列的外键约束
FOREITN KEY REFERENCES referenced_table_name (referenced_column)
ON DELETE {NO ACTION | CASCADE | SET NULL | SET DEFAULT}
ON UPDATE {NO ACTION | CASCADE | SET NULL | SET DEFAULT}
-- 在 ALTER TABLE 语句中定义只有一个列的外键约束
FOREITN KEY (column) REFERENCES referenced_table_name (referenced_column)
ON DELETE {NO ACTION | CASCADE | SET NULL | SET DEFAULT}
ON UPDATE {NO ACTION | CASCADE | SET NULL | SET DEFAULT}
-- 在 CREATE TABLE 语句中定义有多个列的主键约束
FOREIGN KEY (column_list) REFERENCES referenced_table_name (referenced_column_list)
ON DELETE {NO ACTION | CASCADE | SET NULL | SET DEFAULT}
ON UPDATE {NO ACTION | CASCADE | SET NULL | SET DEFAULT}
```

在上面的定义外键约束的语法中，如果直接在列名称后面使用 FOREIGN KEY 关键字定义外键约束，那么没有必要再指定该列的名称。但是，如果在表上定义外键约束，那么需要明确指定外键约束所在的列名称。REFERENCES 关键字用于指定外键约束引用的主键约束所在的表名和列名。

在外键约束的定义中，ON DELETE 子句是可选的，用于描述删除主键表中数据时外键表的行为。该子句有 4 个选项：NO ACTION 选项表示不执行任何操作，也就是说当删除主键表

中数据时，如果外键表中有相应的数据，那么主键表中的删除操作失败，该选项是默认选项；CASCADE 选项表示执行级联删除操作，也就是说，当删除主键表中数据时，外键表中相应的数据会被自动删除；SET NULL 选项表示执行级联删除操作，并且将外键表中的所有数据都设置为空值，当然，只有外键表中所有列都允许空值该选项才有意义；SET DEFAULT 选项与 SET NULL 选项类似，只是外键表中的数据都设置为默认值。

ON UPDATE 子句的作用与 ON DELETE 子句类似，只是用于指定更新主键表中数据时外键表中的级联行为。

【例 11-7】定义外键约束。

(1) 启动【查询编辑器】。

(2) 在如图 11-10 所示的示例中，borrowBooks 表用于存储学生所借的图书信息。该表有一个 studentID 列用于存储学号信息，且该学号必须存在于 students 表的 studentID 列中。在该外键约束的定义中，第一，没有使用外键约束名称，系统自动为其赋予一个名称；第二，没有使用 ON DELETE 子句和 ON UPDATE 子句，表示当外键表引用了主键表中的数据时，不能删除或更新主键表中的相应数据。这时，如果希望删除或更新主键表中的数据，应该首先删除引用主键表中数据的所有外键表中的相应数据。

(3) 也可以在 ALTER TABLE 语句中定义外键约束。例如，假设在创建 borrowBooks 表时没有在 studentID 列上定义外键约束，那么可以使用如图 11-11 所示的脚本增加外键约束。虽然这里定义的约束类型与图 11-10 所示的脚本中定义的约束类型相同，但是两者也有许多不同的地方：第一，这里的外键约束名称由用户提供，即 FK_borrowBooks_sID_A6D；第二，这里使用了 ON DELETE CASCADE 子句和 ON UPDATE CASCADE 子句，表示删除或更新主键表中的数据，外键表中的数据随其级联操作。

图 11-10 使用 CREATE TABLE 语句

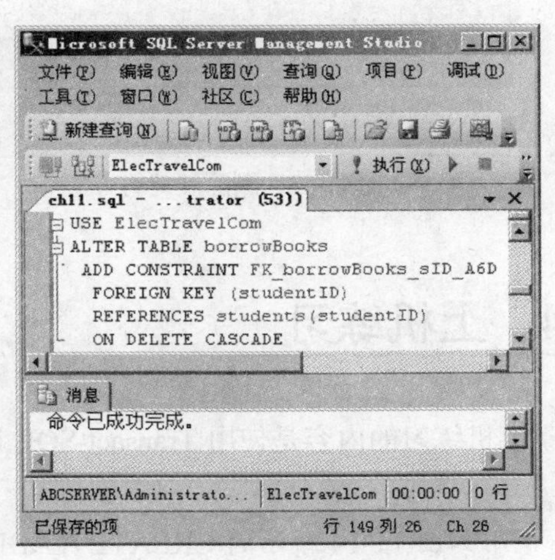

图 11-11 使用 ALTER TABLE 语句

(4) 当约束不再需要时，可以执行删除约束的操作。就像定义约束一样，删除约束也没有单独的语句，只能通过 ALTER TABLE 语句来执行。如图 11-12 的示例执行了删除 FK_borrowBooks_sID_A6D 外键约束的操作。当然，只有首先知道外键约束的名称，才能执行删除外键约束的操作。

当使用外键约束时，需要考虑下面一些规则：

- 外键约束提供了单列引用完整性和多列引用完整性。在FOREIGN KEY子句中，列的数量和数据类型必须和REFERENCES子句中的列的数量和数据类型匹配。
- 不像主键约束或唯一性约束，外键约束不能自动创建索引。然而，如果在数据库中经常使用连接查询，那么，为了加快连接查询的速度，提高连接查询的性能，用户应该在外键约束列上手工创建索引。
- 当用户修改外键约束所在表中的数据时，该用户必须拥有外键约束所参考表的SELECT权限或REFERENCES权限。
- 在定义外键约束时，可以引用同一个表中的主键列。

【例 11-8】在同一个表中定义主键和外键约束。

(1) 启动【查询编辑器】。

(2) 在如图 11-13 所示的示例中创建了两个约束。一个约束是主键约束，用来确保雇员代号的唯一性；另外一个约束是外键约束，用来确保经理代号是一个有效的雇员代号。注意，在这个外键约束中，引用了同一个表的主键列。

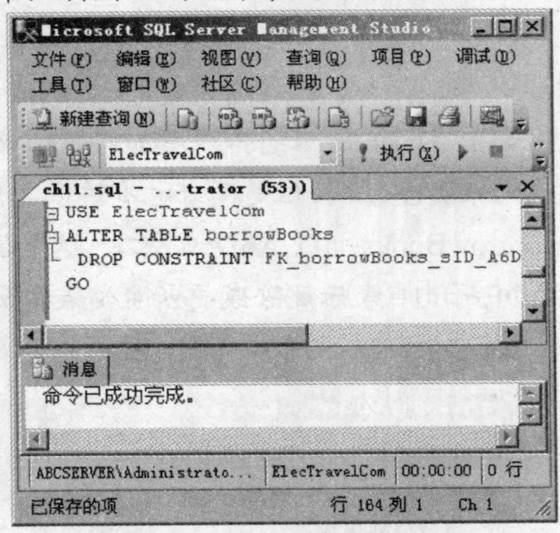

图 11-12　删除外键约束

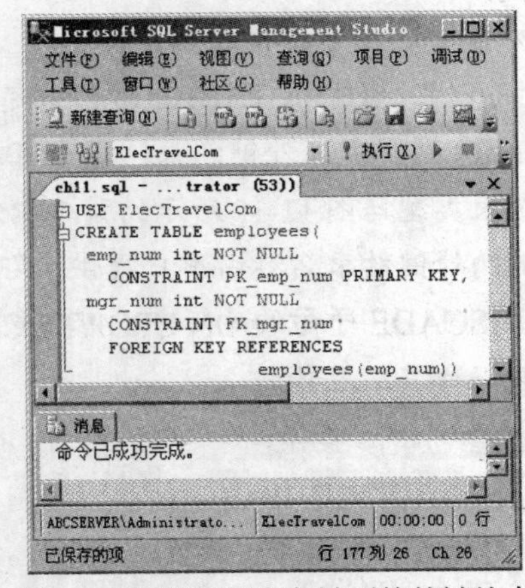

图 11-13　引用同表主键列的外键约束

11.4　上机练习

本章上机练习的内容是使用 Transact-SQL 语句创建和使用主键、外键、DEFAULT、CHECK约束。

(1) 使用如图 11-14 所示的 CREATE TABLE 语句创建 empInfo 表。该表有 5 个列，但是创建表时在该表上没有定义任何的约束。

(2) 使用 INSERT 语句向新建的 empInfo 表中插入两行数据，插入过程如图 11-15 所示。从图 11-15 中可以看出，这时的插入操作成功。经分析，当前插入的第二行数据有一系列的问题：第一，Mary 的雇员代号同 Jack 的雇员代号都是 101，这是不合适的；第二，Mary 的性别既不是

表示男性的 M，也不是表示女性的 F，而是莫名其妙的 A，这也是不恰当的；第三，Mary 的出生日期是 2008-08-08，这也太不合适了，公司员工年龄至少 18 岁才合理；第四，Mary 的经理代号是 102，但是雇员表中没有代号为 102 的信息，因此这种信息肯定不对。问题出在什么地方呢？缺乏数据完整性造成的。应该通过增加约束机制，确保数据的完整性。

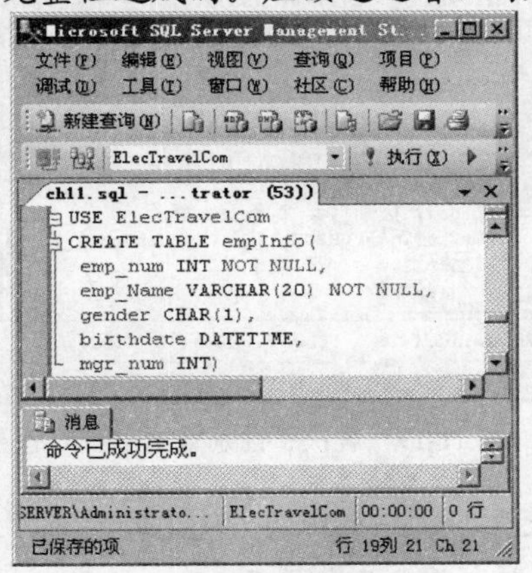

图 11-14　创建表

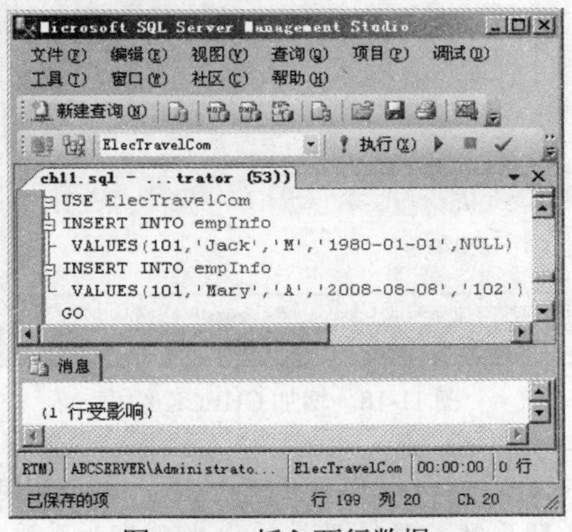

图 11-15　插入两行数据

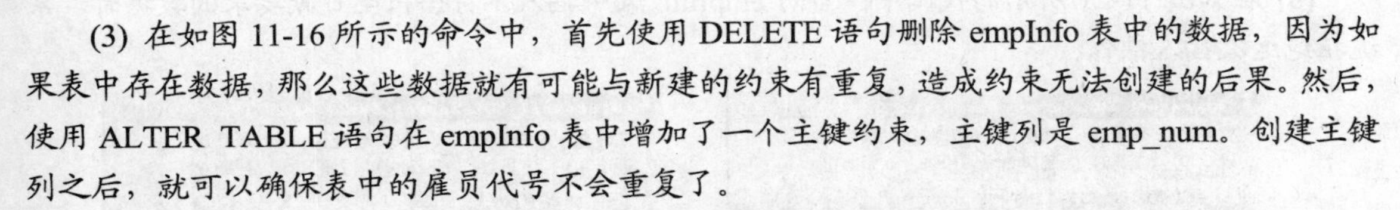

(3) 在如图 11-16 所示的命令中，首先使用 DELETE 语句删除 empInfo 表中的数据，因为如果表中存在数据，那么这些数据就有可能与新建的约束有重复，造成约束无法创建的后果。然后，使用 ALTER TABLE 语句在 empInfo 表中增加了一个主键约束，主键列是 emp_num。创建主键列之后，就可以确保表中的雇员代号不会重复了。

(4) 在如图 11-17 所示的示例中，依然向 empInfo 表中插入两行数据，从插入结果可以看到，第一行数据插入成功，但是第二行数据由于雇员代号与主键约束冲突而无法插入。这样，通过定义主键约束确保表中不会出现完全相同的两行数据。

(5) 在如图 11-18 所示的示例中，增加了一个 CHECK 约束，该约束要求输入的性别数据要么是表示男性的 M，要么是表示女性的 F，这样就可以确保表中的性别数据不会出现其他数据。

(6) 在如图 11-19 所示的示例中，在插入数据时，如果依然输入无效数据，例如 A，则会出现无法插入数据的错误。需要注意的是，如果 Mary 是女性，但是却输入了男性信息，这种错误是 CHECK 约束无法解决的现象，只能依靠输入机制确保数据的正确。

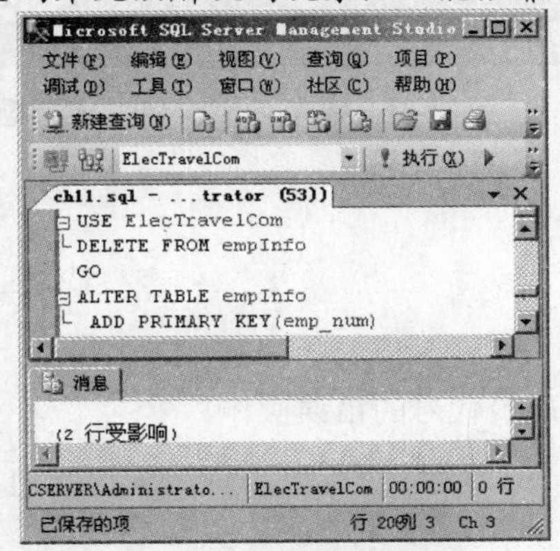

图 11-16　增加主键约束

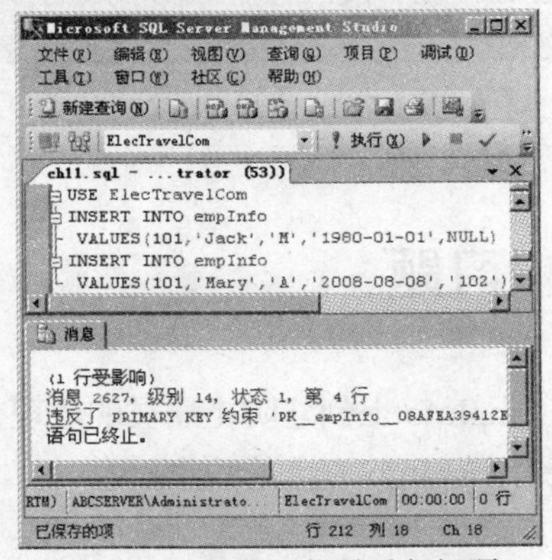

图 11-17　解决了代号重复问题

计算机基础与实训教材系列

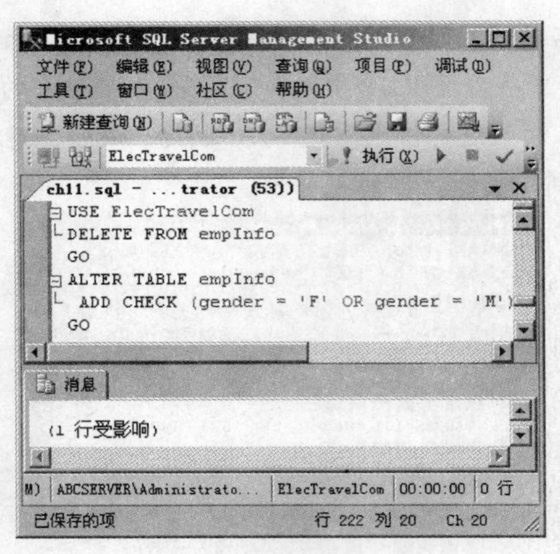

图 11-18　增加 CHECK 约束

图 11-19　解决了性别数据出错问题

(7) 在如图 11-20 所示的代码中，在 empInfo 表上再创建一个新的 CHECK 约束。这里使用了两个日期函数，确保雇员的出生日期和系统当前日期之差大于或等于 18。

(8) 在如图 11-21 所示的代码中，当向 empInfo 表中插入不符合出生日期要求的数据时，系统拒绝这次插入操作。

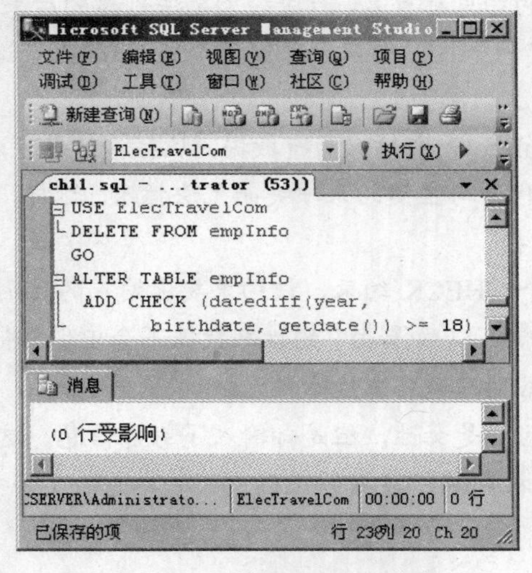

图 11-20　增加 CHECK 约束

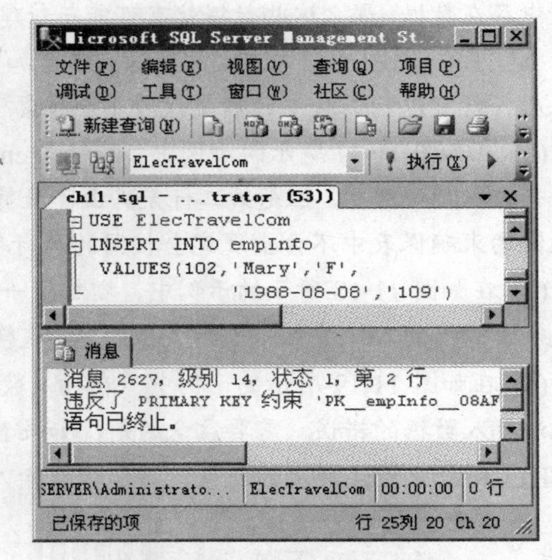

图 11-21　解决了出生日期数据问题

11.5　习题

1. 在 empInfo 上创建防止雇员的经理代号不是雇员代号的错误操作。
2. 查看 empInfo 表上的约束信息。

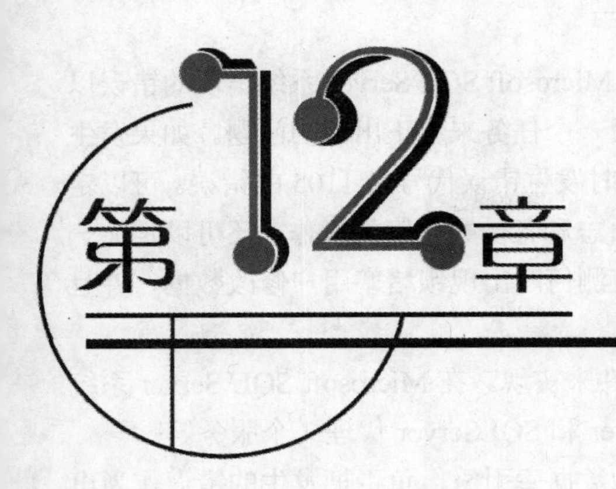

第12章 自动化管理任务

学习目标

数据库管理员的工作是繁重复杂的，如果可以自动化有规律地进行管理，那么可以大大减轻数据库管理员的工作负荷，提高其工作质量。Microsoft SQL Server 系统提供了作业和警报功能。通过定义作业和警报，可以设置系统执行自动化操作任务。在 Microsoft SQL Server 系统中，SQLServer 代理服务负责系统警报、作业、操作员、调度和复制等任务的管理。本章将详细介绍自动化管理任务技术。

本章重点

- 自动化管理任务
- 自动化管理组件
- 作业管理
- 操作员管理
- 警报的类型
- 警报管理

12.1 概述

作为一种分布式数据库管理系统，完成许多自动化管理任务是必不可少的功能。自动化管理任务是指系统可以根据预先的设置自动地完成某些任务和操作。

一般把可以自动完成的任务分成两大类：一类是执行正常调度的任务，另一类是识别和回应可能遇到的问题的任务。

执行正常调度的任务，例如，在 Microsoft SQL Server 系统中执行一些日常维护和管理的任务，包括备份数据库、传输和转换数据、维护索引、维护数据一致性等。

另一类任务识别和回应可能遇到的问题，例如，对 Microsoft SQL Server 系统出现的错误以及定义监测可能存在问题的性能条件。例如，可以定义一个任务来更正出现的问题。如果发生了数据库事务满了，则该数据库就不能正常工作了，这时发生错误代号是 1105 的错误。可以定义一项使用 Transact-SQL 语句的任务，执行清除事务日志和备份数据库的操作。还可以定义一些性能条件，例如，可以定义 SQLServer 代理服务来监测何时出现锁堵塞用户修改数据，并且把这种状况自动通知系统管理员。

Microsoft SQL Server 的自动化任务依靠自动化组件来实现。在 Microsoft SQL Server 系统中，自动化组件包括 Windows Event Log、MSSQLServer 和 SQLServer 代理 3 个服务。

MSSQLServer 服务是 Microsoft SQL Server 系统的数据库引擎，负责把发生的错误作为事件写入 Windows 的应用程序日志中。如果 Microsoft SQL Server 系统或应用程序发生了需要引起用户注意的任何错误或消息，且把这些错误或消息写进了 Windows 的应用程序日志，则这些错误或消息就是日志。

Windows Event Log 服务负责处理写入 Windows 的应用程序日志中的事件，这些事件可以包括：Microsoft SQL Server 系统中严重等级在 19~25 之间的任何错误；已经定义将要写入 Windows 的应用程序日志中的错误消息；执行 RAISERROR WITH LOG 语句。

当 SQLServer 代理服务启动时，它就在 Windows 的事件日志中注册并且连接到 Microsoft SQL Server，这样就允许 SQLServer 代理服务接受任何 Microsoft SQL Server 的事件通知。

当发生某个事件时，SQLServer 代理服务与 MSSQLServer 服务通信并且执行某种定义的动作，这些动作包括执行定义的作业、激发定义的警报、发送 E-mail 消息等。这些动作的内容和信息都存储在 msdb 系统数据库中。除此之外，SQLServer 代理服务还可以与其他应用程序通信。

作业和警报都可以单独定义和单独执行。作业就是执行某种操作，由一个或多个作业步骤组成。每一步既可以是 Transact-SQL 语句，也可以是脚本语言，还可以执行各种代理命令等。作业既可以手工执行，也可以调度执行，还可以由系统的警报触发执行。警报负责回应 Microsoft SQL Server 系统发生的事件。警报由事件触发，其触发的结果既可以是执行作业，也可以是通知操作员。事件就是由 Microsoft SQL Server 系统发生的、写入到 Windows 的事件日志中的错误或消息。

在定义系统执行自动化任务之前，应该完成一些准备工作。这些准备工作包括确保 SQLServer 代理服务运行、验证 SQLServer 代理的服务账户具有相应的许可、配置 SQLServer 代理的邮件文件等。

12.2 作业

作业就是为了完成指定任务而执行的一系列操作。作业管理包括创建作业，定义作业步骤，确定每一个作业步骤的动作流程逻辑，调度作业，创建将要通知的操作员以及检查和配置作业的历史。在 Microsoft SQL Server 系统中，既可以使用 SQL Server Management Studio 创建作业和操作员，也可以使用系统存储过程创建作业。下面主要介绍如何使用 SQL Server Management

Studio 工具管理作业。

12.2.1　定义作业

下面详细介绍如何使用 SQL Server Management Studio 图形工具定义作业。

【例 12-1】定义作业。

(1) 启动 SQL Server Management Studio。

(2) 在 SQL Server Management Studio 主窗口的【对象资源管理器】的树状结构中，打开指定的服务器实例。如果【SQL Server 代理】服务没有启动，则启动该服务。

(3) 展开【SQL Server 代理】节点，右击其中的【作业】节点，则弹出一个快捷菜单，如图 12-1 所示。

(4) 选择【新建作业】命令，打开【新建作业】对话框。在该对话框中有 6 个选项卡，即【常规】、【步骤】、【计划】、【警报】、【通知】和【目标】选项卡。通过这些选择卡，可以完成作业的定义。【常规】选项卡如图 12-2 所示，在该选项卡中，可以输入该作业的名称、所有者、类别以及说明等信息。

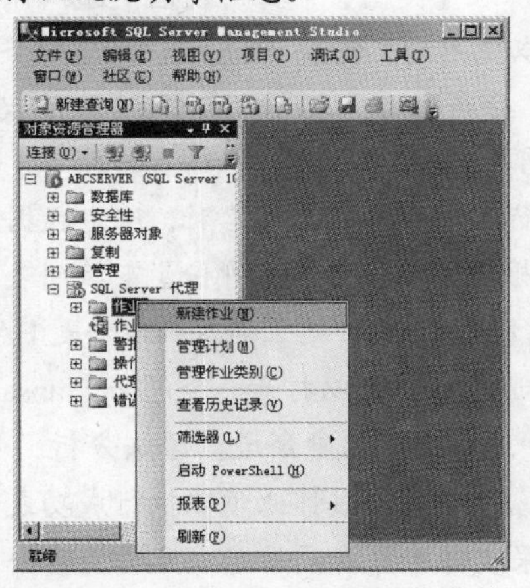

图 12-1　【作业】节点的快捷菜单

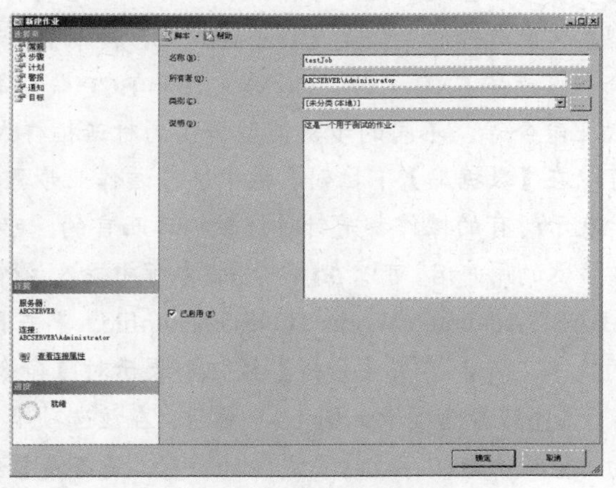

图 12-2　【常规】选项卡

在图 12-2 所示的【名称】和【说明】文本框，中可以分别输入作业的描述性名称和描述信息。可以从【所有者】下拉列表框中选择作业的所有者信息。也就是说，定义作业的用户不一定是作业的所有者。注意，这里指定的所有者是 login 帐户，不是 user 帐户。可以从【类别】下拉列表框中选择该作业的类别。如果在服务器上定义了许多作业，那么可以把这些作业进行分类，以便进行管理。

如果选中【已启用】复选框，那么允许系统执行该作业，否则不允许执行该作业。作业定义好之后，如果临时希望禁止该作业的执行，那么可以选中该复选框。

(5) 【步骤】选项卡如图 12-3 所示。由于是第一次进入该选项卡，所以它是空白的，只有【新建】按钮可以使用。单击【新建】按钮可以定义作业的步骤。

(6) 在【步骤】选项卡上，单击【新建】按钮，则打开【新建作业步骤】对话框。在该对话

框中，有两个选项卡，即【常规】选项卡和【高级】选项卡。可以在该对话框中定义作业步骤的详细信息。【新建作业步骤】对话框的【常规】选项卡如图 12-4 所示，该选项卡用于输入作业步骤的基本信息。

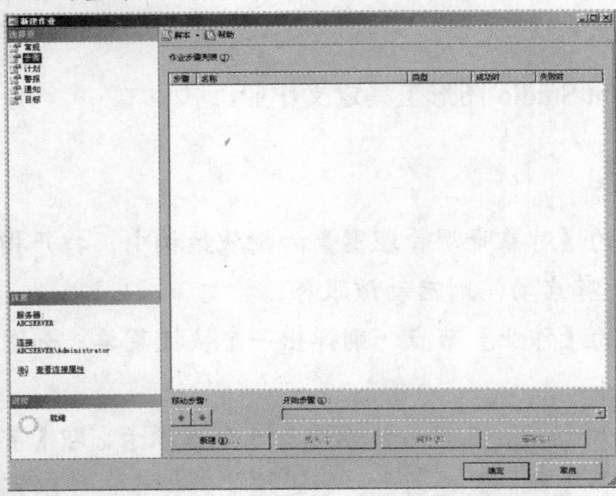

图 12-3 【步骤】选项卡

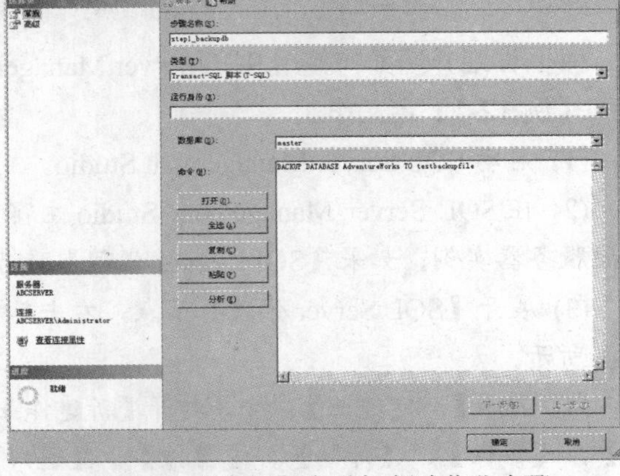

图 12-4 【常规】选项卡(新建作业步骤)

【步骤名称】文本框用于输入作业步骤的名称。可以在【类型】下拉列表框中选择作业步骤的类型，这里选择的类型是【Transact-SQL 脚本】。可以使用的类型有 Transact-SQL 命令；操作系统命令，包括 EXE 文件、COM 文件和 BCP 命令等；分析服务；集成服务包；ActiveX 脚本；各种代理命令等。不同的步骤类型提供的对话框样式也不相同。

可以在【数据库】下拉列表框中选择该作业步骤执行时所在的数据库名称。选定数据库名称之后，表示所有的操作都是针对该数据库而言的。可以根据需要在【运行身份】下拉列表中选择运行该步骤的用户名。可以在【命令】文本框中输入该作业步骤的命令，这里输入的命令是 BACKUP DATABASE AdventureWorks TO testbackupfile。单击【打开】按钮可以打开一个包含 Transact-SQL 语句的脚本文件，单击【分析】按钮则表示对【命令】文本框中的命令进行语法分析。

(7) 【高级】选项卡如图 12-5 所示。在该选项卡中，可以设置该作业步骤执行成功或失败后的行为，重试次数，存放结果文件的位置，是否覆盖结果文件中原有的信息以及作为哪一个用户账户运行等。

可以在【成功时要执行的操作】下拉列表中选择该作业步骤执行成功后的行为。可以选择的行为如下：

- Goto the next step(转到下一步)。
- Quit the job reporting success(退出报告成功的作业)。
- Quit the job reporting failure(退出报告失败的作业)。

在【失败时要执行的操作】下拉列表中可以选择的作业步骤行为与【成功时要执行的操作】下拉列表中可以选择的作业步骤行为相同，只是前者表示该作业执行失败时的行为，后者表示该作业执行成功时的行为。

如果作业步骤执行失败后，还可以重新尝试执行，则可以尝试执行的次数在【重试次数】文本框中指定，两次执行之间的时间间隔在【重试间隔】文本框中指定(分钟)。

【输出文件】文本框用于指定该作业步骤执行之后产生的结果文件所在的位置。如果作业步骤执行之后没有产生结果，那么可以不指定该位置。对于执行结果是否覆盖文件中的内容，可以设置【将输出追加到现有文件】复选框。如果没有选中该复选框，表示结果文件中只存放最新的执行结果；如果选中该复选框，则表示执行结果附加在结果文件中原有的内容之后。

也可以将输出结果追加到表中。如果选中【记录到表】复选李框和【将输出追加到表中的现有条目】复选框，则表示把 Transact-SQL 语句的执行结果保存在表中，且可指定是否在历史中记录该步骤。

对于系统管理员来说，可以使用【作为以下用户运行】下拉列表框指定运行该作业步骤的用户名称。实际上，该选项为系统管理员充当另外一个用户运行作业步骤提供了一种方法。

(8) 【计划】选项卡如图 12-6 所示。由于是第一次进入该选项卡中，因此是空白的。计划的设置是针对作业而言的，不是针对作业步骤的。一个作业可以设置多个计划，只要满足其中一个计划，则该作业就可以执行。

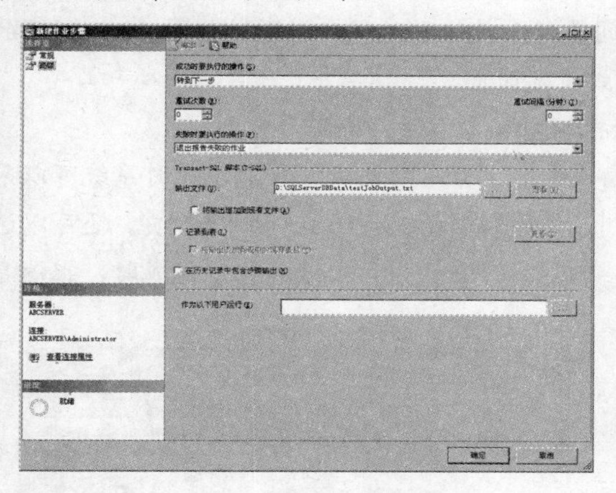

图 12-5　【高级】选项卡(新建作业步骤)

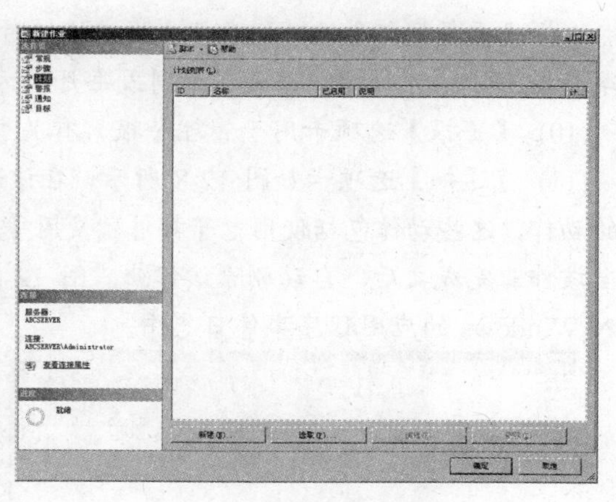

图 12-6　【计划】选项卡

(9) 单击【新建】按钮，则打开【新建作业计划】对话框，如图 12-7 所示。在该对话框中，可以设置作业的调度方式。

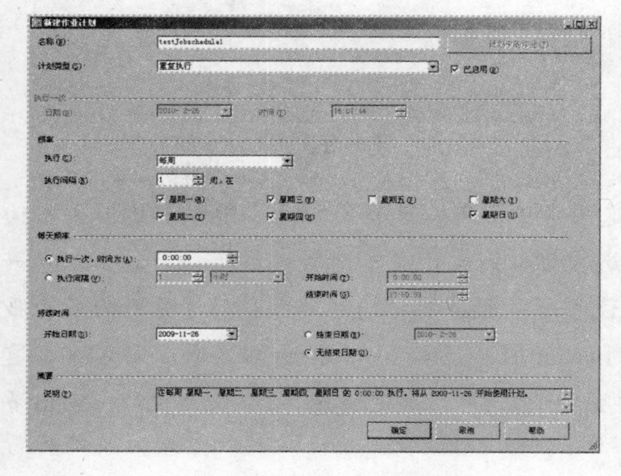

图 12-7　【新建作业计划】对话框

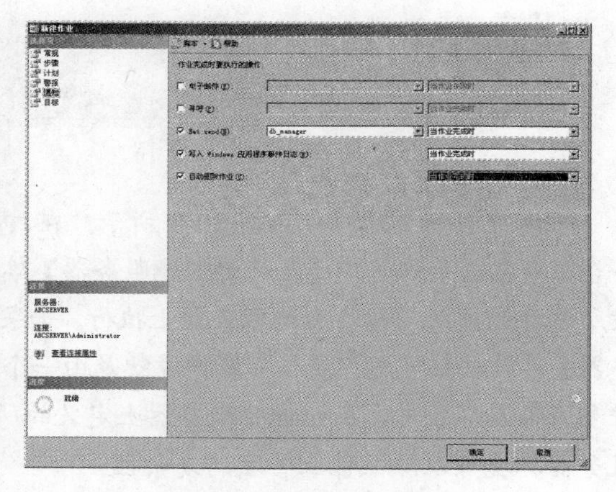

图 12-8　【通知】选项卡

可以从【计划类型】下拉列表中选择该计划的执行类型。有 4 种计划类型，即【SQL Server 代理启动时自动启动】、【CPU 闲置时启动】、【执行一次】和【重复执行】。

选择【SQL Server 代理启动时自动启动】选项，表示当 SQL Server Agent 服务启动时执行该作业。也就是说，无论何时，只要 SQL Server Agent 服务启动，则该作业就执行。这是一种不确定的调度方式。

选择【CPU 闲置时启动】选项，表示当 CPU 空闲时，执行该作业。判断 CPU 是否空闲，要看它是否同时满足两个条件：第一，CPU 的利用率低于指定的百分比；第二，CPU 的运行时间大于某个指定的时间段。必须同时满足利用率和时间段两个条件，才可以说 CPU 处于空闲状态。这也是一种不确定的作业调度方式。

选择【执行一次】选项，表示在指定的某个时间执行一次。具体的时间由该下拉列表框下方执行一次选项组中的【日期】下拉列表框和【时间】下拉列表框指定。这是一种确定的作业调度方式。

选择【重复执行】选项，表示在规定好的时间执行。具体的时间可以通过如图 12-7 所示的频率数据确定。可以按照每天、每周或每月的方式设定时间。

(10) 【警报】选项卡用于管理警报，有关警报的内容本章后面介绍。

(11) 【通知】选项卡如图 12-8 所示。在该选项卡中，可以设置当该作业完成时系统可以采取的动作，这些动作包括使用电子邮件、使用呼叫、使用网络消息等方式通知操作员。还可以选择当该作业完成之后，自动删除该作业。图 12-8 中所示的设置指定当作业执行完成时，把消息写入 Windows 的应用程序事件日志中。

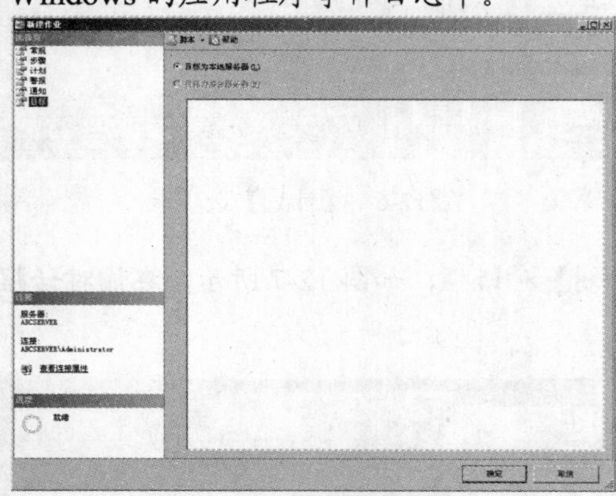

图 12-9 【目标】选项卡

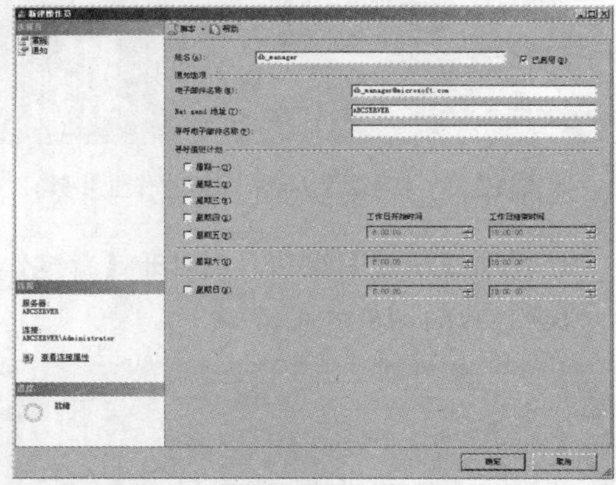

图 12-10 【常规】选项卡(新建操作员)

(12) 【目标】选项卡如图 12-9 所示。在该选项卡中，可以选择目标为本地服务器或目标为多台服务器。如果选中【目标为本地服务器】单选按钮，则表示在本地服务器上执行该作业。一般所创建的作业只能在本地服务器上执行。如果设置了多服务器环境，那么此时【目标为多台服务器】单选按钮可用。多服务器环境就是由一个 master 服务器和多个 target 服务器的环境。在这种多服务器环境中，在 master 服务器上定义的所有作业，都可以在 target 服务器上执行。使用多服务器环境可以降低作业管理的复杂性。

(13) 单击【确定】按钮，即可完成作业的创建操作。

12.2.2 定义操作员

操作员是指定的用户对象。可以使用 SQL Server Management Studio 创建操作员。

【例 12-2】定义操作员。

(1) 启动 SQL Server Management Studio。

(2) 在 SQL Server Management Studio 主窗口的【对象资源管理器】的树状结构中，打开指定的服务器实例。如果【SQL Server 代理】服务没有启动，启动该服务。

(3) 展开【SQL Server 代理】节点，右击其中的【操作员】节点，则弹出一个快捷菜单，选择【新建操作员】命令，则打开如图 12-10 所示的【新建操作员】对话框。

(4) 在该对话框的【名称】文本框中指定一个操作员名称 dbmanager，分别在【电子邮件名称】和【Net send 地址】文本框中输入电子邮件和计算机名称。

(5) 单击【确定】按钮，即可完成操作员的创建。

12.2.3 执行和脚本化作业

作业创建之后，除了按照其调度方式执行之外，还可以由用户手动执行。在 SQL Server Management Studio 主窗口中右击作业 testJob，则弹出一个快捷菜单，如图 12-11 所示。

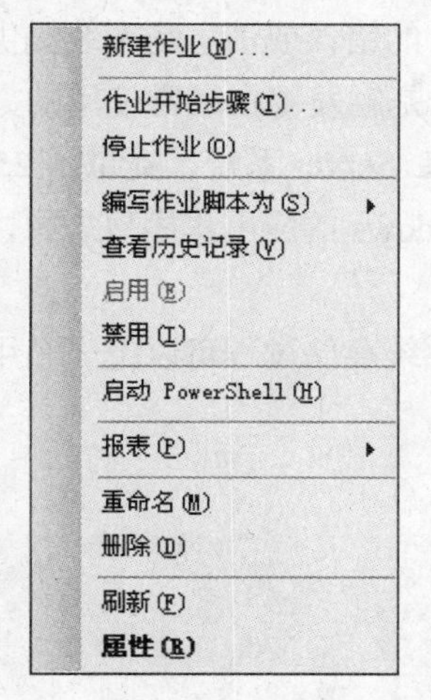

图 12-11 作业的快捷菜单

提示

在图 12-11 中，可以看到有许多用于管理作业的命令。虽然可以在定义作业中调度作业的执行，但是也可以在这里手工执行已定义的作业。如果希望暂时停止作业的执行，可以选择【禁用】命令。

在该快捷菜单中，各个命令选项的作用如下。

- 新建作业：新建一个作业。
- 作业开始步骤：按照步骤执行作业。这是手动执行作业的操作方式。
- 停止作业：终止作业的执行。在作业的执行过程中选择该命令，则终止作业的执行。
- 编写作业脚本为：将当前指定的作业生成脚本。
- 查看历史记录：查看作业的历史信息。

- 禁用：禁止作业执行。执行该命令之后作业的定义依然存在，但是不能执行。直到解除作业的禁止状态之后，才可以按照调度的方式执行作业。
- 启动 PowerShell：使用 PowerShell 工具。
- 报表：可以自定义报表。
- 重命名：重新为作业命名。
- 删除：删除作业。
- 刷新：刷新作业的状态。
- 属性：查看和修改作业的基本定义属性。

脚本化作业的好处在于，如果需要重新创建作业，那么不必逐步定义作业，直接打开作业的脚本文件和执行该脚本文件即可。

12.3 警报

警报是联系写入 Windows 事件日志中的 Microsoft SQL Server 错误消息和执行作业或发送通知的桥梁。下面介绍有关警报的概念及其创建方法等内容。

警报负责回应 Microsoft SQL Server 系统或用户定义的已经写入到 Windows 应用程序日志中的错误或消息。警报管理包括创建警报，指定错误的代号和严重等级，提供错误消息的文本，以及确定是否将发生的错误或消息写入 Windows 的应用程序日志中。

在 Microsoft SQL Server 系统中，错误代号小于或等于 50000 的错误或消息是系统提供的错误使用的代号，用户定义的错误代号必须大于 50000。错误代号是触发警报最常使用的方式。

错误等级也是错误是否触发警报的一种条件。Microsoft SQL Server 系统，提供了 25 个等级的错误。在这些错误等级中，19~25 等级的错误自动写入 Windows 的应用程序日志中，这些错误是致命错误。

可以使用系统存储过程 sp_addmessage 创建错误消息。该系统存储过程可以把一个用户定义的错误消息写入系统中的系统表 sysmessages 中。

系统存储过程 sp_addmessage 的语法形式如下：

```
sp_addmessage [@msgnum =] msg_id,
[@severity =] severity,
[@msgtext =] 'msg'
[, [@lang =] 'language']
[, [@with_log =] 'with_log']
```

其中，方括号中的内容是可选的。第 1 个参数 msg_id 表示错误代号，用户定义的错误代号大于 50 000。

第 2 个参数 severity 表示错误的严重等级，虽然用户可以选择 25 个等级，但是最常使用的用户定义的错误严重等级是 16。

第 3 个参数是 msg，表示错误的文本，该文本必须使用单引号引起来。可以在消息文本中使用参数。如果准备使用字符参数，那么参数格式是%s；如果使用数字参数，那么参数格式是%d。

第 4 个参数 language 用来指定使用的语言，常用的语言值是 us_english。

最后一个参数用来指定是否将该错误消息写入 Windows 应用程序日志中。如果参数值是 true，则该消息写入 Windows 应用程序日志中，即该错误消息成为了一个可以触发警报的事件；如果参数值是 false，表示该错误消息不写入 Windows 应用程序日志中。

当错误消息定义好之后，在应用程序中可以使用RAISERROR语句调用自定义的错误消息。RAISERROR 语句的语法形式如下：

```
RAISERROR (msg_id|msg_str, severity, state[, argument [,...n]] )
```

其中，msg_id 表示错误代号，msg_str 表示错误文本，severity 表示错误等级， state 表示错误状态。

【例 12-3】定义警报。

(1) 启动 SQL Server Management Studio。

(2) 在 SQL Server Management Studio 主窗口的【对象资源管理器】的树状结构中，打开指定的服务器实例。如果【SQL Server 代理】服务没有启动，则启动该服务。

(3) 展开【SQL Server 代理】节点，右击其中的【警报】节点，则弹出一个快捷菜单，选择【新建警报】命令，则打开如图 12-12 所示的【新建警报】对话框。

(4) 该对话框有 3 个选项卡，即【常规】、【响应】和【选项】选项卡。【常规】选项卡如图 12-12 所示，可以在该选项卡中指定警报的名称、类型、激活方式和所在的数据库等。

在【名称】文本框中输入警报的名称，这里输入的警报名称是 testalert。警报名称应该是一个描述性名称。

从【类型】下拉列表中选择警报的类型。警报有 3 种类型，即事件警报、系统性能警报和 WMI 警报。如果选择【SQL Server 事件警报】选项，则表示创建事件警报；如果选择【SQL Server 性能条件警报】选项，表示创建性能警报； 【WMI 警报】用于响应 WMI 事件。

在【数据库名称】下拉列表中可以选择警报影响的数据库。影响的数据库可以是某个特定的数据库，也可以是所有的数据库。这里选择【(所有数据库)】选项，表示无论在哪一个数据库中，只要发生错误，该警报都会被触发。

在【错误号】文本框中输入激发警报的错误代号，也可以在该文本框右边的按钮上单击，从出现的错误消息对话框中选择指定的错误代号。

在【严重度】下拉列表中可以选择错误的严重等级。或者选择错误代号，或者选择错误等级，但两者不能同时选择。

【当消息包含以下内容时触发警报】文本框用于输入包含在错误消息中的文本，也就是说，这里输入的文本与错误消息中的文本匹配时，该警报才会发生。

(5) 【响应】选项卡如图 12-13 所示。在该选项卡中，可以选择是否执行作业以及执行哪一个作业，是否通知操作员以及以何种方式通知操作员等信息。

在【响应】选项卡中，如果选中【执行作业】复选框，那么表示该警报发生时执行某个作业。具体的作业由右端的下拉列表框指定，可以在【操作员列表】的列表框中选择要通知的操作员，这里选择通知 dbmanager 操作员。单击【确定】按钮，则完成该警报的创建。

(6) 在【选项】选项卡中设置警报的发送方式等附加内容。

(7) 单击【确定】按钮则完成警报的创建操作。

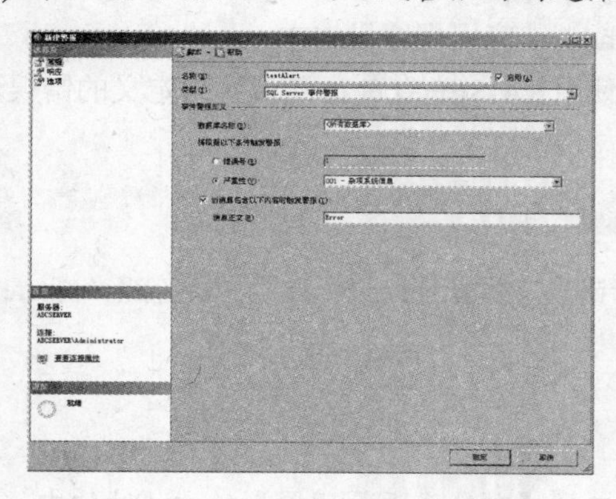

图 12-12 【常规】选项卡(新建警报)

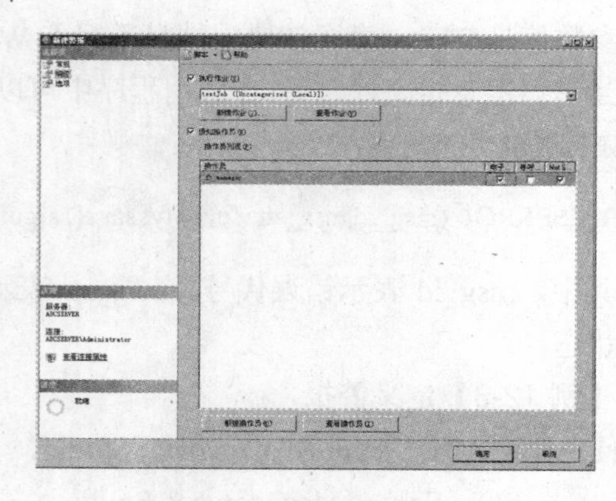

图 12-13 【响应】选项卡

警报的执行过程是发生错误、激活警报、执行响应的作业、通知定义的操作员。例如，在上面的示例中，如果发生了指定的触发错误，则激活 testalert 警报，该警报执行 testJob 作业，并且通知 db_manager 操作员。

12.4 上机练习

本章上机练习的内容是使用警报、作业和调度员。

(1) 启动 SQL Server Management Studio 工具，在【对象资源管理器】的树状结构中，打开指定的服务器实例。如果【SQL Server 代理】服务没有启动，则启动该服务。

(2) 展开【SQL Server 代理】节点，右击其中的【作业】节点，从弹出的快捷菜单中选择【新建作业】命令，则打开如图 12-14 所示的【新建作业】对话框的【常规】选项卡，输入作业的信息。

(3) 打开【步骤】选项卡，如图 12-15 所示。由于第一次打开该选项卡，没有已经定义的步骤，因此该选项卡几乎是空白的，只有【新建】按钮可以使用。

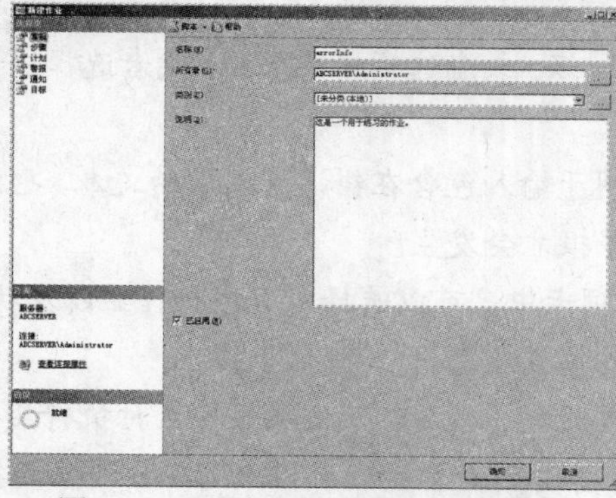

图 12-14 【常规】选项卡(新建作业)

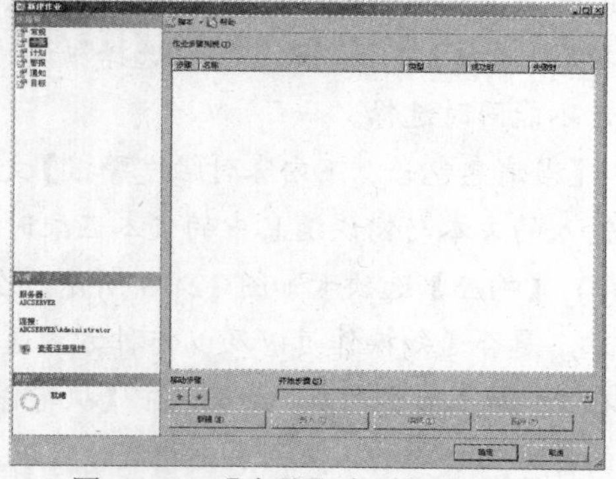

图 12-15 【步骤】选项卡(新建作业)

(4) 在如图 12-15 所示的对话框中，单击【新建】按钮，则打开如图 12-16 所示的【新建作业步骤】对话框的【常规】选项卡。在该选项卡中，按照图 12-16 中所示的内容输入作业步骤信息。

(5) 在如图 12-16 所示的对话框中，为了验证输入的命令是否正确，可以单击【分析】按钮。如果命令正确，单击【分析】按钮之后显示如图 12-17 所示的命令提示框。

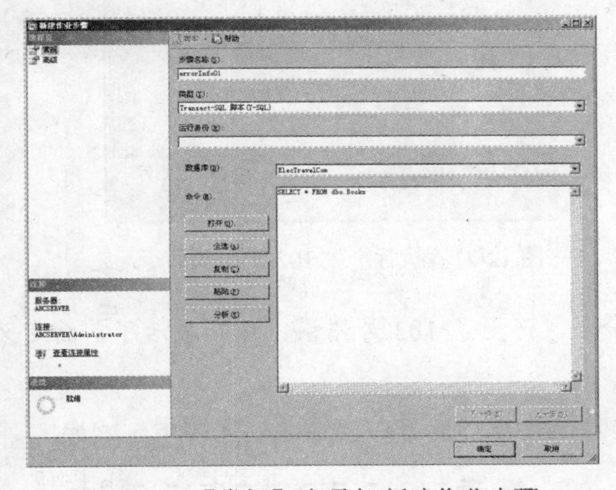

图 12-16　【常规】选项卡(新建作业步骤)

图 12-17　【分析】命令提示框

(6)【新建作业步骤】对话框的【高级】选项卡如图 12-18 所示。在该选项卡中，输入和选择相应的内容，单击【确定】按钮则完成该作业步骤的创建操作。

(7) 在【SQL Server 代理】节点中，右击【警报】节点，从弹出的快捷菜单中选择【新建警报】命令，则打开如图 12-19 所示的【新建警报】对话框的【常规】选项卡，输入警报信息。

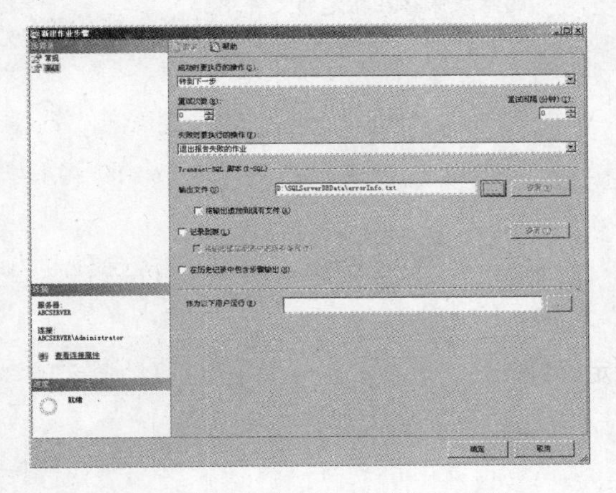

图 12-18　【高级】选项卡(新建作业步骤)

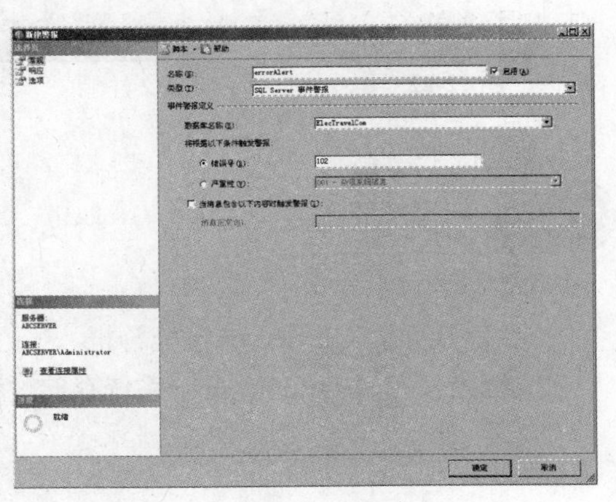

图 12-19　【常规】选项卡(新建警报)

(8)【新建警报】对话框的【响应】选项卡如图 12-20 所示，这里选择【执行作业】复选框，单击【执行作业】下面的下拉列表框，从中选择 errorInfo 作业。

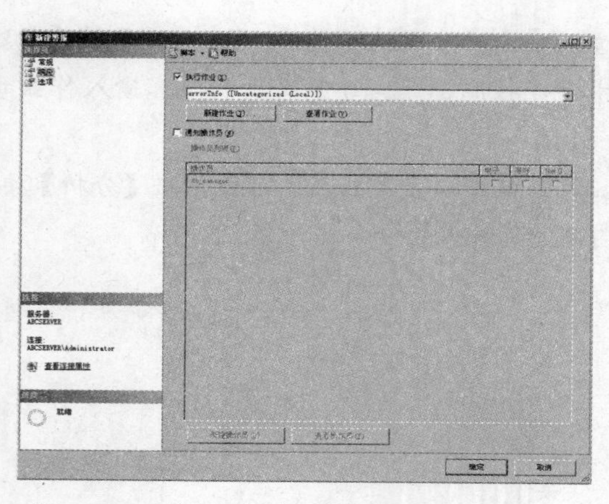

图 12-20 【响应】选项卡(新建警报)

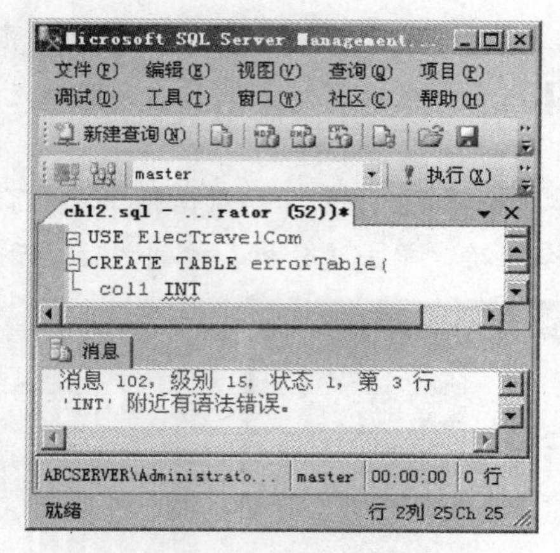

图 12-21 执行产生 102 错误的命令

(9) 在查询编辑器中执行如图 12-21 所示的命令，产生了 102 号错误，从而激活了前面定义的警报。

(11) 警报发生之后，执行定义的作业。打开作业生成的文件，如图 12-22 所示。

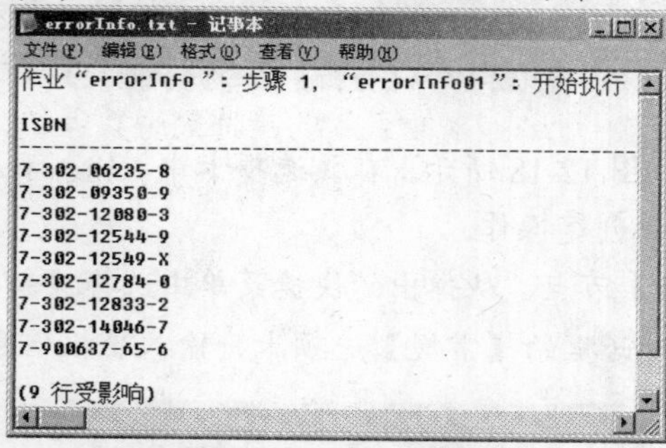

errorInfo.txt - 记事本

文件(F) 编辑(E) 格式(O) 查看(V) 帮助(H)

```
作业“errorInfo”：步骤 1，“errorInfo01”：开始执行
ISBN
--------------------------------------------------------
7-302-06235-8
7-302-09350-9
7-302-12080-3
7-302-12544-9
7-302-12549-X
7-302-12784-0
7-302-12833-2
7-302-14046-7
7-900637-65-6

(9 行受影响)
```

图 12-22 作业执行后的结果文件

提示

在该操作中，102 号错误是 CREATE TABLE 语句中缺少一个括号，是语法错误。该错误发生后，导致对应的警报、发生，警报触发指定的作业执行。作业执行的结果保存在指定的文件中。

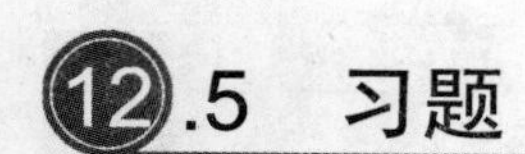

12.5 习题

1. 练习创建 SQL Server 性能警报。
2. 练习使用 sp_addmessage 系统存储过程定义警报。

系统监视和调整

学习目标

监视和调整系统性能是数据库管理员的一项重要任务。与其他管理任务不同的是，系统性能涉及到方方面面的因素，包括软件因素和硬件因素。如果 Microsoft SQL Server 系统没有按照优化的方式运行，那么数据库管理员应该及时发现这种问题并采取有效的措施来调整系统，解决系统的运行瓶颈问题。本章将介绍与 Microsoft SQL Server 系统性能相关的监视和调整技术。

本章重点

- 原因和目标
- 性能因素
- 性能调整策略
- 性能调整步骤
- 性能工具
- 常见性能任务

13.1 概述

通过监视系统的性能指标，可以确认系统是否运行正常。如果系统的运行出现了异常，那么可以立即采取适当的调整措施，以修正出现的问题。

一般情况下，监视 Microsoft SQL Server 系统的运行状况(包括服务器性能和数据库活动)的主要目标是：优化 SQL Server 的应用程序，最小化用户执行查询的响应时间，最大化系统的吞吐量和检查数据的一致性等。

Microsoft SQL Server 系统作为一个服务，向应用程序提供数据。优化 Microsoft SQL Server 的应用程序，实际上是优化向应用程序提供数据的方式和速度。及时、准确、完整地向应用程

序提供高质量的数据，是应用程序高效运行的前提。

用户执行查询语句的响应时间是从用户发出查询语句开始到服务器把执行结果返回给用户结束的这一段时间。如果查询语句的响应时间短，那么查询语句的执行效率高；如果查询语句的响应时间非常长，那么表示系统出了问题。

系统的吞吐量是指单位时间内处理的查询语句的数量。该项目标与查询语句的响应时间目标是相对的。可以通过减少网络交通量、降低磁盘的读入和写出等措施缩短需要的响应时间，提高系统吞吐量。

数据库中数据的一致性指数据的物理特性与逻辑特性、表中的数据与索引等的一致性。这种一致性可以通过相应的工具来监视和修复。

13.2 影响系统性能的因素

影响系统性能的因素非常多，为了更好地分析这些影响系统性能的因素，可以把这些因素分成 6 大类：服务器硬件类、操作系统类、网络类、SQL Server 系统类、数据库应用程序类和客户应用程序类。

服务器硬件类因素包括计算机处理器的数量和速度、硬盘的数量、磁盘的读入/读出速度、内存容量的大小等。

操作系统类因素包括并行服务和活动的数量、页面文件的大小数量和位置、磁盘管理等级等。

网络类因素包括网络连接的速度和活动、带宽和数据传输速度等。

SQL Server 系统类因素包括服务器的配置、资源和锁的数量、并行操作的用户数量和并行的活动(例如备份和恢复数据库、执行 DBCC 操作、创建索引等)。

数据库应用程序类因素包括数据库的逻辑和物理设计，事务的控制等级，产生的冲突和解决方案，如何写查询语句及封装存储过程。

客户应用程序类因素包括用户的需求、事务的控制、锁冲突的回应和解决，以及游标的类型等。

13.3 监视和调整策略

监视和调整系统性能是一个综合问题，没有固定不变的模式。但是，理解和掌握监视和调整系统的框架步骤是必要的。监视和调整系统的框架步骤如下：

- 制订监视和调整系统的策略
- 选择调整性能的方案
- 开发性能监视和调整的具体方法
- 建立系统的性能基线
- 检测性能的瓶颈

◉ 了解通常的监视任务

第一步，制订监视和调整系统的策略。一般可以选择两种策略：优化响应时间和优化吞吐量。

优化响应时间需要掌握和了解应用程序、运行环境、用户使用的方式及所操作数据的特点。只有通过掌握这些方面的内容，才可以采取合适的措施，降低查询语句的响应时间。

优化吞吐量要求掌握 SQL Server 是如何访问数据的，如何控制并发活动，如何与操作系统打交道等知识。

第二步，选择调整性能的方案。为了优化应用程序的响应时间和吞吐量，可以选择下面一些性能调整方案。

◉ 调整客户端的应用程序性能。
  ⊙ 在使用的查询语句中，添加各种搜索条件，限制结果集的数量。
  ⊙ 创建必要的索引，以便提高查询语句的执行效率。
  ⊙ 最小化锁的应用。在查询语句中，尽量不使用锁。这样，可以避免死锁现象，提高并发操作的效率。
  ⊙ 使用存储过程提高查询语句的执行效率。
  ⊙ 如果条件允许的话，降低服务器的负荷。

◉ 调整数据库的性能，以便降低查询语句的响应时间。
  ⊙ 重新定义数据库的逻辑设计。
  ⊙ 重新定义数据库的物理设计。
◉ 调整 SQL Server 性能。可以采取的方案如下：
  ⊙ 评价系统的运行。
  ⊙ 调整 SQL Server 的配置。
◉ 调整硬件配置。
  ⊙ 增加更多的内存。
  ⊙ 提高处理器的能力。
  ⊙ 使用速度更快的磁盘系统。
  ⊙ 提高网络的效率。

第三步，开发性能监视和调整的具体方法。在开发系统的过程中，应该考虑系统的性能因素。在系统设计和性能规划时应该考虑的具体因素如下。

◉ 系统设计时应该考虑的性能因素如下：
  ⊙ 分析和理解用户的需求。
  ⊙ 了解数据的结构和使用这些数据的方式。
  ⊙ 设计合理的数据库结构，可以综合考虑范式结构和非范式结构。
  ⊙ 开发和测试更多的存储过程。
  ⊙ 设计使用索引和如何实现这些索引。
  ⊙ 合理调度系统维护和系统监视等任务。
◉ 在确定性能调整计划时，应该考虑的因素如下：
  ⊙ 合理定义服务器操作时使用的各种性能参数。

- 设置吞吐量和响应时间应该达到的具体目标。
- 记录各种操作并且测量这些操作的效果。
- 模拟实际运行环境，找到瓶颈因素。
- 分析每一个数据库中的所有事务的特点。
- 确认性能问题。
- 建立性能基线。

第四步，建立系统的性能基线。性能基线是监视和调整性能的基础和依据，可以根据系统的实际运行情况和设计情况，确定系统的性能基线。在建立性能基线时，关键因素如下。

- 系统负荷：服务器活动的数量。
- 吞吐量：在给定时间内系统处理的查询语句的数量。
- 系统资源：计算机硬件的能力。
- 优化：应用程序和数据库的设计。
- 并发性：数据的并发使用状况。

第五步，检测性能的瓶颈。瓶颈因素是影响系统性能的关键因素，发现和解决影响系统的瓶颈因素，对于提高系统的性能可以起到事半功倍的效果。为了检测性能的瓶颈因素，那么应该掌握检测的对象和检测对象的合理的性能范围。经常需要检测的性能对象如下。

- 内存的使用状况。
- CPU 的使用状况。
- 磁盘读入/写出的性能。
- 用户的连接数量。
- 查询语句和锁的使用状况等。

第六步，了解通常的监视任务。Microsoft SQL Server 2008 提供了许多工具，可以用来监视各种各样的性能。可以把系统的性能分成系统级性能、SQL Server 级性能和查询语句性能。

系统级的性能是整个计算机的硬件和软件环境的性能。例如，是否有足够的内存，系统发生的错误原因等。可以使用的性能监视工具包括 Windows 事件查看器和 Windows 系统监视器。

SQL Server 级性能是与 SQL Server 系统的活动有关的性能，包括系统的并发操作、数据库的一致性等。这时，可以使用的性能监视工具包括当前活动窗口、Transact-SQL 语句、系统存储过程、SQL Server Profiler、标准审核和 C2 审核等。

查询语句的性能是与特定查询语句相关的性能，例如，索引的使用状况、CPU 的占用时间、数据的读入/写出等。这时，可以使用的性能监视工具包括 SQL Server Profiler、SQL 查询分析器、索引优化向导等。

13.4 监视和调整工具

Microsoft SQL Server 和 Microsoft Windows 包括了一些用于监视服务器活动的工具。理解这些工具的特点和合理地使用这些工具，才能做好系统的监视和调整工作。下面介绍这些工具

的作用和特点。

13.4.1　Windows 事件查看器

【Windows 事件查看器】工具用于确认引发性能问题的事件。可以使用该工具提供的信息进行深入地研究和分析。使用该工具可以查看 3 种事件日志，即应用程序日志、系统日志和安全性日志。

应用程序日志记录应用程序的事件日志，例如，SQL Server 系统发生的错误事件就记录在该日志中。应用程序日志可以分为 3 种类型，即信息类、警告类和错误类。

系统日志记录 Windows 系统组件的有关事件信息，例如，某个驱动程序在加载过程中失败事件信息。

安全性日志记录 Windows 的安全性事件，例如，企图登录 Windows 的事件。

13.4.2　Windows 系统监视器

如果希望跟踪服务器的活动信息和性能统计，那么可以使用【Windows 系统监视器】工具。该工具有许多不同的性能计数器，每一个性能计数器都标志着计算机资源的使用状况。使用该工具可以监视有关 Microsoft SQL Server 的如下信息：

- SQL Server 的读入/写出
- SQL Server 的内存使用状况
- SQL Server 的用户连接信息
- SQL Server 的锁信息
- 复制活动状况

13.4.3　Transact-SQL 语句

除了使用图形化工具之外，还可以使用某些 Transact-SQL 语句监视 Microsoft SQL Server 的性能，这些语句包括系统存储过程、全局变量、SET 语句、DBCC 语句及跟踪标志等。

可以使用特定的系统存储过程查看有关数据库或服务器的实时统计信息。也可以使用由 SQL Server 系统提供的全局变量来获取有关查询的统计信息。SET 语句也可以用来显示性能统计信息或显示基于文本的查询规划。可以使用 DBCC 语句检查系统的性能及数据库的逻辑结构和物理结构的一致性。监视性能的 DBCC 语句如表 13-1 所示。

表 13-1　与性能有关的 DBCC 语句

DBCC 语句	描述
MEMUSAGE	显示内存的使用信息
SQLPERF	自从服务器启动以来的统计信息

(续表)

DBCC 语 句	描 述
PERFMON	服务器的性能统计信息
OPENTRAN	最新的活动事务及最新的分布式和非分布式事务
SHOW_STATISTICS	索引的统计信息
CHECKDB	数据库中全部对象的物理结构和逻辑结构的一致性
CHECKFILEGROUP	文件组中所有表的位置和结构的完整性
NEWALLOC	索引页和数据页的一致性
CHECKTABLE	指定表的数据、索引、text、ntext、image 页的完整性

13.4.4 SQL 编辑查询器窗口

SQL 编辑查询器窗口是 SQL Server Management Studio 工具上的执行查询语句的窗口。除了具备执行查询语句的功能之外，还具备监视系统性能的功能。使用 SQL 编辑查询器窗口可以监视的系统性能如下：

- 显示查询执行规划
- 显示服务器活动跟踪
- 显示服务器端的统计信息
- 显示客户机端的统计信息

如图 13-1 所示的是一个 SQL 编辑查询器窗口示例，这里显示了某查询语句的执行规划，该规划描述了查询语句的执行性能数据。通过该窗口的数据，可以分析该查询语句的性能。

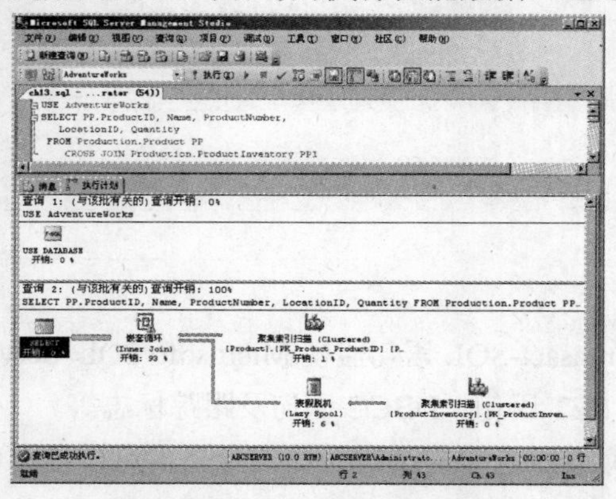

图 13-1 SQL 编辑查询器窗口

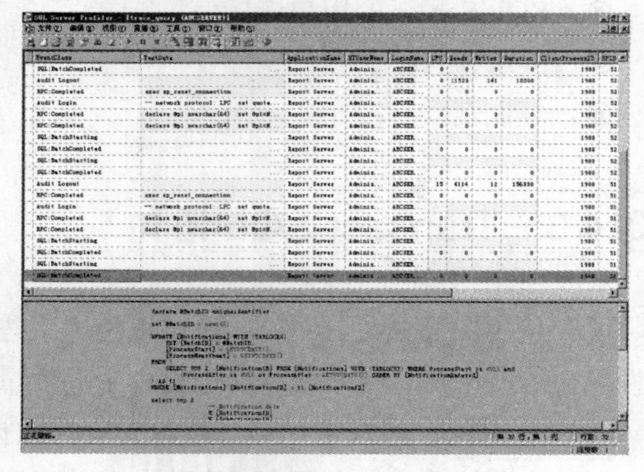

图 13-2 SQL Server Profiler

13.4.5 SQL Server Profiler

SQL Server Profiler 工具可以用来跟踪服务器和数据库的各种活动。可以把这些活动捕捉到表中、文件中或某个脚本文件，以便以后分析使用。使用 SQL Server Profiler 工具的过程包括

创建跟踪、运行及重现跟踪等。

当 SQL Server Profiler 捕捉到设定的事件时，在跟踪对话框中完整地显示这些事件。SQL Server Profiler 的跟踪示例如图 13-2 所示。

13.5　常见的监视和调整任务

常见的监视和调整任务包括监视内存的使用状况，监视线程和处理器的使用状况，监视硬盘的输入/输出，监视锁的信息，监视性能差的查询语句。

在监视和调整任务中，监视系统性能的计数器是重要的工具和手段。常见的监视系统性能的计数器如表 13-2 所示。

表 13-2　常见的监视系统性能的计数器

对象计数器	描　述
Memory:Available Bytes	该数值应该大于 5000KB
Memory:Pages/sec	该数值应该总是很低
Process:Page Faults/sec	数据高，则表示系统过渡使用了数据页
Peocess:Working Set	该数值应该大于 5000KB
SQL Server:Buffer Manager: Buffer Cache Hit Ratio	该数值应该大于 90%
SQL Server:Memory Manager: Total Server Memory	如果该数值总是与计算机的物理内存接近，那么应该添加额外的内存
Processor:%Processor Time	该数值应该小于 90%
System:Context Switches/Sec	在多处理器的计算机上，如果该数值大于 8000 且 Processor:% Processor Time 计数器的数值大于 90%，那么应该变换 SQL Server 的调度模式
Processor:%Privileged Time	该数值应该尽可能低
Processor:%User Time	该计数器表示其他进程或应用程序正在运行，而 SQL Server 被阻止运行
PhysicalDisk:%Disk Time	该数值应该小于 90%
PhysicalDisk:Disk Reads/sec	该数值应该尽可能低(读入数据)
PhysicalDisk:Disk Writes/sec	该数值应该尽可能低(写出数据)

13.6　上机练习

本章上机练习的内容是使用 DBCC CHECKDB 命令、sp_lock 系统存储过程和 SQL 编辑查询器窗口监视系统性能。

(1) 在如图 13-3 所示的示例中，使用 DBCC CHECKDB 命令检查 AdventureWorks 数据库的空间分配和物理信息与逻辑信息之间的一致性，可以看到，该数据库没有分配性错误。

(2) 在如图 13-4 所示的示例中，使用 sp_lock 系统存储过程查看当前系统中的锁信息。可以

根据这些信息，了解系统对象和命令的执行情况。

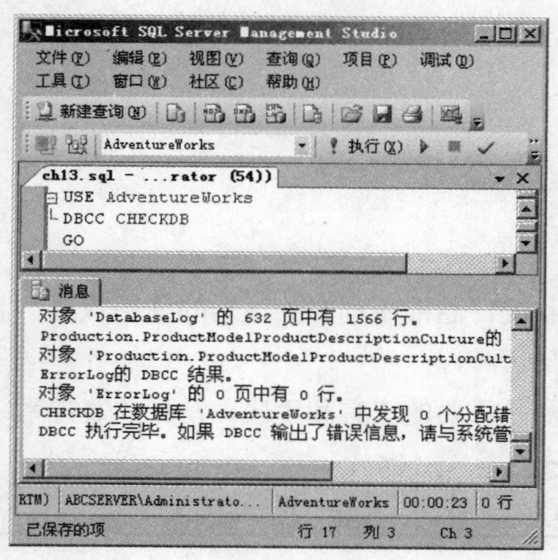

图 13-3　使用 DBCC CHECKDB 命令

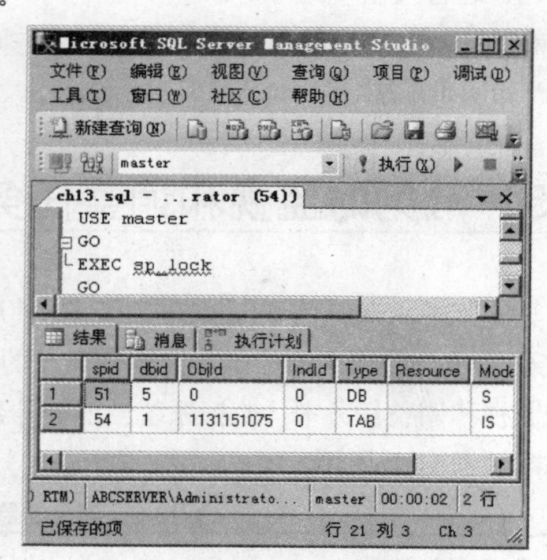

图 13-4　使用 sp_lock 系统存储过程

(3) 如图 13-5 所示的示例，执行了 Transact-SQL 脚本命令，检索有关产品名称和类型信息。但是，从这些命令中无法得到该语句的执行过程开销等信息。

(4) 为了查看该语句的执行过程开销等信息，可以选择查看其执行计划。选择【查询】|【显示估计的执行计划】命令，则显示如图 13-6 所示的估计的执行计划。将鼠标放在执行计划的图标上，可以显示出详细的性能指标数据描述。

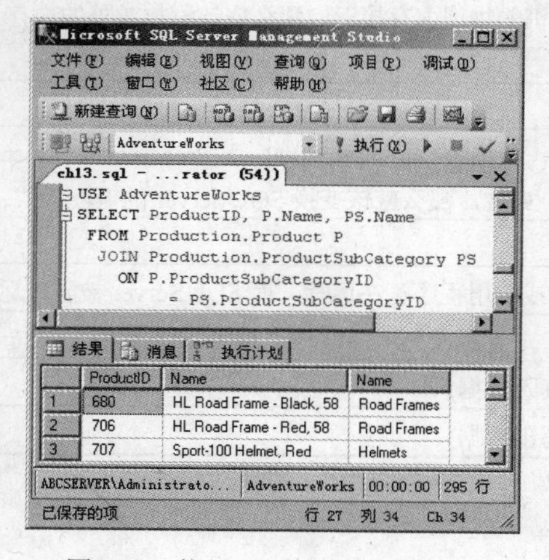

图 13-5　执行 Transact-SQL 脚本

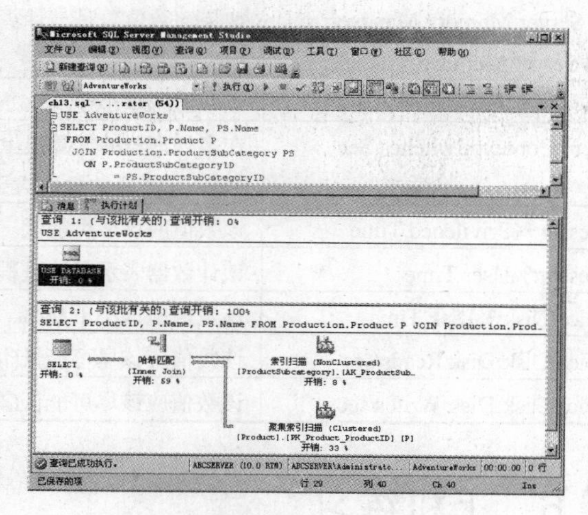

图 13-6　查看 Transact-SQL 执行计划

13.7　习题

1. 练习执行 SQLPERF 命令。
2. 练习查看实际的执行计划。